面向系统能力培养大学计算机类专业教材

C语言程序设计

卢萍 李开 王多强 甘早斌 编著

清华大学出版社

北京

内 容 简 介

本书依据C11标准和用C语言进行程序设计所涉及的知识结构，全面系统地阐述C语言的语法和语义，同时精心提炼一些算法实例进行分析和编程实现，培养学生的程序设计能力。

本书共11章，内容包括概论、C语言的基本元素、标准输入输出、程序的语句及流程控制、函数、编译预处理、数组、指针、结构与联合、文件、用户自定义库，尤其对C语言的重点、难点和特色之处，如位运算、递归函数、指针的用法、复杂指针的应用、字段结构、结构指针等进行了详细介绍。本书概念清楚，叙述翔实，内容新颖实用，实例典型丰富，要点清晰明了。既考虑初学者的需求，又突出计算机类专业的教学要求。

本书适合作为高等学校计算机、通信、电子、自动化等相关专业"程序设计"课程的教材，也可作为研究生入学考试C语言与程序设计的参考书，还可供软件开发工程师和广大科技人员自学参考。

图书在版编目(CIP)数据

C语言程序设计/卢萍等编著. —北京：清华大学出版社，2021.6（2024.8重印）
面向系统能力培养大学计算机类专业教材
ISBN 978-7-302-58150-5

Ⅰ.①C… Ⅱ.①卢… Ⅲ.①C语言－程序设计－高等学校－教材 Ⅳ.①TP312.8

中国版本图书馆CIP数据核字(2021)第088619号

责任编辑：张瑞庆
封面设计：常雪影
责任校对：焦丽丽
责任印制：沈 露

出版发行：清华大学出版社
网 址：https：//www. tup. com. cn，https：//www. wqxuetang. com
地 址：北京清华大学学研大厦A座　　邮 编：100084
社 总 机：010-83470000　　邮 购：010-62786544
投稿与读者服务：010-62776969，c-service@tup.tsinghua.edu.cn
质量反馈：010-62772015，zhiliang@tup.tsinghua.edu.cn
课件下载：https：//www. tup. com. cn，010-83470236
印 装 者：三河市龙大印装有限公司
经 销：全国新华书店
本：185mm×260mm　　印 张：24.5　　字 数：595千字
次：2021年8月第1版　　印 次：2024年8月第2次印刷
价：69.99元

号：083447-01

FOREWORD
前 言

"C语言程序设计"是高校计算机类专业非常重要的专业基础课程，是数据结构、编译原理、操作系统等专业课程的先导课程。本课程既有理论性，又有很强的实践性，其知识看起来都是固定模式，而真正应用于软件开发时却是千变万化的，具有很强的创造性。学生往往对C语言的语法和句式掌握得很好，但一面对问题就头脑一片空白，不能灵活地将所学的知识应用到实际编程中。为此，作者结合长期教学和科研的实践经验和体会，根据教学目标，本着"与后继课程密切联系"的原则，提出了"融合C语言、数据结构和算法，实现三位一体"的教学思路。本书的编写一方面依据最新C语言标准ISO/IEC 9899:2011(简称C11)，完整清楚地介绍C语言的基本语法和语义；另一方面围绕三位一体的教学思路，精心提炼算法实例进行分析和编程设计，以有效地培养和提高学生的C语言编程能力，以及分析和解决实际问题的能力。

为了满足不同层次的教学需求，本书采用三层次的思想组织章节内容，即将教材内容分为基本、提高、拓展三个层面并安排贯彻到全书的各个章节。基本层面是书中没有加*号的内容，属于学习C语言必须掌握的部分，适合计算机类和非计算机类专业的学生学习。提高层面是书中加*号的内容，属于计算机类专业本科教学必须讲授的内容。拓展层面是书中加**号的内容，此部分内容课堂上不必讲授，适合学有余力的学生进一步深入研究。以上各部分内容，教师可以根据所在学校学生的实际情况适当取舍。

本书的作者在华中科技大学计算机学院长期从事"程序设计"课程的教学和研究，以及其他科研工作。本书的编写既参考了国内外多本著作，也融入了作者多年从事教学和科研的实践经验和体会，同时还吸收了同行专家学者的意见和建议。本书具有以下特点。

(1) 教材内容突出计算机类专业的学科特点，与非计算机类专业的教材有明显区别。对于计算机类专业的学生来说，能进行系统级软件设计非常重要，因此，本书力求解决本专业的基础性问题，突出介绍了位运算、各类指针、字段结构等支持系统级编程的语言成分，增加了C语言的字符串库函数设计、数字串与数之间的转换函数设计、函数库设计、模拟串行进位的任意位数超长数据的加法运算、以函数指针为参数的函数设计等内容，希望学生具备用C语言编程解决本专业的基础性问题的程序设计能力，为学生将来能够熟练地用C语言编写系统软件、底层软件以及共享软件奠定坚实的语言基础。同时，也希望使非计算机类专业的学生感到有必要学习此书，以提高自己的C语言程序设计的能力与水平。

(2) 结合程序实例引入了各种常用算法。在介绍表达式、流程控制、函数、数组等C语言知识的同时，通过实例融入穷举法、递推法、有限状态机、筛法、蒙特卡罗法以及排序、查找、递归、分治、高精度计算等算法的实现，目的是让本课程教学覆盖程序设计涉及的基本算法，训练学生算法分析和实现的能力，为学生灵活应用C语言分析和解决实际工程问题打下扎实的基础。

(3) 兼顾后继课程"数据结构"的学习和引导。从编程使用的角度融入动态数据结构。

例如，在掌握递归的基础上，渗透深度优先搜索的思想，分治与快速排序算法的编程设计；在介绍结构指针与动态存储分配等知识时，密切联系以堆栈、队列、单向链表、双向链表、十字交叉链表等数据结构为支撑的应用，学习用C语言来描述和实现这些数据结构，使学生打下扎实的程序设计所需的数据结构基础，加强学生深入学习后续专业课的兴趣。

(4) 深入介绍了C语言的各类数据类型。数据类型是程序设计语言的重要组成部分，理解数据类型和它的作用，对于学好程序设计语言和掌握程序设计方法非常重要。为此，除了基本数据类型以及数组、结构、联合、字段结构等构造类型外，本书还突出介绍了各类指针、指针与数组的关系、复杂声明等难度较高的数据类型；加强了对运算过程中类型转换规则的说明和举例，以及对在理解表达式计算结果时数据类型的重要作用的说明，让学生掌握克服难点的方法，使学生打下坚实的语言基础。

(5) 适当强调推理，采用逐步推导、归纳和比较的方法解释复杂类型及其声明，使学生更容易理解和掌握。由于二维数组存在两种类型的指针(n维数组存在n种类型的指针)，因而增加了数组元素的指针表示的复杂性。本书在介绍二维数组的指针表示时，从分析C语言对多维数组的处理方法出发，紧紧抓住“二维数组的数组名”与“数组元素的指针”二者的联系和本质区别，通过标准中E1[E2]与*((E1)+(E2))等价的规则，逐步推导同一数组元素的各种等价的表示，进而推导多维数组元素的指针表示。对于程序设计中常见的含有*、[ ]、( )的各种复杂声明，通过类型说明符的优先级和结合性来逐步推导解释，目的是培养学生的抽象思维能力、形式化的分析推理能力，以及精确的理解C语言的语法语义的能力。

(6) 体现了最新C语言标准ISO/IEC 9899:2011中新增语言成分。例如，新增静态断言、通用类型宏、多线程环境下原子类型修饰符_Atomic、对象的对齐(alignment of objects)、无返回函数(no-return functions)、新的独占模式的fopen函数，因为安全原因删除了gets()函数，用新的更安全的函数gets_s()替代等。同时，在书中尽可能直接引用最新C语言标准规定的语法和语义。

学习和掌握C语言最有效的方法是实践。最初可阅读别人写好的程序，通过理解程序所要完成的功能，从中学习编程的方法和技巧，进而模仿编写功能类似的程序，最后逐步做到自己独立设计和编写完成指定任务的程序。此外，要真正掌握C语言以及用C语言进行程序设计的方法和技术，必须上机练习，调试运行自己编写的程序。因此，为便于读者练习解题时参考和上机编程实践，作者出版了《C语言程序设计典型题解与实验指导》(清华大学出版社)。此书依据本教材各部分的知识点设计了丰富的例题，并进行了详细分析和解答，介绍了主流的C语言程序开发环境的上机操作过程和程序调试方法，针对本教材各章节的主要内容，按递进的方式设计了多元化的上机实践内容，是对学习C语言程序设计很有帮助的辅助教材。

FOREWORD

本书适合作为高等学校计算机、通信、电子、自动化等信息技术学科各专业及其他有关专业的本科生教材，也适合广大科技人员和研究生自学参考。

本书作者都是长期在高校从事计算机类专业本科“C语言程序设计”课程教学的教师。本书第2、5、6、8、9章及附录A、B由卢萍编写，第1、7章由王多强编写，第4、11章由李开编写，第3、10章由甘早斌编写。卢萍制订了本书的编写大纲，撰写了前言，并对全书进行了统稿和审校。

本书的撰写得到了华中科技大学计算机学院领导与同事们的关心与支持，得到了“C语言程序设计”课程组原负责人曹计昌老师的支持与帮助，在此一并表示感谢。

由于作者水平有限，书中难免存在疏漏和错误之处，恳请广大读者批评指正。

作　者

2021年3月于武汉

C O N T E N T S

目录

第 1 章　概论　1

1.1　基础知识　1

1.1.1　为计算而生　1

1.1.2　计算机系统概述　4

1.1.3　程序设计语言　5

1.2　问题求解和程序设计　7

1.2.1　问题求解过程　7

1.2.2　算法和程序　8

1.3　C 语言的发展　11

1.3.1　C 语言的发展过程　11

1.3.2　C 语言的标准化　12

1.3.3　C 语言的特征　13

1.4　C 语言编程初步　14

1.4.1　C 编程的典型过程　14

1.4.2　第一个程序：编程从这里开始　15

本章小结　21

习题 1　21

第 2 章　C 语言的基本元素　22

*2.1　字符集及词法元素　22

2.1.1　字符集　22

2.1.2　词法元素　22

2.2　关键字和标识符　23

2.2.1　关键字　23

2.2.2　标识符　23

2.3　基本数据类型　24

2.3.1　数据类型概述　24

2.3.2　char 类型　25

2.3.3　整型类型　26

2.3.4　浮点类型　27

*2.3.5　C99 新增数据类型　29

2.4　常量与变量　31

2.4.1　整型常量　32

CONTENTS

2.4.2　浮点型常量　33
2.4.3　字符常量　33
2.4.4　字符串常量　35
2.4.5　符号常量　37
2.4.6　变量声明　38
2.5　运算符和表达式　39
2.5.1　运算符概述　39
2.5.2　算术运算　41
2.5.3　关系运算　42
2.5.4　逻辑运算　43
2.5.5　自增和自减运算　44
2.5.6　赋值运算　47
2.5.7　条件运算　48
2.5.8　逗号运算　49
2.5.9　sizeof 运算　51
*2.6　位运算　51
2.6.1　整数在机内的表示　51
2.6.2　位逻辑运算　52
2.6.3　移位运算　54
2.6.4　位运算的应用　55
2.7　类型转换　57
2.7.1　类型转换的规则　58
2.7.2　类型转换的方法　59
2.8　枚举类型　60
2.8.1　枚举类型的声明　60
2.8.2　用枚举类型定义符号常量　61
2.8.3　枚举变量的定义　61
本章小结　63
习题 2　63

第 3 章　格式化输入与输出　66
3.1　字符输入与输出　66
3.1.1　字符输入函数 getchar　66

CONTENTS

3.1.2 字符输出函数 putchar 67
3.2 格式化输入与输出 69
3.2.1 格式输出函数 printf 69
3.2.2 格式输入函数 scanf 73
本章小结 79
习题 3 79

第 4 章 程序的语句及流程控制 82
4.1 语句分类 82
4.2 表达式语句 82
4.3 复合语句 83
4.4 条件语句 85
4.4.1 if 语句 85
4.4.2 switch 语句 88
4.5 循环语句 91
4.5.1 while 语句 91
4.5.2 do-while 语句 96
4.5.3 for 语句 100
4.5.4 循环语句小结 104
4.6 转移语句 104
4.6.1 break 语句 104
4.6.2 continue 语句 106
4.6.3 return 语句 107
4.6.4 goto 语句和标号语句 107
4.7 程序设计实例 110
4.7.1 嵌套循环 110
4.7.2 枚举 114
*4.7.3 筛法 116
*4.7.4 递推 117
本章小结 118
习题 4 118

CONTENTS

第 5 章　函数　120

5.1　模块化程序设计　120

5.1.1　函数与模块化编程　120

5.1.2　蒙特卡洛模拟：猜数程序　122

5.1.3　C 程序的一般结构　125

5.2　自定义函数　125

5.2.1　函数定义　125

5.2.2　函数原型　128

5.2.3　函数调用　130

5.3　变量的存储类型　132

5.3.1　作用域与生存期　132

5.3.2　自动变量　133

5.3.3　外部变量　134

5.3.4　静态变量　137

5.3.5　寄存器变量　140

5.4　递归　140

5.4.1　递归概述　140

5.4.2　递归算法分析　142

5.4.3　递归函数设计　143

5.4.4　经典问题的递归程序设计　144

*5.4.5　分治法与快速排序　147

*5.5　多文件的 C 程序　148

5.5.1　函数的存储类型　149

5.5.2　多文件编程　149

**5.6　参数数目可变的函数　151

**5.7　C11 增加的属性　152

5.7.1　函数修饰符_Noreturn　152

5.7.2　存储类型_Thread_local　153

本章小结　154

习题 5　154

第 6 章　编译预处理　157

6.1　文件包含　157

C O N T E N T S

6.2 宏定义 158
6.2.1 无参宏定义 158
6.2.2 带参数的宏定义 159
6.2.3 取消宏定义 162
*6.3 条件编译 162
6.3.1 #if 指令 162
6.3.2 #ifdef 指令 164
6.3.3 #ifndef 指令 165
6.3.4 defined 运算符 166
*6.4 断言 166
6.4.1 宏 assert 166
6.4.2 静态断言 167
**6.5 宏的高级用法 167
6.5.1 宏操作符#和## 168
6.5.2 可变参数宏 168
6.5.3 通用类型宏 169
6.5.4 预定义宏 170
本章小结 171
习题 6 171

第 7 章 数组 173
7.1 数组概述 173
7.2 一维数组 173
7.2.1 一维数组的声明 173
7.2.2 一维数组元素的引用和下标 175
7.2.3 一维数组的运算 176
7.2.4 一维数组的逻辑结构和存储结构 176
7.2.5 初始化数组 178
7.2.6 用 const、extern、static 声明数组 182
7.2.7 一维数组作为函数的形参 182
7.3 二维数组 185
7.3.1 二维数组的定义 186
7.3.2 二维数组元素的引用和数组运算 186

CONTENTS

7.3.3 二维数组的逻辑结构和存储结构 187
7.3.4 二维数组的初始化 188
7.3.5 二维数组作为函数的形参 190
*7.4 n维数组 191
7.4.1 n维数组的定义 191
7.4.2 n维数组的使用 192
7.4.3 n维数组元素的引用和使用 192
7.4.4 n维数组的存储结构 193
7.4.5 n维数组的初始化 194
7.4.6 n维数组作为函数的参数 195
7.5 字符数组和字符串 196
7.5.1 字符数组 196
7.5.2 字符串 196
7.5.3 字符数组的初始化 197
7.5.4 字符数组的使用 197
7.5.5 字符串处理函数 200
7.5.6 二维字符数组和字符串数组 208
7.6 基于数组的应用 210
7.6.1 冒泡排序 211
7.6.2 二分查找 212
7.6.3 矩阵乘运算 215
本章小结 216
习题7 217

第8章 指针 220
8.1 指针的概念 220
8.1.1 变量的地址和指针变量 220
8.1.2 指针变量的声明 222
8.1.3 指针的赋值和移动操作 223
8.1.4 悬挂指针和NULL指针 225
8.2 指针参数 226
8.2.1 传值调用和传址调用 226
8.2.2 返回多个值的函数 227

CONTENTS

8.3 指针和一维数组 228
8.3.1 一维数组元素的指针表示 228
8.3.2 一维数组参数的指针表示 232
*8.3.3 高精度计算：超长整数加法 235
8.4 指针与字符串 237
8.4.1 字符串的指针表示 237
8.4.2 字符串作函数参数 238
8.5 指针数组 240
8.5.1 指针数组的概念 240
8.5.2 用指针数组表示字符串数组 241
*8.5.3 指向指针的指针 246
*8.6 main 函数的参数 249
8.6.1 命令行参数 249
8.6.2 带参 main 函数的定义 249
8.6.3 命令行参数的传递 251
8.7 指针函数 252
8.7.1 指针函数的声明 252
8.7.2 指针函数返回值的分析 252
8.7.3 指针函数的定义及应用 253
*8.8 指向函数的指针 256
8.8.1 函数指针变量的声明 256
8.8.2 函数指针的应用 257
*8.9 指针与多维数组 258
8.9.1 指向数组元素的指针 259
8.9.2 指向数组的指针 259
8.9.3 二维数组参数的指针表示 262
**8.9.4 多维数组的指针表示 265
8.10 用 typedef 定义类型名 266
8.10.1 typedef 的用法 267
8.10.2 typedef 与 # define 的区别 268
**8.11 复杂声明 268
8.11.1 函数指针数组 269
8.11.2 指向函数的指针函数 270

CONTENTS

8.11.3 函数指针数组的指针 271
**8.12 restrict 和_Atomic 类型限定符 273
8.12.1 restrict 限定的指针 273
8.12.2 _Atomic 类型限定符 273
本章小结 274
习题 8 274

第 9 章 结构与联合 278
9.1 结构概述 278
9.2 结构的声明和引用 279
9.2.1 结构类型的声明 279
9.2.2 结构变量的定义 280
9.2.3 结构变量的初始化 280
9.2.4 点运算符 281
9.2.5 嵌套的结构 281
*9.2.6 结构的大小 282
9.3 结构数组 285
9.3.1 结构数组的定义 285
9.3.2 结构数组的初始化 286
9.3.3 结构数组作函数参数 286
9.4 指向结构的指针 288
9.4.1 结构指针的声明 288
9.4.2 箭头运算符 289
9.4.3 结构数组的指针表示 289
**9.4.4 柔性数组成员 295
9.5 结构与函数 296
9.5.1 结构或结构指针作函数参数 296
9.5.2 结构或结构指针作函数返回值 297
*9.5.3 复合文字作实参 299
9.6 联合 300
*9.7 字段结构 303
9.8 结构指针的应用 306
9.8.1 静态和动态数据结构 306

CONTENTS

9.8.2 单链表的结构 307
9.8.3 单链表的建立和输出 308
9.8.4 单链表的基本操作 313
9.8.5 单链表排序 319
*9.8.6 十字交叉链表 322
**9.8.7 双向链表 325
本章小结 326
习题 9 326

第 10 章 文件 329
10.1 文件概述 329
10.1.1 数据流 329
10.1.2 文件的概念 329
10.1.3 文件类型 330
10.1.4 文件指针 332
10.1.5 文件操作的基本步骤 333
10.2 文件的打开与关闭 333
10.2.1 打开文件函数 fopen 333
10.2.2 关闭文件函数 fclose 335
10.2.3 应用举例 336
10.3 文件的顺序读写 336
10.3.1 字符读写操作 337
10.3.2 字符串读写操作 338
10.3.3 格式化读写 340
10.3.4 数据块读写 342
*10.4 文件的随机读写 345
10.4.1 文件指针的复位 346
10.4.2 文件指针的随机移动 346
10.4.3 文件指针当前位置的获取 346
*10.5 文件的状态及异常检测 350
10.5.1 文件结束判断函数 350
10.5.2 文件读写错误信息判断函数 350
10.5.3 文件读写错误信息清除函数 350

CONTENTS

* 10.6 文件的重定向 352
** 10.7 C11 标准新增文件操作语法 353
10.7.1 打开文件时的独占模式 354
10.7.2 用 gets_s 函数替代 gets 函数 354
10.7.3 文件操作中参数使用 restrict 修饰的说明 355
10.7.4 关于边界检查函数接口 355
本章小结 355
习题 10 356

*** 第 11 章 用户自定义库 358**

11.1 用户自定义库概述 358
11.2 allocation 库的设计 358
11.3 allocation 库的接口定义 360
11.4 allocation 库函数的实现 361
11.5 allocation 库的生成和使用 363
11.5.1 生成 allocation 库文件 363
11.5.2 allocation 库的使用 364
本章小结 365
习题 11 365

附录 A ASCII 字符编码表 366

附录 B 常用标准库函数 368

参考文献 374

第1章 概论

本章首先介绍计算机的发展简史、计算机系统的基本组成、程序设计语言的基本知识，然后介绍问题求解中从算法到程序的转换过程，最后介绍C语言的产生、发展、标准、特征和编程初步。

1.1 基础知识

1.1.1 为计算而生

自人类社会诞生以来，人类就对计算有着孜孜不倦的追求。计算的方法、技术和工具的进步，不仅见证了人类社会发展的历程，更成为人类文明进步和科技发展的重要基础。

1. 古时代的计算

人们最早使用的计算工具可能是自己的手指。英文单词“digit”就既有“数字”的意思，又有“手指”的意思，暗示着远古时代的人类是用掰手指的方式来计算的。后来出现了“结绳”计数，再后来人们使用“筹”来计数，其中最有名的是中国商周时期出现的算筹，中国古代数学家祖冲之计算圆周率使用的工具就是算筹。算盘是中国古人对计算的又一大贡献，据考证算盘最早产生于中国汉代，成型于南北朝时期，距今1500余年。小小的算盘已具备了现代计算机的基本特征：进位制计数、数据存储和计算，再配合使用一套好比现代计算机软件的口诀，就可以进行复杂的“运算”，时至今天，算盘还在被使用。

2. 早期的机械计算

15、16世纪的欧洲，随着天文、航海、工程、贸易以及军事的发展，改进数字计算方法成了当务之急。欧洲科技的发展推动了计算方式由手工向机械化发展。1622年，英国圣公会牧师威廉·奥特雷德把两根木制对数标尺并排放在一起，创造出了世界上第一把“计算尺”。而他的这个想法被后人认为是机械化计算思想的萌芽。1850年以后，计算尺得以迅速发展和普及，随身携带的计算尺成为工程师的身份标志，一直到20世纪50—60年代。

对现代计算机的发明带来重要影响的是，1642年法国数学家莱士·帕斯卡发明的加法器——帕斯卡加法器，虽然只能够做加法和减法，但这个外形看起来像长方形盒子甚至像儿童玩具一样要上发条才能转动的装置，却实现了人类历史上真正意义上的机械化计算，是人类有史以来第一台机械计算机。1674年德国哲学家、数学家戈特弗里德·威廉·莱布尼茨在帕斯卡加法器的基础上进行改进后发明了一种新型计算机，并在1679年发明了二进制，率先系统地提出了二进制的运算法则，众所周知，二进制已成为现代计算机的运算基础。1819年英国科学家查尔斯·巴贝奇设计发明了差分机和解析机，其中解析机的设计思想为现代电子计算机的结构设计奠定了基础，研究科学史的专家认为，巴贝奇与居里夫人一样伟大，因为他设计出了差分机和解析机，为计算机的诞生扫除了许多理论上的障碍，这一贡献是非常了不起的。

3. 电子计算机时代的到来

1906年,美国发明家李·德福雷斯特发明了电子管,从此人类科技史进入电子时代,也为数字电子计算机的发明奠定了基础。

谁是世界上的第一台电子计算机呢?历史上曾引起不小的争端。即使时至今日,仍有不少教科书写道:世界上第一台电子计算机是ENIAC。1943年,美国军方为了实验新式火炮,需要计算火炮的弹道表,这需要进行大量计算。一张弹道表需要计算近4000条弹道,而每条弹道需要计算750次乘法和更多的加减法,工作量巨大。当时任职美国宾夕法尼亚大学莫尔电机工程学院的约翰·莫希利(John Mauchly)和他的学生布蕾斯伯·埃克特(Presper Eckert)于1942年提交了一份研制电子计算机的设计方案——"高速电子管计算装置的使用",期望用电子管代替继电器以提高机器的计算速度。美国军方得知这一设想后,立即拨款成立了一个以莫希利、埃克特为首的研制小组,并最终于1946年2月14日在美国宾夕法尼亚大学研制成功。这台计算机称为ENIAC——Electronic Numerical Integrator And Computer,即电子数字积分和计算机。

ENIAC采用了18000多个电子管、10000多个电容器、7000多个电阻、1500多个继电器,重达30吨,占地面积170m^2,耗电量150kW,在当时相当惊人,据传ENIAC每次一开机,整个费城西区的灯光都变得黯然无色。但它能在1s内完成5000次加法运算、0.003s内完成两个10位数乘法,比机械式的继电器计算机快1000倍。原来一条炮弹轨迹的计算需要200人手工计算两个月,而ENIAC只需20s即可完成,可以说ENIAC一战成名。英国无线电工程师协会的蒙巴顿将军把ENIAC的出现誉为诞生了一个电子的大脑,从此"电脑"一词就流传开来。

现在公认的世界第一台电子计算机并不是ENIAC,而是阿塔纳索-贝瑞计算机(Atanasoff-Berry Computer,简称ABC计算机),是其发明者约翰·文森特·阿塔纳索夫于1937年设计,并在1942年研制成功的。ABC计算机开创了现代计算机的重要元素,包括二进制算术和电子开关等,1990年被认定为IEEE里程碑之一。但ABC计算机不可编程,仅仅设计用于求解线性方程组,缺乏通用性、可变性与存储程序的机制,与现代计算机有着较大的差异。所以,今天ABC虽正名为第一台电子计算机,但ENIAC仍毫无疑问是第一台通用计算机。ENIAC宣告了一个新时代的开始,从此打开了科学计算的大门。

4. 现代计算机的诞生

ENIAC虽然取得了巨大的成功,但作为初生的电子计算机,仍存在明显的缺陷。例如,存储容量太小,采用十进制而不是二进制,特别是程序用连线方式实现,不能存储,这使得为了进行几分钟运算,要花费数小时甚至几天的时间准备,而且耗电量大,经常会因为烧坏电子管而被迫停机检修,维护费用高昂。

对此,美籍匈牙利数学家冯·诺依曼(von Neumann)提出了开创性的理论改进,从此诞生了现代计算机的体系结构。1944年,冯·诺依曼参加了原子弹研制工作,该工作涉及极为复杂的计算,当时落后的计算方法困扰着整个研究工作。1944年夏的一天,冯·诺依曼偶遇了美国弹道实验室的军方负责人戈尔斯坦,他正参与ENIAC的研制工作,向冯·诺依曼介绍了ENIAC的研制情况。具有远见卓识的冯·诺依曼为这一研究所吸引,并在戈尔斯坦的介绍下加入了ENIAC研制组。在ENIAC研制的同时,冯·诺依曼就开始考虑设计一台更先进的计算机。

新机器方案命名为“离散变量自动电子计算机”(Electronic Discrete Variable Automatic Computer,EDVAC)。1945年6月,冯·诺依曼与戈尔斯坦等人以《关于EDVAC的报告草案》为题,联名发表了一篇长达101页的报告。报告广泛而具体地介绍了制造电子计算机和程序设计的新思想,从此奠定了现代计算机体系结构的坚实基础。这份报告在计算机史上被称为“101页报告”,被认为是现代计算机发展史上一个划时代的文献。

5. 冯·诺依曼体系结构

报告中提出的计算机设计思想被称为冯·诺依曼体系结构。冯·诺依曼体系结构的基本特征是:

① 采用“存储程序”工作方式,即在程序执行前,程序和数据都送入存储器,然后再执行程序;而一旦程序启动执行,计算机就能在不需要人工干预的情况下自动完成逐条指令取出和执行的任务。

② 计算机由运算器、逻辑控制器、存储器、输入设备和输出设备五大基本部件组成。

③ 采用二进制形式表示指令和数据。人们把按这一方案思想设计的机器统称为冯·诺依曼机。冯·诺依曼机体系结构影响深远,即使时至今日,尽管计算机体系结构取得了巨大的发展,但从根本上来看,现在绝大部分通用计算机的体系结构仍然属于冯·诺依曼结构,冯·诺依曼因此被称为“现代计算机之父”。

6. 现代电子计算机的发展历程

20世纪40年代至今,伴随着电子器件的发展,计算机硬件技术进入了快速发展的轨道。按照逻辑元器件的不同,一般认为现代电子计算机的发展经历了电子管、晶体管、集成电路和超大规模集成电路四个关键阶段。

第一代电子管计算机(1946—1958):计算机的元器件采用电子管,操作指令是为特定任务而编制的,每种机器有各自不同的机器语言,功能受到限制;软件采用机器语言、汇编语言。其特点是体积大、耗电大、可靠性差,维修复杂,而且价格昂贵。这个时期的计算机还只能在军事、经济等少数专门领域得以应用。

第二代晶体管计算机(1956—1963):计算机的元器件采用晶体管,并使用了磁芯存储器;软件较以前有了很大的改进,出现了大量COBOL和FORTRAN等高级编程语言和编译程序,并且出现了操作系统。其特点是体积缩小、功耗降低、可靠性提高,性能有了很大的提高。在这一阶段,出现了程序员、分析员和计算机系统专家等新的职业,整个软件产业由此而诞生。

第三代集成电路计算机(1964—1971):计算机的元器件采用中小规模集成电路,主存储器采用半导体存储器,运算速度可达每秒几十万次至几百万次基本运算;软件逐渐完善,分时操作系统、会话式语言等多种高级语言有了新的发展。其特点是体积更小、耗电量更少、可靠性更高、应用领域更广。

第四代大规模集成电路计算机(1971年至今):计算机的元器件采用了大规模集成电路(LSI)、超大规模集成电路(VLSI)。其特点是微型化、功耗极大降低、可靠性极大提高。这一时期,开创了微型计算机的新时代,微处理器和微型计算机如雨后春笋般层出不穷,代表性的公司有Intel、AMD等,个人电脑(Personal Computer)开始走进千家万户,并深刻影响到社会生活的方方面面,人类正式步入计算机时代。

随着科学技术的发展,特别是芯片技术和计算机体系结构的发展,以及量子计算、人工智能等学科研究的深入,未来计算机的发展,一是"高、精、尖",向巨型计算机、超级计算机发展,速度越来越快、容量越来越大、性能越来越高,对社会经济和军事国防具有举足轻重的作用;二是应用更加广泛,网络更加普及,信息技术渗透到社会生活的方方面面,整个社会的运转都要依靠庞大的计算机系统支撑;三是向深度发展,向智能化、微型化方向发展,量子计算机、光子计算机、分子计算机、纳米计算机、生物计算机等是当今计算机科学研究的最前沿领域,随着计算机技术上的突破,未来将为生物及医学、航空航天、宇宙探索、新能源研究等开辟全新的领域。

1.1.2 计算机系统概述

计算机系统分成硬件和软件两大部分。按照冯·诺依曼结构,计算机由运算器、逻辑控制器、存储器、输入设备和输出设备 5 个基本部件组成,这些部件就是计算机系统的硬件组成部分,它们是借助电、磁、光、机械等原理构成的物理装置,在软件指令的指挥下,各硬件组成部分经过电、磁、光、机械的运作和状态变换协同完成计算任务。

在现代计算机中,中央处理器(Central Processing Unit,CPU)集成了算术逻辑单元、控制单元和寄存器等。其中,算术逻辑单元(ALU)就是运算器部分,是计算机内部具体执行基本算术、逻辑运算的器件。加、减、乘、除算术运算以及与、或、非逻辑运算是计算机的基本运算,任何高级形式的运算在计算机内部都依赖这些基本运算的组合来完成,而其中,二进制加法运算又是最基本的运算,任何其他基本运算最终都是转换成为加法运算来实现的。控制单元就是控制器,指令在控制器的控制下,依次完成取指、译码、执行、回写等操作,实现相应运算;而指令的序列(程序)在控制器的控制下,被一条一条地顺序执行,最终完成一个程序所规定功能。

存储器分为外存储器(简称外存)、主存储器(又称内存储器,简称内存)、高速缓存、寄存器等。其中,高速缓存(Cache)、寄存器集成在 CPU 中,是离 ALU 最近、存取速度最快的存储部件,但因为集成在 CPU 之中,所以数量有限,容量相对于主存储器和外存储器也小得多。硬盘、软盘、光盘、磁带以及 U 盘等属于外存储器,其特点是容量大,断电后数据不丢失,能长期保存信息,且价格低廉,但访问速度比较慢,尤其是相对于 CPU 的计算速率更慢得多。为了弥补 CPU 计算速度和外存储器访问速度之间的巨大差异,现在计算机系统中在 CPU 和外存储器之间增加了主存储器(Main Memory,简称主存)。主存储器是易失性存储器,断电后,其中存储的数据即丢失。但在运行中,程序和数据需要首先从外存中读到内存中才能被 CPU 执行和访问,而 CPU 在计算过程中产生的结果数据,也需要首先存到内存中,然后再"转存"到外存中长久保存。可见现代计算机的存储器采用的是多级存储体系,即由存储容量小、存取速度高的高速缓冲存储器,存储容量和存取速度适中的主存储器,以及存储容量大、存取速度慢的外存储器组成。它们具有不同的访问特性,数据(包括程序)在不同层次的存储器之间流转,实现了计算机系统对程序和数据的高效访问。在现代计算机体系结构中,不管是哪个层次的存储器,都是以字节的方式对存储空间进行编址,而数据(包括程序)以字节的方式进行存储和访问。

对于输入设备和输出设备,键盘、鼠标是最常见的输入设备,另外扫描仪、摄像头等也是输入设备,其功能是把外部世界的文字、图像、音视频等媒体信息转换成以二进制形式表示的数据存储到计算机中。而输出设备最常见的是屏幕,另外打印机、绘图仪等也是输出设备，其功能是把计算机内部以二进制数值形式表示的各种数据(信息)转换成人可以感觉和理解的文字、图像或音视频，让人看到、听到、感觉到计算机的处理结果。

软件是计算机上运行的各种程序的统称。在现代计算机系统中，除了硬件部分，要使计算机能够运行来解决各种实际问题，还必须有软件的支持。软件是用户和硬件之间的接口界面，用户通过软件与计算机交互，达到使用计算机求解问题的目的。软件又分为系统软件和应用软件两大部分。

系统软件是为有效、安全地管理和使用计算机以及为开发和运行应用软件而提供的各种基础软件，通常和具体的应用领域无关，主要包括操作系统、语言处理系统、数据库管理系统和各种实用程序等。其中，操作系统是最重要的系统软件。操作系统的主要功能是组织管理系统中的各类软、硬件资源，对下能够指挥系统中的各种硬件协调工作，对上能够为各种应用软件的运行提供支持。在操作系统的管理下，一般计算机的使用者和应用软件不需要直接面向硬件，不需要顾及底层硬件的工作，而在由操作系统所提供的一个虚拟环境下使用计算机，大大方便了一般用户对计算机的使用。

应用软件是和系统软件相对而言的，一般指在不同的领域、针对不同的问题需求而开发的各种专用程序。例如，电子邮件收发软件、多媒体播放软件、游戏软件、文字处理软件、MatLab 等。

需要注意的是，系统软件和应用软件的划分是相对的，不是绝对的。例如，数据库管理系统，相对于操作系统而言，它是运行在操作系统之上的一个应用软件；但是相对于基于数据库管理系统开发的各种具体的管理信息系统(Management Information System，MIS)而言，它又可以视为一种系统软件。随着计算机技术的发展，不管是系统软件还是应用软件，它们的设计越来越复杂、功能也越来越强大，影响着社会生活的方方面面。而且在计算机发展的道路上，硬件和软件是相互影响、相互促进的，软件技术的提高也促进了计算机硬件技术的发展。

1.1.3 程序设计语言

程序设计语言是用于书写计算机程序的语言，是人与计算机、计算机与计算机之间交流的工具，不管是系统软件还是应用软件，都是使用某种程序设计语言编写的。程序设计语言的基本功能是描述数据和对数据进行运算。与人类的自然语言类似，程序设计语言的定义也有三个要素：语法、语义和语用。语法规定了程序的结构形式，即表示构成语言的各个记号之间的组合规律，但不涉及这些记号的特定含义，也不涉及使用者；语义表示程序的含义，即按照各种方法所表示的各个记号的特定含义，但不涉及使用者；语用则表示程序和使用者的关系，涉及记号的来源、使用和影响。

程序设计语言可分为低级语言和高级语言两大类。其中低级语言包括机器语言和汇编语言。

1. 机器语言

机器语言是用二进制代码表示的机器指令的集合。机器语言指令是一种二进制的 0、1 数串形式，数串又分成操作码和操作数两个部分，操作码规定了指令的功能，而操作数给出了该指令的操作对象。例如，实现两个整数相加，用机器语言表示为：

```
01100110 10111000 00000110 00000000
```

```
01100110 10111011 00001101 00000000
01100110 00000001 11011000
```

机器语言可以被计算机直接识别和执行,用机器语言编写的程序称为机器语言程序,它是最早使用的第一代编程语言。尽管机器语言程序具有最高的执行效率,但用机器语言编写程序复杂而烦琐,可读性差、难以维护,除非非常专业的人士,一般人很难读懂和编写机器语言程序。并且机器语言是面向机器的,不同机器往往具有不同的机器语言,机器语言程序一般不具有可移植性。时至今天,已经很少有人直接用机器语言编写程序了。

2. 汇编语言

为了减轻使用机器语言编程的痛苦,后来人们进行了一种有益的改进:对机器语言指令进行符号化,即使用类似英语缩写的助记符来表示机器指令的二进制串中的操作码和操作数,例如,MOV 代表数据传递、ADD 代表加法运算、AX 代表累加寄存器等。这样,人们就可以容易地阅读和理解程序在干什么,便于书写和排错,极大提高了编程效率和程序的可维护性。例如,上面实现两个整数相加的机器指令所对应的汇编指令是:

```
mov 6, ax
mov 9, bx
add bx, ax
```

经过上述符号化后的指令称为汇编指令,汇编语言就是汇编指令的集合,用汇编语言编写的源程序称为汇编语言程序。但是,汇编语言程序并不能被计算机直接执行,而是需要将其翻译成机器语言程序后才能在计算机上运行。实现将汇编语言程序翻译成机器语言程序的工具是汇编程序(又称汇编器),而汇编语言程序翻译成机器语言程序的过程称为汇编,汇编语言程序从源程序到执行的过程如图 1-1 所示。

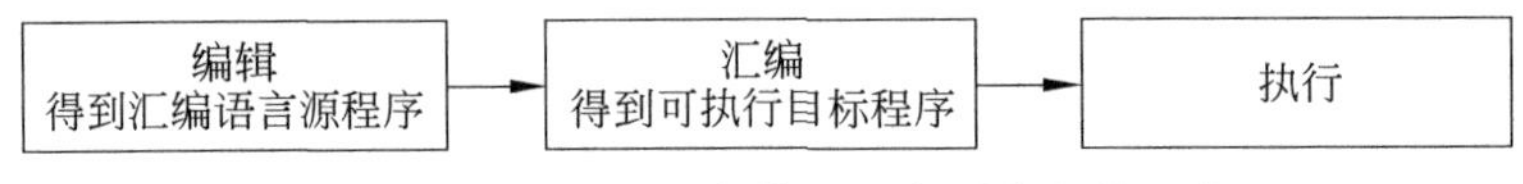

图 1-1　汇编语言程序从源程序到执行的过程

汇编指令是第二代计算机语言,尽管符号化后汇编指令直观、易用,提高了编程的效率。但汇编指令和机器指令本质上是一一对应的,仍是面向机器的,都属于低级语言。

3. 高级语言

汇编语言方便了编程,计算机的应用范围得以迅速扩大。但人们发现汇编语言也难以克服低级语言所存在的问题,如编写烦琐而冗长、编程效率低下、程序难以理解、不便于维护、可移植性差等,尤其是开发复杂大型软件异常困难。为了进一步提高编程效率和程序语言的表达能力,特别是要接近数学和人类自然语言的表达,人们经过研究又设计出高级程序设计语言,简称高级语言。

高级语言在一定程度上与具体的机器和指令系统无关,有更强的表达能力,可方便地表示数据的运算和程序的控制结构,能更好地描述各种算法。例如,前面实现两个整数相加的运算,用高级语言编写可以写为:

```
sum=6+9
```

高级语言更接近于数学语言和自然语言的表达,程序的可读性、可理解性、可维护性、可移植性都比低级语言强得多，编程效率大大提高，而且高级语言易学、易用。如今，除非特殊需要，一般程序员都使用高级语言进行编程。

使用高级语言编写的程序称为高级语言程序。同汇编语言一样，高级语言程序也不能在计算机上直接执行，而需要通过编译程序或解释程序将高级语言程序翻译成相应的机器语言程序后，才能在计算机上运行，高级语言程序从源程序到执行的过程如图 1-2 所示。

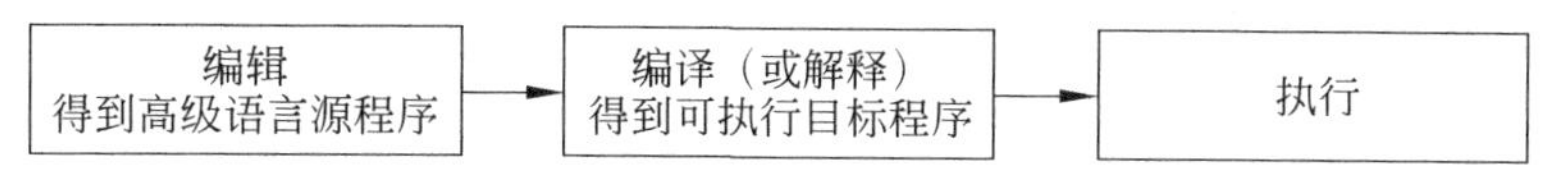

图 1-2 高级语言程序从源程序到执行的过程

计算机历史上诞生的第一个高级编程语言是 1954 年问世的 FORTRAN 语言，至今已有成百上千种高级编程语言，其中很多语言对计算机技术的应用和发展产生过巨大影响，例如，BASIC、C、C++、Java、Python 等语言。本书将讲解 C 语言程序设计的方法和技术。

1.2 问题求解和程序设计

使用计算机求解问题，需要将对问题的求解转换成计算机程序，然后通过运行程序来实现。

1.2.1 问题求解过程

从问题提出到完成用计算机求解，一般要经过问题定义、算法设计、程序编码、调试程序、运行程序等步骤。

1. 问题定义

问题提出时可能是用自然语言或一般的数学语言描述的。问题定义的目的就是对具体问题进行抽象，明确问题求解的规格说明。问题定义的主要内容包括定义问题输入输出的数据内容及其形式、定义求解问题的数学模型或确定数据处理的需求，以及明确程序的运行环境等。在软件开发过程中，需求分析完成的就是问题定义，即明确拟开发的软件的功能需求。

2. 算法设计

在问题定义的基础上，算法设计是把求解问题的数学模型或处理需求转化为计算机的解题步骤。算法就是问题求解步骤的描述，用近似计算机程序的方式给出具体求解过程的一种表达，而程序将按照这种表达予以实现。因此，算法设计的好坏直接影响着程序的质量，可以说算法设计是能否成功求解问题最关键的一步。

3. 程序编码

程序编码的主要任务是，用选定的某种程序设计语言，将算法设计中给出的算法实现为可以在计算机上实际运行的程序。在软件开发过程中，需要严格根据编程规范进行，软件设计要尽可能做到完整和正确。

4. 调试程序

正如人可能会犯思路错误或写错别字一样，程序员也未必一下就能正确地编制出想要的程序，原因是多种多样的，可能开始的算法本身就设计有误而导致程序出现根本性错误，也可能编程人员理解失误而写错了要表达的逻辑而导致程序的输出未达预期，甚至可能写错了变量名等。所以，程序初步编写出来之后，通常要经过认真调试，正确后再实际投入计算机中运行。

调试程序的最主要目的就是发现和纠正程序中的错误。在软件开发过程中，通过对程序的反复调试，以验证程序与设计要求一致，确保程序实现了需求规格说明所规定的功能，这样才算是真正解决了所定义的问题。

5. 运行程序

经过调试以后的正确程序，最后就放置到计算机系统中运行，这一过程称为软件部署。根据设计时确定的运行环境的要求配置计算机的系统环境，包括硬件、操作系统及其他支撑环境，然后安装所开发的程序并运行。为程序提供输入数据，程序在计算机上执行而得到输出结果，并将输出结果以某种指定的形式反映出来，就是当前问题求解的答案了。

1.2.2 算法和程序

从上述的问题求解过程可以看到，程序是对算法的具体实现，程序是否正确有效地求解问题，根本上依赖于一个正确有效的算法。

1. 算法

算法是解题方法准确而完整的描述，由一系列指令组成，这些指令不仅规定了求解问题所需要的运算，也规定了求解问题的步骤。按照这些步骤依次执行规定的运算就可以得到问题的答案。算法具有特殊性，不同的问题求解需要设计不同的算法，算法的具体求解方法和步骤由实际问题确定。在使用计算机解决问题的过程中，必须首先认真分析问题的性质和要求，然后提出解决此类问题的方法和步骤，最后在计算机上实现，即分析问题、设计算法和实现算法，分三步来完成。算法具有以下重要性质。

确定性：算法的每一种运算都必须有确切的定义，不能有二义性。

能行性：算法中有待实现的运算都应是基本运算，能在有限的时间内完成。

有输入：一个算法有 0 个或多个输入，这些输入是算法开始之前给出的原始数据，取自特定的数据集合。

有输出：一个算法会产生一个或多个输出，这些输出是与输入有某种特定关系的量。

有穷性：一个算法在执行了有穷步的运算之后必须终止。

算法是有效解决问题的策略和步骤，原则上能够对规范的输入在有限的时间内给出所需的输出。但如果一个算法设计有缺陷，或不适合于某个问题，则这个算法就不能正确有效地解决问题。不同的问题有不同的求解算法，即使对同一个问题也有不同的算法可以进行求解，而且不同的算法可能用不同的时间、空间或效率来完成任务，算法的优劣可以用空间复杂度和时间复杂度来衡量。

需要注意的是，算法和程序并没有必然的联系，算法设计是在程序编码之前完成的工作，因此，描述算法也不需要用实际的程序设计语言，而一般采用以下几种方法。

1）文字描述

文字描述即用自然语言来描述算法。采用这种描述方法，可以使得算法易读、易理解。例如，求两个整数的最大公约数的辗转相除法，用文字描述如下。

① 输入两个整数，记为 a 和 b。

② 如果 b 等于 0,则 a 和 b 的最大公约数就是 a,输出 a,算法结束;否则,

③ 计算 a 除以 b 的余数 r,并令 a 等于 b,b 等于 r,然后重复步骤②。

但是,用自然语言描述算法往往比较烦琐,并且自然语言二义性比较强,所以算法描述更多是采用流程图或伪代码的方式。

2) 流程图

流程图是一种以特定的图形符号加上说明来表示算法的图示方法,又称框图。流程图结构简单、条理清楚而被广泛使用。

流程图是对算法处理逻辑的图形描述,采用一些图框来表示各种操作。美国国家标准化研究协会(American National Standards Institute,ANSI)规定了一些常用的流程图符号,被普遍使用,主要的流程图符号如图 1-3 所示。

图 1-4 是辗转相除法的流程图,流程图的基本要求有:

(1) 一般包括一个开始框和一个结束框,表示算法的开始和结束。

(2) 根据需要用不同的框表示相应的操作,框内要写上该操作的说明。

(3) 流程线表示各项操作执行的先后次序,必须加箭头,从开始框引出,至结束框终止。

(4) 判断框(菱形框)表示选择,框内要写上选择条件;从判断框出来的两条流程线上要表明"是"或"否",分别表示条件成立或不成立时的处理流向。

(5) 如果一个流程图一次画不下、需要分多块画的话,需要用连接点框(圆形框)表示出多块之间的连接点。

流程图是一种较好的表示算法的工具,画法灵活、简单。但其主要缺点是计算机不能直接识别。为此,人们又开发出其他图形表示法,例如问题分析图(PAD 图)等,感兴趣的读者可以查阅资料进行了解。

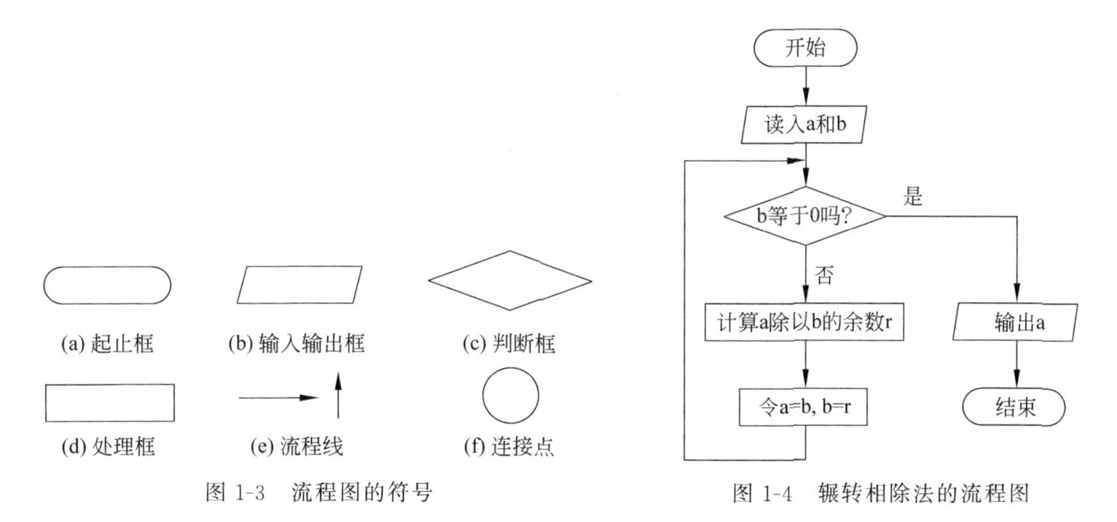

图 1-3 流程图的符号

图 1-4 辗转相除法的流程图

3) 伪代码

从某种意义上讲,算法也是一种程序,是在变成可实际运行程序之前的一种程序,因此,算法也可以用一种程序式的语言来描述,只是这种程序语言不是实际的程序设计语言,而被称为伪代码。伪代码没有标准的定义,可以理解为对任何实际的程序设计语言简化,并保留程序设计语言的基本要素,再夹杂自然语言、数学语言的成分后,专门用于描述算法的语言

形式。例如,辗转相除法的伪代码可描述为:

```
function gcd(a,b)
    while b!= 0 do
       r ← a mod b;
       a ← b;
       b ← r;
    end while
    return b;
end
```

在上述辗转相除法的伪代码描述中,用到了 function…end 表示整个算法的过程体,while…end while 表示循环的开始和结束,以及用箭头"←"表示赋值等。另外,在不引起歧义的前提下,算法中用到的变量可以不用特意明确其数据类型,以使得算法具有更大的灵活性和适应性。

伪代码不是实际的程序设计语言,不能放在任何计算机上直接运行,但它具有程序设计语言的基本要素,如数据类型、控制结构等,只是没有实际程序设计语言那么严格。其目的是用来清晰表达算法的设计思想,并在之后能够用某种实际的程序设计语言,甚至是任何一种实际的程序设计语言方便、正确地翻译成可在实际计算机上运行的程序。所以,用伪代码书写算法也要严谨、准确,遵循算法的确定性、能行性,并有准确定义的输入、输出,具有有穷性。这样的算法才能正确表达问题求解的思路和方法,并能够实际翻译成可运行的计算机程序。

本书介绍的是实际程序设计语言 C 语言,所以后续章节算法的描述多采用流程图的形式,然后就用 C 语言具体实现。关于伪代码的内容,感兴趣的读者可以参考算法方面的书籍自学。

2. 程序

程序是对计算任务的处理对象和处理规则的描述。这里的处理对象就是数据,包括数字、文字、图像、音视频等各种类型;而处理规则一般是指处理的方法和步骤。在低级语言中,程序是由一组指令和相关的数据组成的。而在高级语言中,程序是由一组说明语句和执行语句组成的。

程序是算法的具体实现,规定了计算机执行的动作和顺序。程序应包括以下两方面的内容。

(1) 对数据的描述:在程序中要指定数据的类型和数据的组织形式,即数据结构。

(2) 对操作的描述:在程序中要说明如何具体对数据进行处理,要用实际程序设计语言提供的功能准确、有效地实现算法的设计。

编写程序的过程称为程序设计,程序设计就是用某种程序设计语言把求解问题的算法变成实际可执行程序的过程。

需要注意的是,程序设计的初学者往往认为程序设计就是直接用程序设计语言编程序,其实这是不全面的。程序设计实际上是在相关设计特别是算法设计完成之后才开始的。试想,如果算法都没有设计正确,那么盲目地着手编写程序代码就没有任何意义了。所以成熟的程序或软件设计者,一定是先分析问题,设计问题求解算法,然后再使用程序设计语言进行具体的编码。因此,从算法和程序的关系来看,是算法设计在前、程序设计在后,而且算法设计的好坏直接影响着后面程序编码的质量。

1.3 C语言的发展

在计算机发展史上,C语言可以算作一棵"常青树",至今仍是世界上最流行、使用最广泛的高级程序设计语言之一。

1.3.1 C语言的发展过程

1954年FORTRAN语言诞生,这是世界上第一个被正式推广使用的高级程序设计语言。FORTRAN是FORmula TRANslation的缩写,意为"公式翻译"。恰如其名,FORTRAN语言面向的也主要是科学与工程计算领域的应用。之后人们想设计一种通用语言,以使一般人员能够用该语言进行数值处理并能实现程序共享。ALGOL就是在这种背景下产生的。ALGOL是ALGOrithmic Language(算法语言)的缩写,诞生于20世纪50年代末,其中ALGOL 60(又称A语言)成为许多后来的程序设计语言的原型,其中就包括了C语言。

由于ALGOL 60缺乏对计算机硬件的操作能力,不适合用来编写系统程序。1963年,英国剑桥大学基于ALGOL 60设计出了CPL(Combined Programming Language),目的是希望在继承ALGOL 60高级语言特征的基础上,又能够对机器硬件进行操作。但CPL过于复杂,学习和使用都比较困难,最终CPL并没有完全实现。针对CPL存在的问题,剑桥大学的Martin Richards在美国麻省理工学院(Massachusetts Institute of Technology,MIT)访问工作时,对CPL进行了简化,于1967年提出了简化的CPL——BCPL(Basic Combined Programming Language)。BCPL简洁、紧凑,在牛津大学的OS6操作系统及MIT、贝尔实验室的一些项目中得到了应用。

1969年,美国AT&T公司贝尔实验室的Ken Thompson为了在DEC公司的PDP-7计算机上每个字占18位且只有8KB内存空间的硬件环境下实现UNIX操作系统,对BCPL进行了改良,1970年设计出了B语言。B语言对BCPL语言成分的描述进行了改进,并引入了一些新的操作,如前缀++、--和后缀++、--操作。B语言直接奠定了C语言的设计基础,C语言的发明者Dennis M. Ritchie甚至把B语言称为无类型的C语言(注:BCPL、B语言都是无类型语言)。

同一时期,贝尔实验室的Dennis M. Ritchie为了在DEC公司的PDP-11计算机上实现UNIX操作系统,在B语言的基础上又做了进一步改进,引入了数据类型的概念,并为新的语言编写了编译器。Dennis M. Ritchie将新语言命名为C语言。C取自BCPL的第二个字母,寓意C源于B,而B又源于BCPL。自此C语言诞生了。在其后至今的数十年中,C语言对计算机的发展产生了深远的影响。

1973年,Dennis M. Ritchie和Ken Thompson合作,用C语言重写了UNIX操作系统内核,先后推出了UNIX V5和UNIX V6。后来用C编写的UNIX操作系统又先后被移植到IBM 360/370、DEC VAX 11/780、AT&T等机器上。但此时的C语言还基本依附于UNIX操作系统。1978年,Brian W. Kernighan和Dennis M. Ritchie以UNIX V7的C编

译程序为基础，写出了被称为“C 语言圣经”的名著 *The C Programming Language*，这对 C 语言的普及和推广起到了不可估量的作用。此后，C 语言被移植到各类计算机上，并独立于 UNIX 和其他操作系统而存在，不仅用于系统程序的开发，也广泛用于各种应用软件的开发。C 语言自此成为目前世界上流行最广泛的高级程序设计语言。

1.3.2 C 语言的标准化

在 *The C Programming Language* 中介绍的 C 语言被世人称为 K&R C。C 语言因其突出优点，被人们广泛认同和普及应用。但同时也导致了各种各样 C 语言版本的出现。由于没有统一的标准，使得这些 C 语言版本之间出现了很多不一致的地方。

为了改变这种状况，ANSI 在 1983 年成立了 C 语言标准化委员会 X3J11，着手为 C 语言制定标准，并于 1989 年颁布了美国第一个 C 语言国家标准(X3.159—1989)，简称为 ANSI C 或 C89。1990 年，ANSI C 被国际标准化组织(International Organization for Standardization，ISO)接受为国际标准，称为 ISO/IEC 9899：1990，简称为 C90。这是 C 语言的第一个国际标准，也称为标准 C。C89/C90 对 K&R C 的改进如下。

(1) 增加了函数原型，强调对函数的输入参数进行严格的类型检查，并补充定义了 C 语言的标准函数库。

(2) 增加了关键字 const、enum、signed、void、volatile(易变变量，防止编译器错误的优化)，并删除了关键字 entry。

(3) 允许将结构本身作为参数传递给函数。

(4) 增加了函数原型声明。

(5) 增加了预处理指令：#elif、#error、#line、#pragma。

(6) 定义了固有宏：__LINE__、__FILE__、__DATE__、__TIME__、__STDC__等。

20 世纪 90 年代，随着对宽字符集支持需求的出现、对整型数据和浮点数据表示范围的扩大需求的产生，以及对数值计算精度要求的提高，C 语言的标准需要不断扩充和完善。ISO/IEC 在 1995 年公布了一个新的 C 语言标准草案，称为 C95，供讨论和征求意见。接着 ISO/IEC 在 1998 年又公布了新标准草案 WG14/N843 和 WG14/N897，进一步就 C 语言标准的完善征求意见。

1999 年，ISO/IEC 正式发布了 C 语言新国际标准 ISO/IEC 9899：1999，简称 C99 标准。C99 标准引入了许多新特性，如内联函数、可变长度的数组、灵活的数组成员、复合字面量、指定成员初始化器、支持不定参数个数的宏定义，在字符集方面支持三重图形字符序列(Trigraph Sequence)和多字节字符集(Multibyte Characters)，在整型数据方面支持 long long int 类型，在浮点数运算方面支持 long double 类型，新引入了三种复数类型和布尔类型，等等。

历经多年的使用，计算机技术又取得了飞速发展，对 C 语言也提出了更新的要求。因此，ISO/IEC 于 2007 年起又对 C 语言标准重新进行修订。2011 年，ISO/IEC 正式发布了 ISO/IEC 9899：2011，简称 C11，这是 C 语言国际标准的第三版。C11 标准又引入了一些新特性，如多线程、对象对齐、对 Unicode 的支持等，同时也产生了原子性、安全函数、边界检查函数接口等新概念。

1.3.3 C语言的特征

C语言是目前世界上流行时间最长和使用最为广泛的程序设计语言，并成为面向对象程序设计语言C++的基础，经久而不衰。这是与它自身的优点分不开的，概括起来，C语言有以下语言特征。

1）语言简洁紧凑

C语言词法记号中关键字集小，只有37个关键字；用以构造程序的语句集小，包括声明语句在内只有12种语句，其中可执行语句仅有11种：if-else语句、switch语句、for语句、while语句、do-while语句、break语句、continue语句、goto语句、标号语句、表达式语句和复合语句。简洁的语句集和小关键字集，可以最大限度地减少编程需要记忆的成分，有利于语言的学习和使用。

2）目标代码质量高

C源程序经编译后产生的目标代码紧凑，所占存储空间小，并且执行速度快，可以和优秀程序员用汇编语言编写的汇编语言程序的目标代码相媲美。C语言目标代码质量高是C语言能够在与其他语言的竞争中脱颖而出的重要因素。

3）语言表达能力强

一种语言的表达能力是由该语言提供的类型集、操作集及语句集对应用描述的支持程度来度量的。

（1）在类型集方面，C语言类型集中独具特色的是指针类型，针对整型、字符型、浮点型、数组、函数等形成了类型丰富的各类指针。而指针和数组与内存连续单元访问的联系非常紧密，使得C语言对内存、端口等都有良好的操纵和控制能力，这为计算机物理系统应用的描述提供了强有力的支撑。同时所提供的结构、联合等构造类型，进一步丰富了C语言的类型系统。

（2）在操作集方面，C语言提供的操作符较同期的其他语言更为丰富，主要体现在位运算、获取地址与指针运算、自增自减运算上，这些操作符提供的运算支持是对汇编语言指令或指令序列的直接描述，有很强的硬件操纵能力。这是当时其他高级语言所不具备的。由于操作符丰富，由这些操作符和操作数可以组成丰富多样的表达式，形成了C语言的鲜明语言特征。

（3）在语句集方面，C语言只有7种基本语句，简约易用，堪称典范。

4）流程控制结构化

结构化程序设计的理论研究表明，任何面向过程的程序都是由顺序、分支、循环三种基本结构构成的。C语言是结构化程序设计语言，对这三种基本结构都有很好的支持。C语言通过顺序语句、分支语句、循环语句实现流程控制，通过函数提供模块化机制，这些都对结构化程序设计提供了有力支持。并且C程序中代码和数据分离，程序层次清晰，便于使用、维护和调试。

5）弱类型

C语言是弱类型语言。语言类型的强弱由语言赋值操作的语义来规定。如果一种语言的赋值操作语义要求赋值操作的左、右操作数的类型必须完全一致，否则无法完成赋值运算，那么该语言就是强类型语言。反之，如果一种语言的赋值操作语义要求赋值操作的左、右操作数的类型完全自由，赋值操作能够根据右操作数的值的类型推导并使左操作数的类型与右操作数的值的类型一致，则该语言是无类型语言。而弱类型语言是指在赋值操作中右操作数的类型可以经过适当转换向左操作数看齐，即在左、右操作数的类型不一致的情况下，由左操作数的类型来决定右操作数进行何种适当转换而完成正确的赋值。在精度允许的范围内，弱类型可以减少编程所需记忆的语法规则，提高了编程的灵活性。

6）“中级语言”特性

人们往往称C语言是一种中级语言，这是因为C语言既具有高级语言的表达能力，即接近自然语言和数学语言的特性，也具有对计算机硬件系统的良好操纵和控制能力。这种中级语言的特性既使程序员摆脱了用汇编语言编程烦琐而低效的苦恼，又使程序员能够像汇编语言那样自如地操纵机器硬件。那些从事系统底层编程的程序员最能体会到C语言的这一优秀特性。

7）可移植性好

可移植性是指用一种语言为某种机器硬件编写的代码，可以不经改造或经过少量改造就能在另一种机器硬件上运行的特性。可移植性是衡量一个语言对机器硬件依赖程度和敏感程度的度量。语言的可移植性越好，对机器硬件的依赖程度就越低。C语言可移植性好，是指一个C源程序可以不做改动或者稍加改动，就可以从一种型号的计算机移植到另外一种型号的计算机上，经过重新编译链接后即可运行。

1.4 C语言编程初步

1.4.1 C编程的典型过程

1. 环境准备

在开始编写程序前，首先要准备好硬件设备和软件环境。硬件设备就是一台计算机，现在任何一种型号的计算机基本上都可以。性能好的计算机可以使你的编程工作更加流畅，节约编辑、调试和运行程序的时间，提高工作效率。

再就是软件环境，安装好操作系统和开发工具，包括文本编辑器、C语言编译器等，可以安装一款IDE（Integrated Development Environment，集成开发环境）。IDE集源程序的编写、编译、链接、调试、运行及文件管理于一体，可以极大地方便编程工作。推荐使用Code::Blocks、Dev-C++、Visual C++等IDE。读者可以参考本书配套教材《C语言程序设计典型题解和实验指导》，其中不仅介绍了一些常见IDE的使用方法，而且配有大量例题和习题，可以为C语言的学习提供很好的辅导。本书中的所有例子都是在Code::Blocks上编写、编译、调试的。

2. 开发C程序的步骤

开发C程序通常要经过编辑、预处理、编译、链接、执行等几个阶段。

(1) 编辑：首先是编写C语言源程序。源程序本质上是一种普通的文本文件，可以用任何文本编辑器创建、编辑和修改，命名后保存放在外存中。C源程序文件通常以c为扩展名（头文件以h为扩展名）。如果使用IDE开发，可以直接用IDE提供的文本编辑器书写C源程序。

C 源程序不能直接在计算机上运行，而是需要转换成可执行程序后才能运行。转换过程分预处理、编译、链接三步完成。

(2) 预处理：预处理的目的是在源程序编译之前，先将源程序中的预处理指令，条件编译命令、宏等进行处理，所以叫预处理。预处理工作由预处理程序(也叫预处理器)完成。

(3) 编译：编译就是将 C 源程序(准确地说是经过预处理后的源程序)翻译成机器语言目标代码，但此时的目标代码还不是可执行的，称为可链接目标代码(或可链接目标文件)。

(4) 链接：一个较大的 C 程序可能会包含多个模块(由多个.c 文件组成)，各模块经编译分别得到各自独立的可链接目标代码，但它们还不是整体；另外一般一个 C 程序中会使用到一些库函数，这些函数是 C 语言或函数库的设计者预先生成并放在一种称为“函数库”的目标文件中，等待用户程序调用，如基本的输入输出函数、数学函数等。这些函数在编译 C 源程序的时候也没有加入源程序的可链接目标代码中。链接的工作就是把与一个程序相关的所有可链接目标模块和库函数链接起来，组合成一个可执行目标文件(简称可执行程序)。链接工作有链接器完成。

(5) 执行：经过编译、链接后就得到了可执行程序，下一步就是执行程序。从计算机内部过程而言，执行又分为装载和运行两步完成。装载是在程序运行之前，将可执行文件从外存装入内存的特定位置等待执行，这一步工作由装载器完成；运行是在计算机 CPU 的控制下实际执行该程序。注意，预编译后的中间文件也是一种源程序(文本文件，可以用文本编辑器直接打开和阅读)，但编译、链接后的目标文件都是二进制文件，不能用文本编辑器直接打开。

一个 C 程序从创建到执行的过程如图 1-5 所示。

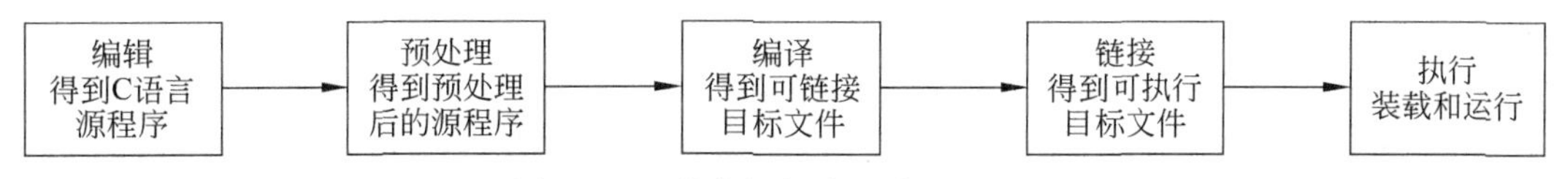

图 1-5 C 程序从创建到执行的过程

1.4.2 第一个程序：编程从这里开始

下面介绍一个简单 C 程序，它包含了 C 语言程序的基本成分——输入、输出、变量定义、注释等。通过本节学习，初步学习编写 C 程序的方法和要点。

【例 1.1】 编写一个 C 程序，输入用户的姓名(如 WangXiao)，然后在屏幕上输出“Hello，WangXiao!”，再输入两个整数，用前面的辗转相除法求这两个整数的最大公约数。

```
1   /*ex1_1.c*/
2   #include <stdio.h>
3   int main()
4   {
5       char name[20];
6       int a,b;
7       printf("Please input your name: "); /*输出提示信息*/
8       gets(name);                         /*输入姓名*/
9       printf("Hello %s!\n",name);         /*输出信息,并换行*/
```

```
10      printf("Please input number 1: ");
11      scanf("%d",&a);
12      printf("Please input number 2: ");
13      scanf("%d",&b);
14      printf("The greatest common divisor of %d and %d is ", a,b);
15      while(b!=0)                          /*用辗转相除法计算 a 和 b 的最大公约数*/
16      {
17          int r;
18          r = a%b;
19          a = b;
20          b =r;
21      }
22      printf("%d.", a);
23      return 0;
24  }
```

说明：为了方便描述，上述程序的每一行开始都加了行号，但在实际编程中是不需要也不能有这些行号的。这个程序展示了C程序应具有的一些主要特性，下面详细介绍该程序。

第1行是注释。注释用来对程序进行注解和说明。C程序中注释的书写方式是以/*开头且以*/结尾，二者中间的所有字符就是注释的内容。注释的内容可以是除了*/（这里指连续书写的*和/）以外的任意文字符号。注释不是程序的有效部分，注释的内容、多少、长短对可执行程序和程序的执行均没有任何影响，但是注释有助于人阅读和理解程序，对程序的维护非常重要，所以给程序添加合适的注释是一种良好的编程风格，而注释也应视为程序的一个重要组成部分。一般可以在整个.c文件的开始以注释的方式加上关于本.c文件的说明信息，如本.c文件的文件名、作者、关于功能的说明、创建时间、后期历次维护的时间和内容等；也可以在一个函数的前面写上关于这个函数的说明信息的注释，以及在任何语句后面加上相关的注释，如第7～9行中的注释。

第2行是一条预处理指令，为包含指令（#include 指令），它告诉预处理器在此处要插入标准输入输出头文件 stdio.h 的内容。头文件是另一种形式的C源程序，其内容一般是类型定义、外部函数和外部变量声明。C语言的每个标准函数库都有一个对应的头文件，里面给出了该标准函数库中所包含的所有标准库函数的函数原型声明、宏及其他声明。C语言要求，如果用户程序中用到了某个库函数，就需要在用户程序的开始用#include 命令将该库函数所在的函数库的头文件“包含”进来。如本例中，用到的标准库函数是 printf（标准输出函数）和 scanf（标准输入函数），它们都在标准输入输出函数库中，对应的头文件是 stdio.h，所以在第2行要写上#include <stdio.h>。

从第3行开始到第24行，定义了一个函数——main 函数。函数是C程序的基本组成单位，也就是说C程序是由一个一个的函数组成的，C程序的功能就是通过函数和函数之间的相互调用实现的。C语言中的函数有三种类型：一是库函数，在函数库中实现，无须用户再编写，而只在程序中调用即可（调用前要进行声明，如上面的#include 命令所做的工作）；二是用户自定义函数，是用户根据需要，将会被多次用到的程序段（即具有一定功能的连续的若干行程序）或其他必要的程序段定义为一个函数；三是 main 函数，是C语言中一个预定义的函数，**每个C程序必须有且只能有一个 main 函数**。

所有函数的定义规则是统一的，基本方法是：①命名，即给函数起一个合法的名字，称为函数名，如这里 main 就是 main 函数的名字，而 printf、scanf 是两个标准库函数的名字等，函数名唯一地代表了一个函数；②给出能实现函数功能的语句序列，并用一对花括号（大括号）"{}"括起来，写在函数名后面，称为函数体，如第 4～24 行所示，即为 main 函数的函数体。第 4 行和第 24 行的一对花括号，左花括号表示函数体的开头，右花括号表示函数体的结尾，之间括起来的所有语句就是当前 main 函数的函数体。花括号不能缺，但函数体的内容与函数的功能具体相关，根据需要编写即可。

在定义函数的时候，除了为函数命名，还要给出函数的参数，并指出函数返回值的类型。参数写在参数表里，参数表是用一对圆括号"()"（小括号）界定的一组形参变量，参数表放在函数名的后面，在函数名与函数体之间。即使没有参数，圆括号也不能缺。而 main 前面的 int，则指出 main 函数有返回值，并且返回值是 int 类型（即整型数据）。如果函数没有返回值，则函数返回值类型部分要写上 void。关于函数更详细的介绍请参见第 5 章。

第 5 行是一条声明语句，定义了一个字符数组变量 name，用来存放输入的姓名（字符串）。其中，char 指出 name 数组的类型为字符型数组，即数组中元素为字符型数据；一对方括号（中括号）"[ ]"表示 name 是一个数组（如果声明的变量是数组，则变量名后面的方括号不能缺）；方括号里面的数字表示数组的大小，即数组里面最多可以放几个元素，这里为 20，表示数组 name 中最多可以放 20 个字符，超过 20 个字符就会发生溢出。

第 6 行也是一条声明语句，定义了两个整型变量 a 和 b，用来存放后面将要输入的两个整数。C 语言要求变量要先声明再使用。在声明变量的时候，首先要命名，即给出变量的名字，如这里的 a 和 b 就是所声明的两个变量的名字，变量名必须是合法的标识符；其次要指出变量的类型，如整型、字符型或整型数组型、字符数组型（注：在声明数组变量时，变量名后面的方括号表示"数组型"的含义）等。

第 7 行调用了标准库函数 printf，是一条输出语句，目的是把 printf 函数参数表里格式串的内容在标准输出设备（屏幕）上显示出来。格式字符串是用一对双引号括起来的字符序列。格式字符串中包含两种字符：普通字符和用于转换说明的格式字符，但对格式字符以外的内容，printf 都将原样输出。此处 printf 的格式字符串不包含格式字符，所以仅原样输出其内容"Please input your name："（注：输出的内容不包括双引号）。后面第 10 行和第 12 行的 printf 函数也具有类似的功能。而包含格式字符的例子见第 9、14、22 行。

第 8 行调用了标准库函数 gets，是一条输入语句，功能是接收从标准输入设备（键盘）输入的一个字符串（用户姓名）并存入字符数组 name 中。

第 9 行又是一条输出语句，调用 printf 函数输出一条信息。但此处 printf 的格式字符串中包含了转换说明%s。转换说明是一个由字符%开头，后跟一个或多个其他字符组成的特定字符序列，如这里的%s。

对 printf 函数，格式字符串中的转换说明表示要用后面对应参数的内容替换格式字符串中的转换说明部分，然后输出替换后的格式字符串的内容。如本例中，就是用字符数组的内容替换转换说明%s。假设在执行第 8 行的 gets 函数时输入的姓名是 Zhangwei，则本行输出的内容就是"Hello Zhangwei!"（注：不包括双引号）。注意，格式字符串中只有转换说明部分被替换，其他字符都原样输出。

另外，本行 printf 的格式字符串最后有\n，这是一个转义字符。C 语言中转义字符是以

\开头，后跟字符 n 或其他特定字符的字符序列。转义字符都有特殊的含义，如这里的\n 含义是回车换行，也就是在输出本行信息后，屏幕上的光标将移到下一行的开始位置。可以对照第 14 行的 printf 语句，这个 printf 的格式字符串中没有\n，那么输出时就不会自动换行。当程序执行到第 22 行再输出下一个数据时，就会在屏幕上接着第 14 行的输出继续输出。

第 10 行和第 12 行是与第 7 行类似的输出语句，作用是输出两条提示信息“Please input number 1：”和“Please input number 2：”。

第 11 行和第 13 行又各是一条输入语句，但这里调用的是 scanf 函数。scanf 函数是格式化输入函数(与 printf——格式化输出函数相对应)。scanf 函数的参数表里也需要有格式字符串，里面根据需要应包含必要的转换说明，作用是接收从标准输入设备(键盘)输入的数据。这里，scanf 的格式字符串是%d，里面包含了一个转换说明部分%d，含义是接收从标准输入设备(键盘)输入的一个整型数据，并把这个数据存入第二个参数指定的位置中。

再看它们的第二个参数，形式是 &a 或 &b，这是一个运算表达式。其中，& 是取地址运算符，a 和 b 是整型变量。&a、&b 的含义是取变量 a 和 b 的内存地址，也就是变量 a 和 b 在内存中各自的存储单元的第一个字节的地址(称为变量的地址)。这是因为 scanf 函数要求接收数据的实际参数必须是地址型的。C 语言中，普通变量名(如 a 和 b)代表的是变量的实体(可以理解为变量的值或其存储单元的内容)，要想获取此类变量的地址，必须用取地址运算符 & 取其地址。而数组名(如 name)，其本身就是一个地址型数据，代表数组在内存中的地址(即数组的第一个元素的第一个字节的内存地址)，所以不需要用 & 取 name 的地址，如果写成“&name”编译器反而报错。作为例子，读者可以将第 8 行的 gets(name)改成 scanf("%s",name)，可实现与 gets(name)类似功能(但二者还是有差异的)，scanf 函数格式字符串里的“%s”表示要输入的是字符串数据，并将输入的字符串存入 name 指示的字符数组空间里。关于变量、数组、地址以及格式化、非格式化输入输出函数的详细内容请参见后续章节的相关内容。

第 14 行是一条输出语句，调用了 printf 函数，这里 printf 的格式字符串中有两处转换说明(都是%d)。格式字符串中可以有任意多处转换说明，但格式字符串后面的其他参数要与这些转换说明一一匹配，其含义就是用这些其他参数的内容(字符串或变量的值)替换格式字符串中相应的转换说明部分，然后输出替换后的格式字符串的内容。转换说明和待输出的参数的数量、类型要一一匹配，否则可能会引起意想不到的错误。scanf 函数也有类似要求。关于格式化输入输出更详细的内容请参见第 3 章。

第 15～21 行是辗转相除法算法的 C 语言实现。在 1.4.2 节中介绍了辗转相除法的算法思想。其主体是一个循环处理过程：不断地调整 a 和 b 的值，直到 b 等于 0 为止；而调整 a 和 b 的值的方法就是，先对 b 的初始值进行判别，如果 b 不等于 0，则令 a 等于原来的 b，而 b 等于原来的 a 除以 b 的余数。所以在用 C 语言书写这段算法程序时，首先想到的就是用循环结构实现算法要求的循环处理过程。第 15 行用 while 语句实现了这一处理。while 循环是 C 语言的三种基本循环形式之一(另外两种是 for 循环和 do-while 循环)。其书写形式是：先写关键字 while，然后在 while 后面写上一对圆括号，圆括号里有一个表达式，称为循环控制条件。循环控制条件可以是任何形式的运算表达式，但表达式的值将当作逻辑值使用：0 视为“假”(false)，非 0 均视为“真”(true)。

while 循环的控制逻辑是，如果循环控制条件为真，则重复执行循环体，否则退出循环。

while 循环的循环体指的是 while 后面跟着的一条或用一对花括号括起来的多条语句(如第16～21 行的语句)。退出循环就是不再执行循环体,而转向执行循环体后面的语句,如这里的第 22 行语句。本例中,循环控制条件是 b!=0,含义是判别 b 是不是不等于 0。假设第 11 行和第 13 行执行后有 a 等于 15,b 等于 9,则初次判断时 b 显然不等于 0(即 b!=0 的逻辑判断为真),就会执行循环体。在循环体中会为 a 和 b 重新赋值,然后再次进行判断和重复执行循环。直到某个时刻 b 等于了 0,这个时候 b!=0 的判断结果为假,退出循环,然后转向执行循环体后面的第 22 行语句。

第 16 行和第 21 行是一对花括号,分别表示循环体的开头和结尾。和函数体的表示一样,花括号必须成对使用,可以嵌套。

第 17 行是在 while 循环体中声明一个局部变量 r,用作后面计算 a 和 b 新值时的辅助变量。

第 18 行计算 a 除以 b 的余数,这里%是 C 语言的取模运算,即求 a 除以 b 的余数(故也称为取余运算)。"="是赋值运算符,表示把右边表达式的值赋给左边的变量。若如前所设:a 等于 15,b 等于 9,在首次执行 while 循环时,a%b 的结果是 6,赋给 r 后,r 的值就等于 6。

第 19 行和第 20 行是根据当前 b 的值和刚刚计算得到的 r 的值,更新 a 和 b 的值,同样用赋值运算"="完成。这里,首次循环的结果就是把 b 的当前值 9 赋给 a,把 r 的当前值 6 赋给 b。再次转向循环控制条件进行判断,显然 b 仍不等于 0,所以会第二次执行循环体。结果是 r 等于 3,a 等于 6,b 等于 3。由于 b 还不等于 0,会第三次执行循环体。而这一次的结果是 r 等于 0、a 等于 3、b 等于 0。那么第 4 次进行 b!=0 判断时,就会因为循环控制条件为"假"而"退出"循环,转向执行第 22 行的语句。

第 22 行是输出语句,仅简单地输出计算得到的最大公约数,就是当前 a 的值。这里可以再看第 14 行,由于第 14 行输出时没有换行,所以本行的输出将直接接着第 14 行的输出内容输出的,综合起来就是:

```
The greatest common divisor of 15 and 9 is 3
```

第 23 行是返回语句。由于这里 main 函数是 int 类型的,需要有一个整型的返回值,所以这里用 return(C 语言的返回语句)返回一个结果 0。

到此,整个程序的执行就结束了。如果开始的时候是从控制台执行本程序的,则现在就返回操作系统。在 Code::Blocks 下,以 Zhangwei、15、9 作为输入时程序的执行结果是:

```
Please input your name: Zhangwei
Hello Zhangwei!
Please input number 1: 15
Please input number 2: 9
The greatest common divisor of 15 and 9 is 3
```

前面说过,函数是 C 程序的基本组成单位。任何 C 程序都是由一个一个的函数组成的。C 程序中,除了库函数和 main 函数外,还可以由用户根据需要自己定义函数,这些函数称为用户自定义函数。

设计函数的基本原则是:将会被重复使用的代码段或其他必要的代码段独立出来,然后命名并定义成函数。作为一个例子,这里将例1.1中关于辗转相除法的部分程序独立出来定义成一个函数,并在main函数中调用该函数来计算a和b的最大公约数。

【例1.2】 改造例1.1中的程序,将辗转相除法实现为函数,并在main函数中调用。

改造以后的程序如下:

```
1   /* ex1_2.c */
2   #include <stdio.h>
3   int gcd(int x, int y);
4   int main()
5   {
6       char name[20];
7       int a,b;
8       printf("Please input your name: ");
9       scanf("%s",name);
10      printf("Hello %s!\n",name);
11      printf("Please input number 1: ");
12      scanf("%d", &a);
13      printf("Please input number 2: ");
14      scanf("%d", &b);
15      printf("The greatest common divisor of %d and %d is %d.", a, b, gcd(a,b));
16      return 0;
17  }
18
19  int gcd(int x, int y)
20  {
21      int r;
22      while(y!=0)
23      {
24          r = x%y;
25          x = y;
26          y =r;
27      }
28      return x;
29  }
```

第19～29行定义了求两个整数的最大公约数的函数gcd。如前所述,函数定义包括函数头和函数体两大部分,其中函数头的格式是

函数返回值类型 函数名(参数表)

而函数体是用一对花括号括起来的若干行语句,这些语句将实现函数的计算功能。对应的:

(1) 第19行是gcd函数的函数头。gcd是函数名,圆括号界定了函数的参数表。参数表里声明的参数x和y称为形式参数,简称形参(类似于数学函数表达式里的自变量)。函数定义时,要在参数表中依次列出所有的形参,每个形参应具有不同的名字,并且为每个参数单独指出它的类型,参数之间用逗号隔开。同时,由于gcd将返回参数x和y的最大公约

数，是一个整型数据，所以函数的返回值类型是 int。

(2) 第 20～29 行是 gcd 函数的函数体，同样是用一对花括号界定。

(3) 第 21～28 行是具体实现 gcd 函数功能的语句。计算方法同前，唯一不同的是将局部变量 r 的定义移到了 while 循环体之外，但 r 的使用是一样的。

再看第 3 行，该行是 gcd 函数的函数原型声明(详见 5.2.2 节)。这是因为，gcd 函数定义在 main 函数的后面，C 语言要求，函数要先声明、后使用。

第 15 行调用了 gcd 函数，并直接引用在 printf 函数中的第 4 个参数的位置。其含义是先以 main 函数的 a 和 b 两个变量作为“实参”调用 gcd 函数，并直接引用 gcd 的返回值作为调用 printf 函数的第 4 个参数，之后 printf 函数即可输出 gcd 计算出来的 a 和 b 的最大公约数。

main 函数中的变量 a 和 b 称为调用 gcd 函数的实际参数(简称实参，与函数定义时的形参概念相对应)。调用函数时，把实参的值“传递”给形参，然后用形参完成函数规定的计算。关于函数的定义和使用更详细的内容参见第 5 章。

本章小结

本章介绍了计算机发展的历史，冯·诺依曼体系结构的基本思想和冯·诺依曼机的基本组成，伴随着硬件的发展，程序设计语言也由低级向高级逐步发展。程序是用具体程序设计语言实现的算法，因此在学习编程技术的同时，要加强算法设计能力的训练。有好的算法设计思想，再加上熟练的程序设计技术，才能设计出高效、实用的软件。C 语言功能强大、使用方便，虽历经数十年，但时至今天仍是使用最广泛的高级程序设计语言之一。本章最后介绍了 C 程序开发的一般步骤，展示了 C 程序设计的基本要点，为后续深入学习 C 语言编程技术奠定基础。

习题 1

1.1 阅读 1.1 节的相关内容并查阅其他资料，了解现代计算机的发展过程。

1.2 简述冯·诺依曼体系结构的基本特征。

1.3 简述冯·诺依曼机的基本构成。

1.4 机器语言、汇编语言、高级语言各具有什么特点？

1.5 简述用计算机求解问题的一般过程。

1.6 什么是算法？算法有哪几个重要特性？

1.7 了解 C 语言的产生发展过程和语言特征。

1.8 什么是语言类型的强弱？为什么说 C 语言是一种弱类型语言？

1.9 简述开发 C 程序的基本步骤。

1.10 设计一个算法，计算 1～100 整数的和。分别用流程图和伪代码描述这一算法。

1.11 输入 10 个数，计算其中正数的和及平均值。分别用流程图和伪代码描述求解该问题的算法。

1.12 编写 C 程序，实现习题 1.10 中的算法，尝试在计算机上调试、运行。

1.13 编写 C 程序，实现习题 1.11 中的算法，尝试在计算机上调试、运行。

1.14 设计一个函数 int isprime(int x)，判断 x 是否为素数。如果是，则函数返回 1，否则返回 0。

1.15 编写一个完整的程序，连续输入 10 个正整数，并分别判断它们是否为素数。

第2章　C语言的基本元素

记号(token)是程序中具有语义的最基本组成元素。本章首先介绍词法元素的概念,然后详尽地讨论组成C程序的基本元素,包括标识符、关键字、数据类型、常量、变量、运算符和表达式等。

*2.1　字符集及词法元素

C程序是一个字符序列,编译器首先把程序的字符序列分解为称作记号的词法元素,再根据确定的语法规则检查这些记号是否构成合法的串。

2.1.1　字符集

C语言源程序是由字符序列构成的,C语言字符集是7位ASCII码的子集,包括大小写英文字母、数字0～9、特殊字符和空白字符。

特殊字符有29个,包括:!"、#、%、&、'、(、)、*、+、,、-、.、/、:、;、<、>、=、?、[、]、\、^、_、{、}、|、~。

空白字符包括:空格、换行符、水平制表符(HT)、垂直制表符(VT)、换页符(FF)。这些字符之所以被称作空白字符,是因为当它们被打印出来时,页面上出现的是空白。

其他字符(如汉字)只能出现在注释语句、字符常量或字符串常量中。

标准C语言还定义了9个三字符序列,三字符序列就是三个字符合起来表示另一个字符,使C语言程序可以用缺少一些特殊字符的字符集(如ISO 646-1083)编写。三字符序列不太常见,这里不予详述。

2.1.2　词法元素

编译器对C程序中的字符序列进行词法分析,按照语言的词法规则分解为称作记号的词法元素,**记号是程序中具有语义的最基本组成单元**。记号共分5类:标识符、关键字、常量(含字符串常量)、运算符和标点符号。编译器从左至右收集字符,总是尽量建立最长的记号,即使结果并不构成有效的C语言程序。相邻记号可以用空白字符或注释语句分开,空白字符在语法上仅起分隔单词的作用。下面通过一些例子来学习程序中的记号。

【例2.1】　sum=x+y的词法分析。

分析:编译器将这些字符分解成sum、=、x、+和y共5个记号。其中,sum、x、y是标识符,=和+是运算符。为了使程序更加清晰、便于阅读,任何记号之间都可以适当加空白字符。因此,该式可以写成sum　=　x　+　y,但不能写成s　u　m = x + y,因为编译器会把s　u　m中的每一个字符处理为单独的标识符,这是无效的C语法。

【例2.2】　int a,b=10;的词法分析。

分析:该句被分解成int、a、,、b、=、10和;共7个记号。其中,int是关键字,a和b是标识符,=是运算符,逗号(,)和分号(;)是标点符号,10是常量。该语句不能写成inta,b=10;,因为会把inta视为一个标识符。但可以写成int x, y;,因为x和y之间有逗号隔开,所以可加或不加空格。

【例2.3】 x+++++y的词法分析。

分析: 该式被分解成x、++、++、+和y共5个记号。因此,该表达式等价于x++ ++ +y,这是无效的C语法。如果被分解为x、++、+、++、y,组合记号后的x++ + ++y是有效语法,但不会分解成这种记号组合,因为词法分析是从左至右扫描源程序,按词法规则建立最长的记号,不考虑语法的有效性。

2.2 关键字和标识符

关键字是具有特殊含义的字,它们已被C语言本身使用,不能被用作标识符给变量或函数命名。

2.2.1 关键字

关键字也称为保留字,是被系统赋予特定含义并有专门用途的字。 例如,int用于指定数据类型,for用于控制程序的执行流程。关键字都是小写的,它们不能作为变量名、函数名或标号等。表2-1列出了标准C定义的关键字,其中右上角加星号“*”表示C99标准新增的关键字,加双星“**”表示C11标准新增的关键字。

表2-1 标准C定义的关键字

关键字	关键字	关键字	关键字	关键字	关键字
auto	break	case	char	const	continue
default	do	double	else	enum	extern
float	for	goto	if	inline*	int
long	register	restrict*	return	short	signed
sizeof	static	struct	switch	typedef	union
unsigned	void	volatile	while	_Alignas**	_Alignof**
_Atomic**	_Bool*	_Complex*	_Generic**	_Imaginary*	_Noreturn**
_Static_assert**		_Thread_local**			

2.2.2 标识符

标识符是程序员自己起的名字,用来给程序中的变量、函数、宏和标号等命名。名字不能随便起,要遵守规范,C语言规定,**标识符由字母、数字和下画线组成,但首字符必须是字母或下画线**。这些是合法的标识符:K、_id、x_coord和time1。以下标识符非法:

```
20_sum      不能以数字开头
not#me      出现非法字符#
```

-3x　　　减号是非法字符

标识符大小写是有区别的,例如 Book 和 book 是两个不同的标识符。

标识符是用来给程序中的对象进行唯一地命名,不能使用类似 int 和 if 这样的 C 语言关键字为自己的对象命名,使用关键字作为变量名将产生语法错,同时也要避免使用保留标识符。C 语言已经使用了的或者保留使用权利的标识符称为**保留标识符**,包括以下画线开始的标识符(如 __LINE__)以及标准库中函数和符号常量的名字(如 printf、EOF)。使用保留标识符命名自己的对象,可能会引起意想不到的问题。

标识符虽然可以由程序员随意定义,但良好的编程风格要求程序员选择有助于记忆且有一定含义的标识符,做到"顾名思义",增强程序的可读性。

2.3 基本数据类型

数据类型直接反映了一种语言的数据表达能力,数据的取值范围及能对该数据实施的运算由该数据的类型决定。

2.3.1 数据类型概述

C 语言的数据类型非常丰富,分为三大类别:基本类型、导出类型和空类型。基本类型包括字符型、整型、浮点型、布尔型和复数类型。导出类型由基本类型按照一定规则构造而成,包括数组、指针、结构和联合。空类型(void)有三种用途:①明确地表示函数不返回任何值;②说明函数无参数;③表示指针类型未确定。三种用途的含义及用法将在后续章节讨论。

本节详细介绍基本数据类型,其类型关键字有 11 个:char、int、short、long、signed、unsigned、float、double、_Bool、_Complex 和_Imaginary。其中,最后三个是 C99 标准新增加的。char 用于表示 8 位的 ASCII 码字符(如!、#、a 等),也可以表示小的整数。int 表示基本的整数类型,short(短的)、long(长的)、signed(有符号的)和 unsigned(无符号的)可修饰 int,用于明确 int 类型的含义,以准确地适应不同情况下的要求。float 和 double 用于表示浮点数(带小数点的数),double 可用 long 修饰,它们之间的差别是所表示数的范围和精度不同。_Bool 表示布尔型(true 和 false),_Complex 和_Imaginary 分别表示复数和虚数。表 2-2 列举了字符型、整型和浮点型的长度和取值范围。数据类型占用的字节数,称为该数据类型的长度。例如,short 占用 2 字节即 2B 的内存,那么它的长度就是 2。

表 2-2　常用基本类型的名字、长度和取值范围

完整类型名	简写类型名	长度	取值范围
char	char	1	有符号:−128～127 无符号:0～255
signed char	signed char	1	−128～127
unsigned char	unsigned char	1	0～ 255
signed int	int	2 或 4	2 字节:−32768～32767 4 字节:−2147483648～2147483647

续表

完整类型名	简写类型名	长度	取值范围
unsigned int	unsigned	2 或 4	2 字节：0～65535 4 字节：0～4294967295
signed short int	short	2	－32768～32767
unsigned short int	unsigned short	2	0～ 65535
signed long int	long	4	－2147483648～2147483647
unsigned long int	unsigned long	4	0～ 4294967295($2^{32}-1$)
long long int (C99)	long long	8	-2^{63}～ $2^{63}-1$
unsigned long long int (C99)	unsigned long long	8	0～ $2^{64}-1$
float	float	4	|3.4e－38|～ |3.4e＋38| （7 位有效数字）
double	double	8	|1.7e－308|～ |1.7e＋308|（15 位有效数字）
long double	long double	≥8	由具体实现定义

关键字 signed 可以省略，即对任何整型类型默认就是有符号的，当 int 前面有其他修饰符时，int 也可以省略。例如，signed int 等价于 int 和 signed，signed short int、short int、signed short 和 short 都是等价的。由于较短的名字容易输入，所以经常使用短类型名。

2.3.2 char 类型

char 类型用于存储字母、数字和标点符号之类的字符。所有数据在计算机中存储时都要使用二进制数来表示，字符数据通过编码在内存中以二进制数存储，机器内部对字符的处理实际上是对字符编码的处理。

对于西文字符，其编码国际上采用的是 ASCII 码（American Standard Code For Information Interchange，美国标准信息交换代码）。ASCII 码采用单字节编码，使用指定的 7 位或 8 位二进制数组合来表示 128 或 256 种可能的字符。只有低 7 位(b_6～b_0)参与编码的 ASCII 码称为标准 ASCII 码（又称基础 ASCII），其最高位(b_7)用作奇偶校验位。完整的标准 ASCII 码字符集请参阅附录 A。如果字节的最高位也参与编码，所形成的 ASCII 码称为扩展的 ASCII 码。

例如，字母 a 的 ASCII 码是 97，其二进制数为 01100001，因此字母 a 在计算机中被存储为 01100001（占 8 个二进制位）。由于字符实际上是以整数形式存储的，所以可以使用整数对字符变量赋值，例如：

```
char grade = 97;
```

该声明语句等价于

```
char grade = 'a';
```

单引号是字符常量的界定符，详见 2.4.3 节。编译器将'a'转换为对应的编码值。注意，'a'不能写成 a，因为 a 将被视为标识符（可能是变量名）。

字符数据的存储形式和整数的存储形式类似，使得字符数据和整型数据之间可以通用。在不要求大整数的情况下，可用字符型代替整型，整型也能用于表示字符。在 printf 函数中，一个字符数据可以使用%c 输出字符，也可以使用%d 输出整数。例如：

```
char grade = 'A';
printf(" %c : %d", grade,grade);            /* 输出:A : 65 */
```

同样，可以按字符格式或整数格式输出整型数据。例如：

```
int grade = 66;
printf(" %c : %d", grade,grade);            /* 输出:B : 66 */
```

char 的存储长度是 1 字节，signed char 和 unsigned char 的区别在于最高位的定义不同。signed 的最高位为符号位，而 unsigned 没有符号位，因此，signed char 变量的取值范围为－128～127(在采用补码的机器上，其取值范围见 2.6.1 节)，unsigned char 变量的取值范围为 0～255。普通 char 对象是有符号还是无符号取决于具体机器，但可打印的字符总是正的，多数系统中 char 与 signed char 是同一类型。

2.3.3 整型类型

C 语言提供了多种整数类型，它们的区别在于所占存储空间大小、取值范围以及是否可以取负值。int 是基本的整数类型，short 和 long 是在 int 的基础上的扩展，short 可以节省内存，long 可以容纳更大的值。int 的长度建议为一个机器字长，32 位环境下机器字长为 4 字节，64 位环境下机器字长为 8 字节。可以使用 sizeof 运算符获取某种数据类型的长度。例如，下面语句在 32 位系统下的输出为：char=1，int=4。

```
printf("char=%d, int=%d\n",sizeof(char),sizeof(int));
```

实际上，C 语言并没有严格规定 short、int 和 long 的长度，其具体长度跟系统和编译器有关，仅限定 short 至少占用 2 字节，short 的长度不能大于 int，long 的长度不能小于 int。在 32 位和 64 位 Windows 环境下，short 的长度为 2，int 为 4，long 为 4，long long 为 8。因此，short 变量的取值范围为$-2^{15}\sim2^{15}-1$(即－32768～32767)，unsigned short 变量的取值范围为$0\sim2^{16}-1$(即 0～65535)。请考虑下面的代码是否正确：

```
short x=20000,y=30000,z;
z=x+y;                                      /* short 整数溢出 */
```

以上代码语法上是正确的，但是会赋给变量 z 一个错误值。因为，表达式 x+y 的值是 50000，这大于 short 的最大值。当出现整数溢出时，程序会继续执行，但结果是错误的。因此，程序员必须时刻保证整数表达式的值在合理范围内。

引入 short 和 long 的目的，是为了提供各种满足实际要求的不同长度的整数。int 通常反映特定机器的自然大小，一般为 2 字节或 4 字节，short 对象一般为 2 字节，long 对象一般为 4 字节。因此，当关心存储空间时，宜用 short；当需要较大的整数值时，宜用 long 或 long long。

输出 int 类型数据可以使用%d 说明符，输出 unsigned 类型数据可以使用%u 说明符。但是，输出 short 等其他整型类型数据可以在格式符 d 或 u 前加修饰符 h，例如，用%hd 输出

short 类型(hd 是 short decimal 的简写),用%ld 输出 long 类型,用%hu 输出 unsigned short 类型,%lu 输出 unsigned long 类型。例如:

```
unsigned long a = 40000;
short b = 100;
printf("a=%lu, b=%hd\n", a, b);
```

特别要注意根据输出数据的类型使用正确的说明符,如果使用了不正确的说明符可能会输出错误的结果。printf 函数的详细用法见第 3 章。

2.3.4 浮点类型

有三种浮点类型:float、double 和 long double,它们的区别是浮点数的二进制表示法所占的位数不同,因此它们可表示的数值范围和精度也不同。精度描述了浮点值中有意义的十进制位的个数,范围描述了浮点变量能表示的正的最大浮点值和最小浮点值。

一个十进制浮点数如何转换为二进制数?整数部分用"除 2 取余,逆序排列"法:用 2 去除十进制整数,取余数得最低位,然后用商继续除 2 取余数得次低位,直到商等于 0。小数部分用"乘 2 取整,顺序排列"法:用 2 乘十进制小数,取出积的整数部分得最高位,再用 2 乘余下的小数部分,取出积的整数部分得次高位,如此进行,直到积中的小数部分为零或者达到所要求的精度为止。例如,将十进制数 8.25 转换为二进制数,分别转换整数部分 8 和小数部分 0.25,具体操作如下:

8/2,余 0,商 4

4/2,余 0,商 2

2/2,余 0,商 1

1/2,余 1,商 0(商为 0 结束)

把余数逆序排列起来得 1000。

$0.25\times2=0.5$,取整数 0

$0.5\times2=1.0$,取整数 1(小数部分为 0 结束)

把整数顺序排列起来得 10。

因此,十进制数 8.25 的二进制表示为 1000.01。

根据国际标准 IEEE 754,任意一个二进制浮点数 V 可表示成带符号的 M 乘以基 2 的 E 次幂,即

$$V=(-1)^S\times M\times 2^E$$

上式中,S 称为数符,表示符号位,当 S=0 时,V 为正数;当 S=1 时,V 为负数。M 称为尾数,表示有效数字,其值大于或等于 1 且小于 2。E 称为阶码,表示指数位。按此格式,二进制数 1000.01 可表示为

$$1000.01=(-1)^0\times1.00001\times2^3$$

在计算机中,用二进制形式分别存储浮点数的 S、M 和 E,因此浮点数的存储区域分为三个区:符号区(S)、指数区(E)和尾数区(M)。对于 float 型数,S 占 1 位,E 占 8 位,M 占 23 位;对于 double 型数,S 占 1 位,E 占 11 位,M 占 52 位。

IEEE 754 规定尾数 M 用原码表示,由于 $1\leqslant M<2$,即最高数字位总是 1,可以写成

1.xxxxxx 的形式(x 代表 0 或 1),其中 xxxxxx 表示小数。该标准将小数点前的 1 省略,只保存后面的 xxxxxx,使得尾数表示范围比实际存储的多一位。

阶码 E 用移码表示,float 类型的偏移值为 127,double 类型的偏移值为 1023。例如,当 E=3,保存成单精度浮点数时,必须保存 3+127=130,即 10000010。

图 2-1 显示了 float 数−8.25 在内存中的存储方式。−8.25 的二进制科学记数法表示为:$(-1)^1\times1.00001\times2^3$,按照 IEEE 754 的存储方式,符号位是 1,表示为负数,指数位是 3+127=130,尾数部分为 00001。

	符号区	指数区	尾数区
$-8.25=(-1)^{-1}\times1.00001\times2^3$	1	10000010	00001000000000000000000
	31	30　　23	22　　0

图 2-1　float 数−8.25 的存储方式

尾数所占的位数决定值的精度,阶码所占的位数决定值的范围。float 的精度约为 7 位,范围约为−3.4E38~3.4E38。double 的精度约为 15 位,范围约为−1.7E308~1.7E308。long double 的存储空间通常要多于 double,很多编译器将其处理为 double,在某些系统中,它占用 10 或 12 字节。由于 double 对绝大多数计算均已够用,因此很少使用这种长类型。

要注意的是:**在值的可表示范围内,整数一定是精确表示,而浮点数的表示可能只是近似的**。例如,浮点数 5.1 二进制表示的小数部分是一个无限循环的排列 101.0001100110011…=$1.010\ 0011\ 0011\ 0011\cdots\times2^2$,float 存储时只能用 23 位存放尾数,所以 float 数 5.1 的存储如图 2-2 所示。

0	10000001	01000110011001100110011

图 2-2　float 数 5.1 的存储方式

将图 2-2 的二进制数 0x40a33333 换算成十进制 float 数时,不是准确的 5.1,而是 5.0999999…,其值与表示法之间的差称为"可表示误差"。

计算也可能造成可表示误差。根据数学公式,z×(y/z)的结果应等于 y。但计算机计算后的结果会受到浮点数可表示误差的影响,两者可能不相等。由此可见,不能使用==和!=等运算符直接比较两个 float 型数据的大小。例如:

```
float a = 5.87654321,b = 5.87654322;
if(a == b )  printf("a == b\n");
else  printf("a != b\n");
```

从数学来说 a 和 b 不相等,程序应该走 else 分支,但实际上却走 if 分支,原因就是 float 型的精度问题,float 型无法区分出小数点后的第 8 位数,在内存中,a 和 b 的二进制数都是 0x40bc0ca4。

在浮点数比较时,可以用两个数之差同一个预定的小正数 epsilon 比较的方法来进行判决。对任何应用程序,均可根据浮点数的物理含义确定一个可接受的精度值 epsilon,只要 |a−b|<epsilon,则 a=b;a−b>epsilon,则 a>b;a−b<−epsilon,则 a<b。

如果浮点数绝对值太大或太小,超出其类型可表示范围,则产生溢出。在数轴上,一个 double 型数可以表示成如图 2-3 所示,其中 E 区间和 F 区间是可表示范围;C 区间和 D 区间数据的绝对值小于最小可表示数值,故产生下溢;A 区间和 B 区间数据的绝对值大于最大可表示数值,故产生上溢。

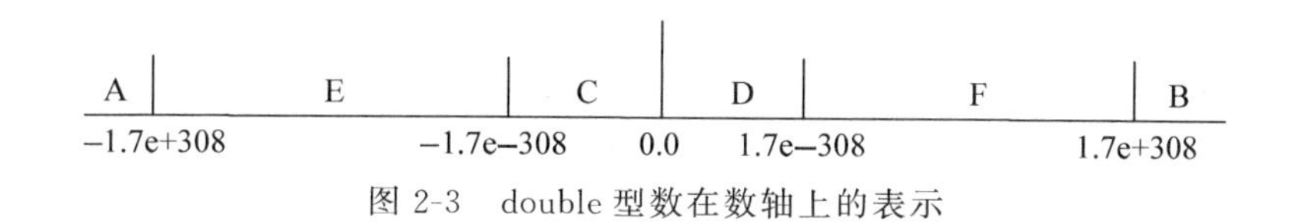

图 2-3　double 型数在数轴上的表示

下溢时，保存一个非规则化数值，即指数域 E 全为 0，尾数域 M 非 0，E 位的指数是 −126，而不是 0−127＝−127，M 位是 0.xxxxxx 格式，而不是 1.xxxxxx 格式，浮点数为 $(-1)^S\times M\times 2^{-126}$。这样做是为了表示 0，以及接近于 0 的很小的数值。当 E 和 M 全为 0 时，这个数是 0。

上溢时，用称为“无穷大”的特殊位模式表示，即 E 位全为 1，M 位全为 0。例如，二进制数 0x7F800000 表示正无穷大，0xFF800000 表示负无穷大，有些系统中将输出＋Infinity 或 −Infinity 来表示上溢的数据。E 位全为 1，M 位非 0，表示这个数不是一个数值(NaN)，例如 0x7F800001。程序员必须能够识别本地编译器和系统的上溢与下溢值，能识别并修正造成溢出的错误运算。

*2.3.5　C99 新增数据类型

C99 标准增加了支持 64 位的整数类型 long long，还增加了布尔类型和复数类型。

1. long long 类型

long long 类型的长度为 64 位，和其他整型类型一样，有带符号和无符号两种。signed long long 的数值范围为 $-2^{63}\sim 2^{63}-1$，unsigned long long 的数值范围为 $0\sim 2^{64}-1$。

【例 2.4】　输出斐波那契数列(Fibonacci sequence)的前 60 个数。该数列又称黄金分割数列，因数学家列昂纳多·斐波那契以兔子繁殖为例子而引入，故又称为“兔子数列”。数列是由 1 和 1 开始，之后的数是它前面两数的和，即 1,1,2,3,5,8,…。

分析：由于斐波那契数列从大约第 45 个数起就超过了 long 类型的范围，为避免溢出，将保存数列值的变量说明为 long long 类型。

```
#include <stdio.h>
int main(void)
{
    long long f1=1, f2=1;
    int i=1;
    while(i<=30)                              /* 循环一次输出 2 个数 */
    {
        printf("f(%d)=%lld\tf(%d)=%lld\n", (2*i-1), f1, i*2, f2);
        f1=f1+f2;
        f2=f2+f1;
        i++;
    }
    return 0;
}
```

注意，标准 C 规定格式化输出 long long 用%lld，但有的编译器用%I64d 也可以，即在格式字符 d 之前加大写字母 I64。

2. 布尔类型

C 语言中可以用任何整数类型表示布尔值,0 表示假,所有非 0 值表示真。布尔表达式为假时值为 0,为真时值为 1。例如:

```
i=(a<b)
```

在 a<b 时对整型变量 i 赋值 1;在 a≥b 时对变量 i 赋值 0。

C99 标准引入了真正的布尔类型_Bool,_Bool 类型长度为 1,值为 0 或 1。将任意非零值赋给_Bool 类型变量,都会先转换为 1,表示真;将零值赋给_Bool 类型变量,结果为 0,表示假。虽然也可以使用其他整数类型表示布尔值,但如果 C 语言实现支持 C99 标准,那么使用_Bool 类型更加清晰。

另外,C99 为了让 C 和 C++ 兼容,增加了一个头文件 stdbool.h,里面定义宏名 bool 为_Bool 的同义词,定义 false 与 true 分别为 0 和 1。因此,只要在源文件中包含头文件 stdbool.h,就可以在 C 程序里像 C++ 那样使用 bool 定义布尔类型变量,通过 true 和 false 对布尔变量进行赋值。

【例 2.5】 韩信点兵。相传韩信才智过人,从不直接清点自己军队的人数,只要让士兵先后以三人一排、五人一排、七人一排地变换队形,而他每次只掠一眼队伍的排尾就知道总人数。输入三个非负整数 a、b 和 c,分别表示每种队形排尾的人数(a<3,b<5,c<7),输出总人数的最小值(或报告无解)。已知总人数不小于 10,不超过 100。

分析:设置一个布尔变量 noanswer 标记无解的情况,初始值 true,即默认未找到解,在找到解后,将 noanswer 设置为 false,在总人数不超过 100 同时未找到解的情况下(即 i<=100 && noanswer)继续循环求解,&& 是逻辑与运算符,意为两边条件要同时满足。

```
#include <stdio.h>
#include<stdbool.h>                         /* bool,true,false 在其中定义 */
int main(void)
{
    int a,b,c,i;
    bool noanswer=true;
    printf("Input a,b,c, (a<3,b<5,c<7)\n");
    scanf("%d %d %d",&a,&b,&c);
    for(i=10; i<=100 && noanswer; ++i)  {
        if(i%3==a&&i%5==b&&i%7==c)  noanswer=false;
    }
    if(noanswer)   printf("no answer\n");
    else  printf("%d\n",i-1);
    return 0;
}
```

3. 复数类型

复数是一种由两个有序的实数对组成的数,数学上可表示为 a+bi 的形式,其中 a 和 b 是实数,而 i 是虚数,i 的平方等于−1。其实,浮点数是复数的特殊情形,即虚部 b 为 0。C99

标准新增了两个复数类型关键字：_Complex 和_Imaginary，其中，_Imaginary 表示只有一个实数组成的纯虚数类型(即 bi)。由于复数的实部和虚部均为实数，在说明复数类型时，需用浮点类型名进一步指定对应实数类型，因此复数或纯虚数各有以下三种类型：

```
float _Complex、double _Complex、long double _Complex
float _Imaginary、double _Imaginary 和 long double _Imaginary
```

复数类型_Complex 表示为对应实数类型的二元数组，第一个元素表示复数的实数部分，第二个元素表示复数的虚数部分。而复数类型_Imaginary 是实数部分总为 0 的纯虚数类型。

C99 标准还引入了头文件 complex.h，其中定义 complex 宏为关键字_Complex 的同义词，定义 imaginary 宏为关键字_Imaginary 的同义词，定义_Complex_I(或 I)为复数类型的虚数常量表达式，取值为虚数单位 i，或$\sqrt{-1}$。因此，复数型常量用包含了虚数常量_Complex_I(或 I)的浮点型常量表达式来表示，例如 1.0+2.0 * I、1.0+2.0 * I、4.5 * I 等。

复数的运算必须要有相应的库函数支持。在 C99 标准中，复数的库函数很多，如三角函数、双曲函数、指数函数和其他函数等，这些函数的原型在头文件 complex.h 中。

【例 2.6】 求两个复数的乘积。

分析：定义三个双精度的复数变量 a、b 和 c，第一条 printf 函数调用语句输出复数 a 所需的内存大小，它为 double 的 2 倍。接着，给复数变量 a 和 b 分别赋一个复数常量，复数 a 和 b 的乘积赋值给复数变量 c。函数 creal 和 cimag 分别为取得复数的实部和虚部。

```
#include<stdio.h>
#include<complex.h>
int main(void)
{
    double _Complex  a, b, c;
    printf("The size of a is %d\n", sizeof(a) );   /* 输出:The size of a is 16*/
    a=2+3*I;
    b=4+5*I;
    c=a*b;
    printf("c=%f+%f*I\n", creal(c), cimag(c)); /*输出:c=-7.000000+22.000000*I*/
    return 0;
}
```

2.4 常量与变量

程序处理的数据分为常量和变量两种，常量是程序执行期间其值保持不变的数据，变量是程序执行期间其值可以改变的数据。每个数据对象，不管是常量还是变量，都有确定的类型和它相联系。常量有文字常量和符号常量两种表示形式，文字常量就是在代码中使用文字书写的，符号常量指的是用标识符赋予名称的文字常量。有 4 种类型的文字常量，包括整型、浮点型、字符型和字符串型，常量的数值和类型从其文字书写格式即可判别，例如，3.0 是一个 double 型文字常量。

2.4.1 整型常量

整型常量可以用十进制数、八进制数或十六进制数书写，其语法格式为

[前缀]整数部分[后缀]

说明：方括号[ ]表示该组成部分可以有或无(称为可选项)。前缀表示数的进制，它可以是 0、0x 或 0X。当前缀缺省时，整数部分应是十进制数字(0～9)组成的整数；当前缀为 0 时，整数部分应是八进制数字(0～7)组成的整数；当前缀为 0x 或 0X 时，整数部分应是十六进制数字(0～9、a～f 或 A～F)组成的整数，字母 a～f 或 A～F 分别表示十进制数 10～15。也就是说，**无前缀表示十进制整数，前缀 0 表示八进制整数，前缀 0x 或 0X 表示十六进制整数**。

十进制整数转换为 N 进制数采用"除 N 取余，逆序排列"法：除 N 取余数得最低 0 位，然后把商继续除得第 1 位，直到商等于 0。例如，6507 转换为十六进制数的具体操作为：

6507/16，　余 11(B)，商 406

406 /16，　余 6，商 25

25/16，　余 9，商 1

1/16，　余 1，商 0(结束)

因此，十进制整数 6507 可以写成十六进制数 0x196B 或 0X196B，也可以写成八进制数 014553。

N 进制整数转换为十进制数采用"位加权乘，积相加"法。例如，0x196B 转换为十进制数的具体操作为：

$$0x196B = 1\times16^3 + 9\times16^2 + 6\times16^1 + 11\times16^0 = 4096 + 2304 + 96 + 11 = 6507$$

后缀表示整数的类型，后缀字母大小写任意，当不指定后缀时，整数的类型一般为 int。可以指定的后缀有：字母 u 或 U 表示 unsigned，字母 l 或 L 表示 long，字母 ul 或 UL 表示 unsigned long，字母 ll 或 LL 表示 long long (C99)，字母 ull 或 ULL 表示 unsigned long long (C99)。小写字母 l 很容易和数字 1 混淆，所以用大写 L 更好。例如，以下均是合法的整数：

1011　　int 类型的十进制整数

0XFUL　　unsigned long 类型的十六进制整数

0211L　　long 类型的八进制整数

以下均是非法的整数表示：

0182　　八进制数字为 0～7，数字 8 非法

0x2abg　　g 既不是十六进制数字也不是后缀字母

x32　　是一个标识符，而不是十六进制整数

当整数的绝对值太大，超出整数类型所能表示的值的范围时称为整数溢出。例如，short 类型的最大正值为 32767，最小负值为 －32768，因此，将 32768 和 －32769 赋值给 short 型变量都会产生整数溢出，该变量将得不到正确结果。为避免溢出，应根据具体情况将变量声明为值域更大的 unsigned、long 或 long long 等类型。

2.4.2 浮点型常量

浮点型常量有两种表示方式。第一种是通常的带小数点的十进制数形式，其语法格式为：

[整数部分].[小数部分][后缀]

说明：整数部分或小数部分可以没有，但不能二者均无。同整型一样，浮点型常量可以使用后缀来指定其类型。在没有后缀时其类型为 double，后缀 f 或 F 指定 float 常量，后缀 l 或 L 指定 long double 常量。例如，以下均是合法的浮点数：

12.　　　double 型浮点数，可以无小数部分但小数点不能少，写成 12 是 int 型
.5f　　　float 型浮点数，可以无整数部分但小数点不能少，写成 5f 非法

第二种是指数形式，即科学计数法，其语法格式为：

[整数部分][.][小数部分] e[±] n [后缀]

说明：小数点可以没有，整数部分和小数部分不能同时没有，字母 e 可以用大写 E，n 是一个整数，称为阶码，即用 e±n 代表 $10^{\pm n}$。例如 45e－3 表示 45×10^{-3}。以下均是合法的浮点数：

.123e＋6　　double 型浮点数，可以无整数部分
2.E－123L　long double 型浮点数，可以无小数部分
10E10　　　double 型浮点数，可以无小数点

以下均是非法表示：

E＋10　　　不允许既无整数部分又无小数部分
10e1.5　　　阶码不是整数
1.2eF　　　没有阶码，F 是后缀

2.4.3 字符常量

字符常量是指用一对单引号括起来的一个字符，形式为：

'字符'

说明：这对单引号是字符常量的标志，称为定界符。字符常量在机内的值(简称字符的值)是一个整数，其值为该字符在机器字符集中的字符码，机器字符集一般为 ASCII 字符集。例如，'0' 是字符常量，其值为 48，而 0 是整型常量；'a' 是字符常量，其值为 97，而 a 是由单个字母构成的标识符。

单引号内的字符有两种表示方法。

(1) 用字符的图形符号表示一个字符。图形符号是指可打印字符，ASCII 字符集中，字符码为 32～126 的字符是可打印字符，因而这种表示方法只适用于部分字符。例如：

```
' '    '3'  'd'  '&'
```

其中，' '是空格符，字符码是 32。需要注意的是，在可打印字符中，有两个特殊字符不能用其图形符号来表示，它们是单引号字符(')和反斜线字符(\)，即

```
'''      '\'
```

都是非法表示，**单引号字符和反斜线字符必须用转义序列表示**。

(2) 用转义序列表示一个字符。转义序列是以反斜线开头的一个特殊的字符序列，每个转义序列表示字符集中的一个字符，常用的转义序列及其表示的字符如表 2-3 所示。

表 2-3　转义序列及其表示的字符

转义序列	ASCII 码	表示的字符	转义序列	ASCII 码	表示的字符
\0	0	空字符	\r	13	回车符
\a	7	响铃符	\"	34	双引号
\b	8	退格符	\'	39	单引号
\t	9	水平制表符	\?	63	问号
\n	10	换行符	\\	92	反斜线
\v	11	垂直制表符	\ooo	0～255	八进制数
\f	12	换页符	\xhh	0～255	十六进制数

对表 2-3 的转义序列说明如下。

(1) 转义序列有两种形式，一种是“字符转义序列”，即反斜线后面跟一个图形符号，用于表示一些常用的控制字符(字符码为 0～31 的字符)和一些特殊的图形字符。例如，'\n' 表示一个换行字符，其 ASCII 码为 10。转义序列的另一种是“数字转义序列”，即反斜线后面跟一个字符的八进制或十六进制字符码，即\ooo 或\xhh，可以表示字符集中的所有字符。

(2) \ooo 中的 ooo 表示 1～3 个八进制数字，\xhh 中的 hh 表示 1～2 个十六进制数字，x 是十六进制前缀，不能省略。例如，一个水平制表符可以用下列任一形式表示：

```
'\t'   '\11'   '\011'   '\x9'   '\x09'
```

字符 A 可以表示为下面任一形式：

```
'A'   '\101'   '\x41'
```

注意：八进制转义序列在用完三个八进制位之后，或遇到第一个非八进制位时终止，因此字符串"\0111"包含两个字符'\011'和'1'，字符串"\090"包含三个字符'\0'、'9'和'0'。十六进制转义序列中的十六进制位超过 2 位时，编译出错，这时为了终止十六进制转义序列，可以把字符串分段。

```
"\xabc"         错误表示，因为十六进制位超过 2 位
"\xa""bc"       包含三个字符：'\xa'、'b'和'c'
```

(3) 单引号和反斜线字符虽然是可打印字符，但作为字符常量时必须用转义序列表示，例如：

```
'\''   '\047'   '\47'   '\x27      均表示单引号字符
'\\'   '\134'   '\x5c'             均表示反斜线字符
```

(4) 双引号(")作为字符常量时既可用图形符号表示,也可用转义序列表示。例如:

```
'"'    '\"'    '\042'  '\x22'  均表示双引号字符
```

(5) 字符常量'\0'是值为 0 的字符,称为空字符,既不引起任何控制动作,也不是一个可显示字符,注意它不同于空格符,空格符的值为 32。'\0' 通常用于表示一个字符串结束。程序中总是用'\0'而不用 0 表示空字符,一方面强调其类型是字符,使程序易于阅读;另一方面使程序不依赖于特定字符集的具体值,以利于移植。

【例 2.7】 转义序列的应用。

```
#include<stdio.h>
int main(void)
{
    printf("\n\\n causes \na line feed to occur");
    printf("\n\\\"causes a double quote (\") to be printed");
    printf("\n\\a causes the bell,or beep, to sound\a");
    printf("\n\\t can be used to align some numbers to tab");
    printf("columns \n\t1\t2\t3\n\t4\t5\t6");
    return 0;
}
```

程序的运行结果:

```
\n causes
a line feed to occur
\"causes a double quote (") to be printed
\a causes the bell,or beep, to sound
\t can be used to align some numbers to tabcolumns
        1       2       3
        4       5       6
```

2.4.4 字符串常量

C 语言中没有字符串类型,但可以表示字符串常量,字符串变量是用字符数组表示的(详见 7.5 节)。字符串常量(简称字符串)是用一对双引号括起来的 0 至多个字符的字符序列,形式为:

"字符序列"

说明:这对双引号是字符串的定界符,括在双引号中的字符可以是图形符号也可以是转义序列。例如:

```
"c:\\tc\n"
```

是一个包含 6 个字符的字符串,\\表示一个反斜线字符,\n 表示一个换行符。

```
"c:\tc"
```

是一个包含 4 个字符的字符串,\t 表示一个水平制表符。

```
""
```

这两个相邻的双引号其间无空格,是一个包含0个字符的空字符串(简称空串)。

字符串在机内存储时,系统会自动在其末尾添加一个空字符'\0'作为字符串的结束标志,故字符串的存储长度比字符串的实际长度大1。这种表示方法使程序在处理字符串时能确定字符串的实际长度。例如,字符串"world"的实际长度是5个字符,其存储长度为6字节,它的机内表示如图2-4所示。

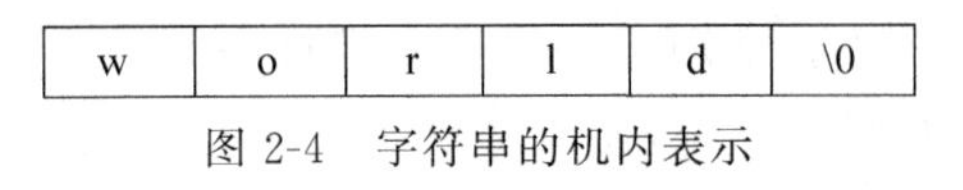

图2-4 字符串的机内表示

【例2.8】 求字符串的长度,这里字符串的长度是指字符串的实际长度,不包括末尾的'\0'。

分析:字符串常量就是字符数组,定义一个字符数组str来存放字符串。设置一个计数器变量counter,初值为0。循环查看字符串的每个字符,如果不是'\0',则计数器的值加1,直到遇到串尾'\0'结束。

```
#include<stdio.h>
int main(void)
{
    char str[ ]="world";                /* 数组 str 的存储长度是 6 */
    int counter=0;                      /* 计数器变量,同时也用作数组下标 */
    while(str[counter]!='\0')           /* 循环扫视串中的每个字符,直到串尾 */
        ++counter;
    printf("%d\n", counter );           /* 输出 5 */
    return 0;
}
```

在使用字符串时,注意以下几点。

(1) "A"与'A'是不同的。'A'是一个字符常量,存储长度为1,其值为65(A的字符码);而"A"是一个存储长度为2的字符串常量,实际上是一个包含字符'A'和'\0'的字符数组。因此,字符常量与只包含一个字符的字符串是完全不同的。

(2) 字符串中的双引号字符必须用转义序列表示。例如:

```
"\"\" is a empty string"
```

其中,\"表示一个双引号字符,该字符串表示下面的字符序列:

```
"" is a empty string
```

(3) 字符串中的单引号可以用图形符号表示,也可以用转义序列表示。例如:

```
"It's a pen"
"It\'s a pen"
```

均合法。

(4) 字符串必须写成一行,不能直接中途换行。例如:

```
printf("Hello,
how are you");
```

是非法的。如果一个字符串较长需写成多行,可以用行连接和字符串连接两种方法。行连接的方法是：在前一行的末尾输入反斜线再换行，这里反斜线是续行符，可以将多行合并成一行。例如：

```
printf("Hello,\
how are you");          /*换行后应紧靠行首，等于 printf("Hello,how are you" );*/
```

字符串连接的方法是：将字符串分段，分段后的每个字符串用双引号括起来。编译程序会自动将它们连接成一个字符串，被连接的两个字符串之间可以有任意个空白字符。例如：

```
printf("Hello,"
    "how are you");     /*换行后不必紧靠行首，等于 printf("Hello,how are you");*/
```

2.4.5 符号常量

为使程序易于阅读和便于修改，可以给程序中经常使用的常量定义一个具有一定意义的名字，这个名字称为符号常量，一个符号常量就是一个标识符。有三种定义符号常量的方法：①用预处理指令＃define；②用类型限定符 const；③用 enum 枚举类型(详见 2.8 节)。

1. 用＃define 定义符号常量

＃define 是一种编译预处理指令(详见 6.2 节)，用它定义符号常量的语法格式为：

```
#define 标识符 文字常量                /*末尾没有分号*/
```

说明：标识符就是符号常量的名字，它代表后面的文字常量值。此后，所有在程序中出现的该标识符，都用对应的常量替换，这种替换在编译之前进行。＃define 指令一般放在文件顶端。例如，数字转义序列依赖于字符编码方式，是不可移植的，为便于修改，可将其定义为符号常量。

```
#define  ACK  '\006'                  /*确认字符*/
#define  NAK  '\025'                  /*否认字符*/
```

符号常量通常用大写字母，这是为了与用小写字母的变量名相区别。

【例 2.9】 打印华氏和摄氏温度对照表，温度转换公式为：$℃=\frac{5}{9}(℉-32)$。

分析：在文件顶端用＃define 指令定义三个符号常量 LOWER、UPPER 和 STEP，它们分别表示表的下限、表的上限和步长，即从华氏 LOWER～UPPER 度每隔 STEP 度打印对照表，这些名字使常量的含义非常明确。如果要将步长改为 10℉，只需将第三条＃define 指令中的 20 改为 10。修改一条＃define 指令要比修改多个文字常量容易得多，在文件顶端查找＃define 指令也要比在整个代码中查找文字常量的出现位置容易得多。所以，使用符号常量可使程序易于理解和便于修改。

```
#include<stdio.h>
#define  LOWER   0                    /*华氏温度的下限值*/
#define  UPPER   300                  /*华氏温度的上限值*/
#define  STEP     20                  /*步长*/
int main(void)
```

```
{
    int fahr;                                                          /* 华氏温度 */
    /* for 循环语句,当 fahr<=UPPER 不成立时退出循环,详见第 4 章 */
    for(fahr=LOWER;fahr<=UPPER;fahr=fahr+STEP)
        printf("%3d:%10.2f\n" , fahr, (5.0/9) * (fahr-32) );      /* 不能写成(5/9) */
    return 0;
}
```

当一个常量在程序中多次出现时,使用符号常量对于修改程序不但方便而且能保持数据的一致性。此外,用符号代替常量,使常量的意义更明确,可读性好。例如常常定义 PI 表示圆周率 π,因为数学符号 π 不是 C 语言字符集中的字符,不能出现在 C 程序中,而 3.14159 可能不是圆周率的含义。

2. 用 const 定义符号常量

const 是关键字,称为类型限定符。用 const 定义符号常量的语法格式为:

```
const  类型区分符  标识符 = 常量;                                  /* 末尾必须有分号 */
```

说明:标识符是被定义的符号常量,类型区分符说明常量的数据类型,常量是标识符的值,最后必须以分号结束。类型相同的标识符可以在一个声明语句中定义,用逗号隔开。例如:

```
const  double  PI=3.14159;            /* PI 是值为 3.14159 的 double 型常量 */
const  int  YES=1,NO=0;               /* YES 和 NO 分别是值为 1 和 0 的 int 型常量 */
PI=3.14;                              /* 错,PI 是常量,不能更改 */
```

用 const 声明的标识符必须定义时初始化,编译时系统会根据定义的类型为该标识符分配相应大小的存储单元,并把对应的常量值放入其中。以后对该存储单元只能进行读操作,不能写入新的值。所以,该标识符实际上是一个只读变量,其值不允许被改变。

用 const 和 #define 定义的符号常量在实现上有本质的不同,前者定义的标识符有对应的存储单元,程序中每次出现该标识符,都是对存储单元的访问(仅限于读操作);后者定义的标识符没有对应的存储单元,只是在编译之前由预处理器进行简单的文本替换。

2.4.6 变量声明

一个变量有一个名字,其本质代表计算机内存的某一存储单元,可以把值放入其中,并访问它。C 程序中任何变量都必须遵循先声明后引用的原则,以便编译器为变量分配适当长度的存储单元以及确定变量所允许的运算。

除外部变量声明有定义性声明和引用性声明外(详见 5.4 节),其他变量声明都是定义性声明。定义性声明和引用性声明的本质区别是:前者为变量分配存储单元,而后者并不为变量分配存储单元。本节介绍局部于函数体内的且缺省存储类型的基本类型变量(称为自动变量)的声明形式,其他变量的声明在后续相关章节逐步介绍。

变量声明中首先要指定变量的类型,然后包含一个或多个该类型的变量组成的变量表,最后以分号结尾,一般形式为:

```
类型区分符  变量表;
```

说明：变量表可以由一个标识符或由逗号分隔的多个标识符构成，每个标识符代表一个变量。变量名的选择应尽量遵循“见名知义”的原则，便于自己或他人阅读程序。例如：

```
int total, average;                    /* 定义了两个 int 型变量 */
```

为了便于给各个变量增添注释，同一类型的变量可以分开写成多个声明语句，上面一个声明语句可以等价地写成如下两个声明语句：

```
int  total;                            /* 变量 total 用于存放总和 */
int  average;                          /* 变量 average 用于存放平均值 */
```

程序中有些变量在使用前需要设置初值。例如，作为计数器使用的整型变量通常置初值为0。给变量置初值有两种方法：一是通过赋值语句置初值；二是在变量声明时给出初值，称为显示初始化。对于自动变量，这两种方式实质相同，都是程序每次执行时把给定的初值赋予相应的变量。有初值的变量声明形式可表示为：

类型区分符　变量=表达式；

说明：在变量名后跟一个赋值号(=)与表达式，这个表达式被作为初始化符，表达式的值就是赋值号左边变量的值。下面是一些合法的声明语句：

```
float eps=1.0e-5;                      /* eps 为 float 类型,初值为 1.0e-5 */
int count=0, sum=0;                    /* count 和 sum 都是 int 类型,初值均为 0 */
char alert='\a', c ;                   /* alert 的初值为 '\a',c 的初值不确定 */
```

对于自动变量，初值表达式不限于常量表达式。假设下面的声明语句处在函数体内，该声明语句是否合法？

```
int count=sum=0;
```

上述声明语句初值表达式是sum=0，其中引用了sum。如果sum在前面已经声明，则合法；如果sum之前未声明，则不合法。

2.5　运算符和表达式

C语言的表达式灵活多样，是一个在程序中到处可见的语法实体。单个操作数(包括常量、变量和函数调用)是表达式，由运算符和操作数组成的有意义的计算式子更是表达式。表达式的书写必须严格遵循语法和语义的规定，以便计算机能够识别和正确地解释，否则将导致语法出错或者产生不正确的计算结果。

2.5.1　运算符概述

C的运算符十分丰富，由运算符构成的表达式形式多样，使用灵活。运算符执行对操作数的各种运算。在学习每一种运算符的过程中都应掌握以下4点。

(1) 运算符的运算功能。按运算符的功能分类，有算术运算符、关系运算符、逻辑运算符、按位运算符、赋值运算符、自增和自减运算符、条件运算符和逗号运算符，另外，数组下标[]、函数调用()、指针间接访问*、结构成员访问.和->、类型强制符(类型名)也都是运算符。

(2) 操作数的个数和类型要求。有的运算符只需要一个操作数,如取地址运算符 &,这种运算符称为单目(或一元)运算符;需要两个操作数的运算符称为双目(或二元)运算符,如加法运算符+;需要三个操作数的运算符称为三目(或三元)运算符,如条件运算符“?:”。有些运算符既是单目运算符又是双目运算符,如 & 是单目取地址和双目按位与运算符。另外,运算符都对操作数的类型有规定,如求余数运算符%的操作数要求为整型,因此,表达式 x%2.5 是非法的。在后面有关运算符的介绍中,如果不特别进行类型说明,即指允许操作数为任何基本类型。

(3) 运算所得结果的类型。运算的结果是一个值,称为表达式的值,这个值具有确定的类型,称为表达式的类型,它由组成表达式的运算符和操作数的类型决定。尤其当两个不同类型的操作数进行运算时,会引起数据类型的转换(见 2.7 节),特别要注意结果值的类型。

(4) 运算符的优先级和结合性。当表达式中包括多个运算符时,运算执行的顺序是由运算符的优先级与结合性决定的,优先级高的运算先执行。处于同一优先级的运算符的运算顺序称为运算符的结合性,运算符的结合性有从左至右和从右至左两种顺序,分别简称左结合和右结合。

在表达式中可以使用圆括号表明或改变计算顺序,使用括号可以在一定程度上增强表达式的可读性。例如:

```
(x=y)<100
```

先执行括号内的运算,将 y 的值赋给 x,再将 x 的值和 100 比较。但是,如果上式中的括号漏写,表达式写为:

```
x=y<100
```

即省略括号时,编译器就根据优先级和结合性的规则来解释表达式的意义,由于小于运算符“<”的优先级高于赋值运算符“=”,使得先执行(y<100),然后将比较的结果(0 或 1)赋给 x,等价于 x=(y<100)。

一个操作数两侧的运算符优先级相同时,按结合性规则执行运算。考虑如下表达式:

```
3*4%2
```

上式中由于双目运算符 * 和%有相同的优先级,结合性是左结合,这意味着操作数 4 和左边的 * 运算符对应,上式等价于(3*4)%2。再考虑如下表达式:

```
-a++
```

由于单目运算符-和++也有相同的优先级,结合性是右结合,这意味着操作数 a 和右边的自增运算符++对应,等价于-(a++)。

表 2-4 给出了 C 语言中所有运算符的优先级和结合性规则。左侧栏运算符的优先级全部高于右侧栏的,每侧同一行的各个运算符具有相同的优先级,纵向看越往下优先级越低。左侧第二行的 10 个运算符均是单目运算符,其优先级高于双目运算符。除单目、条件和赋值运算符的结合性为右结合外,其余均为左结合。程序员应该掌握这些基本规则,以便理解

代码的含义。

表 2-4　运算符的优先级和结合性

<table>
<tr><th>运 算 符</th><th>结合性</th><th>运 算 符</th><th>结合性</th></tr>
<tr><td>()　[]　->　.</td><td>左结合</td><td>^</td><td>左结合</td></tr>
<tr><td>!　~　++　--　+　-　*　&　(类型)　sizeof</td><td>右结合</td><td>|</td><td>左结合</td></tr>
<tr><td>*　/　%</td><td>左结合</td><td>&&</td><td>左结合</td></tr>
<tr><td>+-</td><td>左结合</td><td>||</td><td>左结合</td></tr>
<tr><td><<　>></td><td>左结合</td><td>?:</td><td>右结合</td></tr>
<tr><td><　<=　>　>=</td><td>左结合</td><td>=　+=　-=　*=　/=　%=　&=　^=　|=　<<=　>>=</td><td>右结合</td></tr>
<tr><td>==　!=</td><td>左结合</td><td>,</td><td>左结合</td></tr>
<tr><td>&</td><td>左结合</td><td></td><td></td></tr>
</table>

2.5.2　算术运算

算术运算就是数学上的正负号、加、减、乘、除和求余数运算，其运算符有单目+(正号)和-(负号)，以及双目 +(加)、-(减)、*(乘)、/(除)和%(求余)。

运算符%的功能是计算第一个操作数除以第二个操作数的余数，要求两个操作数都必须是整数类型。例如：

5%3　　　结果为 2

10%2　　　结果为 0

对于除运算符/，除数不能为 0，如果两个操作数的类型都是整型，则相除的结果是一个整数，小数部分被舍去。例如：

2/3　　　结果为 0

7/4　　　结果为 1

1.0/2　　　结果为 0.5。

【例 2.10】 判断一个三位数是不是水仙花数。水仙花数是一个三位数，其各位数字立方和等于该数本身。例如，153 是一个水仙花数，因为 $153=1^3+5^3+3^3$。

分析：判断水仙花数的关键是怎样从一个三位数中分离出百位数、十位数和个位数，分解方法见下面的代码。

```
#include<stdio.h>
int main(void)
{
    int x=153,i,j,k;
    printf("input x( 100≤x≤999)");
    scanf("%d",&x);
    i=x/100;                          /*分解出百位数，整数相除结果是整数*/
```

```
    j=(x-i*100)/10;                         /*分解出十位数*/
    k=x%10;                                 /*分解出个位数*/
    if(x==i*i*i+j*j*j+k*k*k)   /*如果x是水仙花数,则输出*/
        printf("%5d is narcissistic number",x);
    else  printf("%5d isn't narcissistic number",x);
    return 0;
}
```

C99标准修改了对于/和%处理负数上的定义。若类型为整型的a和b有一个为负数，则C89中a/b的值依赖于系统，除法的结果既可以向上取整，也可以向下取整。例如，在一些机器上−7/2=−3，而在另一些机器上−7/2=−4。在C99标准中总是向0取整。例如：

−7/2　　　结果为−3

C89标准中若a和b有一个为负数，则a%b的符号与实现有关，在C99标准中结果的符号总是与左操作数的符号相同。例如：

−22 % −7　结果为−1

22 % −7　　结果为1

2.5.3 关系运算

关系运算是对两个数进行大小的比较，有6个关系运算符：<(小于)、<=(小于或等于)、>(大于)、>=(大于或等于)、==(相等)和 !=(不等)。

关系运算的结果类型是int，值为0或1。如果比较的关系成立，则值为1，否则为0。例如：

'a' !='b'　　　结果为1

'2' −'0' > 5　结果为0

说明：'2'的值为50，'0'的值为48，因关系运算符的优先级比算术运算符低，先执行'2'−'0'为2，再执行2>5，关系不成立，结果为0。

【例2.11】 写出表示数学不等式x>y>z的C语言表达式。

分析：如果直接写成C的表达式为：

```
x>y>z
```

由于关系运算符的结合性是左结合，按此规则，上式相当于(x>y)>z，首先计算(x>y)，结果为1或0，再将代表关系是否成立的1或0与z比较。而数学不等式x>y>z表示多重条件：x>y且y>z，即先比较x和y，再比较y和z。所以，诸如x>y>z之类的C表达式虽然语法正确，但其含义与普通数学不等式不同。要表示普通数学不等式含义，可以用逻辑与运算符&&(见2.5.4节)写为

```
x>y && y>z      /*x>y同时y>z*/
```

常见的C语言编程错误是：该用运算符==比较两个值是否相等时写成运算符=(赋值)。这时，虽然不会发生语法错误，程序也能够运行，但是可能会因为运行时的逻辑错误而导致不正确的结果。例如，假设把例2.10程序中的if语句：

```
if(x==i*i*i+j*j*j+k*k*k)
    printf("%5d is narcissistic number",x);
```

不小心写成

```
if(x=i*i*i+j*j*j+k*k*k)
    printf("%5d is narcissistic number",x);
```

则前者指当 x 的值等于各位数字立方和时，输出 x 是水仙花数。而后面 if 语句中是一个赋值表达式，将各位数字立方和赋给 x，此时 x 的值被改写了，如其值非 0 则输出被改写的 x 值。例如输入 120 时，程序的运行结果将变为

```
9 is narcissistic number
```

2.5.4 逻辑运算

逻辑运算表示操作对象的逻辑关系，有三个逻辑运算符：!（单目逻辑非）、&&（双目逻辑与）和 ||（双目逻辑或）。

逻辑运算的操作数可以是值为 0 或非 0 的一个表达式。在 C 语言中，0 值认为是逻辑“假”。例如，0、0.0、'\0'和空指针 NULL 都视为“假”；具有非 0 值的表达式都视为“真”。

逻辑运算的结果类型是 int，值为 0 或 1，0 代表“假”，1 代表“真”。表 2-5 为逻辑运算的真值表，运算规则如下。

逻辑与（&&）：如果两个操作数均为非 0 值，则运算结果为 1，否则为 0。如果第一个操作数值为 0，则表达式的值已经确定，不再计算第二个操作数。

逻辑或（||）：如果两个操作数均为 0 值，则运算结果为 0，否则为 1。如果第一个操作数值为非 0，则表达式的值已经确定，不再计算第二个操作数。

逻辑非（!）：如果操作数为非 0 值，则运算结果为 0，否则为 1。

表 2-5 逻辑运算的真值表

a	b	a&&b	a||b	!a
0	0	0	0	1
0	非 0	0	1	1
非 0	0	0	1	0
非 0	非 0	1	1	0

&& 的优先级高于||，但这两个运算符的优先级都低于算术运算符和关系运算符。可以组合使用关系运算符和逻辑运算符来表示一个复杂的条件。

【例 2.12】 写一个表达式，如果整数 a 的值是偶数，则结果为 1，否则为 0。

解答：

```
!(a%2)
```

当 a 是偶数时，a%2 的值为 0，再执行!0，值为 1（“真”）。由于%的优先级低于!，表达式中的圆括号不能省略，这样才能达到先求余数的目的。该表达式等价于 a%2==0，并可以应用于下面的 if 语句：

```
if(!(a%2))  printf("%d is an even", a);
```

类似地，表达式 a%2 测试 a 的值是奇数，等价于 a%2 !=0。

【例 2.13】 写一个表达式，如果字符 c 的值是英文字母，则结果为 1，否则为 0。

解答：

```
c>='a' && c<='z' || c>='A' && c<='Z'
```

根据优先级规则，上式等价于

```
(c>='a'&&c<='z') || (c>='A'&& c<='Z')
```

可见，适当添加括号(按照优先级可不加)可以增强表达式的可读性。

表达式 c>='a'&&c<='z' 等价于(c>='a')&&(c<='z')，表示 c 的值在字符'a'和'z'之间，即 c 是小写英文字母。由于字符数据的值是整数，本题的解答还可以是

```
c>=97 && c<=122 || c>=65 && c<=90
```

【例 2.14】 写一个表达式，如果某年 year 是闰年，则结果为 1，否则为 0。

分析：在公历中，四年一闰，百年不闰，四百年再闰。意思是：不是整百的年份只要被 4 整除的就是闰年，整百的年份必须被 400 整除才是闰年。表达式为

```
!(year%4) && year%100 || !(year%400)
```

上式等价于

```
(!(year%4) && year%100 ) || !(year%400)
```

2.5.5 自增和自减运算

C 语言有两个很有特色的单目运算符：++(自增)和--(自减)，++使内存中存储的变量值加 1，--使内存中存储的变量值减 1，结果的类型与操作数类型相同。例如：

```
++x;     相当于  x=x+1;
--x;     相当于  x=x-1;
```

++和--的特别之处在于，它们既可以用前缀式(如++x)，也可以用后缀式(如 x++)，都使 x 加 1。但它们有区别，区别在于值的增加这一操作发生的时间不同。表达式++x 是"先将 x 值加 1，然后以 x 的新值作为该表达式的值"，表达式 x++是"先以 x 的值作为该表达式的值，然后 x 再加 1"。--x 和 x--的道理也一样。假如 x 的值为 5，那么

```
y=++x;
```

相当于先执行 x=x+1，然后执行 y=x，y 赋值为 6。而

```
y=x++;
```

相当于先执行 y=x，然后执行 x=x+1，y 赋值为 5。在这两种情况下，x 的值都是 6。

【例 2.15】 统计输入正文的字符数和行数。

分析：正文是一行行字符组成的字符序列，每一行是以换行符为结束标志的一串字符，输入正文以在行首按下 Ctrl+Z 键(Windows 系统)或 Ctrl+D 键(UNIX 系统)为结束标志(称为文件尾)。输入一个字符可以使用标准库函数 getchar，其详细介绍见 3.1.1 节。getchar 遇文件尾时返回 EOF，EOF 是在头文件<stdio.h>中定义的符号常量，其值为-1。

程序中如果要测试 getchar 的值是否为文件尾，应使用 EOF 而不用－1，这样做可使程序不依赖于某个特定环境。

```
#include<stdio.h>
int main(void)
{
    int c,nc,nl;                    /*nc用于保存字符数,nl用于保存行数*/
    printf("Input a text end of Ctrl+Z:\n");
    nc=nl=0;
    while((c=getchar())!=EOF) {
        nc++;                       /*字符数增 1,可以用++nc 代替*/
        if(c=='\n')  ++nl;          /*遇换行符行数增 1,可以用 nl++ 代替*/
    }
    printf("nc=%d,nl=%d\n",nc,nl);
    return 0;
}
```

输入(注：↙代表回车键：^Z 代表 Ctrl＋Z，先按 Ctrl 键再按 Z 键)

```
float x;↙
int y;↙
^Z↙     (注:一定要在行首输入 Ctrl+Z)
```

输出：

```
nc=16, nl=2
```

＋＋x 或 x＋＋都使 x 的值加 1，当它们像例 2.15 中一样单独作为表达式时，两者的效果是一样的，用哪一种都可以。但是，当它们作为更大表达式的一部分时，两者的效果是不相同的，需正确使用前缀和后缀形式。

【例 2.16】 计算 1＋2＋…＋n，n 从键盘输入。

分析：设置累加器变量 sum，初始化为 0，设置循环计数变量 i，初始化为 0。利用自增运算符将“循环变量值的改变”和“判断是否循环”的两个操作合并到一个表达式中，从而简化代码。

```
#include<stdio.h>
int main(void)
{
    int i,sum,n;
    scanf("%d",&n);
    sum=i=0;
    while( ++i<=n)                  /*i先加 1,再和 n 比较*/
        sum=sum+i;
    printf("sum=%d\n",sum);
    return 0;
}
```

如果将程序中的前缀式＋＋i 改为后缀式 i＋＋，即 i＋＋＜＝n，则语法是正确的，但程序的运行结果将会不同。因为 i++<=n 是“i 与 n 比较后 i 再加 1”,结果是循环求和 1+2+…+n+(n+1),多循环了一次,和题意不符。如果用后缀式的话,要写成 i++<n。

可见,后缀式++(或--)的复杂点在于,值的更改并不是马上发生的,而是在引用原值之后发生的,这称为后缀式++(或--)的计算延迟,那么延迟到什么时候执行变量值的增 1 或减 1 操作?这涉及序列点的概念。序列点(sequence point)是一个程序执行中的点,这个点的特殊性在于,在这个点之前所有变量值的改变操作必须完成。注意,是在序列点之前完成,并不代表刚好在序列点完成,其完成有一个时间范围,从它出现开始到序列点结束这段时间内,都有可能完成变量值的改变。定义序列点是为了尽量消除编译器解释表达式时的歧义。下面是标准中定义的序列点。

(1) &&、||、?:和,(逗号)运算符的第一个操作数结尾处。

(2) 完整表达式的结束,包括:表达式语句的分号处,do、while、if、switch、for 语句的表达式的右括号处,for 语句中的两个分号处,return 语句中的表达式末尾的分号处。

【例 2.17】 后缀式++(或--)表达式举例。设变量说明为 int a=1,b=0;,下列表达式的值是多少。

(1) a-- &&(a+b)

(2) b++ ? b : -b

(3) b++ + b++

分析:(1) 对于双目运算中两个操作数的计算顺序,C 语言通常不规定哪个操作数先被求值,由编译器自行规定。例如,算术表达式(a+b) * (c+d)的求值,有的编译器可能先计算 a+b 的值,有的可能先计算 c+d 的值。但是,运算符 &&、|| 和,是例外,C 语言规定它们是从左至右求值的,即先计算左边操作数(第一个操作数)。因此,该逻辑表达式的左操作数 a--先被计算,值为 1(a 的原值),&& 是序列点,这就保证了在序列点前 a 的值已经减 1,计算 a+b 时 a 为 0,a+b 的值也为 0,最后执行 1 && 0,值为 0。

(2) 这是一个条件表达式(见 2.5.7 节),先计算第一个操作数 b++,值为 0(假),然后计算第三个操作数-b,并以其值作为条件表达式的值。由于? 是序列点,在 ?之前必须将 b 的值加 1,? 之后的 b 值变为 1 了,所以该条件表达式的值为-1。

(3) 该表达式的值是不确定的,不同的编译器可能会得出不同的结果。因为这个表达式本身不包含序列点,完整的表达式结束(加法执行完毕)是序列点,在序列点前所有的 b 加 1 操作要完成,所以能确定的是在进入后续语句之前 b 被增加 2,至于每个 b++在序列点前的具体哪个时间点加 1 是不确定的。有的编译器可能算出第一个 b++(值为 0)后 b 立即加 1,b 值变为 1,算第二个 b++时 b 值已变为 1,b++的值为 1,然后 0+1,该表达式的值为 1,最后执行一次自增。有的编译器可能算出第一个 b++(值为 0)后 b 不加 1,接着算第二个 b++(值是 0),然后 0+0,该表达式的值为 0,最后执行两次自增。程序员应避免使用这种具有副作用的表达式。

表达式的副作用是指表达式在求值过程中会改变该表达式中作为操作数的某个变量的值。具有副作用的运算符:赋值、复合赋值、自增和自减。由于编译器对求值顺序的不同处理,当表达式中带有副作用的运算符时,就有可能产生二义性。

2.5.6　赋值运算

赋值运算就是把数据存入操作数对应的存储单元，C 语言赋值操作是作为一种表达式来处理的，赋值运算符（=）可以和其他一些双目运算符结合成一个复合赋值运算符，使得赋值表达式更为简洁，使用灵活，这是 C 的又一特色。

1. 简单赋值

符号"="是简单的赋值运算符，它有两个操作数，表达式的形式为：

```
操作数 1 = 操作数 2
```

说明：首先计算右边操作数 2 的值，然后将该值赋给左边操作数 1 对应的存储单元，右操作数可以是任意表达式，但左操作数必须是一个可更改内容的"左值表达式"。所谓左值，是指一个能用于赋值运算左边的式子，左值表达式是一个表示存储单元的表达式。不带 const 说明的变量名是可更改的左值表达式的例子之一，带 const 说明的变量名是不可更改的左值表达式。左值表达式包括：变量名、下标表达式、指针间访表达式、结构成员选择表达式等。

赋值运算符的右操作数类型可以和左操作数不同，执行赋值之前右操作数被自动转换为左操作数的类型（见 2.7 节），表达式的值和类型与左操作数相同。假设 a、b 和 c 是 int 型，如下语句：

```
a=2;
b=3;
x=a+b;
```

通过使用赋值表达式，可以被简化为

```
x=(a=2)+(b=3);
```

上式中赋值表达式 a=2 把值 2 赋给变量 a，这个表达式的值为 2。同样，赋值表达式 b=3 把值 3 赋给变量 b，这个表达式的值为 3。最终 2+3=5，把 5 赋给 x。赋值运算符的优先级较低，上式中的括号不能省略。如果去掉部分或所有括号，请读者思考会产生什么影响。

当右操作数又是一个赋值表达式时，形成多重赋值表达式。例如：

```
a=b=c=3;
```

由于赋值运算符是右结合性，上式等价于

```
a=(b=(c=3));
```

2. 复合赋值

大多数双目运算符都可以和=一起构成一个复合赋值运算符 op=，op 代表+、-、*、/、%、<<、>>、&、^和|中的一个，其中<<、>>、&、^和|详见 2.6 节。复合赋值表达式的形式为

```
操作数 1  op= 操作数 2
```

这个表达式可以理解为下面的展开形式：

```
操作数 1  = 操作数 1  op(操作数 2)
```

例如：

```
i+=2          等价于  i=i+2
y/=x+10       等价于  y=y / (x+10)
x*=k=m+5      等价于  x=x * ( k=m+5)
```

复合赋值表达式与它的展开形式的区别在于，前者中操作数 1 只计算一次，后者中操作数 1 计算两次，因此两者有时不一定等价。例如：

```
s[i++] += 1       不等价于     s[i++] = s[i++] +1
```

前者 i 自增 1 次，后者 i 自增 2 次，在处理数组时这是一个重要的技术点。

复合赋值运算符是 C 语言的特色之一，这类运算符简明，其表示方式与人们的思维习惯比较接近。i+=2 可读作“把 2 加到 i 上”，i=i+2 可读做“取 i，加上 2，再把结果放回到 i 中”。因此，前者比后者好。而且，这类运算符还有助于编译程序产生高效的目标代码。

2.5.7 条件运算

条件运算符(?:)是一个三目运算符，条件表达式的一般形式为：

```
操作数 1 ? 操作数 2 : 操作数 3
```

说明：如果操作数 1 的值非 0(真)，则计算操作数 2，并将其值作为条件表达式的值；否则计算操作数 3，并将其值作为条件表达式的值。

【例 2.18】 请写一个 C 表达式，如果字符变量 ch 是一个小写字母，则结果为 ch 对应的大写字母；如果 ch 不是一个小写字母，则结果为 ch。

分析：结果是两种情况之一，选用的运算符应是三目条件运算符，表达式为

```
(ch>='a' && ch<='z' ) ?( ch - 'a' + 'A') : ch
```

其中，圆括号并不是必需的，可以去掉，这是因为条件运算符的优先级非常低，仅高于赋值运算符，尽管如此，用括号有助于提高程序的可读性。

条件表达式能用于替代某些 if-else 语句。例如：

```
if(a>b)   z=a;
else   z=b;
```

实现把 a 和 b 中的较大值赋给 z，可以改写成

```
z = ( a>b ) ? a : b ;
```

条件运算符(?:)的结合性是右结合，因此下面的表达式：

```
x = a>0 ? 1 : a<0 ? -1 : 0
```

等价于

```
x = a>0 ? 1 : (a<0 ? -1 : 0)
```

赋值运算的右操作数是一个嵌套的条件表达式，其操作数 3 又是一个条件表达式。如果 a>0，将 1 赋给 x；如果 a<0，则将 −1 赋给 x；如果 a=0，则将 0 赋给 x。

条件表达式的类型由操作数 2 和操作数 3 决定，如果操作数 2 和操作数 3 的类型不同，使用转换规则（见 2.7.1 节）。例如，假设 f 为 float 类型，i 为 int 类型，那么表达式 (i>0) ? f : i 的类型为 float，无论 i 是不是正数。

2.5.8 逗号运算

在所有运算符中，优先级最低的是逗号运算符(,)，它是顺序求值运算符，由逗号运算符连接两个操作数而成的表达式称为逗号表达式，其一般形式为

```
操作数 1,操作数 2
```

说明：两个操作数按从左自右的顺序求值，先计算操作数 1，再计算操作数 2，整个逗号表达式的值和类型与操作数 2 相同，对逗号运算符不进行类型转换。例如：

```
x=(i=4,i%3)
```

是一个赋值表达式，赋值运算的右操作数是一个逗号表达式，其值就是 i%3 的值，为 1，把 1 赋给左边的变量 x。因此，该赋值表达式的值为 1，x 的值也为 1。如果将括号去掉，即

```
x=i=4,i%3
```

这是一个逗号表达式，先执行 x=i=4，再执行 i%3。因此，该表达式的值为 1，而 x 的值为 4。

逗号运算符的结合性为左结合，例如：

```
a=1,b=2,c=3
```

等价于

```
(a=1,b=2),c=3
```

所以，利用逗号运算符可以将多个操作数连接起来，形式为：

```
操作数 1, 操作数 2, 操作数 3,…, 操作数 n
```

说明：它的值为最后一个操作数 n 的值。

逗号运算符特别适用于程序中需要执行多个表达式，而语法上只允许为一个表达式的情况。从 1 累加到 10 的代码可以写为：

```
for(sum=0, i=1 ; i<=10 ; i++ )
    sum+=i ;
```

for 中的表达式 1 是逗号表达式，用于给 sum 和 i 赋初值。上述代码还可进一步写为

```
for(sum=0, i=1 ; i<=10 ; sum+=i , i++ )
    ;      /*空语句*/
```

for 中的表达式 1 和表达式 3 都是逗号表达式，但不能写为

```
for(sum=0, i=1 ; i<=10 ; i++,sum+=i)
    ;      /*空语句*/
```

因为它是计算从 2 到 11 的整数之和。

【例 2.19】 输入一串数字字符，将其转换为一个十进制整数赋给 x(模拟 scanf("%d", &x)的功能)。

分析：当用 scanf("%d",&x)输入一个整数时，实际上输入的是组成该整数的各位数字的一个字符串，scanf 函数读到的每个字符都是其字符码，然后将每个字符码转换成字符对应的一位整数，并按相应的数位拼成一个十进制整数，最后赋给变量 x。例如，输入整数 123，实际输入的是字符'1'、'2'、'3'。转换原理如下：

字符 c 转换成对应的一位整数 d：d＝c－'0'(两个字符的字符码相减)。例如，3＝'3'－'0'＝51－48。

拼数：

$$123 = ('1'-'0') * 10^2 + ('2'-'0') * 10^1 + ('3'-'0') * 10^0$$
$$= (('1'-'0') * 10 + ('2'-'0')) * 10 + ('3'-'0')$$

为了用循环结构实现拼数，可将上述转换过程简化为下面的转换公式：

$$x = x * 10 + c - '0'$$

其中，x 初值为 0，c 为一个数字字符。下面的程序未考虑前导空格和负数的情况。

```
#include<stdio.h>
int main(void)
{
    char c;                         /* 用于存放当前输入的字符 */
    int x;                          /* 用于存放转换的整数 */
    /* 不断读入字符，遇非数字字符结束循环。for 中第一个式子是逗号表达式 */
    for( x=0,c=getchar( ) ; c>='0'&&c<='9' ; c=getchar( ) )
        x=x*10+c-'0';               /* c-'0' 将数字字符转换成对应的整数 */
    printf("x=%d\n",x);
    return 0;
}
```

输入：

```
45671↙
```

输出：

```
x=45671
```

反过来，设 x 是一位整数，欲将其转换为对应的数字字符(如 2 转换为'2')，则用 x＋'0'，因为'0'、'1'、'2'…数字字符构成了一个连续增量。2＋'0'＝2＋48＝50，正好是字符'2'的 ASCII 码。

程序中大多数逗号并不代表逗号运算符，而是用于分隔单词的标点符号，如函数参数列表的逗号。如果要在这些地方使用逗号运算符，必须用括号把出现逗号运算符的逗号表达式括起来。例如：

```
fun(a,b,c)                          /* 函数 fun 有三个参数 */
fun((a,b),c)                        /* 函数 fun 有两个参数，第一个参数是逗号表达式 */
```

2.5.9　sizeof 运算

sizeof 是一个单目运算符，用于给出一个数据类型或数据对象所需的字节数。sizeof 表达式有两种形式：

(1) sizeof(类型名)。给出指定数据类型占用的存储字节数。

(2) sizeof 表达式。给出表达式结果的类型占用的存储字节数。表达式可以有或无圆括号“()”，如表达式无“()”，则 sizeof 和表达式之间必须有空格。

下面是一些 sizeof 运算符的例子，并假设 int 类型占用 4 字节。

```
int a=1,b=1, c[10];
sizeof a                        /* 值为 4 */
sizeof(double)                  /* 值为 8 */
sizeof (c)                      /* 值为 40,数组 c 占用的字节数 */
sizeof (a+b)                    /* 值为 4,因为 a+b 结果的类型是 int */
```

最后一个 sizeof 后面若没有括号，即 sizeof a+b，则先求 sizeof a，再和 b 加，值为 5。

sizeof 表达式是一个常量表达式，其运算是在编译时执行的。因此，当 sizeof 的操作数是表达式时，则在编译时分析表达式以确定类型，运行时不对这个表达式求值，例如下面代码中的 ++x 不会执行。

```
short x=1;
printf("%d\n",sizeof(++x));         /* 输出:2 */
printf("%d\n",x);                   /* 输出:1 */
```

*2.6　位运算

位运算是以逐个二进制位为直接处理对象的运算，这是 C 语言区别于其他高级语言的特色之一。有两大类位运算符：位逻辑运算符和移位运算符，所有位运算符的操作数均必须是整型。要掌握位运算符的运算功能，首先必须弄清楚整数在计算机中是如何表示的。

2.6.1　整数在机内的表示

任何数据在计算机内部都是以二进制形式存储的。例如，一个 char 类型的字符'A'的存储形式如图 2-5 所示。

7	6	5	4	3	2	1	0
0	1	0	0	0	0	0	1

图 2-5　字符'A'的机内表示

每个方格表示一个二进制位，方格内的 0 或 1 是该位的值，方格上的数字是二进制位的编号，一个数据的各个二进制位右起从 0 开始编号，最低位编号为 0，一字节数据的最高位编号为 7，两字节数据的最高位编号为 15。8 位二进制码 0100 0001 的十进制数是 65(字母 A 的 ASCII 码)，即字符常量'A'的机内值是 65，而 short int 类型整数 65(16 位)的机内表示为 0000 0000 0100 0001，可见字符'A'与整数 65 值相等，只是类型不同因而机内的存储长度不同。

整数分无符号整数和有符号整数，有符号整数在计算机中是如何存储的呢？无符号整数将存储长度的所有二进制位全部用于表示数据的值。例如，unsigned short 型数的最大值为 65535(16 个二进制位全是 1，即 $2^{16}-1$)，最小值为 0(16 个二进制位全是 0)。**有符号整数将存储长度的最高位作为符号位**(0 表示正，1 表示负)，其余各位用于表示数据的值。例如，signed short 型数的最大值为 32767(最高位为 0，其余各位为 1，即 $2^{15}-1$)，最小值为 −32768(最高位为 1，其余各位为 0)。

正数在机内是以原码表示的，负数在机内是以补码表示的。原码的定义是最高位为符号位(正数为 0，负数为 1)，其余各位表示该数的绝对值。补码的定义是正数的补码等于正数的原码，负数的补码为其原码除符号位之外其余各位取反后再加 1 得到。例如，十进制数 −6 的 16 位补码的求解过程如下。

写出 −6 的原码：　　　1000 0000 0000 0110
符号位除外各位取反：　1111 1111 1111 1001
取反后加 1：　　　　　1111 1111 1111 1010

因此，−6 的 16 位补码是 1111 1111 1111 1010(即 −6 在机内的表示)。如果该机内值被说明为有符号的，则 1111 1111 1111 1010 代表十进制数 −6；如果该机内值被说明为无符号的，则 1111 1111 1111 1010 代表十进制正整数 65530(0xfffa)。

反过来，由负数的补码怎么求该补码所表示的负十进制数？先由负数的补码除符号位之外其余各位取反后再加 1，得到该负数的原码，然后将负数的原码除符号位之外各位写成十进制数，再加上负号。例如，由 −6 的补码求该补码所表示的负十进制数的过程如下。

−6 的补码：　　　　　1111 1111 1111 1010
符号位除外各位取反：　1000 0000 0000 0101
取反后加 1：　　　　　1000 0000 0000 0110 (−6 的原码)

负数原码 1000 0000 0000 0110 的左端最高位 1 表示负号，右端 15 位得到负数的绝对值 6，则得十进制数 −6。

根据上述方法，很容易写出 −1(short 类型)的补码是 1111 1111 1111 1111，以及根据该补码写出其表示的负数 −1。但是，如果机内值 1111 1111 1111 1111 被解释为无符号数，则它代表的是正整数 65535。

虽然计算机最终处理的都是二进制数据，但 C 语言中没有二进制数的表示。在 C 语言源程序中，一个整数只能写成十进制、八进制或十六进制，编译系统会将源程序中的十进制、八进制和十六进制数转换为二进制数供计算机处理。

2.6.2 位逻辑运算

有 4 个位逻辑运算符：~、&、|、^，这些运算符都是对操作数中的各个二进制位进行操作，而普通的逻辑运算符(!、&&、||)是对整个数进行操作。

1. 按位取反：~

单目运算符~将操作数在内存中的每个二进制位取相反值，即 0 变 1，1 变 0。例如：

```
~5
```

是对 5 按位求反，5 的 16 位机内值为 0000 0000 0000 0101，$\sim 5=(1111\ 1111\ 1111\ 1010)_2$，其十进制数是多少取决于如何解释它。如果解释为有符号数，最高位的 1 表示它是某个负数的补码表示，～5 的值－6；如果解释为无符号数，～5 的值为 65530。

```
printf("%hu",~5);        /* 解释为无符号 short 数,输出 65530 */
printf("%hd",~5);        /* 解释为有符号 short 数,输出 -6 */
```

可见，同样的存储长度，同样的机内值，但作为有符号数和作为无符号数来解释，其结果是不一样的。

2. 按位与：&

& 运算对两个操作数的逐个二进制位进行与运算，只有两个操作数的对应位都是 1，该位结果才是 1；两个操作数的对应位有一个是 0，结果为 0。例如：

```
0x68d1 & 0xff00
```

即$(0110\ 1000\ 1101\ 0001)_2$ & $(1111\ 1111\ 0000\ 0000)_2$，结果为 0x6800。其中，0xff00 通过 & 运算保留（取出）了整数 0x68d1 的高 8 位、低 8 位全置为 0（屏蔽），所以 0xff00 常称为逻辑尺或屏蔽码。可以将逻辑尺中的 0 看作不透明，1 看作透明。0x68d1 & 0xff00 好比将逻辑尺 0xff00 放到数据 0x68d1 的上面，0x68d1 中的位只有在逻辑尺中的对应位是 1 时才可见，其他位被屏蔽不可见。

按位与运算可用于屏蔽一个整数的某些位，即将该整数的某些位设置为 0，而保留其余位，只要适当设计一个逻辑尺，使逻辑尺中与需屏蔽位对应的位为 0，其余位为 1。按位与还可用于测试一个整数的某些位是 0 还是 1，只要让逻辑尺的对应需测试的位为 1，其余位为 0。

【例 2.20】 用位运算写一个表达式，判断一个整数 x 是否偶数，如果是偶数，表达式的值为 1，否则为 0。

分析：判断一个数是否偶数，最快的方法是看该数的最低二进制位，该位为 0 则是偶数，该位为 1 则是奇数，为此设计逻辑尺为 1（或 0x1）。表达式为

```
!(x & 1)
```

当 x 是偶数时，其最低位为 0，x&1 为 0，!0 为 1。该表达式可用于下面的 if 语句：

```
if(!(x & 1))  printf("%d is an even",x);
```

3. 按位或：|

| 运算对两个操作数的逐个二进制位进行或运算，只有两个操作数的对应位都是 0，该位结果才是 0；两个操作数的对应位有一个是 1，结果为 1。例如：

```
0x68d1 | 0xff00
```

结果为 0xffd1。用逻辑尺 0xff00 通过 | 运算保留（取出）了整数 0x68d1 的低 8 位、高 8 位全置为 1（打开）。

按位或运算可用于打开一个整数的某些位，即将一个数据的某些位设置为 1，而保留其余位。只要让逻辑尺的各位值符合以下条件即可：与打开位对应的位为 1，其余位为 0。

4. 按位加：^

^运算对两个操作数的逐个二进制位进行无进位的加法运算，即对于每一位，1^1 为 0，0^1 为 1，0^0 为 0，故按位加又称为按位异或。当两个操作数的对应位不同时，该位结果是 1；

否则,结果为0。例如:

```
0x68d1 ^ 0xff00
```

结果为0x97d1,翻转了0x68d1的高8位,低8位不变。因此,按位加运算可用于翻转一个整数的某些位,即将一个数据的某些位取反值,而保留其余位。只要让逻辑尺的各位值符合以下条件即可:与需翻转位对应的位为1,其余位为0。

【例2.21】 大小写字母转换。用位运算编程实现:将输入的大写字母转换为小写字母,输入的小写字母转换为大写字母。

分析:由附录A可以看出,同一个字母的大小写字符的二进制编码中只有第5位(最右边为第0位)不同,其他位都一样。例如,'A'(65)的二进制编码为0100 0001,'a'(97)为0110 0001。大小写是由第5位来区分的,该位为0是大写,为1是小写。所以,实现大小写字母的转换,只需翻转第5位的值,逻辑尺为$(0010\ 0000)_2=32$。

```
#include <stdio.h>
int main(void)
{
    char ch;
    printf("请输入一个字母:\n");
    ch = getchar(); getchar();
    while(!((ch>='A' && ch<='Z') || (ch>='a' && ch<='z')))
    {
        printf("输入有误,请重新输入一个字母:\n");
        ch = getchar(); getchar();
    }
    ch ^= 32;              /* 大小写转换,32是逻辑尺,^= 为复合赋值运算 */
    printf("%c\n",ch);
    return 0;
}
```

2.6.3 移位运算

移位运算有左移“<<”和右移“>>”,运算规则是将左操作数的每位向左(<<)或向右(>>)移动由右操作数指定的位数,右操作数应为正整数。

左移时左边高位被移出(丢弃),右边空出的低位填入0。假设a=11,则

```
a<<2
```

表达式的值是44,但a仍为11。因为$a=11=(0000\ 0000\ 0000\ 1011)_2$,左移2位,则左边高2位被移出,右边低2位填充0,结果为$(0000\ 0000\ 0010\ 1100)_2=44$。

右移时右边低位被移出,左边空出的高位可能填入0也可能填入1,填充方式取决于左操作数的类型及系统。左操作数如果是无符号类型,则填充0。左操作数如果是有符号类型,则依赖于系统,有些机器填入0(即“逻辑移位”),而有些机器填入符号位(即“算术移位”)。符号位是最高位,对于非负整数,它是0;对于负整数,它是1。

假设b是有符号数据,值为15,则

```
b>>3
```

结果是 1。因为 $b=15=(0000\ 0000\ 0000\ 1111)_2$，右移 3 位，则右边低 3 位被移出，左边高 3 位填充 0，结果为 $(0000\ 0000\ 0000\ 0001)_2=1$。

```
-b>>3
```

结果是 1。因为 $-b=-15=(1111\ 1111\ 1111\ 0001)_2$，右移 3 位，则右边低 3 位被移出，对于左边高 3 位，有的机器采用算术移位填充符号位，结果为 $(1111\ 1111\ 1111\ 1110)_2=-2$；有的机器采用逻辑移位填充 0，结果为 $(0001\ 1111\ 1111\ 1110)_2=$ 0x1ffe=8190。

为避免在不同的系统中结果不一致的问题，右移时应经常用无符号类型。

移位运算可以实现快速高效的对 2 的幂的乘法和除法运算。左移一位相当于左操作数乘以 2，只要移位后不丢失有效位，则 a<<n 的结果就是 $a\times 2^n$。如果左操作数是非负数，右移一位相当于左操作数除以 2，a>>n 的结果就是 $a/2^n$。

【例 2.22】 写一个表达式，用短整数 p 的低字节作为结果的低字节，短整数 k 的低字节作为结果的高字节，拼成一个新的整数。

解答：

```
(p&0xff) | ( (k & 0xff) << 8 )
```

上式的计算过程为：

① p&0xff 取出 p 的低字节。

② k&0xff 取出 k 的低字节。

③ (k & 0xff) << 8 使 k 的低字节移到高字节，低字节补 0。

④ 执行按位或运算，结果是拼成的新整数。

【例 2.23】 写一个表达式，取出整数 x 从第 m 位开始向右的 n 位，并使其向右端(第 0 位)靠齐。一个整数的各个二进制位从右至左依次编号为第 0 位、第 1 位、第 2 位……例如，x=0x1238，m=4，n=2，则结果应为 3。

解答：

```
x>>(m-n+1) & ~(~0<<n)
```

上式的计算过程为：

① 计算被取出部分距离右端的位数(m－n＋1)。

② 计算 x>>(m－n＋1)，使被取出部分向右端第 0 位靠齐。

③ 计算~(~0<<n)，得到一个右端 n 位全为 1，其余各位为 0 的逻辑尺。

④ 执行按位与运算，取出低端 n 位即为所求。

上述第③步逻辑尺的表达式也可以是：(1<<n)－1，因为右端 n 位全为 1、其余位为 0 的值就是 2^n-1。

2.6.4 位运算的应用

位运算在编写涉及机器底层的软件时非常有用，例如各种控制程序、通信程序和设备驱动程序等。许多压缩和加密操作都对单独的位进行操作。另外，合理使用位运算可以提高程序的执行效率，所以平时使用的软件大多数都用到了位运算操作。

【例 2.24】 压缩和解压。可以把表示 21 世纪日期的日、月和年三个整数压缩成一个 16 位的整数。写一个表达式,实现压缩存储日、月和年。

分析:因为日有 31 个值,月有 12 个值,年有 100 个值,所以可以在一个整数中用 5 个位(第 15～11 位)表示日,用 4 个位(第 10～7 位)表示月,用 7 个位(第 6～0 位)表示年,如图 2-6 所示。设 day、month 和 year 分别是存储日、月和年的变量,首先将 day 和 month 左移到新位置,再利用按位或运算符将 day、month 和 year 组装在一起。表达式为:

15　　　11	10　　7	6　　　0
日	月	年

图 2-6　将日、月和年压缩在一个整数中

```
day<<11 | month<<7 | year
```

【例 2.25】 简单加密。将一个短整型数 x 分成 4 个长度不等的部分:A(3 位)、B(5 位)、C(4 位)和 D(4 位),然后将它们按照 C、A、D、B 的顺序重新拼凑在一起(如图 2-7 所示),实现对其加密的功能。写一个表达式,要求其值为 x 的密文。

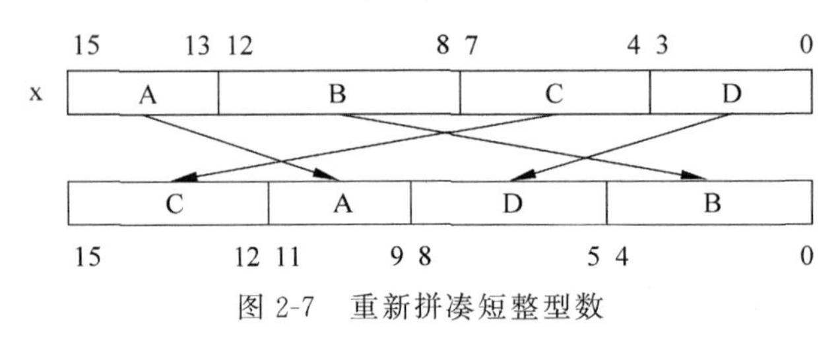

图 2-7　重新拼凑短整型数

分析:解题步骤如下。

(1) 设计 4 个逻辑尺,分别用于取出 A、B、C 和 D 4 个部分。A 的逻辑尺应设计成:高 3 位全为 1,其余全为 0,即 0xE000;B 的逻辑尺应设计成:第 8～12 位全为 1,其余全为 0,即 0x1F00;同理,C 和 D 的逻辑尺分别为 0x00F0 和 0x000F。

(2) 取出 A、B、C 和 D,再移到新位置。将 x 分别和逻辑尺进行 & 运算,可取出每一部分。用每部分第 1 位的初始位置减去其新位置得到移位数,正数右移,负数左移。

(3) 将各部分重新组装在一起。得到表达式为:

```
(x&0xE000)>>4 | (x&0x1F00)>>8 | (x&0xF0)<<8 | (x&0xF)<<5
```

【例 2.26】 将一个整数以二进制方式输出。函数 printBit 的功能是输出 int 型数据的每一个二进制位,通过调用该函数可以将整数在内存中的表示形式直观显示在屏幕上。

分析:先利用 sizeof 运算符计算出 int 数据所占存储的位数 n,然后循环 n 次,每次输出一位。数据输出是由高位到低位进行,为此,设置一个最高位为 1、其余位为 0 的逻辑尺 mask,利用 mask 将 x 的最高位取出并判断是 0 还是 1。如果 x 的最高位是 0,表达式!(x & mask)为真,则输出字符'0'(单引号不输出);如果 x 的最高位是 1,表达式!(x&mask)为假,则输出字符'1'。在输出 x 的最高位后,将 x 左移一位,把下一位移向最高位,为下次显示做准备。

```
void printBit(int x)                          /*以二进制输出 int 数据*/
{
    int  i;
```

```
    int  n=sizeof(int) * 8;                  /* n 表示 int 类型数据的位数 */
    int  mask = 1 << (n-1);                  /* 最高位为 1 其余位为 0 的逻辑尺:100…0 */
    for ( i=1; i<=n; ++i )  {
        putchar ( ! ( x & mask ) ? '0': '1'); /* 输出最高位数字符 */
        x<<=1;                               /* 将 x 左移一位 */
        if ( ! ( i %8 ) && i<n )   putchar(' ');
    }
}
```

循环体中 if 语句的作用是：每输出 8 位后输出一个空格，使输出结果更清晰。

【例 2.27】 奇偶校验。读入一个字符，对该字符进行奇偶校验，输出校验码。

分析：在标准 ASCII 码中，其最高位(b7)用作奇偶校验位。所谓奇偶校验，是指在代码传送过程中用来检验是否出现错误的一种方法，一般分奇校验和偶校验两种。奇校验规定：正确的代码一个字节中 1 的个数必须是奇数，若非奇数，则在最高位 b7 填充 1；偶校验规定：正确的代码一个字节中 1 的个数必须是偶数，若非偶数，则在最高位 b7 填充 1。例如，字符'3'，其 7 位 ASCII 码(51)的二进制表示为$(0110011)_2$，如果采用奇校验，必须保证这个字符的 8 位有奇数个 1，则最高位填充 1，8 位校验码为$(10110011)_2$；如果采用偶校验，需有偶数个 1，则最高位填充 0，8 位校验码为$(00110011)_2$。

数据的每一个二进制位都算一个数，记为 a1～an，如果 a1 ^ a2 ^ a3 ^ … ^ an 的结果是 1，则表示 a1、a2、a3、…、an 之中 1 的个数为奇数，否则为偶数，这条性质可用于计算奇偶校验位。

```
#include<stdio.h>
int main(void)
{
    unsigned char data,backup,t;
    int parity=0;                              /* 奇偶校验位,  0-偶校验,1-奇校验 */
    data=getchar();                            /* 被校验的字符 */
    backup=data;
    while (data) {
        t=data&1;                              /* 取该数的最低位 */
        parity^=t;                             /* 进行异或操作 */
        data>>=1;                              /* 为取下一位做准备 */
    }
    data=backup|(parity<<7);                   /* 产生校验码 */
    printf("The data is %#x\n",backup);        /* 输出被校验字符的字符码 */
    printf("Parity-Check Code is %#x\n",data); /* 输出校验码 */
    return 0;
}
```

2.7　类型转换

任何 C 语言表达式都具有值和类型，表达式中各操作数的类型可以不一样，执行运算时，先进行数据类型的转换，然后计算结果。下列情况之一会引起类型转换。

(1) 表达式中有 char 和 short 类型操作数时,将引起整数提升。

(2) 双目运算符的两个操作数类型不相同时,将引起一般算术转换。

(3) 一个值被赋给一个不同类型的变量时,将引起赋值转换。

(4) 某个值被强制为另一类型时,将引起强制类型转换。

(5) 某个值作为参数传给一个函数时,将引起函数调用转换。

上述(4)是由程序员使用强制运算符指定进行的显示类型转换,其他均是由系统自动隐含进行的。

2.7.1 类型转换的规则

1. 整数提升

任何表达式中的有符号和无符号的 char 和 short 都被自动转换成 int 或 unsigned,如果原始类型的所有值可以用 int 表示,则转换成 int,否则转换成 unsigned,这个过程称为"整数提升"。例如:

```
short x=0x1234;
printf("%hx\n", x<<8>>8);                    /*输出:1234*/
```

表达式 x<<8>>8 的计算过程为:

① x 被提升为 int 型(32 位),值为 0x00001234。

② 计算 x<<8,值为 0x00123400,类型为 int。

③ 计算 0x00123400>>8,值为 0x00001234,类型为 int。

使用%hx 说明符进行输出时,0x00001234 被解释为 short 型,保留低 16 位 0x1234,按十六进制输出,输出结果为 1234。

2. 算术转换

当对双目运算符的操作数求值时,首先对每个操作数独立进行整数提升,提升之后如果两个操作数类型不相同,就会发生算术转换。算术转换的总原则是:值域较窄的类型向值域较宽的类型转换。值域是指类型所能表示的值的最大范围,所遵循的转换方向为

char/short→int→unsigned→long→unsigned long→long long→unsigned long long→float→double→long double

其中,箭头表示当操作数为不同类型时转换的方向,并不表示相邻二者的组合,两个操作数可为任意类型。

算术转换中有一个特殊情况:当一个操作数为 long,另一个操作数为 unsigned 时,如果 long 能表示 unsigned 的所有值,则将 unsigned 操作数转换为 long;否则,将两个操作数都转换为 unsigned long。其原因与整数提升的情况类似。

【例 2.28】 设 c、l 和 d 分别为 char、long 和 double 型变量,写出表达式 c*l+d 所进行的类型转换。

解答: 该表达式的类型转换为

① c 先被提升为 int。

② c 再转换为 long,和 l 相乘,结果为 long。

③ 将 c*l 的结果转换为 double,再和 d 相加,结果为 double。

3. 赋值转换

赋值转换的规则是：右操作数的值被转换为左操作数的类型。赋值转换不受算术转换规则的约束，赋值表达式结果的类型完全由赋值运算符左操作数的类型决定。例如，设 short s=5；double d=2.9；则表达式

```
s = d
```

所进行的类型转换为：把 d 转换为 short，再赋给 s。因此，该赋值表达式的类型为 short，值为 2。

4. 强制类型转换

除了前面三种隐式转换外，还有显式转换，即利用强制类型转换运算符将一个操作数转换成所需类型，其形式为

```
(类型名)操作数
```

其中，操作数是一个表达式。例如：

```
(double) i
```

将操作数 i 的类型转换成 double，该表达式的类型也是 double。注意，变量 i 本身的类型保持不变。而表达式

```
(long)('a'-32)
```

首先将'a'自动转换成 int，然后和 32 相减，结果被强制转换为 long。

强制类型转换运算符"(类型名)"是单目运算符，与其他的单目运算符有同样的优先级和右结合性。因此，表达式(float)x+y 等价于((float)x)+y，而表达式(double)x=10 是错误的。

2.7.2 类型转换的方法

1. 整数之间的转换

整数包含字符型数据，字符型数据为较短的整数。将无符号整数转换为较短的整数时，保留低位值，截去多出的高位；转换为长度相同的有符号整数时，最高位变成符号位；转换为较长的整数时，用 0 填充扩展的高位(0 扩展)。

将有符号整数转换为较短的整数时，保留低位值；转换为长度相同的无符号整数时，最高位失去符号功能；转换为较长的整数时，用符号位填充扩展的高位(符号扩展)。

例如：

```
char ch; short sh=0x1234;
ch=sh;
```

由于 ch 是 char 型，占 8 位，所以 2 字节的整数 0x1234 被截取低 8 位存储到 ch 中，ch 的值为 0x34。

【例 2.29】 求表达式−1 < 1U 的值。

解答：该表达式的值为 0(假)。因为−1 为 int(假设 4 字节)，在计算机中表示为 32 个 1(−1 的补码)，1U 为 unsigned int，执行比较运算之前要进行类型转换，−1 被转换成

unsigned int，−1 原来的类型和新类型的长度相同，转换时 32 个 1 组成的位串不变，但转换后的最高位不再表示符号，结果被解释为 $2^{32}-1$=0xffffffff，它不小于 1。

2. 浮点数之间的转换

将高精度的浮点数转换为低精度的浮点数时，可能损失精度；当被转换的值超出窄类型的表示范围时，转换结果是不正确的。

将低精度的浮点数转换为高精度的浮点数时，仅改变内部的表示方式，值不变。

3. 整数与浮点数之间的转换

将浮点数转换为整数时，截去小数部分，再将整数部分转换成指定类型的整数（按整数之间的转换方法）。例如，22.002 和 22.999 转换成整数都是 22。

将整数转换为浮点数时，一般情况该整数转换为浮点数的整数部分，小数部分为 0。例如，123 被转换成浮点类型，结果为 123.0。

2.8 枚举类型

枚举类型是用户自定义的数据类型，它是用标识符命名的整型常量的集合，其中的标识符称为枚举常量。如果一个变量只有几种可能存在的值，那么就可以被定义为枚举类型。例如，描述某天是星期几的枚举类型，只有 7 个值。

2.8.1 枚举类型的声明

关键字 enum 被用于定义枚举类型，它允许对一个集合命名并声明集合中所包含的标识符及其值，声明形式为：

enum [枚举名] { 标识符[= 常量表达式],标识符[= 常量表达式],… };

说明：[ ]为可选项，枚举名是标志该枚举类型的标识符，用于在别处与 enum 一起声明枚举变量，{ }是枚举符表，里面由逗号隔开的每个部分称为一个枚举符，每个枚举符定义一个用标识符命名的 int 常量，称为枚举常量。例如，下面定义了一个名为 weekday 的表示星期几的枚举类型：

```
enum weekday { SUN, MON, TUE, WED, THU, FRI, SAT } ;
```

它包含 7 个枚举常量：SUN、MON、…、SAT，分别表示星期日至星期六，在后面可以声明 enum weekday 类型的变量。在未指定值的默认情况下，第一个枚举常量的值为 0，以后的值依次递增 1。因此，SUN，MON，…，SAT 被自动设置为整数值 0 到 6。因此，从效果上看，枚举常量是自动设置值的符号常量。

C99 标准允许枚举定义的最后多一个逗号。例如：

```
enum weekday { SUN, MON, TUE, WED, THU, FRI, SAT, } ;            /* SAT 后加逗号，允许 */
```

定义时可以指定枚举常量的值，未指定值的枚举常量的值比前面的值大 1。例如：

```
enum suit { CLUBS=1, DIAMONDS, HEARTS, SPADES } ;
```

第一个枚举常量 CLUBS 的值指定为 1，其后的 DIAMONDS、HEARTS 和 SPADES 的值分

别为 2、3 和 4。又如:

```
enum sizes { SMALL, MEDIUM=10, BIG , TOO_BIG=20 } ;
```

SMALL、MEDIUM、BIG 和 TOO_BIG 的值分别为 0、10、11 和 20。

enum 后面也可以不出现枚举名,例如:

```
enum { WIN, LOSE, TIE, ERROR};
```

定义了一个没有名字的枚举类型,它含有 WIN、LOSE、TIE 和 ERROR 这 4 个枚举常量,值分别为 0、1、2 和 3。由于没有枚举名,因此不便于在后面声明该类型的变量。

枚举常量就是整型常量,使用枚举常量是为了使程序更加易读。一个枚举类型中不同的标识符可有相同的值,但不同的枚举类型中所有标识符要唯一。为了和变量相区别,枚举常量标识符通常用大写。

2.8.2 用枚举类型定义符号常量

使用 #define 定义符号常量已经非常熟悉。例如,需要为输入数据可能出现的各种情况命名时,可以定义如下符号常量:

```
#define DATA_OK 0
#define TOO_SMALL 1
#define TOO_BIG 2
#define NO_INPUT -1
```

说明:#define 允许单独为每一种情况命名,但却不能将这些常量组成一组相关项。枚举类型定义通常用于给一组相关联的整型常量命名。上面 4 个符号常量的定义可用下面的枚举类型来代替:

```
enum  { DATA_OK, TOO_SMALL, TOO_BIG , NO_INPUT=-1} ;
```

2.8.3 枚举变量的定义

前面的枚举类型声明只列出了该类型的对象可以具有的值,并没有定义枚举变量,要定义它们,可以有两种形式:一种是在声明枚举类型的同时定义枚举变量,另一种是利用枚举名来定义枚举变量。例如:

```
enum color { RED,GREEN,BLUE} c1,c2;
```

声明语句说明了一个 color 枚举类型,同时定义了该类型的两个变量 c1 和 c2。以后还可以利用 enum color 来定义该类型的其他变量。当然,如果程序中别处不需要引用枚举名 color,则 enum 后面可以省略 color。上面的声明语句也可以改用下面的形式:

```
enum color { RED,GREEN,BLUE};
enum color c1,c2;
```

也就是先声明一个 color 枚举类型,然后利用枚举名 color 定义变量。

一个枚举变量的值是 int 型整数,但值域仅限于列举出来的范围。枚举变量值的输入和

输出都只能是整数。枚举常量可以赋给同类型的枚举变量,也可以赋给一个整型变量,同类型的枚举变量之间可以相互赋值。例如:

```
c1=BLUE;                /* 等价于 c1=2; 使用有意义的标识符有助于读者理解程序 */
printf("%d",c1);        /* 输出 2,而不是 BLUE */
scanf("%d",&c2);        /* 输入 0,不能输入 RED */
```

下面的语句是错误的:

```
c1=3;                   /* 变量 c1 的值域为 0、1 和 2,而 3 无意义 */
printf("%s", GREEN );   /* 输出错误的结果,而不是 GREEN */
```

【例 2.30】 定义一个描述星期的枚举类型,输入表示星期的数字 1~7,7 代表星期日,输出对应的英文星期名。

分析: 定义枚举类型变量 day,其值域为 1~7,为了输出与枚举值相对应的星期名,可以建立一张星期表,以枚举值作为索引,在星期表中查找对应的星期名。程序中采用一个字符指针数组(见 8.4.2 节)来存放星期表,表中 0 号索引位置保存的是输入出错的提示字符串,后面依次是星期一至星期日的英文名。

```
#include<stdio.h>
enum week { MON=1, TUE, WED, THU, FRI, SAT, SUN } ;
int main(void)
{
    enum week day;
    char *weekName[ ]={"Input error! ","Monday","Tuesday","Wednesday","Thursday",
                       "Friday", "Saturday","Sunday"};     /* 星期表 */
    printf("请输入 1~7 的星期数字\n");
    while(scanf("%d",&day)==1) {
        if(day>=1&&day<=7) printf ("%s\n",weekName[day] );
        else printf ("%s\n",weekName[0] );
    }
    return 0;
}
```

程序的一次运行结果:

```
请输入 1~7 的星期数字
2↙
Tuesday
8↙
Input error!
^Z↙
```

看看该程序中 scanf 的使用有什么不同? scanf 函数有返回值,它返回的是正确按指定格式输入变量的个数,即能正确接收到值的变量个数。在上面程序中,如果 day 接收到读入的值,则返回 1;如果 day 未被成功读入,则返回值为 0;如果遇到错误或遇到输入结束符,则返回值为 EOF(即-1)。在 Window 下,在行首按 Ctrl+Z 键可结束输入。在 Linux 下,按

Ctrl＋D键可结束输入。

本章小结

本章的内容是用C语言编写程序的重要基础，涉及关键字、标识符、常量、运算符等基本元素，应该重点掌握。常量包括字符常量、字符串常量、整型常量、浮点型常量，必须熟练掌握各种类型常量的表示方法。C语言提供了很多运算符，除通常的算术、关系、逻辑和赋值运算符外，还有一些C语言特有的运算符：自增、自减、条件、逗号、复合赋值、sizeof和位运算符。自增和自减运算符有前缀式和后缀式，但效果可能不同，需要特别注意。位运算符使程序员可以访问字节或字中的二进制位，要重点掌握位运算符的应用。每个表达式都有一个值和类型，运算符的优先级和结合性决定了表达式求值的顺序，在表达式的计算过程中，会涉及类型之间的转换问题，主要有自动类型转换和强制类型转换两种规则。

习题 2

2.1　下列哪些是词法记号？

关键字　注释　空白符　八进制常量　三字符序列　字符串常量　括号

2.2　C编译器将下列每一个源字符串分解为哪些记号？（不必考虑记号组合是否合法）

（1）x＋＋＋y　（2）－0xabL　（3）2.89E＋12L　（4）"String＋\"FOO\""　（5）x**2

（6）"X?? /"　（7）a? b　（8）x－－＋＝y　（9）intx＝＋10　（10）"String""FOO"

2.3　下列哪些不是标识符？为什么？

4th　sizeof　_limit　_is2　xYshould

x * y　o_no_o_no　temp-2　isn't　enum

2.4　写出字符A、k、空格符、换行符的ASCII码。

2.5　字符0的ASCII码加数字5所得的ASCII码是多少？对应的字符是什么？

2.6　求十进制整数251的八进制表示及十六进制表示。

2.7　下列表示中哪些是合法常数？哪些是非法常数？对于合法常数，指出其类型；对于非法常数，说明其错误原因。

2L　'''　.12　0x1ag　33333　"a"　""　0.L　E20　0377UL

'\18'　'\0xa'　0x9cfU　'\45'　1.E-5　'\0'　3.F　"3'4""　'"'　'\a'

2.8　以下变量声明语句中有什么错误？

（1）int　a; b=5;　（2）doubel　h;　（3）int　x=2.3;

（4）const　long　y;　（5）float　a=2.5 * g;　（6）int a=b=2;

2.9　设有以下变量说明，给出下列表达式的值。

```
int  a=1, b=2, c=3, d;
double  x=2.0, y=7.7;
```

（1）＋＋a * b－－　（2）!a＋b/c　（3）a ＝＝ b ＋ c

（4）d=a＋＋, a *＝b＋1　（5）d=y＋＝1/x　（6）a<b && x＝＝y

（7）x ＝ (int)y/b＋＋　（8）a－－?＋＋a: ＋＋a　（9）'a' ＋ '\xa' ＋ a

（10）a=0, －－a, a＋＝(a＋＋)-a

2.10　设i和j是int类型，a、c和b是double类型，下列表达式哪些是错误的？为什么？

(1) a==b==c　　(2) 'a'^045　　(3) 7+i*--j/3

(4) 39/-++i-+29%j　　(5) a*++-b　　(6) a||b^i

(7) i*j%a　　(8) i/j>>2　　(9) a+=i+=1+2

(10) int (a+b)

2.11　下面代码的执行结果是什么?

```
char a=1,b=2,c=3;
printf("%d,%d,%d,%d\n",sizeof c,sizeof 'a',sizeof(c='a'),sizeof(a+7.7));
```

2.12　设有以下变量说明,给出下列表达式的值。

```
unsigned short x=1,y=2,z=4,mask=0xc3,w;
short  v;
```

(1) ~x&x　　(2) v = ~x　　(3)w = ~x^x

(4) x|y&x|z　　(5) w=y|z , (w<<3)+(w<<1)

(6) w=x|y&x|z<<y^mask>>x

(7) v=1,v<<=1　　(8) v=~x|x　　(9) w=x^~y

(10) x|y|z>>2

2.13　求十进制数157和-153的16位原码和16位补码。

2.14　根据十进制数157和-153的补码计算157-153的值。提示:157-153=157+(-153)。

2.15　写一个表达式,其结果是a、b和c三个数中最大的一个。

2.16　写一个表达式,如果字符变量c是数字,则将c转换成相应的整数,否则c的值不改变。

2.17　写一个表达式,如果整数a能被3整除且个位数字是5,则结果为非0,否则为0。

2.18　写一个表达式,将整数k的高字节作为结果的低字节,整数p的低字节作为结果的高字节,拼成一个新整数。

2.19　写一个表达式,将整数x向右循环移动n位。

2.20　写一个表达式,将整数x从第p位开始的向右n位(p从右起从0开始编号)翻转(即1变0,0变1),其余各位保持不变。

2.21　用getchar函数输入一段正文,统计其中十六进制数字符的个数。

2.22　计算S=1!+2!+…+n!的末6位(不含前导0),$n \leqslant 10^6$。

2.23　加密的一种方式是将4字节的字每4位一组重新拼凑,拼凑方式如下:将位组分成三类,分别用字母标出,如图2-8所示,处于x位置上的位不移动,所有的e位左移8位,v位放在位置3~0上。请编程实现该加密算法,输出对整数x加密以后的数据。

31　28	27　24	23　20	19　16	15　12	11　8	7　4	3　0
xxxx	vvvv	xxxx	eeee	xxxx	eeee	xxxx	eeee

图2-8　4字节的字每4位一组分类示意图

2.24　表达式v&=(v-1)能实现将v最低位的1翻转。例如v=108,其二进制表示为01101100,则v&(v-1)的结果是01101000。用这一方法,可以实现快速统计v的二进制中1的位数,只要不停地翻转v的二进制数的最低位的1,直到v等于0即可。请用该方法重写例2-27。

2.25　捕鱼和分鱼问题:A、B、C、D、E共5人在某天夜里合伙捕鱼,到第二天凌晨时都疲惫不堪,于是各自找地方睡觉。A第一个醒来,他将鱼分为5份,把多余的一条扔掉,拿走自己的一份。B第二个醒来,也将鱼分为5份,把多余的一条扔掉,拿走自己的一份。C、D、E依次醒来,也按同样的方法拿鱼。问他们合伙捕了多少条鱼?

2.26 定义一个枚举类型 enum month,用来描述一年 12 个月：一月(jan),二月(feb),…,十二月(dec),并编写一个程序,根据用户输入的年份,输出该年各月的英文名及天数。

2.27 设变量说明为：float a; double b; char c; int x;。将下列表达式中隐含的类型转换用强制类型转换运算符显式地表示出来。

(1) x=a−c+a (2) b * x+(c−'0') (3) (x>0)? a: b

第3章　格式化输入与输出

计算机程序离不开输入与输出。简单来说，输入与输出是指计算机程序与环境或用户之间进行的数据或信息交换。编写的程序代码经编译、链接成为可执行文件（通常称为计算机程序）之后，在计算机操作系统环境下运行时，往往需要用户输入相关数据或信息，可执行文件经过计算处理以后，通过输出对环境产生某种影响作为计算机程序的运行结果。

标准C定义了一系列输入与输出库函数，在编程时可直接调用这些函数来输入和输出数据或格式化信息。本章对字符输入与输出函数，以及针对各种类型数据的格式化输入与输出函数，从函数原型、调用方式和使用举例等多个侧面进行说明。其他标准输入与输出函数将在第10章文件中加以介绍。输入输出函数在使用前，需包含stdio.h头文件：

```
#include <stdio.h>
```

3.1　字符输入与输出

标准库实现了简单的文本输入与输出模式。文本流由一系列行组成，每一行的结尾是一个换行符。若系统未遵循此模式，则标准库将通过一些措施使得该系统在输入端和输出端都适应此模式。例如，标准库可以在输入端将回车符和换页符都转换成换行符，而在输出端进行方向转换。最简单的输入输出机制是字符的输入与输出。

3.1.1　字符输入函数getchar

字符输入函数getchar的功能是从标准输入（一般为键盘）一次读取一个字符。其函数原型为：

```
int getchar(void);
```

说明：函数返回值的类型为int，参数表中的void表示函数不需要参数。

getchar函数在每次调用时，从输入流中读取一个字符，并将所读取字符的ASCII码（int类型）作为函数的返回值。若遇文件结尾，则返回EOF。

符号常量EOF用作文件结束标志（End Of File），在头文件<stdio.h>中定义，其值一般为−1，但是在程序中应该使用EOF来测试文件是否结束，这样才能保证程序同EOF的特定值无关。

在Microsoft公司的操作系统（如DOS和Windows等）中，按Ctrl+Z键（先按Ctrl键，再按Z键，然后松开这两个键，后面组合键的按法相同），或者在类UNIX系统（如Linux和MacOS等）中按Ctrl+D键，可以输入一个文件结束标志EOF。

如果需要使用输入的字符数据，则应该把输入的字符赋值给一个字符变量。同时也可以对输入的字符不予处理。

【例 3.1】 getchar 函数执行流程分析。

```
#include <stdio.h>
int main(void)
{
    char  ch1, ch2, ch3;
    ch1 = getchar();          /* 输入的字符(getchar 函数的返回值)赋值给字符变量 ch1 */
    getchar();                /* 输入的字符不赋值给任何变量 */
    ch2 = getchar();          /* 输入的字符赋值给字符变量 ch2 */
    ch3 = getchar();          /* 输入的字符赋值给字符变量 ch3 */
    printf("\n%c%c%c", ch1, ch2, ch3);
    printf("%d  %d  %d", ch1, ch2, ch3);
    return 0;
}
```

程序执行时，如果输入(↙表示回车键)：

```
a↙
b↙
```

那么将会输出：

```
ab↙
97 98 10
```

分析：程序开始运行后，执行语句 ch1=getchar();时，由于输入流中没有字符，getchar 函数进入等待输入状态。此时，输入 a，并按下回车键，则字符'a'和'\n'被送入输入流。由于按下回车键会激活处于等待状态的 getchar 函数，getchar 函数从输入流中读取第一个字符'a'，变量 ch1 被赋值为字符'a'，输入流中还剩下换行字符'\n'。

程序接着执行语句 getchar();，由于输入流中有一个字符'\n'，getchar 函数直接从输入流读取字符'\n'，读取字符'\n'后不做任何处理，同时输入流中字符被取空。

程序继续执行语句 ch2=getchar();，由于输入流中没有字符，getchar 函数再次进入等待输入状态。此时，输入 b，并按下回车键，则字符'b'和'\n'被送入输入流。同样地，回车键激活处于等待输入状态的 getchar 函数，getchar 函数从输入流中读取第一个字符'b'，变量 ch2 被赋值为字符'b'，输入流中还剩一个字符'\n'。

程序继续执行语句 ch3=getchar();，由于输入流中有一个字符'\n'，getchar 函数直接从输入流读取字符'\n'，并将其赋值给字符变量 ch3。

程序继续执行语句 printf("\n%c%c%c", ch1, ch2, ch3);，输出格式字符串中的普通字符'\n'并按转换说明以字符形式输出 ch1('a')、ch2('b')和 ch3('\n')。

程序执行语句(printf("%d %d %d", ch1, ch2, ch3);，按转换说明以十进制整数形式输出 ch1('a')、ch2('b')和 ch3('\n ')的值，即输出这些字符的 ASCII 码 97、98 和 10。

3.1.2　字符输出函数 putchar

字符输出函数 putchar 的功能是从标准输出(一般为显示器)一次输出一个字符。其函

数原型为

```
int putchar(int ch);
```

说明：函数返回值的类型为 int，形式参数 int ch 表明 putchar 函数需要一个 int 类型的参数，该参数为所要输出字符的 ASCII 码值。如果函数正确执行，则返回所输出字符的字符码，否则返回 EOF。

putchar 函数在每次调用时，将实际参数 ch 的字符输出到标准输出设备上。实际参数 ch 可为 char、short 与 int 类型的表达式，其值是要输出字符的字符码。

【例 3.2】 使用 putchar 函数输出字符串"HUST"。

```
#include <stdio.h>
int main(void)
{
    char c1 = 'H', c2 = 'U';
    short c3 = 83;
    int c4 = 84;
    putchar(c1); putchar(c2); putchar(c3); putchar(c4);
    return 0;
}
```

【例 3.3】 设变量说明为 char c = 'a'，则下列函数调用表达式都可输出字符'a'的图形符号。

```
putchar('a')   putchar(c)   putchar(97)   putchar('\141')
```

【例 3.4】 在键盘上循环输入任意一个字符，直到文件结束为止，若输入的字符是小写字母，则输出该小写字母对应的大写字母，否则直接输出该字符。

```
#include <stdio.h>
int main(void)
{
    char c;
    while ((c=getchar())!=EOF)
        putchar((c>='a'&&c<='z') ? c-'a'+'A': c);
    return 0;
}
```

分析：putchar 函数的参数是一个条件表达式：((c>='a'&& c<='z') ? c－'a'＋'A' : c)。putchar 函数在执行前首先要对该条件表达式求值。如果变量 c 的值大于或等于字符'a'并且小于或等于字符'z'，那么变量 c 就是小写字母，表达式 c－'a'＋'A'的值是 c 对应的大写字母，作为 putchar 函数的参数将被输出；否则，字符 c 作为 putchar 函数的参数被输出。

对于语句 while ((c=getchar())!=EOF)，如果从键盘上输入一段文字后，再按 Ctrl＋Z 和回车键，在 Windows 系统上是这样处理的：由于回车键的作用，Ctrl＋Z 以及其前面的字符一并被送到输入缓冲区，其后字符被忽略不被送到缓冲区。如果 Ctrl＋Z 前面有其他字符，Ctrl＋Z 在缓冲区的字符码是 26，否则是－1。然后从缓冲中读取相应的数据，如果都读取完了，则输入缓冲区重新变为空，getchar 函数等待新的输入。

可见，Windows 下的 Ctrl＋Z 只有在行首输入才表示结束输入流，否则表示结束本行。请读者自行上机验证，比较在行首和不在行首输入 Ctrl＋Z 两种方式的输出有何不同。

3.2 格式化输入与输出

getchar 和 putchar 函数只能输入和输出单个字符，输入和输出过程中不进行数据格式上的任何转换。scanf 和 printf 函数能够按照用户指定的格式输入和输出若干个数据，称为格式输入和格式输出。

3.2.1 格式输出函数 printf

printf 的功能是按照用户指定的格式向标准输出(一般默认为显示器)输出若干个数据。其函数原型为

```
int printf(const char * format, …);
```

说明：函数 printf 在输出格式 format 的控制下，将其参数进行转换与格式化，并在标准输出设备上显示出来。其返回值的类型为 int，返回值为实际输出的字符个数。

第一个形式参数 format 是一个字符串，称为格式字符串，用来指定输出数据的个数和输出格式；“，…”表示其余参数的数目可变，可以是 0 个到多个。其余参数是要被输出的数据，参数的个数和数据类型应与格式字符串中转换说明的个数和转换字符一致。

格式字符串包含两种字符：普通字符和转换说明字符。普通字符照原样输出，转换说明字符并不直接输出，它用来控制其余参数的转换和输出。每个转换说明都由一个百分号字符(%)开始，并以一个转换字符结束。

在字符%和转换字符之间可以加域宽说明，用来指出输出时的对齐方式、输出的数据域宽度、小数部分的位数等格式要求。域宽可以依次是下列常用字符中一个或多个的组合：－m.nX，其中：

(1) 负号(－)，用于指定被转换的参数按照左对齐的形式输出。

(2) 正整数(m)，用于指定输出数据的最小宽度(列数)。转换后的参数将输出不小于 m 的宽度，如果数据的实际宽度小于 m，则左边(左对齐时为右边)用空格填充以保证最小宽度。

(3) 小数点(.)，用于将数据宽度和精度分开。

(4) 正整数(n)，用于指定精度，即指定字符串中要输出的最大字符数、浮点数小数点后的位数、整数最少输出的数字数目。

(5) 字母(X)，可以是 h、l 或 L，字母 h 表示将整数作为 short 类型输出，字母 l 表示将整数作为 long 类型输出，字母 L 表示输出参数是 long double 类型。

表 3-1 列出了 printf 函数的常用转换字符。其中最常用的转换字符是：d(输出十进制整数)、u(输出十进制无符号整数)、c(输出单个字符)、s(输出字符串)、f(输出小数形式的浮点数)。

表 3-1 printf 函数的常用转换字符

转换字符	参数类型	输出格式
c	char	输出单个字符
s	char *	顺序输出字符串(必须以'\0'结束或在域宽说明中给出长度限制)
d 或 i	int	以十进制形式输出带符号整数(正数不输出符号)
o	int	以八进制形式输出无符号整数(不输出前导 0)
x 或 X	int	以十六进制形式输出无符号整数(不输出前导 0x 或 0X)
u	int	以十进制形式输出无符号整数
f	double	输出小数形式的浮点数,小数的位数默认为 6 位
e 或 E	double	以标准指数形式输出浮点数,尾数部分的位数默认为 6 位
g 或 G	double	在不输出无效 0 的前提下,按输出域宽度较小的原则从%f 和%e 两种格式中自动选择
p	void *	指针值(输出格式与具体实现有关)
%	不转换参数	输出一个%字符

【例 3.5】 整数数据的输出。

```
#include <stdio.h>
int main()
{
    int x=32768,y=-1;
    printf("x=%d, y=%i\n", x, y);
    printf("x=%d, x=0%o, x=0x%x\n", x, x, x);
    printf("y=%d, y=0%o, y=0x%x\n", y, y, y);
    printf("x=%2d, x=%8d, x=%08d, x=%-8d, x=%hd\n", x, x, x, x, x);
    return 0;
}
```

程序输出结果:

```
x=32768, y=-1
x=32768, x=0100000, x=0x8000
y=-1, y=037777777777, y=0xffffffff
x=32768, x=   32768, x=00032768, x=32768   , x=-32768
```

分析:x 和 y 按照八进制和十六进制数输出时,可以在%前面增加 C 语言的八进制和十六进制数前导说明符,该说明符作为普通字符输出。

在第四个 printf 函数中,第 1 个格式说明为%2d,其格式说明的最小宽度小于数据的实际位数,按照实际位数输出,输出为 32768。第 2 个格式说明为%8d,由于输出的最小宽度为 8,默认右对齐方式,而数据 x 只有 5 位,所以在输出数据 x 左边填补了 3 个空格。第 3 个格式说明为%08d,0 表示多出的空位填充 0,对应输出为 00032768,左边填补了 3 个 0。第 4 个格式说明为%−8d,负号表示左对齐,空格填充在右边,对应输出为 32768。

请读者思考，变量 y 按照无符号八进制和十六进制形式输出时，其值为什么发生了变化？变量 x 按照格式说明%hd 输出时，其值为什么也发生了变化？

【例 3.6】 浮点型数据的输出。

```
#include <stdio.h>
int main()
{
    float x=3.2768;
    double y=314.15926;
    printf("x=%f, y=%f\n", x, y);
    printf("x=%5.2f, y=%6.3f\n", x, y);
    printf("x=%-10.5f, y=%4f\n", x, y);
    printf("x=%12.8f, y=%012.4f\n", x, y);
    printf("x=%e, x=%12.2E, x=%g\n", x, x, x, x);
    return 0;
}
```

程序输出结果：

```
x=3.276800, y=314.159260
x= 3.28, y=314.159
x=3.27680   , y=314.159260
x=  3.27679992, y=0000314.1593
x=3.276800e+000, x=   3.28E+000, x=3.2768
```

分析：

(1) 输出结果第 1 行分别输出 x、y 的值，不加域宽限制时，默认输出 6 位小数。

(2) 输出结果第 2 行，按照%5.2f 格式输出 x 的值，5 表示输出数据的最小域宽，即占 5 个字符宽度，2 表示输出数据的精度，即 2 位小数。由于 x 有 4 位小数，按四舍五入保留 2 位，即 x 的值为 3.28，其域宽(含小数点)只有 4 位，所以输出 x 的值时左边添加了一个空格。类似地，按照%6.3f 格式输出 y 的值为 314.159，由于最小域宽 6 比 y 的实际域宽(7)小，所以按照实际宽度输出。

(3) 输出结果第 3 行，按照%-10.5f 格式输出 x，为“3.27680   ”，注意右边有 3 个空格，负号(—)表示按左对齐方式输出，10 表示输出 x 值时占 10 个字符宽度，x 的域宽只有 7 位，不足的 3 位补空格，数字 5 表示输出 x 值有 5 位小数，不足 5 位时最后补 0。按照%4f 输出 y 时，4 表示输出的域宽，由于 y 的域宽大于 4，所以按照 y 的实际域宽输出，数据精度默认为 6 位，不足的话就补 0。

(4) 输出结果第 4 行，%12.8f 表示按照输出宽度 12、8 位小数、右对齐格式输出 x 的值，注意小数部分是有误差的。%012.4f 中的 0 表示左边不足的位填充 0。

(5) 输出结果第 5 行，按照%e 格式输出 x 的指数形式 3.276800e+000，没有加域宽限制，默认输出 6 位小数，指数部分的位数固定是 4 位(含符号位)。按照%12.2E 格式输出 x 时，小数部分占 2 位，数据域宽只有 9 位，不足的 3 位在数据左边补空格。注意，转换字符是大写 E，输出时也采用大写 E。按照%g 格式输出 x 时，选择小数形式或指数形式中输出宽度较短的那种形式输出数据，所以输出 x=3.2768，此时不输出无意义的 0。

【例 3.7】 字符和字符串的输出。

```
#include <stdio.h>
int main()
{
    char ch='A',str[]="Hello";
    printf("ch=%c,ch=%3c,ch=%-3c,ch=%03c,\n", ch, ch, ch, ch);
    printf("%s$\n", str);            /* $作为普通字符输出,用以标识字符串输出的结束 */
    printf("str[]=%-8s$,str[]=%8s$, str[]=%4.2s$\n", str, str, str);
    return 0;
}
```

程序输出结果：

```
ch=A, ch=  A, ch=A  , ch=00A,
Hello$
str[]=Hello   $, str[]=   Hello$, str[]=  He$
```

分析：输出结果第 1 行，分别按照%c、%3c、%－3c、%03c 格式输出字符变量 ch。3c 表示输出变量 ch 的域宽为 3，右对齐，左边补 2 个空格；－3c 表示域宽为 3，左对齐，右边补 2 个空格；03c 表示域宽为 3，右对齐，用 0 填充。

输出结果第 3 行，%-8s 表示按照域宽 8、左对齐格式输出字符串 str，而串 str 只有 5 个字符，不足的 3 位在右边补空格。类似地，%8s 按照域宽 8、右对齐格式输出字符串 str，在左边补 3 个空格。%4.2s 中的 4 表示输出域宽为 4，2 表示最多输出串 str 的前面 2 个字符，默认右对齐，左侧补 2 个空格。

【例 3.8】 h、l、L 的用法。

```
short a;
long b;
double x;
long double y;
printf("a=%hd,b=%ld,x=%lf,y=%Lf",a,b,x,y);
```

输出短整数用%hd，输出长整数用%ld，输出 double 类型的浮点数用%f 和%lf 都可以，输出 long double 类型的浮点数用%Lf。

在使用 printf 函数格式化输出时，要注意以下三点。

(1) 转换说明与输出项的数据类型不一致时，系统不会提示错误，但不会得到正确的输出结果。例如：

```
int x=123;
float y=123.456;
printf("x=%f, x=%c\n", x,x);
printf("y=%d\n",y);
```

输出结果：

```
x=0.000000, x=.
```

```
y=536870912
```

请读者编程验证以上结果。

(2) 一般要求输出项列表中的每个输出项都对应一个格式说明。如果格式说明的个数多于待输出数据项个数，则多出来的格式说明将对应输出0或者输出一个不确定的值；如果格式说明的个数少于待输出数据项个数，则多出的数据项不被输出。例如：

```
int i=-6; double x=5.7, y=123.4567;
printf("%d,%g\n", i, y, x);          /* 输出 -6, 123.457 */
```

说明：数据项x因为无对应的转换说明而未被输出。

```
printf("i=%d\n");
```

说明：输出i=4109,4109是一个不确定的值，原因在于转换说明%d没有对应的输出数据项。

(3) 如果需要输出字符%，则可以在转换说明中用两个%表示。例如：

```
printf("%f%%",1.0/4);              /* 输出 0.250000% */
```

3.2.2 格式输入函数 scanf

格式输入函数scanf执行的是格式输出函数printf的逆操作，其功能是按照用户指定的格式，从标准输入设备读取字符流，存放到输入参数指定的内存单元。其函数原型为

```
int scanf(const char * format, …);
```

说明：函数scanf从标准输入设备中读取字符序列，按照format的格式说明对字符序列进行解释，并把结果保存到其余的参数中，这些参数都必须是指针，用于指定经格式转换后的对应的输入数据存放的位置。

函数scanf的返回值类型为int，值是成功输入的数据项个数。如果出错或遇到文件尾，则返回值为EOF。

参数表中，format是格式说明字符串，用来指定输入数据的数目、类型和格式，“，…”表示其他参数数目是可变的，其他参数必须是用来存放输入数据的内存地址。

在调用函数scanf时，一般至少需要读入一个数据。也就是说，除格式说明字符串外，实际参数至少应有一个输入参数。输入参数1至输入参数n可以是基本类型变量的地址(即指针)或指针类型变量。用于输入字符串数据的参数应该是字符类型的指针，可以是字符数组名或指向字符数组首元素的指针变量。此外，输入参数在类型、数目和次序上应与格式说明字符串中的转换说明一致。

函数scanf的格式说明字符串与printf相似，用于控制输入的转换。格式说明字符串可能包含下列三个部分。

(1) 空白字符：包括如空格符、制表符，它们被忽略，对数据的输入来说没有影响。

(2) 普通字符(不包括%)：在输入流中相应位置必须有相同的字符与之匹配。

(3) 转换说明：以%开头，以转换字符为结尾的转换说明，形式是：

```
%[选项]转换字符
```

说明：[选项]由程序设计人员根据实际输入的需要来选择，可供选择的字符有以下三种。

(1) 赋值禁止字符 *：用于表示跳过它对应的某个输入域，称为虚读。

(2) 正整数 m：用于指定输入数据的最大域宽。系统自动地截取数据，即从自然输入域中取前 m 个字符作为实际输入域。自然输入域不足 m 个字符，则用完自然输入域为止。

(3) h、l 或 L 字符：用于和整数或浮点数转换字符一起输出各种类型的整型数或浮点数。字符 h 修饰 d、i、o、u 或 x，用于输入短整数；字符 l 修饰 d、i、o、u 或 x，用于输入长整数；字符 l 修饰转换字符 e、f 或 g，用于输入双精度浮点数；字符 L 修饰转换字符 e、f 或 g，用于输入长双精度浮点数。

常用的 scanf 函数转换字符如表 3-2 所示。

表 3-2　常用的 scanf 函数转换字符

转换说明字符	参数类型	输入数据
d	int *	十进制整数
i	int *	整数。可以是八进制(有前导 0)或十六进制(有前缀 0x 或 0X)
o	int *	八进制整数(有无前导 0 均可)
u	unsigned int *	无符号十进制整数
x	int *	十六进制整数(有无前缀 0x 或 0X 均可)
c	char *	字符。输入字符数由域宽给定，未指定域宽时输入一个字符，参数可为字符或 int 变量的地址，存放时不在尾部添加'\0'。不跳过输入流中的空白字符。若需读入一非空白字符，可使用%1s
s	char *	无空白字符的字符串(不加引号)。跳过输入流中的空白字符，存放在参数指定的内存地址时在尾部添加'\0'
e,f,g	float *	浮点数。可以无符号，可以无小数点，也可以无指数部分
%	无参数	%。不进行任何赋值操作

在实际使用中，scanf 函数的格式字符串一般只包含转换说明，对于除空格和制表符外的其他普通字符，在输入流中相应位置必须输入相同的字符与之匹配，否则当 scanf 函数碰到某些输入无法与格式控制说明匹配的情况时，该函数将终止执行。

由此可见，在 scanf 函数的格式说明字符串中加入了除空格和制表符以外的普通字符，不仅给数据输入带来麻烦，而且容易出错。但是，如果在格式字符串中每个转换说明之间适当添加空格或制表符(按 Tab 键输入)，则可以使转换说明看上去清晰明了，同时对数据的输入没有影响。

【例 3.9】 数值型数据的输入。

```
#include <stdio.h>
int main()
{
    int x1,x2,x3,x4;
    float y1,y2;
    scanf("%d%d", &x1, &x2);
```

```
    scanf("%3d%*2d%3d%*d", &x3, &x4);
    scanf("%f%4f", &y1, &y2);
    printf("x1=%d, x2=%d, x3=%d, x4=%d\n", x1, x2, x3, x4);
    printf("y1=%f, y2=%f\n", y1, y2);
    return 0;
}
```

用□表示一个空格，↙表示回车符，其输入数据格式如下：

```
12□345↙
18140669932↙
3.1415926□6.18931↙
```

程序输出结果：

```
x1=12, x2=345, x3=181, x4=669
y1=3.141593, y2=6.180000
```

分析：

（1）第 1 行输入数据 12 和 345，两个数据用一个空格隔开，整数 12 存入变量 x1 中，整数 345 存入变量 x2 中。

（2）第 2 行输入数据 18140669932，根据函数 scanf 的格式字符串%3d%*2d%3d%*d，第 1 个格式说明符%3d，系统自动读取前面 3 个数字，即 181，将其存入变量 x3 中；第 2 个格式说明符%*2d，即跳过 2 个数字，即 40（虚读）；第 3 个格式说明符%3d，系统自动读取下面的 3 个数字，即 669，将其存入变量 x4 中；第 4 个格式说明符%*d 用来跳过最后剩余的数据。

（3）第 3 行输入两个实数，并用一个空格隔开。第 1 个格式说明符%f，默认为 6 位小数（多于 6 位则四舍五入）；第 2 个格式说明符%4f，限制域宽为 4 个字符，读取前面 4 个字符，存入变量 y2 中，默认为 6 位小数，所以后面补 0，即 y2＝6.180000。

【例 3.10】 字符型数据的输入。

```
#include <stdio.h>
int main()
{
    char ch1,ch2,ch3,ch4,str[100];
    scanf("%c %c", &ch1, &ch2);
    getchar();
    scanf("%c%c", &ch3, &ch4);
    scanf("%s", str);
    printf("ch1=%c, ch2=%c, ch3=%c, ch4=%c\n", ch1, ch2, ch3, ch4);
    printf("str[]=%s\n", str);
    return 0;
}
```

用□表示一个空格，↙表示回车符，其输入数据格式如下：

```
A□B↙
```

```
CD↙
Hello↙
```

程序输出结果：

```
ch1=A, ch2=B, ch3=C, ch4=D
str[]=Hello
```

分析：

(1) 输入数据第1行，用格式说明符%c□%c控制输入格式，输入的字符A和B用一个空格隔开，用回车符结束，此时输入流中缓存了字符A、一个空格字符、字符B和一个换行符，执行完第一个函数scanf之后，字符A存入字符变量ch1的地址空间，空格字符与格式说明符中空格字符相匹配，字符B存入字符变量ch2的地址空间，还有以一个换行符留在输入流中，然后通过下一语句getchar函数读取该换行符，不予赋值。

(2) 输入数据第2行，用格式说明符%c%c控制输入格式，输入的字符C和D是连续的。

(3) 输入数据第3行，用格式说明符%s控制输入格式，输入字符串Hello。

假如输入数据第1行输入的字符A和B不用空格隔开，输入数据第2行输入不变，请读者写出输出结果，并解释其原因。

假如输入数据第1行输入不变，输入数据第2行输入的字符C和C之间添加一个空格，请读者写出其输出结果，并解释其原因。

假如将程序中的函数getchar删除，输入数据第1行和第2行的输入不变，请读者写出输出结果，并解释其原因。

【例3.11】 整数和字符串混合输入。

```
int day, year;
char month[10];
scanf("%d%s%d", &day, month, &year);
```

执行时输入：

```
11□Jun□2020↙
```

或者输入：

```
11Jun□2020↙
```

两种输入形式下，变量的赋值结果相同：整数25被赋给变量day，字符串"Jun"被赋给数组month，整数2020被赋给变量year。但是，如果输入：

```
11□Jun2020↙
```

由于Jun与2020之间没有分隔，上面的输入只能构成两个输入域，而格式字符串中三个转换说明需要三个输入域，因此函数scanf等待输入第三个数据。

例3.11表明，在整数后面接着输入字符串时，整数和字符串之间可以有也可以没有空白字符；而在字符串后面接着输入整数时，字符串和整数之间必须用空白字符分隔。

【例 3.12】 短整型数、长整型数、双精度浮点数、长双精度浮点数输入。

```
#include <stdio.h>
int main()
{
    short i;
    long j;
    double x;
    long double y;
    scanf("%hd %ld %lf %Lf", &i, &j, &x, &y);
    printf("i=%hd,j=%ld, x=%lf, y=%Lf\n",i,j,x,y);
    return 0;
}
```

输入数据：

```
32767 2147483647 18140669939.456 1867296993931.9312567
```

程序输出结果：

```
i=32767,j=2147483647, x=18140669939.456001, y=1867296993931.931200
```

注意：输入 double 类型数据时转换说明是%lf，不能用%f 或%Lf。

此外，请读者输入的 i 值大于 32767，j 值大于 2147483647，写出其输出的结果，并分析产生该结果的原因。

在使用函数 scanf 时，需要注意以下几点。

(1) 函数 scanf 中的参数地址列表必须是变量的地址，即地址运算符 &+变量名，或者是字符数组名或指向字符数组首元素的指针变量。如果只写变量名，不加地址符 &，程序在编译时不会提示错误，但在运行程序时会出错，无法正确运行。例如：

```
int day, year;
scanf("%d%d", day,year);
```

当输入 21 2020 时，程序异常终止运行。

(2) 转换说明字符与输入的数据不一致时，可能导致不可预期的后果。

如果转换字符与输入参数的类型不匹配，则导致读入的数据值不正确或程序非正常终止。如果转换说明的个数比输入数据的个数少，则无对应转换说明的变量不被赋值；如果转换说明的个数比输入参数的个数多，则可能死机。例如：

```
int i, j;
double x;
scanf("%d%d", &i, &j);
```

执行时若输入

```
12a↙
```

则整数 12 被赋予 i，由于第 2 个输入域是字符 a，与第 2 个转换说明%d 不匹配，因而不能被转换，j 未被赋值；scanf 函数执行时返回值为 1，表明从输入流中读取并转换的数据个数是

1。又如：

```
scanf("%d%d", &i);
```

因为上面 scanf 函数的格式字符串中有两个转换说明，但后面只有一个输入参数，则该语句执行时可能造成死机。再如：

```
scanf("%f", &x);
```

上面语句中的转换说明%f 与参数 &x 的类型不匹配，假如输入数据 3.14159，而实际赋值给变量 x 的却是一个错误的值（不是 3.14159）。所以，输入 double 类型的浮点数要用转换说明%lf。

(3) 当函数 scanf 的格式字符串中包含有非空白字符的普通字符时，在输入流中相应位置必须有相同的字符与之一一对应。例如：

```
scanf("%d,%d,%d", &i, &j, &k);
```

上面语句中的格式字符串里有两个普通字符“,”，在输入数据时，必须要在输入的三个整数间分别加一个字符“,”以与格式字符串中的字符“,”相对应或相匹配，当然也可以另加空白字符，但不能加其他非空白字符的普通字符；否则，程序运行到这个地方会发生错误。

例如，以下输入可以使程序正常执行：

```
10, 20, 30↙
```

或

```
10↙
, 20, 30↙
```

但是，输入以下格式的数据会使程序运行出错：

```
10 20, 30↙
```

或

```
10,, 20, 30↙
```

读者可编写程序验证，以加深对函数 scanf 的理解。

(4) 输入实数时不能规定小数点的位数。例如：

```
float x, y;
scanf("%3f %3.2f", &x, &y);
printf("x=%f ,y=%f\n",x,y);
```

输入数据格式：

```
931 456
```

输出结果：

```
x=931.000000,y=0.000000
```

显然，由于在函数 sacnf 中的转换说明%3.2f 中含有指定的小数位数说明，所以变量 y

无法得到正确的结果。

本章小结

在编写程序时，函数 getchar、putchar、scanf 和 printf 使用频度非常高，因此需要理解和掌握其用法，做到灵活应用。格式化输入输出中常用转换说明符%c、%d、%s、%f 等的用法需要记住。至于函数 printf 转换说明的域宽说明字符和函数 scanf 转换说明选项的用法，不必死记硬背，了解即可，在使用时这些细节可以查阅相关书籍和手册。

习题 3

3.1　简述函数原型的概念和用途。写出 putchar、getchar、printf 和 scanf 函数的函数原型的入口参数和出口参数的含义。

3.2　写出下面程序的运行结果。

```
#include<stdio.h>
int main(void)
{
    unsigned int x1 = 65535;
    int x2 = -3;
    float y1 = 123.4567, y2 =123.4500;
    printf("x1=%d,%o,%x,%u\n", x1, x1, x1, x1);
    printf("x2=%d,%o,%x,%u\n", x2, x2, x2, x2);
    printf("y1=%10f,%10.3f,%.3f,%-10.3f\n", y1, y1, y1, y1);
    printf("y2=%f,%e,%g\n", y2, y2, y2);
    printf("x1 (%%4d) =%4d", x1);
    return 0;
}
```

3.3　阅读下列程序，为保证程序正确执行，将应填入的内容写在程序后面对应的编号后。

```
#include<stdio.h>
int main(void)
{
    unsigned char uc;
    short h;
    unsigned long ul;
    float f;
    printf("input a character:");
    scanf("    (1)     ", &uc);
    printf("    (2)     ", uc >= 'a'&& uc <='z'? uc -'a'+'A': '? ');
    printf("    (3)     ", f = uc);
    printf("    (4)     ", 3.14 * uc * uc);
    printf("    (5)     ", (ul = uc, ul + 1));
    printf("    (6)     ", h = uc << 8 | uc + 1);
```

```
    printf("    (7)      ", uc << 8 | uc - 1);
    printf("    (8)      ", uc %2L);
    printf("\ninput a float:");
    scanf("    (9)      ", &f);
    printf("    (10)      ", (long double) f);
    return 0;
}
```

(1) ____________________ (2) ____________________

(3) ____________________ (4) ____________________

(5) ____________________ (6) ____________________

(7) ____________________ (8) ____________________

(9) ____________________ (10) ____________________

3.4 现有以下格式输入输出语句，为了得到正确的输出结果，请写出正确的输入内容，同时写出输出结果。

```
int a,b;
float x,y;
scanf("a=%d,b=%d",&a,&b);
scanf("%f,%f",&x,&y);
printf("a=%d,b=%d",a,b);
printf("%f%%, %f",x,y);
```

3.5 根据变量说明指出下面的语句哪些是正确的，哪些是错误的。

```
char   c = 'A';
int   i1 = 1;
const int   i2 = -1;
long   i3 = 3;
unsigned   i4 = 0;
float   x1 = 1;
double   x2 = 3;
long double   x3 = 1000;

printf("%d", (17 / 15) %i4 + c);                          /* (1) */
putchar(c - 'A' + 'a' + 1);                               /* (2) */
printf("%*c", i2 & 0xf, '*');                             /* (3) */
printf("x2=%f, x3=%lf\n", x2, x3);                        /* (4) */
printf("%lf\n", getchar() != EOF ? x1 * 3.14 : x3);       /* (5) */
scanf("%u%f", &i4, &x2);                                  /* (6) */
printf("%x,%lo\n", c << ++i4 | 1 / 2, i3 + '0');          /* (7) */
putchar(i2 = getchar());                                  /* (8) */
printf("%ld,%f\n", c + i1 * i4, (x2, x1, i2, c));         /* (9) */
scanf("%*c%lf", &x2);                                     /* (10) */
```

3.6 如果调用函数 scanf("%d%d",&a,&b)来输入两个数，试比较和分析以下几种输入得到的结果，并通过编程验证比较分析的结果是否正确。

(1) 在同一行中输入 39 和 8，并以空格分隔。

(2) 在不同的两行中输入 39 和 8。

(3) 分别在(1)和(2)的输入数字的前面和后面加入大量的空格或水平制表符或空行。

(4) 把 8 换成字符 E,重复(1)至(3)的输入操作。

3.7　编程利用函数 printf 实现以下几种输出。

(1) 仅用一条 printf 语句,打印 1+2 和 2+4 的值,用两个空行隔开。

(2) 试着把%d 中的两个字符(%和 d)输出到屏幕。

(3) 试着把\n 中的两个字符(\和 n)输出到屏幕。

3.8　从终端输入一个字符,如果该字符是十六进制数字,则输出它对应的整数,否则输出它的字符码。

3.9　输入无符号短整数 k,输出将 k 的高 4 位和低 4 位交换后的结果。

3.10　输入某轿车行驶的公里数和消耗的汽油(升),然后计算和显示该轿车每升汽油行驶的公里数以及该轿车的百公里油耗值。均为 1 位小数。

3.11　输入三角形三边长度值(均为正整数),判断它是否能成为直角三角形的三个边长。如果可以构成直角三角形,则输出"Yes";如果不能构成直角三角形,则输出"No"。如果根本无法构成三角形,则输出"not a triangle"。

3.12　输入无符号短整数 x、m、n,0≤m≤15,1≤n≤m+1,取出 x 从第 m 位开始向右的 n 位(m 对二进制位从右向左编号为 0～15),并使其向左端(第 15 位)靠齐,输出处理后的结果。

第4章 程序的语句及流程控制

计算机程序是由有限条语句组成的语句序列。程序运行时,语句按顺序依次执行。某些情况下,需要根据条件有选择地执行一部分语句,而不执行另一部分语句,这需要使用分支结构的语句;某些情况下,需要让一部分语句反复执行多次,直到条件不满足,这需要使用循环结构的语句。这种对语句执行次序的控制称为流程控制。任何复杂的算法都可以通过顺序、分支和循环三种结构的语句来实现。一个程序如果仅包含顺序、分支和循环三种结构的语句,则称该程序为结构化程序。转移语句是非结构化语句,能改变程序原来的执行顺序并转移到其他位置继续执行。一些场合适当使用转移语句能够起到简化程序的作用,但滥用转移语句将会破坏程序的可读性,不利于程序维护。

C语言是一种很好的结构化程序设计语言,提供了多种灵活的流程控制语句。本章重点讨论各类语句的语法规则及使用方法,结合实例介绍枚举、递推等程序设计常用的算法。

4.1 语句分类

C语言的语句是向计算机系统发出的操作指令,一条语句经过编译后将产生若干条机器指令,计算机系统通过执行这些机器指令来完成相应的操作任务。

C程序的语句总体上可分为声明语句和可执行语句两大类。声明语句用来声明和定义程序中被处理数据的类型及名称,包括变量声明、函数原型声明、常量定义、数据类型定义等。可执行语句用来完成对数据的处理和对程序流程的控制,分为表达式语句、复合语句、选择语句(if 和 switch)、循环语句(while,do-while 和 for)、转移语句(break,continue,goto 和 return)和标号语句。其中,表达式语句和复合语句属顺序结构,选择语句属分支结构,循环语句属循环结构;转移语句与选择语句和循环语句配合使用可实现灵活的流程控制;标号语句是在以上任何一种语句前面加上一个用作标号的标志符和冒号所形成的语句。

需要说明的是,在 ISO/IEC 9899:1999(E)标准(C99)以前的标准中,规定声明语句必须出现在可执行语句之前。从C99开始,不再作这方面的限制,即允许在可执行语句之后定义变量,只要满足对变量的"先定义后引用"原则即可。

4.2 表达式语句

在C表达式的末尾加上一个分号";"即可构成一个表达式语句。表达式语句是C语言程序设计过程中最常见、使用最为频繁的语句。表达式语句的语法形式为

表达式;

说明:分号";"是C语句不可缺少的组成部分,它表示一个语句的结束。注意,一定要是英文的分号,不能是中文的分号。

很多高级语言都提供了赋值语句、输入语句和输出语句，而在C语言中，赋值、输入和输出都是通过表达式语句来实现的。例如：

```
x = y + 1;                    赋值表达式语句
i = j = k;                    多重赋值表达式语句
printf("hello");              标准格式输出函数调用表达式语句
scanf("%d%d", &x, &y);        标准格式输入函数调用表达式语句
```

从语法上讲，C语言中没有赋值、输入和输出语句。然而，人们习惯把赋值表达式语句(如 x=y+1;)称为赋值语句；把标准输出函数调用表达式语句(如 printf("hello");)称为输出语句；把标准输入函数调用表达式语句(如 scanf("%d%d", &x, &y);)称为输入语句。这些都是非正规的叫法。再如：

```
a - b;
```

也是一个表达式语句，但是由于在表达式求值的过程中并没有改变任何变量的值，这样的表达式语句没有实际意义。

仅由一个分号构成的语句称为空语句，它不执行任何操作。在程序设计中，如果某处在语法上需要一条语句，而在实际功能上不需要执行任何操作时，可以使用空语句。

4.3 复合语句

复合语句是由花括号(大括号)"{ }"括起来的一组语句，一个复合语句在语法上等价于单个语句。其语法格式为

```
{
    声明部分
    语句部分
}
```

说明：声明部分是声明语句序列，可以有零个、一个或多个声明语句。语句部分是执行语句序列，可以有零个、一个或多个执行语句。复合语句是顺序结构的语句，其中包含的语句按出现顺序依次执行。C语言中一个复合语句称为一个程序块，函数体在语法上是一个复合语句，所以函数体也称为程序块。下面是不含声明语句的复合语句。

```
{
    t = a; a = b; b = t;
}
```

上述复合语句由三个赋值表达式语句组成，其功能是交换变量a和b的值；t用来暂时保存a的值。组成复合语句的三个赋值表达式语句是一个整体，要么全部执行，要么一个也不执行。

在复合语句中可以声明变量。下面是包含声明语句的复合语句：

```
{
    int  t ;
```

```
    t = a; a = b; b = t;
}
```

变量 t 是在复合语句内声明的变量，其作用域局限于该复合语句内部。

注意，复合语句内的每条语句都必须以分号“;”结尾，但在用作复合语句结束标志的右花括号后面不必加分号。

复合语句体中可以有复合语句，从而形成嵌套的复合语句。例如：

```
{
    int a = 0, b = 1;              /* a 和 b 作用于整个复合语句，包括内层复合语句 */
    {
        int a=1;                   /* a 仅作用于内层复合语句 */
        printf("a=%d\n", a);       /* 输出 a=1 */
        printf("b=%d\n",b += 1);   /* 输出 b=2 */
    }
    printf("a=%d\n",a);            /* 输出 a=0 */
    printf("b=%d\n",b);            /* 输出 b=2 */
}
```

注意：复合语句可以嵌套，但是函数定义不能嵌套，即不能在函数体中定义函数。

复合语句在程序设计中主要有以下两种用途。

(1) 用于语法上只允许出现单个语句而处理上需要执行多个语句的地方，例如作为 if 语句的子句及循环语句的循环体。

(2) 用于改变嵌套 if…else 语句的配对规则。

此外，当需要声明临时使用的局部变量时，也可使用复合语句。

【例 4.1】 输入两个整数，按从小到大的顺序输出这两个数。

```
#include <stdio.h>
int main(void)
{                                   /* 最外层块开始 */
    int a, b;
    printf("input a, b:\n");
    scanf("%d%d", &a, &b);
    {                               /* 第二层块开始 */
        int t;
        if (a > b) {                /* 第三层块开始 */
            t = a; a = b; b = t;
        }                           /* 第三层块结束 */
    }                               /* 第二层块结束 */
    printf("a=%d, b=%d\n", a, b);
    return 0;
}                                   /* 最外层块结束 */
```

分析：main 函数的函数体是最外层的块，由声明语句 int t;和 if 语句组成的复合语句是第二层块，最内层(第三层嵌套)块是由三个赋值语句组成的一个复合语句充当 if 子句，完成当 a>b 时交换 a 和 b 两个变量值的任务。

4.4 条件语句

条件语句是通过给定一个判断条件,在程序执行过程中判断该条件是否成立,并根据判断结果执行不同的操作,从而改变代码的执行顺序,实现更加复杂的业务逻辑。

C语言中的条件语句主要包括if语句和switch语句,其主要作用是允许程序按照所检查的条件执行相应的操作或动作。

4.4.1 if 语句

if语句它根据一个条件的真和假有选择地执行或不执行某些语句。

1. if 语句的语法形式

if语句有单分支和双分支结构两种形式:

(1) 单分支结构:if格式

```
if(表达式)
    语句 1
```

(2) 双分支结构:if-else格式

```
if(表达式)  语句 1
else  语句 2
```

说明:if和else是关键字,它是if语句的标志;表达式是选择条件,可以为任意表达式,表达式必须用圆括号"( )"括起来;语句1和语句2语法上要求是单个语句(如果必须用多条语句来实现功能,那么可用花括号"{ }"括起来,使其成为一条复合语句),分别称为**if子句**和**else子句**。

语句实现的功能称为语句的语义。if语句的语义可以用图4-1所示的流程图来表示。

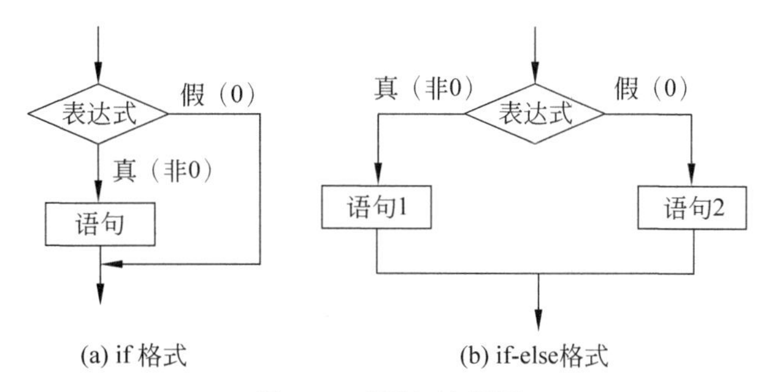

图 4-1 if语句流程图

图4-1(a)表明,执行if格式的if语句时,首先计算并测试表达式的值,若条件为真(非0)则执行语句1;否则(条件为假)跳过语句1,不执行任何动作。图4-1(b)表明,if-else格式的if语句当表达式的值为真(非0)时执行语句1;否则,执行语句2。

2. 嵌套的 if 语句

1) 嵌套if语句的形式

当if子句或else子句中又包含if语句时,则形成嵌套的if语句。例如,可以用下面的一个嵌套的 if 语句求 a、b、c 三个数中最大值。

```
if ( a > b )
    if ( a > c )   max = a              /* ( a > b ) && ( a > c ) */
    else  max = c;                      /* ( a > b ) && ( a <= c ) */
else
    if ( b > c )  max = b               /* ( a <= b ) && ( b > c ) */
    else  max = c;                      /* ( a <= b ) && ( b <= c ) */
```

这是一个两层嵌套的 if-else 语句，语句执行后，max 即为 a、b、c 三个数中的最大值。C 语言中没有限定 if 语句的嵌套层数，但是为了避免因嵌套层次过多导致程序逻辑混乱、可读性差、可维护性差，在书写嵌套的 if 语句时，应将处于同一层次的 if 和 else 在列上对齐，内层的 if 和 else 缩进，并分别用花括号把对应的多条语句组合在一起。

此外，由于 if 语句的嵌套是因为多重条件引起的，某些情况下可用多个条件组成的逻辑表达式作为 if 语句的条件表达式来减少 if 语句的嵌套层数。

例如，找出三个数中最大数的算法，除了用前述嵌套的 if 语句实现外，还可以用三个非嵌套的 if 语句实现。其方法是将前面嵌套 if 语句中的 4 种情况合并为三种可能的情况。

```
if ( a >= b && a >= c)  max = a;
if ( b >= a && b >= c)  max = b;
if ( c >= a && c >= b)  max = c;
```

这三个语句的顺序可以任意调换。

2) 嵌套 if 语句中 else 的配对规则

由于 if 语句有 if 和 if-else 两种形式，且 if 子句和 else 子句都可以是一个 if 格式或 if-else 格式的 if 语句，因此对嵌套 if 语句中 else 与 if 的配对必须制订一个规则，否则会造成理解上的二义性。例如：

```
if ( n > 0 )
if ( a > b ) z = a;
else z = b;
```

如果没有给定 else 和 if 的配对规则，上述语句将有以下两种理解。

(1) 将 else 与第一个 if 配对，表示为

```
if ( n > 0 ) {
    if ( a > b ) z = a;                 /* ( n > 0 ) && ( a > b ) */
}
else   z = b;                           /* ( n <=0 ) */
```

(2) 将 else 与第二个 if 配对，表示为

```
if ( n > 0 ) {
    if ( a > b )   z = a;               /* ( n > 0 ) && ( a > b ) */
    else   z = b;                       /* ( n > 0 ) && ( a <= b ) */
}
```

两种理解下，程序功能截然不同。

为了避免上述理解上的二义性，编译程序约定：**else 与其前面最靠近的还未配对的 if 配对，即内层优先配对原则**。按照这个约定，上面的第二种理解是正确的。

如果程序的实际功能不是这种配对规则所表示的语义，则需要添加花括号“{ }”来改变 if 和 else 的配对，比如上述第一种理解的表示方法。

一般情况下，为了避免理解错误，增强程序的可读性，在嵌套 if 语句中最好将 if 子句和 else 子句分别用一对花括号括起来。

3）else-if 结构

如果 else 子句是一个 if 语句，这样形成了特殊的 else-if 结构。多层嵌套的 else-if 结构可用来处理多种情况的分支。

```
if (表达式 1)      语句 1;
else if (表达式 2)     语句 2;
…
else if (表达式 n)     语句 n;
else     语句 n+1;
```

3. 程序设计举例

【例 4.2】 学生考试成绩按以下标准分为 4 个等级(x 为学生考试分数)，输入某学生的考试分数，输出该学生考试成绩的英文等级。

分数范围	英文等级名
$90 \leqslant x \leqslant 100$	excellent(优)
$80 \leqslant x < 90$	good(良)
$60 \leqslant x < 80$	middle(中)
$x < 60$	bad(差)

分析：这是一个多分支结构的程序设计问题，可以使用多重嵌套的 if 语句来实现。首先需要输入分数值 x，如果分数值 x 不在合理范围($0 \leqslant x \leqslant 100$)，则提示输入错误，程序结束；否则，依次判断分数值 x 的范围，输出成绩的相应英文等级。

```
#include <stdio.h>
int main(void)
{
    float x;
    printf("input the score x( 0 <= x <= 100):\n");
    scanf("%f", &x);
    if ( x > 100 || x < 0)  printf("input error!\n");
    else if ( x >= 90)  printf(" excellent! \n");
    else if ( x >= 80)  printf(" good! \n");
    else if ( x >= 60)  printf(" middle! \n");
    else printf(" bad! \n");
    return 0;
}
```

主函数 main 的函数体中有 4 条语句，第一条是声明语句，其余三条可执行语句分别是一条标准输出函数调用表达式语句、一条标准输入函数调用表达式语句和一条多层嵌套的

if 语句。可以将程序中多层嵌套的 if 语句改写为以下多条 if 语句。

```
if ( x > 100 || x < 0)        printf("input error!\n");
if ( x >= 90 && x <= 100)     printf(" excellent! \n");
if ( x >= 80 && x < 90)       printf(" good! \n");
if ( x >= 60 && x < 80)       printf(" middle! \n");
if ( x >= 0 && x < 60)        printf(" bad! \n");
```

改写后的程序和改写前的程序运行结果完全一致,但在算法效率上,二者是有差别的,显然嵌套的 if 语句效率要高得多。为什么?请读者思考。

4.4.2 switch 语句

利用嵌套的 if 语句虽然可以解决多路选择问题,但程序的逻辑关系不够清晰,特别是当判别条件表达式过多时,容易发生混淆。C 语言提供了能实现多分支控制的 switch 语句,与多重嵌套的 if 语句相比,switch 语句逻辑简单,结构更加清楚。

1. switch 语句的形式

switch 语句的语法形式为

```
switch (表达式){
    case 常量表达式 1:语句序列 1;
                      [break;]
    case 常量表达式 2:语句序列 2;
                      [break;]
        …
    case 常量表达式 n:语句序列 n;
                      [break;]
    [default: 语句序列 n+1; ]
              [break;]
}
```

说明:

(1) switch、case、default 和 break 是关键字。switch 是多分支选择语句的标志,case 和 default 只能在 switch 语句中使用,用来引导 case 子句和 default 子句,break 的功能是终止 switch 语句的执行,使程序执行该 switch 语句的下一条语句。

(2) switch 后面的表达式是选择条件(简称选择表达式)。选择表达式的值必须为整型(可以为任何整型、字符型或枚举型),表达式必须用圆括号“( )”括起来;选择表达式通常是一个整型变量,或是包含变量的整型表达式。

(3) case 后面的常量表达式(简称 case 常量)的值是选择表达式可能的取值,通常为常量或符号常量,类型应与选择表达式的类型一致(整型)。

(4) 用{ }括起来的部分是 switch 语句体,{ }不能省略。switch 语句体由多个 case 和至多一个(可以没有)default 组成;同一个 switch 语句中的所有 case 常量值必须互不相同。

(5) 每个 case 后面可以有零个或多个语句,称作一个 case 子句。当 case 后面有多个语句时不必加{ }。

switch 语句的流程是：switch 语句执行时，先计算选择表达式的值；然后将表达式的值依次与 case 常量比较，当与某个 case 常量的值相等时，则执行该 case 子句。如果遇到 break 转移语句，则跳出 break 所在的那一层 switch 语句；否则，依次继续执行后面的语句序列，直到 switch 语句体结束。如果选择表达式的值与各 case 常量都不相等，在有 default 的情况下，则执行 default 子句；否则，不执行 switch 中的任何语句，此时 switch 等价于一个空语句。

需要说明的是，C99 标准开始允许在 switch 语句体内定义变量。

2. switch 语句的使用要点

使用 switch 语句时，第一，要注意列出的 case 应能包括功能上需要处理的所有取值情况，如果不能全部包括，则应使用 default 子句处理余下的情况。

第二，应特别注意 break 在 switch 中的作用，如果希望执行完某个 case 子句之后便跳出 switch 语句，则必须使用 break 或 return 转移语句。break 跳出 switch 语句之后，继续执行 switch 语句后面的一个语句(如果有)，而 return 语句则立即结束函数并返回到调用处(如果是主函数，则程序结束)。

可见，switch 语句通过 case 和 break 或 return 语句配合使用来实现对多分支选择结构的流程控制。

下面是一个不含转移语句的 switch 语句，注意观察该语句执行时的输出。

```
i = 1;
switch ( i ) {
    case 0:printf("%d\t", i);
    case 1:printf("%d\t", i++);
    case 2:printf("%d\t", i++);
    case 3:printf("%d", i++);
    default:printf("\n");
}
printf("%d\n", i);
```

输出结果：

```
1  2  3
4
```

说明：输出结果中第 1 行的三个数字由 switch 语句输出，输出结果中第 2 行的 4 由 switch 语句后面的函数 printf 输出。

3. 程序设计举例

【例 4.3】 用 switch 语句重新实现例 4.2。

分析：switch 语句可用来解决多分支问题，但每个 case 后面的常量都是一个离散的值，不能表示一个数值范围。因此，考虑将分数范围[0,100]每 10 分划为一段，则可划分为[0,10)，[10,20)，[20,30)，[30,40)，[40,50)，[50,60)，[60,70)，[70,80)，[80,90)，[90,100]共 10 个分数段。

进一步对分数值进行除以 10 然后取整的处理。可以发现，上面同一分数段内的分数经处理后得到相同的一个整数。例如，[60,70)范围内的数除以 10 然后取整，结果都是 6；[70,

80)范围内的数除以10然后取整,结果都是7。这样一来,就可以用一个离散值代表一个分数段内的所有分数值。

```
#include <stdio.h>
int main(void)
{
    float x;
    printf("input the score x( 0 <= x <= 100):\n");
    scanf("%f", &x);
    if ( x > 100 || x < 0)
        printf("input error!\n");
    else
        switch ((int)(x / 10))
        {
            case 10:  printf(" excellent! \n"); break;
            case 9:   printf(" excellent! \n"); break;
            case 8:   printf(" good! \n"); break;
            case 7:   printf(" middle! \n"); break;
            case 6:   printf(" middle! \n"); break;
            default:  printf(" bad! \n"); break;
        }
    return 0;
}
```

程序中表达式(int)(x / 10)里(int)是类型强制运算符,可将表达式x / 10的类型强制转换为int(截去小数部分,而不是四舍五入)。另外,程序中的switch语句可以简化为

```
switch ((int)(x / 10))
{
    case 10:
    case 9:    printf(" excellent! \n"); break;
    case 8:    printf(" good! \n"); break;
    case 7:;
    case 6:    printf(" middle! \n"); break;
    default:   printf(" bad! \n"); break;
}
```

注意:switch语句允许多种情况执行相同的语句,执行相同语句的case可以写成一行,其间可以用空格或制表符分隔,但不能用逗号分隔。

例如:

```
case 7: case 6: printf(" middle! \n");  break;      /* 正确 */
case 7, case 6: printf(" middle! \n");  break;      /* 错误 */
case 7,6:       printf(" middle! \n");  break;      /* 错误 */
```

4.5 循环语句

在解决一些实际问题的过程中，经常会遇到许多具有规律性的重复操作或动作。因此，在程序中就需要重复执行某些语句。一组被重复执行的语句称为循环体，而循环体能否被重复执行，取决于循环的控制条件。C 语言中的循环语句主要包括 while、do-while、for 三种语句。

4.5.1 while 语句

while 是计算机程序的一种基本循环模式。当满足循环控制条件时，进入循环并执行循环体；当条件不满足时，则不再执行循环体。

1. while 语句的形式

while 语句的语法形式为

```
while (表达式)
    语句;
```

说明：while 是关键字；表达式称为循环控制条件，可以为任何表达式，表达式必须用圆括号"()"括起来；语句称为循环体，必须是单条语句（包括复合语句）。

while 语句的执行流程如图 4-2 所示。首先计算表达式的值，如果表达式的值为非 0（真）时，则执行语句（循环体），然后再次计算表达式的值，如果其值为非 0，则继续执行语句，直到所计算出的表达式的值为 0（假）时，退出循环。

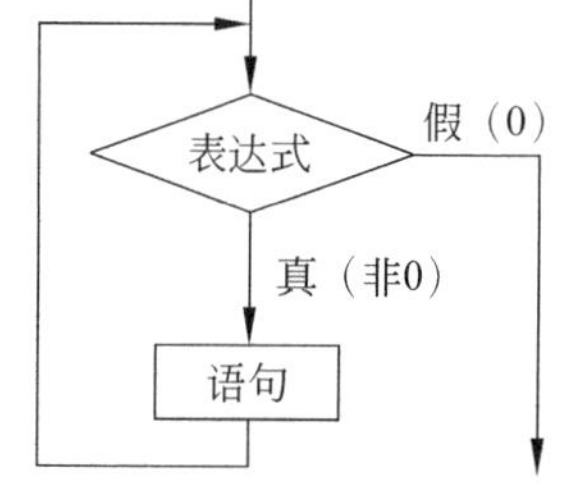

图 4-2　while 语句流程图

【例 4.4】 while 循环语句应用。

```
i = 0;
while (i < 5){
    printf("i=%d\t",i);
    i++;
}
printf("i=%d\n",i);
```

执行时输出：

```
i=0  i=1  i=2  i=3  i=4  i=5
```

while 语句的循环控制表达式是 i < 5，i 的值从 0 开始每次增加 1，直到 i=4 都将继续执行循环体。当 i 的值等于 5 时，由于 i < 5 结果为 0（假）退出循环（i=5 时不再执行循环体）。因此，while 语句的循环体（复合语句）重复执行了 5 次。输出结果中最后的"i=5"是由 while 语句后面的输出语句输出的。

循环控制表达式（i < 5）中变量 i 值的变化能够改变循环控制表达式的值，从而控制循环体是否被执行，因此 i 被称为循环变量。

【例 4.5】 while 语句的循环体内没有改变循环变量的值,则会造成死循环。

```
i = k = 1;
while (i < 5){
    k = k + i;
    printf("i=%d, k=%d\n", i, k);
}
```

执行时输出：

```
i=1, k=2
i=1, k=3
i=1, k=4
…      (死循环,输出无穷多行)
```

因为循环变量 i 的初值为 1,而循环体中无改变 i 值的语句或表达式,使得循环控制条件(i <5)永远为真,所以循环永不终止。如果不采取人为干预强行终止程序的执行的话,则将产生无穷多个输出行。

【例 4.6】 while 语句的循环体内虽然改变了循环变量的值,但若这种变化不能使循环控制表达式的值为 0,仍然会造成死循环。

```
i = 4;
while(i <= 4){
    printf("* * ");
    i -= 2;
}
```

由于循环变量 i 值的变化不能使循环条件(i <= 4)变为假,所以执行时进入死循环,输出无穷多个星号(*)。

【例 4.7】 while 语句的循环控制表达式一开始就为 0。

```
i = 0;
while ( i == 4 ){
    printf("i=%d\n", i);
    i += 2;
}
```

由于循环控制表达式(i == 4)的值一开始就为 0(即循环条件为假),循环体一次也不执行,所以无输出。

使用 while 语句时需要注意以下几点。

(1) while 语句的特点是首先计算表达式的值,然后再根据表达式的值决定是否执行循环体中的语句。因此,如果循环控制表达式的值一开始就为 0,则循环体一次也不执行。

(2) 在进入循环之前,应给循环变量赋初值;在循环体中应包含用于改变循环变量值的语句或表达式。如果循环体中没有改变循环变量的值,或者循环变量值的变化不能使循环控制表达式的值变为 0,则循环将永不终止(通常称为“死循环”)。在程序设计时应尽量避免出现这种情况。

(3) 当循环体由多条语句组成时,必须用{}括起来,构成复合语句。如果 while(表达式)后面只有一个分号";",没有其他语句,则 while 成为空循环。

2. 程序设计举例

以下对一些实际编程问题的解题方法进行分析说明,并给出完整的程序。通过这些程序实例,可以从中学习程序设计的方法和技巧。

【例 4.8】 将来自标准输入文件的正文复制到标准输出文件,每次输入和复制一个字符。

分析:以 EOF(系统常量,值为−1)为结束标志的字符流称为一个正文,可以包含空白字符,例如空格符、制表符和换行符。根据题目要求,输入函数应使用 getchar(每次输入一个字符),输出函数应使用 putchar(每次输出一个字符);复制过程是一个重复地调用 getchar 读和调用 putchar 写的过程,因此程序的流程结构是一个循环语句;读入的字符是否为 EOF 则是循环控制条件。

算法步骤:

(1) 调用 getchar 读入一个字符并赋给字符变量 c。

(2) 如果 c 不是 EOF,则继续执行(3);否则结束执行。

(3) 输出 c。

(4) 读下一字符并赋给字符变量 c。

(5) 转至步骤(2)。

```
#include <stdio.h>
int main(void)
{
    char c;
    printf("input a text end of ctrl + z:\n");
    c = getchar();
    while (c != EOF) {
        putchar(c);
        c = getchar();
    }
    return 0;
}
```

执行时输入一行,按回车后则输出读入的行,按 Ctrl+Z(显示^Z)程序停止运行。

输入:

```
Today is Saturday
```

输出:

```
Today is Saturday
```

输入:

```
It is Sunday
```

输出:

```
It is Sunday
```

输入：

```
^Z
```

程序终止。

由于表达式既可以加分号作为语句使用，也可以在另一表达式中作为运算符的操作数，因而循环变量赋初值的表达式语句可以结合到循环控制表达式中。上面的程序可以简化为下面的形式：

```
#include <stdio.h>
int main(void)
{
    char c;
    printf("input a text end of ctrl+z:\n");
    while (( c = getchar()) != EOF )
        putchar(c);
    return 0;
}
```

两种形式各有优缺点，前者程序较长但结构清晰，易于理解；后者程序紧凑、简洁，但循环控制表达式较复杂，初学者不容易理解。写循环控制表达式时，特别要注意运算符的优先级。例如，将输入的字符串复制到输出，直到输入一个问号字符为止。下面是实现该任务的循环语句的两种写法。

```
while ((c = getchar()) != '? ') putchar(c);
while ( c = getchar() != '? ') putchar(c);
```

第一种写法正确，能够将输入复制到输出，复制过程进行到输入问号字符时为止，不输出问号。

第二种写法无语法错误，但所表达的语义是错误的，不能将输入字符复制到输出。因为关系运算符(!=)优先级高于赋值运算符(=)，循环控制表达式 c = getchar()!='?'的值(即变量 c 的值)要么为 1(输入字符不是问号)，要么为 0(输入字符是问号)，所以 putchar(c)输出的要么是字符码为 1 的字符，要么是字符码为 0 的字符，而不是从键盘上输入的字符。

【例 4.9】 对于任意大于 1 的自然数 n(n≤109)，若 n 为奇数，则将 n 变为 3n+1，否则变为 n 的一半，经过若干次这样的变换之后，一定会使 n 变为 1。例如，3→10→5→16→8→4→2→1。输入 n，输出变换的次数。例如，n=3，变换 7 次。

分析：从程序任务描述来看，需要完成的工作是重复性的劳动：要么计算 3×n+1，要么计算 n/2，但是循环次数是不确定的，而且 n 也不是“递增”或“递减”式的循环，没有规律，这样的任务适合用 while 循环来实现，其算法实现可以用流程图如图 4-3 表示。

```
#include <stdio.h>
int main(void)
{
    int n,count=0;
```

```
    scanf("%d", &n);
    while( n>1) {
        if(n%2== 1) n=n * 3+1;
        else n/=2;
        count++;
    }
    printf(" %d\n", count);
    return 0;
}
```

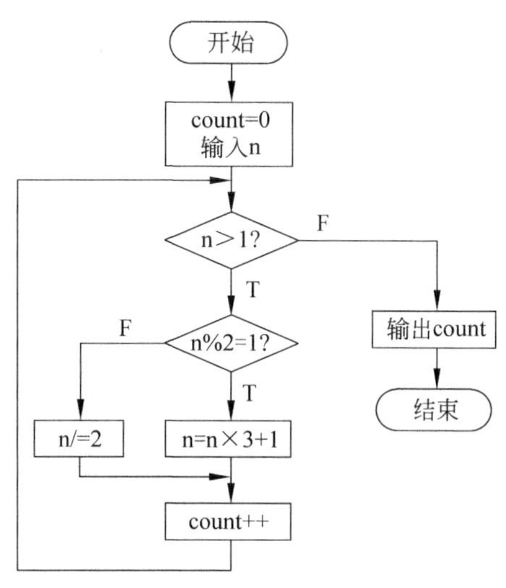

图 4-3 例 4.9 的程序流程图

以上程序有几个值得注意的地方。首先，定义整型变量 count 时必须初始化为 0，其作用是计数器。其次，要考虑 n 的范围，在计算 n×3+1 时的溢出问题。此问题留给读者思考解决。

【例 4.10】 输入一个 C 源程序(一段正文)，按原来格式复制输出，复制过程中删除输入源程序中所有的注释。

分析：本题可采用有限状态机(FSM)来完成任务。为了删除 C 程序中所有的注释，关键在于如何区分注释部分和需要复制的部分。为此，可将复制过程划分为 4 种状态：复制状态(COPY)、开始注释状态(START)、注释状态(COMMENT)和结束复制状态(END)。设初始状态为 COPY。每种状态下的处理方法如下。

(1) 在 COPY 状态下，若读入字符为'/'(可能为注释开始符号)，则将状态改为 START；否则，将读入的字符复制到输出。

(2) 在 START 状态下，若读入字符为'*'(确定注释开始)，则将状态改为 COMMENT；否则(不是注释)，将上一次读入的字符'/'复制到输出。然后检查本次读入的字符是否为'/'，若是则状态保持 START 不变，否则将本次读入的字符复制到输出并将状态改为 COPY。

(3) 在 COMMENT 状态下，若读入字符为'*'(可能为注释结束符号)，则将状态改为 END。

(4) 在 END 状态下，若读入字符为'/'(确定注释结束)则将状态恢复成 COPY；否则(不是注释结束)，如果读入字符是'*'则状态保持 END 不变，否则将状态改为 COMMENT。

```
#include <stdio.h>
enum {COPY, START, COMMENT, END};
/* remove comments from c program */
int main(void)
{
    char c;
    int state = COPY;
    printf("input C program end with ctrl+z:\n");
    while ((c = getchar()) != EOF)
        switch (state) {
        case COPY:
            if (c == '/') state = START;
```

```
            else putchar(c);
            break;
        case START:
            if (c == '*') state = COMMENT;
            else {
                putchar('/');
                state = (c == '/') ? START : (putchar(c),COPY);
            }
            break;
        case COMMENT:
            if (c == '*') state = END;
            break;
        case END:
            state = (c == '/') ? COPY : ((c == '*') ? END : COMMENT);
        }   /* end of switch,end of while */
    return 0;
}
```

4.5.2 do-while 语句

do-while 循环是 while 循环的变体，是一种后测试循环语句，即只有在循环体中的代码执行之后，才会测试出口条件。

1. do-while 语句的形式

do-while 语句的语法形式为

```
do
  语句;
while (表达式);
```

说明：do 和 while 是关键字；表达式是循环条件，可以为任何表达式，必须用圆括号“()”括起来；语句是循环体，需要执行多条语句时必须用复合语句；整个语句必须以分号“;”结束。

do-while 语句的流程图如图 4-4 所示，其执行过程为：首先执行 do 后面的循环体(语句)；然后计算并测试表达式的值，如果表达式的值为非 0，则重复执行循环体，否则结束循环。

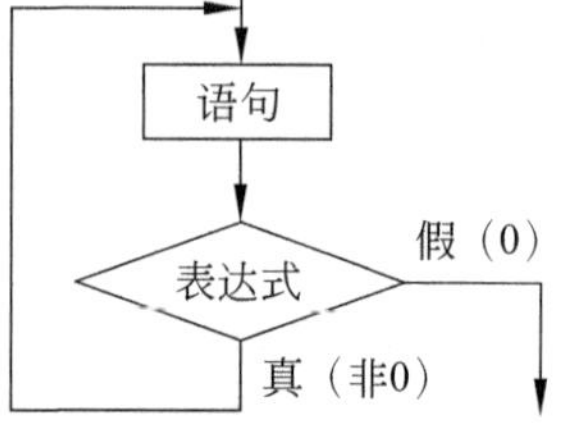

从图 4-3 和图 4-4 可以看出，do-while 和 while 循环有相似之处，但使用方法完全不同，一个是直到型循环，另一个是当型循环。区别在于，while 语句先测试循环条件，后执行循环体，所以循环体可能一次都不执行；而 do-while 语句先执行循环体，后测试循环条件，因此 do-while 语句的循环体至少执行一次。

图 4-4 do-while 语句流程图

do-while 语句可以用以下等价的 while 循环语句来代替。

```
语句;
while (表达式)
```

语句;

2. 程序设计举例

【例 4.11】 把输入的整数按反方向输出。例如,输入的数是 12345,要求输出结果是 54321。

分析:在输入一个整数时,是从高位到低位(或者说从左到右)依次输入各位上的数字。要按反方向输出,就是从低位到高位(或者说从右到左)连续地输出该数的各位数字。

具体来说,就是先输出个位数字,再输出十位数字,直到最高位数字。获取一个整数的个位数字的算法是将该整数除以 10 取余(模 10)。去掉一个整数的个位数字(使十位数字变个位数字,百位数字变十位数字,直到最高位数字变次高位数字)的算法是将该整数除以 10(整数除)。这样,可以用循环语句从低位到高位依次输出原整数的数字。

```
#include <stdio.h>
int main(void)
{
    int x;
    scanf("%d", &x);
    do
        putchar(x %10 + '0');
    while ((x /= 10) != 0);
    printf("\n");
    return 0;
}
```

程序中使用了 do-while 循环语句,这样当输入整数为 0 时,也能按要求输出 0。如果换用 while 语句来实现,处理起来相对比较麻烦,请读者尝试用 while 语句重写本程序。

【例 4.12】 用牛顿迭代法求方程 $f(x)=3x^3-4x^2-5x+13=0$ 满足精度 $e=10^{-6}$ 的一个近似实根。

分析:用迭代法求方程的近似根,即用逐步逼近的方法求函数 f(x)的过零点。首先输入第一个近似根(设为 a),用迭代公式计算出下一个近似根(设为 x);然后用新得到的根 x 作为上一个根 a,再计算出下一个新的近似根 x。如此继续迭代计算,直到两次计算得到的近似根的差的绝对值不大于所要满足的精度为止,此时计算出的最后一个新根即为所求方程的近似根。

用牛顿迭代法求方程近似根的迭代公式为:

$$\begin{cases} x_k = a \\ x_{k+1} = x_k - f(x_k)/f'(x_k) \end{cases}$$

其中,$f(x_k)$表示函数,$f'(x_k)$表示 $f(x_k)$的导数(即函数的变化率)。a 是任意设定的一个实数,作为迭代公式中上一个近似根 x_k 的第一个值(称为迭代初值);x_{k+1}是用迭代公式计算出的下一个近似根;下一次迭代时 x_{k+1} 成为新的 x_k。迭代过程进行到满足条件 $|-f(x_k)/f'(x_k)|\leqslant e$ 时结束(e 是给定精度),结束时 x_{k+1} 的值即为所求近似实根。牛顿迭代过程如图 4-5 所示,由 $f(x_k)/(x_k-x_{k+1})=f'(x_k)$,可得 $x_{k+1}=x_k-f(x_k)/f'(x_k)$。

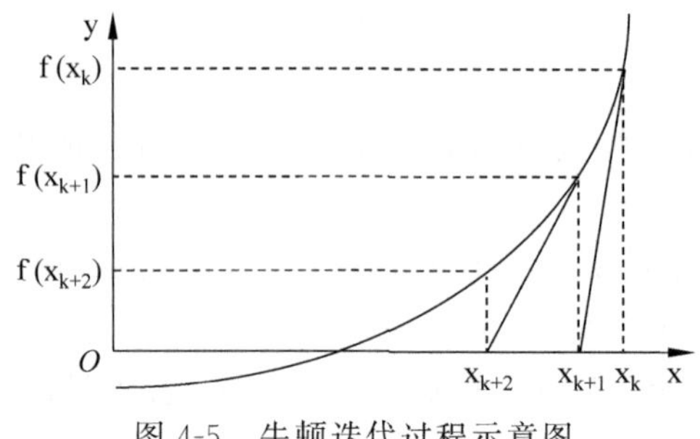

图 4-5　牛顿迭代过程示意图

根据高等数学知识,可得函数 $f(x)=3x^3-4x^2-5x+13$ 的导数为 $f'(x)=3\times3x^2-2\times4x-5$。迭代过程是一个重复计算的过程,为了能够用循环语句实现迭代计算,必须将 f(x) 和 f'(x) 分别改写成如下形式:

$$f(x)=(((3*x-4)*x)-5)*x+13$$

$$f'(x)=((9*x-8)*x-5)$$

于是根据上述牛顿迭代公式的一般形式,可以写出用程序求方程 $3x^3-4x^2-5x+13=0$ 近似根的具体迭代公式如下:

$$d=-(((3*x-4)*x)-5)*x+13/((9*x-8)*x-5)$$

$$x=x+d$$

其中,d 即公式中的增量 $-f(x_k)/f'(x_k)$,x=x+d 左边的 x 即 x_{k+1},右边的 x 即 x_k。

算法步骤:

(1) 输入 x(即迭代初值 x_k)。

(2) 计算下一个 x(即 x_{k+1}):

① 计算增量,d=-(((3*x-4)*x)-5)*x+13/((9*x-8)*x-5)。

② x=x+d。

③ 检查 d,如果 $|d|>e$ 则转步骤①,否则继续执行步骤(3);

(3) 输出 x。

```
#include <stdio.h>
#include <math.h>
#define EPS 1e-6
int main(void)
{
    double x, d;
    scanf("%lf", &x);
    do {
        d = -((((3 * x - 4) * x) - 5) * x + 13)/((9 * x - 8) * x - 5);
        x += d;
    } while (fabs(d) > EPS);
    printf("x=%f\n", x);
    return 0;
}
```

输入：

```
1
```

输出：

```
x=-1.548910
```

注意：一次迭代过程(即该程序每次运行)只能求出方程的一个近似实根；如果方程有多个实根，则必须要输入不同的初值重新运行程序。

例 4.12 中的方程只有一个实根，因而无论迭代初值如何，输出结果将会相同。

【例 4.13】 输入任意一个大于或等于 2 的整数 n，判断该数是否为素数并输出相应结果。

分析：根据数学定义，一个大于 2 的整数 n，如果除 1 和 n 外不能被任何其他数整除(即 n 不含 1 和 n 以外的任何因子)，则 n 是素数；此外，整数 2 不符合上述定义，但规定 2 是最小素数。为了确定 n 是否含有 1 和 n 以外的因子，只需用 2～$\sqrt{n}$ 的整数(也可以用 2～n－1 或 2～n/2 的整数)作除数除 n。如果均不能整除 n，则 n 是素数，否则(即只要发现一个因子)n 不是素数。显然，用 2～$\sqrt{n}$ 作除数时所做的除法次数比用 2～n－1 或 2～n/2 作除数时少得多。

算法步骤：

(1) 输入 n，直到 n 符合要求为止(循环语句)。

(2) 确定除数 i 的初值(i＝2)及终值 k(k＝sqrt(n))。

(3) 检查 2～sqrt(n)的每一个数是否都不是 n 的因子(循环语句)，方法是：i 从 2 开始，用 i 除 n，若余数非 0 且 i ＜＝k，则使 i 值增加 1 再重复该过程；若余数为 0(找到一个因子)或 i ＜＝ k 不成立，则结束循环。

(4) 如果循环结束后余数为非 0，则说明 2～sqrt(n)范围内的整数都不是 n 的因子，因此可以判定 n 是素数；否则(发现一个因子)，n 不是素数。

```
#include <stdio.h>
#include <math.h>
int main(void)
{
    int n, i, k, r;
    do {
        scanf("%d", &n);
    } while (n < 2);                /* 输入的整数必须大于或等于 2 */
    if (n == 2)
        printf("2 is a prime\n");
    else {
        i = 1;
        k = sqrt(n);
        do {
            ++i; r = n %i;
        } while (r && i <= k);
        if(r)
            printf("%d is a prime.\n", n);
```

```
        else
            printf("%d isn't a prime.\n", n);
    }
    return 0;
}
```

程序中找因子的循环控制表达式(r && i <= k),表示在余数 r 非 0 而且除数还未用完的情况下重复找因子的过程(循环),只要其中一个条件不满足则结束循环。因此,输出结果时要根据情况分别处理,如果 r 非 0,表明 $2\sim\sqrt{n}$ 均不能整除 n,所以输出 n 是一个素数的信息;否则,输出相反的信息。

4.5.3 for 语句

for 语句是功能最强、使用最灵活的一种循环语句。它可以将对循环变量赋初值、测试循环条件及修改循环变量的值的操作都放到 for 语句的控制部分,甚至循环体中的某些操作也可以放到循环的控制部分中去。

1. for 语句的形式

for 语句的语法形式为

```
for(表达式 1;表达式 2;表达式 3)
    语句
```

说明:for 是关键字;用圆括号“()”括起来的部分是控制部分,表达式 1、表达式 2、表达式 3 可以是任何基本类型表达式,每个表达式之间必须用分号隔开;语句是循环体,可以为任何单个语句(包括复合语句)。为方便描述,将 for 语句的一般语法形式表示为

```
for(e1;e2;e3)    s
```

说明:e1、e2、e3 分别表示表达式 1、表达式 2、表达式 3,s 表示语句。

控制部分三个表达式的作用是:e1 用于给循环变量赋初值,通常为赋值表达式或逗号表达式;e2 是循环条件,通常为关系表达式或逻辑表达式;e3 用于修改循环变量的值,通常为赋值表达式、逗号表达式或自增、自减运算表达式。for 语句流程图如图 4-6 所示。

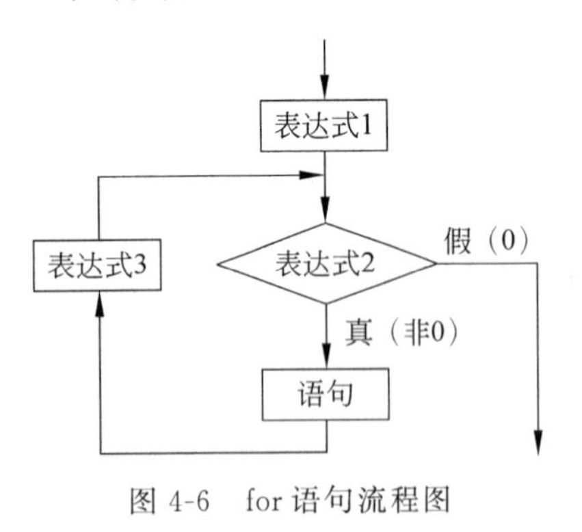

图 4-6 for 语句流程图

for 语句执行时,首先计算 e1;然后计算并测试 e2 的值,如果 e2 的值为非 0,则执行语句(循环体),然后计算 e3,再返回计算并测试 e2 的值;如果 e2 的值为 0,则结束循环,退出 for 语句。

注意,e1 仅在进入 for 语句时执行一次,e3 在每次执行完循环体之后都要被执行一次。

e1 除了用于给循环变量赋初值以外,还可以给与循环有关的其他变量赋初值,例如累加和变量、累乘积变量;e3 除了用于修改循环变量的值以外,还可以执行需要在循环体中执行的其他运算。

当循环体(语句 s)中不包括 continue 语句(4.6.2 节)时,for 语句可以改写为下面的

while 语句，只不过 for 语句在结构上更加简洁。

```
e1;
while (e2)
{
    s
    e3;
}
```

需要说明的是，C99 标准开始允许在 for(e1;e2;e3)的 e1 中定义变量并进行初始化，所定义变量的作用域限定于该循环语句内，包括表达式 e2 和 e3 以及整个循环体范围。

【例 4.14】 for 循环语句简单输出。

```
for (int i = 1; i < 4; i++)  printf("i=%d s=%d\n", i, 2 * i);
```

输出：

```
i=1  s=2
i=2  s=4
i=3  s=6
```

说明：表达式 i < 4 是循环条件，i 是循环变量；表达式 i = 1 给循环变量赋初值，i++（或++i，此处两者效果相同）使循环变量的值在每次执行循环体之后增加 1。

【例 4.15】 for 语句循环条件表达式为 0，则不执行循环体。

```
int a, b;
for (a = 10, b = 5; a <= b; a++)
    printf("a=%d,b=%d\n", a, b);
```

说明：控制部分的 e1 是逗号表达式，分别给 a 和 b 赋值 10 和 5；由于循环条件表达式 a <= b 的值为 0，循环体未被执行，所以无输出。

【例 4.16】 for 语句循环条件表达式的值永不为 0，会造成死循环。

```
for (int x = 1; x != 10; x += 2)
    printf("x=%d\n", x);
```

输出：

```
x=1
x=3
x=5
…      (死循环)
```

说明：该循环语句执行时永不终止，输出无穷多行。因为循环条件为 x !=10，循环变量 x 的初值为 1，虽然每执行一次循环体 x 的值都在改变，但 x 的值永远不可能使循环条件 x!=10 变为假。

使用 for 语句时必须注意表达式 e1、e2、e3 的用法。

（1）三个表达式可以全部或部分缺省，但无论缺省 e1、e2 或 e3，它们之间的分号不能省，即不管如何缺省，圆括号中的控制部分总是需要有两个分号。

(2) 缺省 e1 和 e3 时的 for 语句形如 for(;e2;)s，等价于一个形如 while (e2) s 的 while 语句。

(3) 缺省 e2 时的 for 语句(即 for(e1 ; ; e3) s)和三个表达式都缺省的 for 语句(即 for(; ;)s)，都是循环控制条件恒成立(非 0)的循环语句，可理解为 e2 的默认值为非 0(e1 和 e3 没有默认值)。

例如，例 4.14 所示的 for 语句可以写成下面几种等价的形式。

```
i = 1;
for(; i < 4; i++)
    printf("i=%d s=%d\n", i, 2 * i);
```

或

```
for( i = 1; i < 4; ) {
    printf("i=%d s=%d\n", i, 2 * i);
    i++;
}
```

或

```
i = 1;
for(; i < 4; ) {
    printf("i=%d s=%d\n", i, 2 * i);
    i++;
}
```

或

```
i = 1;
for(; ;) {
    printf("i=%d s=%d\n", i, 2 * i);
    i++;
    if (!(i < 4)) break;
}
```

注意，break;是终止循环的转移语句，此处用于当循环条件不为真时强行终止 for 语句的执行。

2. 程序设计举例

【例 4.17】 某学校学生歌咏比赛有 n(n≥3)位评委。选手演唱结束后，每位评委给出一个整数评分 x(0≤x≤100)，选手最后得分的计算规则是：去掉一个最高分和一个最低分，剩余 n−2 个分数的平均分为最后得分。输入评委给某选手的 n 个评分，输出该选手的最后得分，保留 1 位小数。

分析：从若干个数中找出最大的一个数可用“打擂台”的方法，即两两相比，大者留下；当所有的数比完时，留下的那个数为最大。找最小的数，方法一样。本题既要找最大数，又要找最小数，同时要计算剩余数的平均值。因此，需要设计 x、max、min、sum 4 个整型变量，分别用来存放输入的分数、最大值、最小值、累加和，另外，处理过程采用循环来实现，需要循环变量 i。为了使代码具有好的适用性，将评委人数 n 定义为符号常量 N。初始化时，max 只能置为最小的 0，否则（假设 max 为 1），极端情况下当所有评分为 0 时，max 将不是最大值；同样道理，min 的初值只能置为 100；由于要做累加，sum 的初值应置为 0；循环变量 i 初值为 1，当 i≤N 时，执行循环处理，每次循环后 i 值增加 1，确保循环执行 N 次。本题假设输入的所有分数都是 0～100 的整数。

算法步骤：

(1) 变量初始化。

(2) 如果 i≤N 成立，执行下一步；否则，转步骤(8)。

(3) 输入分数 x。

(4) 将分数 x 累加到 sum 中。

(5) 如果 x>max，则将 max 更新为 x。

(6) 如果 x<min，则将 min 更新为 x。

(7) 将 i 增加 1，转步骤(2)。

(8) 从 sum 中减去 max 和 min，然后输出 sum 除以 N－2 的商，结束。

```
#include <stdio.h>
#define N 7
int main(void)
{
    int x, max = 0, min = 100, sum = 0, i;
    for (i=1; i<=N; i++) {
        scanf("%d", &x);
        sum += x;
        if (x > max) max = x;
        if (x < min) min = x;
    }
    sum -= max + min;          /* sum = sum - max - min */
    printf("The last score = %.1f\n", 1.0 * sum / (N - 2));
    return 0;
}
```

【例 4.18】 输出所有的水仙花数，水仙花数的定义见例 2.10。

分析：要找到所有水仙花数，需用循环对所有三位数进行判断，循环变量从最小的三位数 100 一直增加到最大的三位数 999，每次循环结束后，循环变量的值增加 1，这样确保所有三位数都被判断。

算法步骤：

(1) 将循环变量 m 初始化为 100。

(2) 如果 m≤999 不成立，则转到步骤(6)。

(3) 获取 m 的个位数字、十位数字和百位数字，分别存到变量 d1、d2 和 d3。

(4) 如果 d1 * d1 * d1＋d2 * d2 * d2＋d3 * d3 * d3 的值等于 m，则输出 m。

(5) 将 m 值增加 1，转步骤(2)。

(6) 结束。

```
#include <stdio.h>
int main(void)
{
    int m;
    for (m=100; m<=999; m++) {
        int d1 = m %10, d2 = m / 10 %10, d3 = m / 100 %10;
        if (d1 * d1 * d1 + d2 * d2 * d2 + d3 * d3 * d3 == m) printf("%d\n", m);
    }
    return 0;
}
```

4.5.4 循环语句小结

三种循环语句的区别及使用要点归纳如下(s 是循环体;e、e1、e2、e3 是表达式)。

(1) while(e) s 和 for(e1;e2;e3) s 先测试 e 或 e2,后执行 s,若第一次测试时 e 或 e2 结果为 0,则 s 一次也不执行;do s while(e);先执行 s,后测试 e,所以 s 总是至少被执行一次。使用时应根据具体情况选用,一般说来,必定要执行的循环可以用三种循环语句中任何一种;可能不被执行的循环则不能用 do-while。

(2) 第一次测试循环条件(e 或 e2)之前,循环变量必须赋初值,初值只赋一次;在循环体(s)或 e3(对于 for 语句)中必须有能够改变循环变量值的语句或表达式。写循环条件时,应注意避免无限循环、永不执行的循环或执行次数不正确的循环情况出现。

(3) for 语句控制部分的 e1 可以包含给循环变量赋初值以及其他与循环有关的运算,即在循环开始之前仅执行一次的运算;e2 不要求一定是关系表达式或逻辑表达式,只要能正确控制循环体的执行(非 0 值执行循环体,0 值结束循环),任何表达式都可以;e3 是每次执行循环体后紧接着要执行的表达式,通常用于改变循环变量的值(如 i++),e3 也可以包括某些属于循环体部分的内容,也可将 e3 放到循环体最后。

可见,for 语句使用非常灵活,其控制部分的三个表达式可以容纳除循环变量赋初值、测试循环条件和修改循环变量值的运算以外的其他与循环有关的运算。写 for 语句时可兼顾代码的简洁性和易读性。

(4) 任何循环语句,当循环体含有一个以上语句时,必须写成复合语句(用{ }括起来);当循环体为空语句时不要省略分号(;)。

4.6 转移语句

转移语句包括 break、continue、return 和 goto 语句,其用途是改变由三种基本结构(顺序结构、选择结构和循环结构)的语句所预定的程序流程。

4.6.1 break 语句

break 语句的形式为:

break;

说明：break 是关键字。

break 语句有以下两种用途。

(1) 用于 switch 语句中，从中途退出 switch 语句。

(2) 用于循环语句中，从循环体内直接退出当前循环。

注意，对于嵌套的循环语句和 switch 语句，break 语句的执行只能退出直接包含 break 的那一层结构。例如：

```
for (e1; e2; e3){
    …
    for (e1; e2; e3){
        …
        if (e) break;              /* 如果 e 非 0,则跳出内循环,转到 s1 */
        …
    }
    s1:
        break;                     /* 跳出外循环,转到 s2 */
}
s2:
    printf(…);
```

第(1)种用途的例子见 4.4.2 节，下面的例子说明 break 语句的第(2)种用途。

【例 4.19】 打印 2～100 的所有素数，每行输出 10 个数。

分析：判断一个数是否为素数(找因子)要用循环语句实现，因此判断 2～100 的每一个数是否为素数要用二重循环。

```
#include<stdio.h>
#include<math.h>
int main(void)
{
    int i, n, k, m;

    for (k=0,n=2; n<100; ++n){
        for (i=2, m=1; i<=sqrt(n); ++i)
            if(!(m = n %i))break;
        if (m) {
            printf("%6d", n);
            if (!(++k %10))  printf("\n");
        }
    }
    printf("\n");
    return 0;
}
```

整个程序的核心语句是一个二重循环语句，外循环控制被处理整数的个数和值，循环体由一个 for 语句(内循环)和一个 if 语句组成。内循环语句检查当前的整数是否含有因子，当发现余数 m(表达式 n%i 的结果)等于 0 时(即找到 n 的一个因子),则执行 break 语句立即退出内循环。if 语句在余数 m 非 0 的情况下输出该素数,然后根据已输出数据的记数器 k 的值决定是否输出一个换行。

k 对素数计数,k 的初值为 0,每当输出一个素数后 k 增加 1;表达式++k % 10 控制每行输出的素数个数,!(++k % 10)在每输出 10 个数后结果非 0(if 条件为真),此时输出一个换行。

4.6.2 continue 语句

continue 语句的形式为:

continue;

说明:continue 是关键字,该语句只能出现在循环语句中,用于终止循环体的本次执行(并非退出循环语句);即在循环体的本次执行中,跳过从 continue 语句之后直到循环体结束的所有语句,控制转移到循环体的末尾。

对于 while (e) s;和 do s while(e);,在执行 continue 语句之后马上执行对循环控制表达式(e)的计算和测试;对于 for (e1;e2;e3) s;,则马上对表达式 e3 求值,然后执行对表达式 e2 的计算和测试。

【例 4.20】 输入 10 个整数,输出其中正数的个数及平均值。

```
#include <stdio.h>
int main(void)
{
    int a, i, k, x;
    for (a = i = k = 0; i < 10; ++i){
        scanf("%d", &x);
        if (x <= 0) continue;        /* 对非正数不进行处理 */
        a += x;                      /* 计算正数的和,存入 a */
        ++k;                         /* 正数的个数 */
    }
    if (k)
        printf("numbers=%d,average=%f\n", k, 1.0 * a / k);
    return 0;
}
```

循环变量 i 用于控制读入数据的个数,i 值从 0 开始每次增 1,直到 9 为止,循环体执行 10 次,共读入 10 个数。当读入的 x 是非正数时(x<=0 为真),则执行 continue 语句,跳过它下面的求和及计数表达式语句 a+=x;和++k;,转移到++i 处执行。

循环结束后的 if 语句检查输入数据中是否有正数(k 是否非 0),以保证计算平均值的表达式 1.0 * a / k 能有效地执行。

表达式 1.0 * a / k 中的浮点常量因子 1.0,是为保证平均值(a/k 的结果)的精度所必需的。因为 a 和 k 均为整型,按照除运算符(/)的运算规则,a / k 是整数除,其结果是丢掉了商的小数部分的整数;1.0 的作用使整数除运算变成实数除。

本例不用 continue 语句也能实现同样的功能，请读者自己完成改写练习。

4.6.3 return 语句

return 语句有下面两种形式。

(1) 不带表达式的 return 语句，其形式为：

```
return;
```

(2) 带表达式的 return 语句，其形式为：

```
return 表达式;
```

说明：return 是关键字。return 语句的功能是从被调用函数返回到调用函数。不带表达式的 return 语句只能返回控制，不能返回值，因此只能用于从无返回值的函数中返回。一般用于从无返回值函数体的中途返回。无返回值的函数如果执行到函数体的最后一条语句后返回，可以不使用 return 语句。因为对于不包含 return 语句的无返回值函数，当执行完函数体中最后一个语句后会自动返回到调用处。

带表达式的 return 语句(表达式可以用括号括起来)在返回控制的同时，将表达式的值返回到调用处，函数调用表达式的值就是这个返回值。因此，有返回值的(即非 void 类型的)函数必须至少包含一个带表达式的 return 语句，且带表达式的 return 语句只能用于有返回值的函数。

此外，一个函数可以包含多个 return 语句，这种情况下的 return 语句通常作为选择语句的子句出现，最终被执行的只是其中的一个。

【例 4.21】 写一个函数 sign，返回浮点数 x 的符号。如果 $x<0$，则返回 -1；如果 $x=0$，则返回 0；如果 $x>0$，则返回 1。(sign 函数将在第 5 章详细介绍)

```
/* sign:返回浮点数符号的函数,包含多个带表达式的 return 语句 */
int sign(double x)
{
    if (x < 0) return -1;
    else return ((!x) ? 0 : 1);
}
```

4.6.4 goto 语句和标号语句

goto 语句又称为无条件转移语句，它的语法形式为：

```
goto 标号;
```

说明：goto 是关键字，标号是一个标识符。

goto 语句的功能是将流程控制转移到由标号指定的标号语句处开始执行。

任何可执行 C 语句都可以加标号前缀成为标号语句。标号语句的形式为：

```
标号:语句
```

说明："语句"是任何不带标号的 C 语句。出现在 goto 语句中的标号是对标号的引用，出现在标号语句中的标号是对标号的定义。

被 goto 语句引用的标号必须有且仅有一个对应的标号语句，对应的标号语句称为该 goto 语句的目标语句；而允许标号的语句没有对应的 goto 语句。总之，有标号的引用必须有唯一的标号定义，而有标号的定义不必有标号的引用。

goto 语句的目标语句允许出现的范围称为标号的作用域。C 语言中标号的作用域是 goto 语句所在的函数，即 goto 语句不能从一个函数转移到另一个函数中，但可以在一个函数体范围内转移，包括从嵌套结构的内层直接转到最外层。

使用标号语句时，要注意同一函数内的标号不能同名。goto 语句和标号语句在函数中出现的先后位置没有约束，即对标号的定义和对标号的引用没有先后次序的规定。

【例 4.22】 输入一个算式，模拟袖珍计算器的加、减、乘、除四则运算。假定计算时不考虑运算符的优先级，也不允许输入圆括号“( )”，而是按照运算符出现的先后顺序执行运算。例如，输入 10.8+0.13 * 100，计算结果为 1093.000000。

```
#include <stdio.h>
int main(void)
{
    double x, y;
    char op;
inx:
    printf("input arithmetic expression:\n");
    scanf("%lf", &x);
    while((op = getchar()) !='\n') {
iny:
        scanf("%lf", &y);
        switch(op) {
            case '+': x += y; break;
            case '-': x -= y; break;
            case '*': x *= y; break;
            case '/':
                if (y) x /= y;
                else {                /* 除数为 0,重新输入除数 */
                    printf("divisor is zero,input divisor again!\n");
                    goto iny;
                }
                break;
            default:                  /* 运算符非法,重新输入算式 */
                printf("illegal operator,input arithmetic expression again!\n");
                goto inx;
        }                             /* end of switch */
    }                                 /* end of while */
    printf("%lf\n", x);
    return 0;
}
```

说明：

(1) 标识符 inx 和 iny 是两个语句标号。

(2) 程序运行时提示用户输入一个算式，然后先读入第一个操作数(x)，接着读入运算符 op，再读入第二个操作数(y)。

如果 op 是'/'而 y 是 0，则输出“divisor is zero, input divisor again!”提示信息，然后由 goto iny 语句转到标号 iny 处执行。

如果 op 是＋、－、＊、/以外的符号，则输出“illegal operator, input arithmetic expression again!”提示信息，然后由 goto inx 语句转到标号 inx 处执行(运算符出错，则从头再来)。

(3) 计算过程中，每次计算的结果存入 x，作为连续运算时下一运算符的第一个操作数。当输入换行时停止计算，输出计算结果。

(4) 仅由一个分号组成的语句是空语句，空语句不执行任何操作。空语句的用途之一是作为循环语句的循环体。例如：

```
for(i=0;i < 10;i++,putchar(getchar()))
    ;
```

空语句的另一作用是：带标号的空语句与 goto 语句配合使用，可使控制直接转到函数体末尾。带标号的空语句的形式为

标号:;

注意：无论空语句出现在何处，分号都是必不可少的。下面的例子说明带标号的空语句的用法。

【例 4.23】 编写函数 void find(void)，在具有 2 行 3 列元素的数组中按行查找第一个值为－1 的元素并输出。

```
#include <stdio.h>
void find(void)
{
    int i, j, a[2][3];
    for (i = 0; i < 2; ++i)
        for (j = 0; j < 3; ++j)
            scanf("%d", &a[i][j]);
    for (i = 0; i < 2; ++i)          /* 在数组 a 中找第一个值为-1 的元素 */
        for (j = 0; j < 3; ++j)
            if (a[i][j] == -1) goto found;
nofound:
    printf("not found!\n");
    goto end;
found:
    printf("found one is:a[%d][%d]\n", i, j);
end:
    ;
}
```

执行程序，若输入：

```
 2  5   8↙
-1  6  -1↙
```

则程序输出结果：

```
found one is:a[1][0]
```

若输入：

```
1  3  5↙
2  4  6↙
```

则程序输出结果：

```
not found!
```

a是一个2行3列的二维数组(第8章)，a[i][j]是第i行j列元素；行号i和列号j的值从0开始。二重for循环语句按行逐个元素查找数组中值为－1的元素，当找到第一个值为－1的元素时即执行语句goto found;，从内循环直接转移到外循环外，执行标号为found的语句。

如果数组a中不存在任何值为－1的元素，则语句goto found;将不被执行。因为当外循环的i(行号)增加到2时，外循环结束，依次执行标号为nofound的语句，输出没有找到的信息；接着执行语句goto end;转到程序的结束处，从而跳过了found标号语句。

标号nofound没有被任何goto语句引用，它仅表示没有找到时应执行的语句。这种情况下，标号的作用与注释的作用相同。

goto语句不是必需的语言成分。因为用goto语句实现的任何控制转移，都可以通过循环语句、if语句和其他转移语句的适当配合以及用整型变量标记状态的方法实现。

goto语句的唯一好处是可以从嵌套结构的最内层(switch语句或循环语句)直接转到最外层(隔层转移)，用起来比较方便。但是，如果随意地使用goto语句，则会破坏程序的结构化特性，使程序的逻辑结构不清，程序难以阅读和维护，因此，应尽量少用或不用goto语句。

4.7 程序设计实例

程序设计是将解题任务转换成程序的过程，一般包括分析问题、确定算法、用选定的程序设计语言编写程序、上机调试、运行程序等基本步骤。

4.7.1 嵌套循环

嵌套循环指循环体是一个循环语句，或者循环体包含循环语句。嵌套循环又称为多重循环，三种循环语句可以相互任意嵌套。具有两层嵌套的循环称为二重循环，具有n重嵌套的循环称为n重循环。二重以上的循环统称为多重循环。C语言对循环的嵌套层数没有限制，其中二重循环的应用最为普遍，其次是三重循环。对于嵌套的循环语句，应写成缩进对齐格式，可使逻辑较复杂的程序显得整齐、美观，而且结构清晰。

本节首先介绍几个二重循环的程序示例，说明多重循环的应用和使用要点。

【例 4.24】 计算 $s=1^1+2^2+3^3+\cdots+n^n$，n 由终端输入。

分析：设每一项的底用整型变量 i 表示，i 从 1 开始每次增 1 直至 n。考虑到尽量避免溢出，i^i 及各项之和分别用长整型变量 term 和 s 表示。计算 term 是用循环对同一个 i 累乘 i 次；计算 s 也是用循环将每个 term 累加起来，而且计算 term 的循环是嵌套在计算 s 的循环体内的，所以计算 s 的算法是一个二重循环语句。外层循环（简称外循环）控制累加的项数，内层循环（简称内循环）控制每项 i 的累乘次数。二重循环流程图如图 4-7 所示。

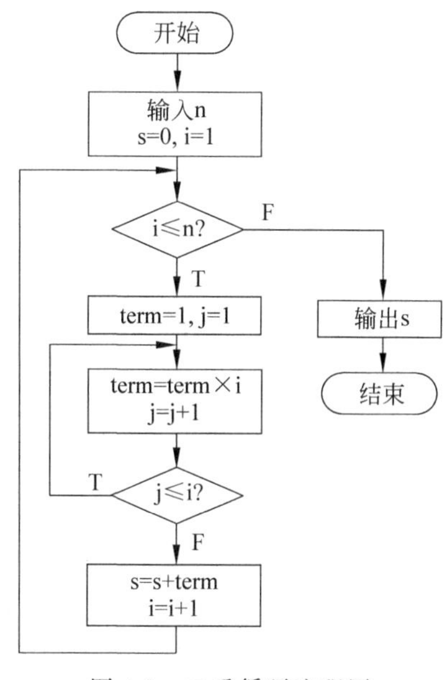

图 4-7　二重循环流程图

图 4-7 是一个典型的二重循环流程图，二重循环的执行过程是：外循环变量 i 每取一个值时内循环变量 j 则要取 i 个值，即外循环体每执行一次，内循环体要执行 i 次；当内循环体执行完 i 次之后，外循环变量 i 取下一个值，然后重复上述过程。本例中内循环次数是由外循环变量决定的，由于 i 每次是变化的，所以内循环次数每次也是变化的，这正是计算所要求的循环次数。

```
#include <stdio.h>
int main(void)
{
    int i, j, n;
    long s, term;
    printf("input n:\n");
    scanf("%d", &n);
    for (s = 0, i = 1; i <= n; ++i){
        term = 1;
        j = 1;
        do
            term *= i;
        while (++j <= i);
        s += term;
    }                                   /* end of for */
    printf("s=%ld\n", s);
    return 0;
}
```

输入：

```
5
```

输出：

```
s=3413
```

【例 4.25】 输入一个字母,在屏幕正中输出由这个字母决定其高度的字符"金字塔"。例如,如果输入小写字母 d,则输出图 4-8(a)所示的图形;如果输入大写字母 D,则输出图 4-8(b)所示的图形。

```
      a                    A
    a b a                A B A
  a b c b a            A B C B A
a b c d c b a        A B C D C B A
     (a)                  (b)
```

图 4-8 字符"金字塔"

分析:根据题意,要输出的图形是由行、列组成的二维图形,设输入字符用变量 c 记录,如果 c 是小写字母,则输出图形由小写字母组成;如果 c 是大写字母,则输出图形由大写字母组成;如果 c 为非字母,则无输出。图形高度(即输出字符的行数)为 c-'a'+1 或 c-'A'+1,第一行输出一个字符'a'或'A',下行输出的字符数比上行多 2。

输出图形的过程是一个二重循环,外循环控制行数,外循环体每执行一次输出一行。由于组成图形每一行的前半段字符和后半段字符的大小不是按同一个规律变换的,因此每一行都要分成四部分输出:该行左边的空格、该行前半段的字符,该行后半段的字符和一个换行符。其中,输出一行的左边空格、前半段和后半段字符,分别需要由每次输出一个字符的循环来完成,因此外循环语句包含了三个并列的内循环语句。

此外,输出左边的空格时要恰当地控制空格的数目,否则下一行上的字符不能与上一行字符正好对齐。由于每一行左边的空格数目是随当前输出行的行数而变化的,假定每个字符输出域宽为 2,则当行数增加 1 时左边的空格数目减少 2。题目要求在屏幕正中输出图形,若屏幕总宽度为 80 个字符,正中位置则为第 40 个字符处,那么左边的空格数目可由表达式 40-2*(c1-'a')或 40-2*(c1-'A')的值确定。

算法步骤:

(1) 输入字符 c。

(2) 如果 c 是小写字母,则置塔顶 top 为'a';如果 c 是大写字母,则置 top 为'A';如果 c 是非字母字符,则置 top 为'\0'。

(3) 如果 top 非 0,则输出图形。

① 置 c1 为 top(外循环变量初值)。

② 如果 c1≤c 则输出一行:

Ⅰ 输出一行左边的所有空格,空格数目为 40-2*(c1-top)。

Ⅱ 输出一行的前半段(包括正中的一个字符)。

Ⅲ 输出一行的后半段。

Ⅳ 输出换行。

Ⅴ c1=c1+1,转②(循环,输出下一行)。

如果 c1 > c,则结束循环。

```
#include <stdio.h>
#include <ctype.h>
```

```
int main(void)
{
    char c, c1, c2, top;
    int i;
    printf("input a character:\n");
    top = isupper(c = getchar()) ? 'A' : (islower(c) ? 'a' : '\0');
    if (top) {
        for (c1 = top; c1 <= c; ++c1){
            for (i = 1; i <= 40 - 2 * (c1 - top); ++i)
                putchar(' ');
            for (c2 = top; c2 <= c1; ++c2)
                printf("%2c", c2);
            for (c2 = c1 - 1; c2 >= top; --c2)
                printf("%2c", c2);
            printf("\n");
        }                           /* end of external for */
    }                               /* end of if */
    return 0;
}
```

说明：程序中的 isupper(c)和 islower(c)是标准库函数，相应的头文件为<ctype.h>，参数 c 可为 char 或 int 类型。isupper(c)测试 c 是否为一个大写字母，islower(c)测试 c 是否为一个小写字母，如果是，则返回非 0 值，否则返回 0 值。

处于同一层的并列循环语句，其循环变量可以同名。例如，本例中输出前半段的 for 语句和输出后半段的 for 语句其循环变量都是 c2。因为执行后一个 for 语句时，前一个 for 语句已经执行完毕，后一语句执行时对循环变量的修改对前一语句无任何影响。如果前一循环语句结束后，其循环变量的值需要保留到程序后面使用，则后一循环语句必须使用与此不同名的另一变量。

此外，利用可变域宽说明，可用下面的一个输出语句：

```
printf("%*c",40-2 *(c1-top),' ');
```

代替输出一行左边所有空格的循环语句。

多重循环语句的使用要点概括如下。

(1) 对于多重循环，特别要注意给与循环有关的变量赋初值的位置。以例 4.24 的程序为例：只需赋一次初值的操作应放在最外层循环开始执行之前，如赋值表达式 s=0 位于外循环 for 语句控制部分的表达式 1；给内循环的有关变量赋初值应放在外循环体内、内循环开始执行之前，如赋值表达式语句 term=1;和 j=1;位于内循环 do-while 语句的前面，是外循环 for 语句循环体的一部分。

(2) 内、外循环变量不应同名，否则将造成循环控制混乱，导致死循环或计算结果错误。

(3) 应正确书写内、外循环的循环体：需要在内循环中执行的所有语句必须用{}括起来组成复合语句作为内循环体；属于外循环的语句应放在内循环体之外、外循环体之中。如例 4.24 的程序中赋值语句 term=1;、j=1;和 sum+=term;都是组成外循环体的语句，其中 term=1;和 j=1;位于内循环 do-while 语句之前,sum+=term;语句位于 do-while 语句之后,它们均位于内循环体之外。

(4) 不应在循环中执行的操作应放在进入最外层循环之前或最外层循环结束之后。如例 4.25 中对输入提示(input n:)的输出及读入项数(n)是在程序运行过程中仅需执行一次的操作,且需在循环开始之前执行;最后输出整个计算结果(sum)只需执行一次,且应在循环结束之后执行。

4.7.2 枚举

许多问题不能利用数学公式或模拟算法求解,它们往往有一个庞大的问题状态空间,并且给出了一些约束条件,要求寻找问题解空间中的一个或多个解,求解此类问题需要使用搜索技术。常用的搜索算法有枚举、深度优先搜索、广度优先搜索等。这里重点介绍枚举算法,而深度优先搜索和广度优先搜索算法在后续章节介绍。

枚举算法是最简单、最基本的搜索算法,其核心思想就是通过对问题状态空间的每一种可能状态进行求解判断,从而求得满足条件的解。枚举算法通常可用循环语句和条件语句来实现,编程相对简单。实际上,前面的例 4.19 中素数判断就是采用枚举算法。

【例 4.26】 高中一年级某班有 4 位学生,其中的一位做了好事不留名,表扬信来了之后,校长问这 4 位学生是谁做的好事? 4 位学生回答如下。

(1) A 说:不是我。

(2) B 说:是 C。

(3) C 说:是 D。

(4) D 说:他胡说。

已知三位学生说的是真话,一位学生说的是假话。现在要根据这些信息,通过编写程序找出做了好事的人。

分析:这是一道推理题,需要逻辑思维与判断,可以通过穷举法逐个判断。为了便于编写计算机程序来求解,首先要对问题描述数字化,写成关系表达式,用字符变量 thisman 表示要找的人,令"=="的含义为"是","!="的含义为"不是"。对于 4 位学生的回答,可以通过如下关系表达表示。

(1) A 说:不是我。　写成关系表达式为:thisman !='A'。

(2) B 说:是 C。　写成关系表达式为:thisman =='C'。

(3) C 说:是 D。　写成关系表达式为:thisman =='D'。

(4) D 说:他胡说。　写成关系表达式为:thisman !='D'。

如何找到做好事的人,一定是"先假设该人是做好事者,然后到每句话中去测试看有几句是真话"。"有三句是真话就确定是该人,否则换下一个人再试"。也就是说,将问题转化为求解使得以上 4 个关系表达式中有三个关系表达式为真的 thisman 值。

首先,假设做好事的人是学生 A,即 thisman='A',然后计算 4 个关系表达式的值,如果其中三个表达式的值为真,则可以确定做好事的人是学生 A。否则,再假设做好事的人是学生 B,再做相同的计算,直到找到使得以上 4 个关系表达式中有三个关系表达式为真的 thisman 值。

由于关系表达式的结果为真时值为 1,为假时值为 0。因此,问题转化为求解使得以上 4

个关系表达式的结果之和为 3 时的 thisman 值。

```
#include<stdio.h>
int main ()
{
    char thisman;
    for(thisman = 'A'; thisman <= 'D'; thisman++) {
        if ((thisman != 'A') + (thisman == 'C') + (thisman == 'D') + (thisman !='D
')==3); {
            printf("%c\n", thisman);
            break;
        }
    }
    return 0;
}
```

【例 4.27】 下列乘法算式中,每个汉字代表一个 0～9 的数字,不同的汉字代表不同的数字。试编程确定使得整个算式成立的数字组合,如果有多种情况,请给出所有可能的答案。

赛软件×比赛=软件比拼

分析:这个算式中有 5 个不同的汉字,分别用变量 a、b、c、d、e 来代表汉字:赛、软、件、比、拼,此算式可表示为:(a * 100+b * 10+c) * (d * 10+a) == b * 1000+c * 100+d * 10+e。

每个变量的取值范围为 0～9,由于取值不得重复,所以这 5 个变量所有可能的取值情况是一个 10 取 5 的排列,一共有 10 * 9 * 8 * 7 * 6 种。本题可采用枚举算法,依次测试每一种取值情况,如果满足上式,则得到一个解,直到测试完毕,得到所有解。

```
#include <stdio.h>
int main()
{
    int a, b, c, d, e;
    for (a=0; a<10; a++)            /* 第一层循环执行 10 次 */
        for (b=0; b<10; b++) {
          if (b-a==0) continue;     /* 第二层循环执行 9 次,内层循环执行次数依次递减 */
          for (c=0; c<10; c++) {
            if ((c-b) * (c-a) == 0) continue;
                                /* (c-b) * (c-a) == 0 等价于(c-b)==0 || (c-a)==0,下同 */
              for (d=0; d<10; d++) {
                  if ((d-c) * (d-b) * (d-a) == 0) continue;
                  for (e=0; e<10; e++) {
                     if ((e-d) * (e-c) * (e-b) * (e-a) == 0) continue;
                     if ((a * 100+b * 10+c) * (d * 10+a) == b * 1000+c * 100+d * 10+e)
                        printf("%d%d%d * %d%d = %d%d%d%d\n", a, b, c, d, a, b, c,
d,e);
                  }
              }
```

```
            }
        }
        return 0;
    }
```

程序中,虽然可以不用在每层循环中判断取值重复,而在最内层进行判断,但分层判断显然可以提高运行效率,在此用到了 continue 语句。

由于枚举算法要测试问题状态空间所有可能的状态来求得满足题目要求的解,因此,当问题规模变大时,其效率是比较低的。枚举算法的优点是简单、直接,容易实现,在满足时间和空间约束的情况下,枚举是可供选择的有效算法。

通过进一步分析可以看出,为了使得计算表示式(a * 100+b * 10+c) * (d * 10+a) == b * 1000+c * 100+d * 10+e 有意义,至少 a、b、c、d 均不能为 0。另外,a、b、c、d、e 互不相等,a 和 c 均不能为 1,否则会出现 e 与 a 或 c 相等的情况。所以,循环初始变量 a 和 c 可以分别从 2 开始,b 和 d 可以分别从 1 开始,这样计算时循环的次数会大大减小,算法的效率自然会提高很多。

除了以上优化方法之外,是否还有进一步的优化空间?请读者思考。

*4.7.3 筛法

在解决某些数学问题时常常需要多次、反复地判断某些数是否为素数,这些数的值在一个有限的区间内。例如,在 4～100 内验证哥德巴赫猜想,对于偶数 2n 的验证,程序需要依次判断序列对 3 与 2n−3,5 与 2n−5,…,n 与 n(或 n−1 与 n+1)中的每对数是否同时为素数,直到找到这样一对素数;而对于偶数 2n+2、2n+4、…的验证,同样需要如此判断。

总体来看,程序对 4～100 的每个奇数是否为素数需要进行多次、反复地判断。每次判断时利用素数判断算法,固然是一个可行的解决方案,但这样处理的效率不高。如果先构造一个 4～100 的素数表,则每次判断时只需查表一次即可,这会大大提高处理效率。

筛法是一种构造素数表的有效方法。具体做法是,将 1～n 的数按升序排列,按照定义,1 既非素数又非合数,将 1 划掉;2 是素数,将 3～n 所有 2 的倍数都划掉;从 2 往后搜索,重复以下操作:碰到未被划掉的第一个数是素数,从该数后面的序列中划掉该数的整数倍。如此下去,直至搜索到 n 为止,最后序列中未被划掉的数都是素数。下面的例子程序实现了筛法。

【例 4.28】 用筛法构造 2～100 的素数表,并输出该素数中的素数。

```
#include <stdio.h>
int main()
{
    int i, j, a[100];

    for (a[0]=a[1]=0,i=2; i<100; i++)   /* 数组初始化,先假定 2~99 都是素数 */
        a[i] = 1;                    /* 数组下标值是被测数,元素值为 1 表示该元素下标为素数 */
    for (i=2; i<50; i++)             /* 从 2 开始,"筛掉"每个素数的倍数 */
        if (a[i]) {                  /* 如果 a[i]值为 1,则 i 为素数 */
            for (j=i*i; j<100; j+=i)
                                     /* 从 i 倍的 i 开始"筛",因为之前的倍数已被"筛掉" */
```

```
            a[j] = 0;       /* 元素值为 0 表示该元素下标值不是素数 */
        }
    for (i=2,j=0; i<100; i++) /* 输出 2~100 的素数表 */
        if (a[i]) {           /* "筛"过之后，值为 1 的元素对应下标为素数 */
          printf("%4d", i);
          if (++j == 8) {     /* 为了输出整齐，每行输出 8 个素数 */
              j = 0;
              printf("\n");
          }
        }
    return 0;
}
```

*4.7.4　递推

当一个问题具备递推关系时，通常可以采用递推法求解。

【例 4.29】 取球游戏：今盒子里有 n(n<10000)个小球，A、B 两人轮流从盒中取球，每个人都可以看到另外一个人取了多少个球，也可以看到盒子中还剩下多少个球，并且两个人都很聪明，不会做出错误的判断。约定游戏规则为：

（1）每次从盒子中取出的球的数目必须是 1、3、7 或 8 个。

（2）轮到某一方取球时不能弃权。

（3）A 先取球，B 接着取球，如此双方交替取球，直到盒里的球被取完。

（3）被迫取走盒中最后一个球的一方为输方。

假设取球过程中 A 和 B 都不存在失误，即不会将赢的局面变成输。编程实现，输入小球的数目 n，按规则取球，如果 A 为赢方则输出 1，如果 A 为输方则输出 0。

程序运行时，从标准输入获得数据，其格式如下：

首先输入一个正整数 N(N<100)，表示接下来将输入 N 个整数 n，每个 n 占一行，每行对应一个输出值(1 或 0)。例如，输入：

```
2
10
18
```

则程序应输出：

```
1
0
#include <stdio.h>
int main()
{
    char tab[10000];
    int ins[] = {1, 3, 7, 8};
    int i, j, n, num,N;
    scanf("%d", &N);
    while(N--)
```

```
    {
        for (tab[0]=1,i=1; i<10000; i++)
            tab[i] = 0;
        for (i=1; i<10000; i++)
        {
            if (tab[i] == 0)
                for (j=0; j<4; j++)
                    if ((num=i+ins[j]) < 10000)
                        tab[num] = 1;
        }
        scanf("%d", &n);
        printf("%d\n", tab[n]);
    }
    return 0;
}
```

本章小结

流程控制语句是程序设计最核心的内容，任何算法都只有通过流程控制语句描述才能在计算机上实现。本章重点掌握if语句嵌套规则，switch语句执行流程，while语句、for语句和do-while语句循环控制条件与循环体执行的次数，几种转移语句与分支和循环语句的配合实现灵活的流程控制。另外，还要掌握一些基本的算法，如计算日期、解方程、处理正文、求阶乘、判断素数、输出二维字符图形以及枚举算法、筛法、递推算法等。

习题 4

4.1 试分析switch语句中case后面有break和无break情况下的执行流程。

4.2 常用的控制语言有哪几类？分别描述它们的功能和作用。

4.3 试分析程序段int x=0,y=0;if(a) if(b) x++;else y++;的确切含义，并编程验证其分析结果。

4.4 输入一个日期(年、月、日)，计算并输出该日期是这一年的第几天。

4.5 编程解决整数分拆问题：将大于3的自然数n分解成若干个自然数之和，问如何分解能使这些数的乘积最大？输出这个乘积m。

4.6 统计输入正文中空格字符、制表符和换行符的个数。

4.7 将输入的一行字符复制到输出，复制过程中将一个以上的空格字符用一个空格代替。

4.8 求π的近似值，计算公式为$\pi/4=1-1/3+1/5-1/7+\cdots$，直到最后一项的绝对值小于$10^{-5}$为止。

4.9 输入两个整数，求它们的最大公约数和最小公倍数。

4.10 编写程序，计算e^x=1+x/1!+x^2/2!+x^3/3! +…，其中$-\infty<x<\infty$，直到最后一项的绝对值小于10^{-6}为止。

4.11 编写程序，从键盘随机输入10个正整数n，其中$n\leqslant 10000$，输出其中能够被7整除且正整数n中至少有一位数字为5的正整数；如果没有满足条件的正整数，则输出0。

4.12 输入两个整数，判断它们是否为互质数并输出判断结果。

4.13　请编程对例题 4.27 做进一步优化，以提高其执行效率。

4.14　验证哥德巴赫猜想：任何充分大(≥4)的偶数都可以用两个素数之和表示，将 4～100 中所有偶数分别用两个素数之和的形式输出。例如，4=2+2，100=3+97。

4.15　修改例题 4.10，使程序还能删除以//开始、以换行符结束的单行注释。

4.16　完全数(Perfect number)又称完美数或完备数，是一些特殊的自然数。它所有的真因子(即除了自身以外的约数)的和，恰好等于它本身。编写程序实现以下功能：

(1) 输入一个数，判断其是否为完全数。

(2) 输出 1000 以内的所有完全数。

4.17　输出 10000 以内所有这样的完全平方数：$a^2=b^2\times10+c^2$。例如，$361=19^2=6^2\times10+1^2$。

4.18　输入一个英文字母，输出相应二维字符图形。例如，输入字母 D，则输出：

```
A B C D
B C D A
C D A B
D A B C
```

如果输入字母 e，则输出：

```
a b c d e
b c d e a
c d e a b
d e a b c
e a b c d
```

4.19　我国古代数学家张丘建在《算经》一书中曾提出过著名的“百钱买百鸡”问题，该问题叙述如下：鸡翁一，值钱五；鸡母一，值钱三；鸡雏三，值钱一；百钱买百鸡，则翁、母、雏各几何？其含义是公鸡一只五块钱，母鸡一只三块钱，小鸡三只一块钱，现在要用一百块钱买一百只鸡，问公鸡、母鸡、小鸡各能买多少只？

4.20　猴子吃桃问题：猴子第一天摘下若干个桃子，当即吃了一半，还不过瘾，又多吃了一个。第二天早上又将剩下的桃子吃掉一半，又多吃了一个。以后每天早上都吃了前一天剩下的一半零一个。到第十天早上想再吃时，见只剩下一个桃子了。求第一天共摘了多少个桃子。

4.21　编程计算阶乘之和：输入 n，计算 S=1!+2!+3!+…+n!的末 6 位(不含前导 0)，其中 $n\leqslant10^6$。这里，n!表示前 n 个正整数之积。

样例输入：

```
10
```

样例输出：

```
37913
```

第5章　函数

为了便于管理和维护，一个大程序一般被划分为若干模块，每个模块实现特定功能，一个函数就是一个独立的功能模块，学会设计和使用函数很重要。本章详细描述函数的机制，包括函数定义、函数声明、函数调用、存储类型、参数数目可变的函数、递归函数以及多文件的C程序。

5.1　模块化程序设计

模块化程序设计就是采用“自顶向下逐步细化”的方式，把一个大的程序按照功能划分为若干相对独立的模块，每个模块完成一个确定的功能，在这些模块之间建立必要的数据联系，互相协作完成总的任务。

5.1.1　函数与模块化编程

当设计解决一个复杂问题的程序时，提倡将一个复杂的任务划分为若干子任务，若子任务较复杂，还可以将子任务继续分解，直到分解成为一些容易解决的子任务为止。每个子任务设计成一个子程序，称为模块，子程序在程序编制上相互独立，而对数据处理上又相互联系；完成总任务的程序由一个主程序和若干个子程序组成，主程序起着任务调度的总控作用，而每个子程序各自完成一个单一的任务。这种自上而下逐步细化的设计方法称为模块化程序设计方法。

模块化程序设计的优点是：①子程序代码公用，当需要多次完成同样功能时，只需要一份代码，可多次调用，从而省去重复代码的编写；②程序结构模块化，可读性、可维护性及可扩充性强；③简化程序的控制流程，程序编制方便，易于修改和调试。

在C语言中，子程序称为函数，主程序称为主函数，一个解决实际问题的C程序由一个主函数和若干个其他函数组成，其他函数将最终直接或间接被主函数调用，以解决总任务。

下面通过一个简单的实例说明模块化设计思想以及函数的设计(即定义)和使用。

【例5.1】　利用函数实现输出所有的水仙花数。

分析：水仙花数是一个三位数，程序需要循环判断100～999的每个数是不是水仙花数，因此可以将“判断一个数是不是水仙花数”这个功能用函数实现，函数名为isNarcissus，参数为x，有意义的名字能够清楚地表明函数的功能。main函数每次用不同的x值调用isNarcissus判断该数是否水仙花数，主程序结构如下：

```
for(a=100;a<1000;a++)  {                  /* 枚举每一个三位数 */
    if(isNarcissus(a))                    /* a是水仙花数，则输出a */
        printf("%5d",a);
}
```

可以把函数看成一个“黑盒子”，给它一定的输入，它就会产生特定的结果并输出一个值给使用者，函数的使用者并不需要考虑黑盒的内部行为。对于函数 isNarcissus，使用者需要给它一个整数，然后它能判断出这个整数是不是水仙花数，并把结果值 1(代表是水仙花数)或 0(代表不是水仙花数)给使用者，这个值称为函数的返回值或函数值。

程序每次循环给函数 isNarcissus 不同的 a 值，如果 a 值(如 153)是一个水仙花数，则函数返回值是 1，即函数调用表达式 isNarcissus(a)的值是 1，相当于 if(1)，那么执行 printf 语句输出 a 值；如果 a 值不是一个水仙花数，则函数返回值是 0，相当于 if(0)，那么不执行 printf 语句。完整的程序如下。

```
#include<stdio.h>
int isNarcissus(int x);                          /* 函数原型 */
int main()
{
    int a;
    for(a=100;a<=999;a++) {
        if(isNarcissus(a))                       /* 函数调用 */
            printf("%5d",a);
    }
    return 0;
}
/**********************************************
函数功能:判断某整数是不是水仙花数
函数参数:x--待判断的整数
函数返回值:x 是水仙花数,则返回 1;否则,则返回 0。
**********************************************/
int isNarcissus(int x)                           /* 函数定义 */
{
    int i,j,k;
    int ans=0;                                   /* 默认不是水仙花数 */
    i=x/100;
    j=(x-i*100)/10;
    k=x%10;
    if(x==i*i*i+j*j*j+k*k*k)
        ans=1;                                   /* 是水仙花数,将 ans 设置为 1 */
    return  ans;                                 /* 返回结果 */
}
```

本程序包含两个函数：main 函数和 isNarcissus 函数。在 main 函数中调用了 isNarcissus 函数，因此，main 是调用函数，isNarcissus 是被调用函数。标识符 isNarcissus 在程序中出现了三次，分别出现在函数原型、函数调用和函数定义中。

首先看以下函数定义的头部：

```
int isNarcissus(int x)                           /* 无分号 */
```

因为该函数要接收一个整型参数，所以圆括号里包含一个名字为 x 的 int 类型变量声明，也可以使用符合标识符命名规则的其他名字，变量 x 称为形式参数。函数调用

isNarcissus(a)把 a 的值给 x,称函数调用传递一个值,这个值称为实际参数,函数实际上判断 a 是不是水仙花数,并将判断结果保存在变量 ans 中。

函数体部分可以看作一个黑盒子,里面定义的一切变量都是局部的,对调用函数 main 来说都是不可见的。变量 ans 是函数 isNarcissus 私有的,但是最后的 return 语句把 ans 的值(1 或 0)返回给了调用函数。下面的 if 语句相当于将 ans 的值作为判断条件。

```
if(isNarcissus(a))
```

函数最后如果没有 return 语句,那么变量 ans 的值送不出来,调用函数 main 也就不知道 a 到底是不是水仙花数。

在函数 main 中能用下面的语句来代替 if(isNarcissus(a))吗?

```
isNarcissus(a);                          /*返回值未赋值,被丢弃*/
if(ans)
```

答案是不行的,因为 ans 是局限于被调用函数的变量,调用函数 main 看不见它,不能使用。

由于函数返回值是 1 或 0,所以变量 ans 的类型声明为 int,函数定义头部的最前面也要用 int 指明返回值的类型,两者一般要保持一致。

再看 main 函数前面的一行:

```
int isNarcissus(int x);                  /*有分号*/
```

它是函数声明语句,又称函数原型,它说明了函数 isNarcissus 接收一个 int 类型的参数,返回一个 int 类型的值。编译器在调用函数 isNarcissus 前看到了这个原型,就可以根据原型中的描述对实际参数的个数和类型进行检查,以确保数量和类型上的一致,详细解释参见 5.2.2 节。

可见,函数之间可以通过参数传递和返回值实现相互通信,调用函数将实际参数传递给被调用函数的形式参数,被调用函数通过 return 语句将函数的返回值传给调用函数。

函数之间也可以不通信或者单方向通信,下面给出一个函数之间单方向通信的例子,这个例子也说明了伪随机数的使用。

5.1.2 蒙特卡洛模拟:猜数程序

模拟算法是最基本的算法。例如,编程实现抛硬币、掷骰子和玩牌等现实世界中的随机事件要用模拟算法。在程序设计中,可使用随机数函数来模拟现实中不可预测情况,这称为蒙特卡洛模拟。随机数以其不确定性和偶然性等特点在很多地方都有具体的用处,比如,在软件测试中产生具有普遍意义的测试数据,在加密系统中产生密钥,在网络中生成验证码等。

在 C 语言中,用 rand 函数生成随机数,该函数称为随机数发生器,该发生器从称为种子(一个无符号整型数)的初始值开始用确定的算法产生随机数。显然,通过种子产生第一个随机数后,后续的随机序列也就是确定的了,这种依靠计算机内部算法产生的随机数称为伪随机数。由此可见,随机数的产生依赖于种子,为了使程序在反复运行时能产生不同的随机数,必须改变这个种子的值,这称为初始化随机数发生器,由函数 srand 来实现。

【例 5.2】 编写一个猜数的游戏程序。在这个程序中，计算机想一个数（即随机产生一个 1～1000 的整数），玩家来猜。玩家输入所猜的数，如果猜得不正确，继续猜，直到正确为止。为了帮助玩家一步一步得到正确答案，计算机会不断地发出信息“Too high”或“Too low”。

分析：程序应该允许玩家反复玩，通过询问的方式，由玩家自己选择是否继续，主程序结构如下。

```
do {
    计算机想一个数
    玩家猜数直至猜对
    printf("Play again?(Y/N) ");                /* 询问是否继续玩 */
    scanf("%1s", &choice);                      /* 玩家输入选择 */
} while (choice == 'y' ||choice == 'Y');        /* 输入 y/Y,则继续 */
```

将“计算机想一个数”这个功能设计成函数 getNum，其函数原型如下。

```
int getNum(void);
```

括号中的 void 表示该函数没有输入参数，即不接收任何参数，因为它不需要来自调用函数的任何信息，函数自己随机产生一个数。但是，函数需要返回所产生的数，函数名前的 int 说明返回值的类型为整型。因此，调用函数和 getNum 函数之间的通信是单向的，仅由 getNum 函数通过返回值向调用函数传递信息。该函数定义如下。

```
int getNum(void)                            /* 随机产生一个 1~MAX_NUMBER 的整数 */
{
    int  x;
    x=rand();                               /* 调用标准库函数 rand 产生一个随机数 */
    x= x %MAX_NUMBER + 1;                   /* 将该数限制在 1~MAX_NUMBER 内 */
    return x;                               /* 返回这个随机数给调用者 */
}
```

函数体内的 rand 是 stdlib.h 中的一个函数，它返回一个非负并且不大于常量 RAND_MAX 的随机整数，RAND_MAX 是在 stdlib.h 中定义的一个符号常量，其值取决于系统，有的为 32767，有的为 2147483647。MAX_NUMBER 是编程者用 # define 定义的符号常量，其值为 1000。当执行 return 语句时，其后表达式 x 的值被传递给调用函数。

另外，将“玩家猜数直至猜对”这个功能设计成函数 guessNum，其函数原型如下。

```
void guessNum(int x);
```

括号里的 int x 说明该函数有一个 int 类型的输入参数，因为调用函数需要传给它被猜数。玩家在猜的过程中函数只需要将猜的结果直接在屏幕显示，不需要向调用函数返回特定的数值，函数名前的 void 说明该函数无返回值，因此，函数之间的通信也是单向的，仅由调用函数通过参数向 guessNum 函数传递信息。该函数定义如下。

```
void guessNum(int x)                        /* 玩家根据提示反复猜数,直至猜对为止 */
{
    int guess;
```

```
    for (;;) {
        printf("guess it: ");
        scanf("%d", &guess);                /* 玩家输入猜的数 */
        if (guess == x)   {                 /* 猜对 */
            printf("Right !\n");
            return;                         /* 返回,但不带回值 */
        }
        else if (guess < x)                 /* 猜小了 */
            printf("Too low. Try again.\n");
        else                                /* 猜大了 */
            printf("Too high. Try again.\n");
    }
}
```

函数体内的 for (;;) 是无限循环,一直循环到执行 return 语句时结束,关键字 return 表明函数的执行到此结束,将控制返回到调用处,但不向调用函数传递值。

这样设计后,主函数 main 的编写就比较简单了,main 调用相应的函数,解决总的任务。具体程序代码如下。

```
#include <stdio.h>
#include <stdlib.h>                         /* 标准函数库的头文件 */
#include <time.h>                           /* 日期和时间函数库的头文件 */
#define MAX_NUMBER 1000                     /* 被猜数的最大值 */
int getNum (void);                          /* getNum 函数原型 */
void guessNum(int) ;                        /* guessNum 函数原型 */
int main(void)
{
    char choice;
    int magic;
    printf("This is a guessing game\n\n");
    srand(time(NULL));                      /* 用系统时间初始化随机数生成器 */
    do {
        printf("A magic number between 1 and %d has been chosen.\n",MAX_NUMBER);
        magic = getNum( );                  /* 调用 getNum 函数产生随机数供玩家猜 */
        guessNum(magic);                    /* 调用 guessNum 函数让玩家猜出这个数 */
        printf("Play again?(Y/N) ");        /* 询问是否继续玩 */
        scanf("%1s", &choice);              /* 玩家输入选择 */
    } while (choice == 'y' || choice== 'Y'); /* 数入 y 则继续 */
    return 0;
}
```

用蒙特卡洛法模拟该猜数游戏,在开始玩游戏前(do 语句前),需要调用函数 srand 初始化随机数种子,可以采用系统时间(由 time 函数得到)作为种子,调用语句如下。

```
srand(time(NULL));
```

函数 time 返回自 1970 年 1 月 1 日以来经历的秒数,将该秒数赋值给系统设置的种子变量，因而每次运行程序产生的随机数是不同的。函数 srand 和 rand 的原型在头文件 stdlib.h 中，函数 time 的原型在头文件 time.h 中，需要在源程序的头部用＃include 指令包含这两个头文件。

如果将语句 srand(time(NULL))；去掉，则每次运行程序产生的随机数都是一样的（可以通过输出 magic 的值来验证），这显然达不到随机玩游戏的效果。

5.1.3 C 程序的一般结构

C 程序由一个或多个函数组成，其中有且只有一个 main 函数，程序的执行总是从 main 开始。除 main 以外的其他函数分两类：一类是由系统提供的标准函数，又称库函数，如 printf、rand 等，用户程序只需包含相应的头文件即可直接调用；另一类是需要由程序员自己编写的函数，如例 5.1 的 isNarcissus、例 5.2 的 getNum 和 guessNum，这些函数称为“自定义函数”。

组成一个 C 程序的各个函数可以放在一个源文件中，也可以编辑成多个 C 源文件，每一个 C 源文件中可以有 0 个（源文件中可以没有函数，仅有一些说明组成，如定义一些全局变量）或多个函数。各 C 源文件中要用到的一些外部变量说明、枚举类型声明、结构类型声明、函数原型和编译预处理指令等可编辑成一个.h 头文件，然后在每个源文件中包含该头文件。每个源文件可单独编译生成目标文件，组成一个 C 程序的所有源文件都被编译之后，由连接程序将各目标文件中的目标函数和系统标准函数库的函数装配成一个可执行 C 程序。图 5-1 显示了 C 语言程序的基本结构。

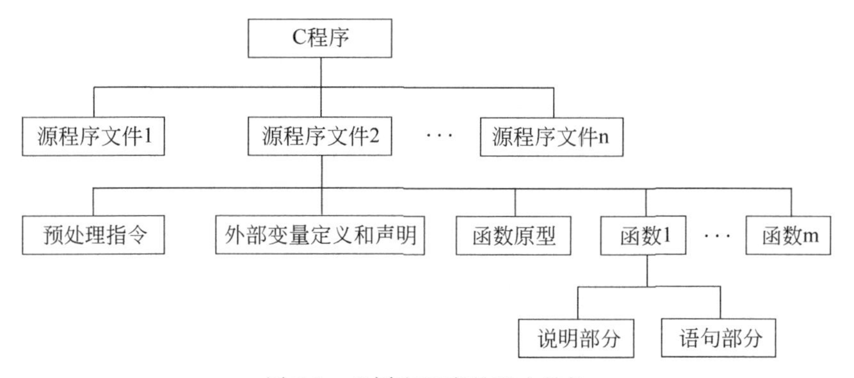

图 5-1 C 语言程序的基本结构

5.2 自定义函数

程序中若要使用自定义函数实现所需的功能，要做三件事：①按语法规则编写完成指定任务的函数，即函数定义；②有些情况下在调用函数之前要进行函数声明，即函数原型；③在需要使用函数时调用函数。

5.2.1 函数定义

1. 函数定义的形式

把描述函数做什么的 C 代码称为函数定义。函数定义的一般形式为：

```
类型名  函数名(参数列表)
{
    声明部分
    语句部分
}
```

说明：第一个花括号(左花括号)前的那部分称为函数头部，由类型名、函数名和参数列表组成；在两个花括号之间的部分称为函数体，包括声明部分和语句部分。

良好的编程风格是：在函数的顶端用"/ * …… * /"格式增加函数头部注释，如例 5.1 所示。函数头部注释包括函数名称、函数功能、函数参数、函数返回值等，如有必要还可增加作者、创建日期、修改记录(备注)等相关内容。虽然函数头部注释在语法上不是必需的，但可以提高程序的质量和可维护性，在程序设计时要遵从这一编程规范。为了节省篇幅，例 5.2 采用简化的注释，希望读者写程序时按例 5.1 的格式写头部注释。

为函数命名时，要选择有意义的名称，以增加程序的可读性。Windows 风格函数名用"大小写"混排的方式，每个词的第一个字母大写，通常用"动词"或者"动词＋名词"(动宾词组)形式，如 DrawBox。而 UNIX 通常采用"小写加下画线"的方式，如 draw_box。

2. 参数列表

参数列表说明函数入口参数的名称、类型和个数，它是一个用逗号分隔的变量声明表，其中的变量名称为形式参数(简称形参)。从函数有无参数的角度，函数分为有参函数和无参函数两类。

(1) 有参函数。参数列表里有参数，每一个形参都必须声明其类型，不能像普通的变量声明那样来声明同类型的参数。例如：

```
int max(int a,b)                    /* 错误的函数头,b 未指定类型 */
int max(int a,int b)                /* 正确的函数头 */
```

(2) 无参函数。参数列表是空的或说明为 void，表示函数没有参数。例 5.2 中无参函数 GetNum 的函数头可以是下面任意一个。

```
int GetNum(void)
int GetNum( )
```

3. 函数的返回值

函数名前的类型名说明函数返回值的数据类型，简称函数类型或函数值的类型，可以是除数组以外的任何类型，**C99 标准要求函数必须明确指定返回值的类型**。从有无返回值的角度，函数分有返回值函数和无返回值函数两类。

(1) 有返回值函数。这类函数执行完后将送出一个数值给调用者，这个值称为函数返回值，该值是通过 return 语句送出的。例如，例 5.2 的 GetNum 函数返回 int 类型数据，函数体最后的语句：

```
return x;
```

将变量 x 的值返回到调用处。下面这条语句的作用相当于把 x 的值赋给 magic。

```
magic = GetNum( );
```

如果没有这条 return 语句，那么 x 值送不出去，变量 magic 就得不到函数 GetNum 产生的随机整数。所以，有返回值的函数必须使用带表达式的 return 语句，return 中表达式的值就是函数的返回值。一般来说，表达式值的类型应该与函数定义时指明的类型一致。例如，GetNum 函数的类型是 int，所以 x 的类型也声明为 int。如果两者不一致，对于基本类型，将把表达式值的类型自动转换为函数的类型；对于指针类型，必须使用强制类型符将表达式值的类型显示转换为函数的类型。

对于函数返回的值，程序可以使用它，也可以不使用它。

```
getchar();                                    /* 返回值不被使用 */
c=getchar();                                  /* 返回值被使用 */
```

(2) 无返回值函数。当返回值类型为 void 时，函数将不返回任何值。例 5.2 的 GuessNum 函数就是无返回值函数，它仅输出结果到屏幕，没有给调用者返回数值。无返回值函数可以使用如下不带表达式的 return 语句。

```
return;
```

说明：该 return 语句的作用仅将控制返回到调用处，但不带回值。

无返回值函数也可以不包含 return 语句，如果没有 return 语句，当执行到函数结束的右花括号时，控制返回到调用处，这种情况称为离开结束。但是，在例 5.2 中，GuessNum 函数 for 循环体内的 return 语句必须有，否则函数将一直循环执行，无法离开结束。

在一个函数中可以有多个 return 语句，这种情况下的 return 语句通常被作为选择语句的子句出现，最终被执行的只是其中的一个。

【例 5.3】 写一个函数 isPrime，判断整数 n 是否为素数。如果 n 是素数，则返回 1，否则返回 0。

分析：如果 n 是 2，则 n 是素数，返回 1；如果 n 是偶数，则 n 不是素数，返回 0；如果 n 是奇数，则循环找因子，一旦找到一个因子，n 就不是素数，返回 0，如果函数执行到正常退出循环，说明 n 是素数，返回 1。一旦某个 return 语句被执行，控制立即返回到调用处，其后的代码不可能被执行。

```
int  isPrime(int n)
{
    int  k,limit;

    if (n==2) return 1;                      /* 2 是素数,返回 1 */
    if (!(n %2)) return 0;                   /* 偶数不是素数,返回 0 */
    limit=n/2 ;
    for (k=3;k<=limit;k+=2)                  /* 对于奇数 */
        if (!(n %k)) return 0;               /* 有因子不是素数,返回 0 */
    return 1;                                /* 是素数,返回 1 */
}
```

return 后面只能跟一个表达式。也就是说，通过 return 语句，函数只能返回一个值到调用处。怎样使函数送回多个值？通过外部变量(见 5.3.3 节)和指针参数(见 8.2.2 节)可使函数间接送回多个值。

*4. 内联函数

内联函数是指用关键字 inline 修饰的函数，也称内嵌函数，它主要的作用是提高程序的运行效率。inline 是 C99 增加的关键字，它用在函数定义的前面，告诉编译器对该函数的调用进行内联优化，即采用插入的方式处理函数调用，而不是在调用时发生控制转移。例如：

```
inline  int  add(int a,  int b)
{
    return a+b;
}
```

add 是内联函数，编译时使用函数体替换调用处的函数名，类似宏替换（见 6.1 节），这种方式不会产生调用和返回所带来的时间开销，但会增加目标程序代码量，进而增加空间开销。内联函数和宏的区别在于，宏是由预处理器对宏进行替代，而内联函数是通过编译器控制来实现的，不会产生处理宏的一些问题。

inline 仅仅是对编译器的建议，能否真正内联，还要看编译器的意思，它如果认为函数不复杂，能在调用点展开，就会真正内联。因此，inline 的使用是有限制的，内联函数应该简洁，只有几个语句，不能有循环或 switch 等复杂的结构，必须在调用之前定义，否则编译器将该函数视为普通函数。

5.2.2 函数原型

和变量一样，函数也应该先声明后使用，有两种声明函数的方法：一是给出完整的函数定义；二是提供函数原型。为确保程序正确性，在函数调用之前必须给出它的函数定义或函数原型，或者两者都给出。

1. 函数定义起函数声明的作用

C 程序书写格式很自由，函数定义的次序可以随意，如果函数定义出现在函数调用之前，那么函数定义起函数声明作用。例如，例 5.2 中的三个函数定义的次序可为：

```
#include<stdio.h>
void guessNum(int x);                    /* 函数原型 */
int getNum( )                            /* getNum 函数定义 */
{  ...  }
int main()
{
    ...
    magic = getNum( );                   /* getNum 函数调用 */
    guessNum(magic);                     /* guessNum 函数调用 */
    ...
}
void guessNum(int x)                     /* guessNum 函数定义 */
{    ...    }
```

main 中调用了函数 getNum 和 guessNum，getNum 的定义在 main 函数之前，函数定义起到了函数声明的作用，因此前面可以不写 getNum 函数的原型声明（写上也无妨）。而函数 guessNum 的定义在 main 函数之后，函数定义不能起到函数声明的作用，因此前面必须写 guessNum 函数的原型声明。有了函数原型信息，编译器就可以检查函数调用是否和其原型声明相一致，比如检查参数个数是否正确、参数类型是否匹配等。如果参数个数不对，如函数调用写成 guessNum(a,b)，则编译器会给出一个错误信息，告知调用函数 guessNum 时传递的参数太多。如果参数类型不匹配，如函数调用为 guessNum(6.8)，则编译器会根据形式参数的类型来转换实际参数值，将 6.8 转换为 6 再传递给形参 x。

2. 函数原型

如果函数定义出现在函数调用之后或者被调用函数在其他文件中定义(对于多文件的 C 程序)，则必须在函数调用之前给出函数原型。函数原型告诉编译器函数返回值类型、参数个数和各参数类型。编译器用函数原型来检查函数调用的正确性，从而避免错误的函数调用所导致的致命运行错误或者微妙而难以检测的非致命逻辑错误。函数原型的一般形式为：

类型名　函数名(参数类型表)；

说明：函数原型是声明语句，必须以分号结束，参数类型表通常是用逗号隔开的形参类型列表，而形参名可以省略，除此之外，函数原型和函数定义的头部是相同的。例如，函数 max 的原型声明可以是下面中的任意一个。

```
int max(int,int);
int max(int x,int y);
int max(int a,int b);
```

该函数原型表明：函数 max 返回值类型为 int，有两个类型为 int 的参数，类型后的变量名是虚设的名字，不必与函数定义中的形参名一致，编译器忽略函数原型中像 x 和 y 这样的名字，使用形参名的目的是为了方便阅读文档。

对于无参函数，函数原型的参数类型表需要指定为 void。例 5.2 中 getNum 函数原型应为：

```
int getNum(void);
```

函数原型一般位于文件开头部分(即所有函数定义的前面)，这样该函数可被本文件中的任意函数调用。函数原型也可以位于调用函数体内，如例 5.2 中的 main 函数调用了 getNum 和 guessNum 函数，其函数原型可出现在 main 函数的声明语句部分。

```
int main( )
{
    int getNum(void);                    /* 函数原型位于调用函数体中 */
    void guessNum(int);
```

该函数原型表明 main 函数可以调用它。如果有其他函数要调用它，则在调用它的函数体内也要写函数原型代码。

为充分利用 C 语言的类型检查能力，在程序中应包含所有函数的函数原型。系统库函数的函数原型在相应的头文件中，所以，程序中用到的库函数要使用 # include 预处理指令包含相应的头文件。

5.2.3 函数调用

函数调用时,函数名后面括号中的表达式称为**实际参数**,简称实参,将实参值传递给对应的形参。

1. 函数调用的形式

函数调用的一般形式为:

```
函数名(实参列表)
```

说明:实参是一个表达式,有多个实参时,相互间用逗号隔开。实参和形参在数目、次序和类型上应该一致。函数调用的执行过程是先计算实参表达式的值,然后执行函数调用。

对于无参函数,调用时实参列表为空,即:

```
函数名()
```

函数调用在程序中起一个表达式或语句的作用,函数调用加分号构成表达式语句,称为函数调用语句。对于有返回值的函数,函数调用既可以作为表达式使用,也可以作为语句使用,函数调用表达式可以出现在要求表达式的任何地方。举例如下。

(1) getchar();

函数调用作为语句出现,此种情况函数的返回值未被使用。

(2) while ((c=getchar( )) != EOF) count ++;

getchar 函数调用作为赋值运算的右操作数。

(3) while (putchar (getchar( )) != '#');

getchar 函数调用作为 putchar 函数调用的实参表达式,putchar 函数调用作为关系运算(!=)的左操作数。while 语句中表达式的计算次序是:①调用 getchar 函数;②以 getchar 函数的返回值作为实参调用 putchar 函数;③将 putchar 函数的返回值与字符'#'比较。例 5.2 中 main 函数中以下两条语句:

```
magic = getNum( );
guessNum(magic);
```

可以用函数调用作为实参表达式的形式合并成一条语句,简化代码,且省去 magic 的声明。

```
guessNum(getNum( ));
```

对于无返回值的函数,函数调用只能作为语句使用。

2. 函数调用的执行过程

函数调用的执行过程如下。

(1) 程序在执行过程中,一旦遇到函数调用,系统首先为每个形参分配存储单元,并计算实参表达式的值,把实参值赋值给形参,实参和形参按位置对应。

(2) 将执行的控制转移到被调用函数的第一条执行语句处开始执行,直到函数体末尾或者遇到一个 return 语句为止。

(3) 当执行 return 语句或者到达函数体末尾时,控制返回到调用处,如果函数有返回值,则将控制返回到调用点,同时送回一个值,这个值就是调用表达式的值;否则,只返回控制。控制返回到调用函数之后，从函数调用点继续执行。

3. 实参的求值顺序

函数调用中实参之间的逗号是分隔符，不是逗号运算符。实参的求值顺序由具体实现确定，有的编译器按从左至右的顺序计算，有的按从右至左的顺序计算。例如，假设变量a的值为1，函数调用为

```
max(a,a++)
```

如果按从左至右的顺序计算，则先算a，再算a++（值为a的原值），可能相当于max(1,1)。如果按从右至左的顺序计算，则先算a++，再算a，可能相当于max(2,1)。这两种情况下实参表达式的结果是不同的。大多数系统对实参的求值是按从右至左的顺序进行的。为了保证程序清晰、可移植，应避免使用具有副作用的实参表达式。

所谓副作用，是指表达式在求值过程中对数据对象的更改，具有副作用的运算符有赋值、复合赋值、增1和减1，由于C标准没有规定函数参数的求值顺序，当表达式中带有副作用的运算符时，就有可能产生二义性。

4. 参数的传递方式

函数调用时，将实参传送给形参称为参数传递。**C语言参数的传递方式是值传递**，这意味着要计算每一个实参表达式的值，再将实参的值单向传递给相应的形参。实参和形参各自有不同的存储单元，形参接收的是实参的值，被调用函数对形参变量值的修改不会影响实参变量的值。

【例5.4】 参数的值传递。

```
#include<stdio.h>
long  fac(int);
void  main()
{
    int  n=4;
    printf("%d\n",n);                    /*输出4*/
    printf("%ld\n",fac(n));              /*输出24*/
    printf("%d\n",n);                    /*输出4*/
}

long  fac(int n)                         /*计算n的阶乘*/
{
    long  f=1;
    for( ;n>0;--n)  f *=n ;              /*函数main中的n值未改变*/
    printf("%d\n",n);                    /*输出0*/
    return(f);
}
```

主函数main中的局部变量n与函数fac的形参n虽然同名，但这是两个不同的变量，其作用域不同，分别作用于定义它的函数。当执行函数调用fac(n)时，把实参n的值(即4)传递给形参n，在函数fac内形参n的值由4逐渐递减为0，但并不能改变实参变量n的值，实参n的值仍是4。

传地址调用(见 8.2.1 节)是将变量的地址传递给函数,函数既可以使用,也可以改变实参变量的值。下面库函数 scanf 就是一个传地址调用的例子。

```
scanf("%d",&x);
```

通过传 x 的地址(&x),被调用函数可以改变实参表达式中变量 x 的值。如果写成

```
scanf("%d",x);                          /*错误*/
```

传递的是 x 的值,被调用函数不可能改变 x 的值。

5.3 变量的存储类型

C 语言的变量有两种属性:数据类型和存储类型。数据类型决定变量存储空间的大小、数据的取值范围、数据的操作运算。存储类型决定变量的作用域、存储方式、生存期和初始化方式。作用域是指变量的空间有效性;存储方式是指在何处给变量分配存储单元;生存期是指变量在内存中存在的时间,是变量的时间有效性;初始化方式是指在定义变量时如果未显示初始化,是否有默认初值,如果有显示初始化,赋初值操作如何执行(执行一次还是执行多次)。

存储类型关键字有 4 个:auto(自动)、extern(外部)、static(静态)和 register(寄存器)。在分析这 4 种存储类型之前,首先介绍变量的作用域、生存期和存储方式等概念。

5.3.1 作用域与生存期

1. 作用域

作用域是指标识符(变量名或函数名)起作用的有效范围,也就是程序正文中可以使用该标识符的那部分程序段。变量的作用域可以是代码块范围或者文件范围。

代码块是包含在左花括号和右花括号之间的一段代码,在代码块中定义的变量,其作用域仅局限于该代码块,**代码块作用域变量也被称为局部变量**。迄今为止程序实例中使用的都是局部变量,函数的形式参数也是局部变量。下面代码中的 x、sum 和 a 都是局部变量,x 和 sum 的作用域是整个 addDigits 函数体,该函数体内的代码都可以访问它们;a 的作用域是里面的复合语句,只有该复合语句内的代码可以访问它。

```
int addDigits(int x)                    /*x的作用域开始*/
{
    int sum=0;                          /*sum的作用域开始*/
    while(x) {
        int a;                          /*a的作用域开始*/
        a = x%10;
        sum += a;
        x /= 10;
    }                                   /*a的作用域结束*/
    return sum;
}                                       /*x和sum的作用域结束*/
```

在所有函数之外定义的变量具有文件作用域,其作用范围从定义它们的位置开始一直到本文件结束。下面代码中的变量 magic 具有文件作用域,在 main 和 guessNum 函数中都可以使用它。因为它们可以在多个函数中使用,**文件作用域变量也被称为全局变量**。

```
#include <stdio.h>
void guessNum(void);
int magic;                          /* 全局变量:具有文件作用域,magic 的作用域开始 */
int main(void)
{ … }
void  guessNum (void)
{ … }
```

2. 生存期

变量的生存期是指一个变量在程序执行过程中的有效期,即能在内存中存在多久,它是由变量的存储方式决定的。**存储方式是指为变量分配使用内存空间的方式,可分为静态存储方式和动态存储方式两种,对应有静态生存期和动态生存期**。一个程序将操作系统分配给其运行的内存空间分为 4 个区域。

(1) 栈区(动态数据区):存储空间在程序运行期间由编译器自动分配释放。

(2) 堆区:由程序员调用 malloc 等函数来主动申请的,需使用 free 函数来释放。若程序员不释放,程序结束时可能由系统回收。

(3) 全局区(静态数据区):存储空间是在编译时分配的,在整个程序执行期间静态区中的数据一直存在,程序结束后由系统释放。

(4) 常量区:常量字符串就是放在这里的,程序结束后由系统释放。

(5) 程序代码区:存放程序的二进制代码。

静态存储方式是指在程序运行之前,系统就为变量在全局区分配存储单元,并一直保持不变,直至整个程序结束。全局变量即属于此类存储方式。

动态存储方式是在程序运行过程中,执行到变量所在代码块时,系统为变量在栈区分配内存,当退出块时立即释放内存空间。函数的形式参数即属于此类存储方式,在函数被调用时,给形参在栈上分配存储空间,调用完毕立即释放。一个函数如果被多次调用,则反复地分配、释放形参变量的存储单元。

静态存储变量在程序执行过程中始终占据固定的存储单元,其生存期是整个程序的执行时间;而动态存储变量在程序执行过程中动态地进行分配和释放,时而存在,时而消失,其生存期是所在代码块的执行时间。生存期和作用域是从时间和空间这两个不同的角度来描述变量的有效性,这两者既有联系,又有区别。全局变量具有静态生存期,而局部变量既可以有静态生存期,也可以有动态生存期。

5.3.2 自动变量

局部变量的默认存储类型是 auto,称为自动变量。自动变量是程序中使用最多的变量,所以允许省略关键字 auto。例如,函数内部的如下三条声明语句完全等价。

```
auto  int a;                          /* a 是自动变量 */
int  a;
```

```
auto  a;
```

自动变量的作用域是块范围，局限于定义它的代码块，从块内定义之后直到该块结束有效。当程序执行进入块时，编译器为自动变量在栈区分配内存，当退出块时，释放分配给自动变量的内存空间，因此变量的值就丢失了。如果重新进入块，编译器会为自动变量再次分配内存空间，但原先的值已经没有了。自动变量的生存期是短暂的，只存在于该块的执行期间。自动变量没有默认初值，如果定义时没有显示初始化，则其初值是不确定的。如果有显示初始化，则每次进入块时都要执行一次赋初值操作。

代码块可以多重嵌套，每个块都可以定义自己的变量。外层块的变量在内层块中是有效的，这称为作用域的嵌套。但是，当内层的变量和外层的变量同名时，这就引出了“可见性”这个概念，在内层里，外层的同名变量暂时失去了可见性，是不可见的，或者说被屏蔽了。

【例 5.5】 代码块多重嵌套时自动变量的作用域。

```
#include<stdio.h>
int main(void)
{
    int  a=2,b=4;                         /* 外层 a 的作用域开始,b 的作用域开始 */
    printf("a=%d,b=%d\n",a,b); {
        int  a;                           /* 内层 a 的作用域开始,外层 a 不可见 */
        a=3;
        b=5;
        printf("a=%d,b=%d\n",a,b);
    }                                     /* 内层 a 的作用域结束 */
    printf("a=%d,b=%d\n",a,b);
    return 0;
}                                         /* 外层 a 的作用域结束,b 的作用域结束 */
```

函数体构成一个块，块中定义了变量 a 和 b，花括号内引入了内层块，内层块定义了同名变量 a，它和外层块的 a 是有区别的，这是两个不同的变量，占据不同的存储单元。外层块的 a 在内层块中不可见，暂时失去作用，在内层块中对 a 的修改不会影响到外层块的 a。而变量 b 在内层块没有重定义，它在整个函数体(包括嵌套其中的复合语句)都有作用。

上述程序的输出结果：

```
a=2,b=4
a=3,b=5
a=2,b=5
```

5.3.3 外部变量

全局变量隐含的存储类型是 extern，也称为外部变量。它是在函数外定义的变量，但在定义时不使用关键字 extern。外部变量的存储方式是静态的，被分配在静态数据区，在程序执行期间一直占据内存，不会消失。如果定义时没有显示初始化，其默认初值是 0；如果有显示初始化，只执行一次赋初值操作，且初始化表达式必须是一个常量表达式。例如，函数外的声明语句：

```
int x;                                  /* x 是外部变量,定义时不用 extern,默认初值是 0 */
```

等价于

```
int  x = 0;
```

但并不等价于

```
extern int x;                           /* 这是外部变量的引用性声明 */
```

外部变量的作用域是文件范围,从变量的定义处开始,一直到该源文件结束。在作用域内的函数可以合法地引用该外部变量;不在作用域内的函数(如定义点之前的函数和其他文件中的函数)也可以引用,但是必须在引用前用 extern 对外部变量作引用性声明,否则就是不合法的引用。extern 告诉编译器“此变量是在别处定义的,要在此处引用”。

由于外部变量是可以全局访问的,函数之间传递数据的方式除了用参数外,还可以用外部变量。这就为函数提供了一种可以替代 return 间接返回值的方法,从而解决函数返回多值的问题。

【例 5.6】 用函数实现将时间秒数转换成时分秒。例如,9623 秒转化为 2 时 40 分 23 秒。

分析:将“秒到时分秒的转换”定义成函数,函数名为 secondToTime,参数 sec 表示需要转换的秒数。secondToTime 函数计算并返回三个值:时、分和秒。但是,C 语言中函数用 return 只能返回一个值,无法直接返回多值,因此 secondToTime 函数将这三个值分别送给外部变量 h(时)、m(分)和 s(秒)(间接返回了三个值),而函数的返回值设置为 void,main 函数访问外部变量获取结果。8.2 节将介绍通过指针参数让函数返回多个值的方法,一般情况下,用参数传递数据比用外部变量好,这样有助于提高函数的通用性,降低不期望的副作用。

```
include<stdio.h>
void secondToTime(int sec);             /* 函数原型 */
int main( )
{
    extern int h,m,s;                   /* 外部变量的引用性声明 */
    int second = 9623;
    secondToTime(second);
    printf("%d:%d:%d",h,m,s);
    return 0;
}

int h,m,s;                              /* 外部变量的定义性声明,作用域开始 */
/* 将秒数 sec 转换成时 h、分 m 和秒 s */
void secondToTime(int sec)              /* 函数定义 */
{
    h = sec / 3600;
    m = (sec - h * 3600) / 60;
    s = sec % 60;
}                                       /* 外部变量作用域结束 */
```

由于 secondToTime 函数的定义处在外部变量 h、m 和 s 的作用域内，该函数无须用 extern 作引用性声明，就可以引用外部变量(声明也行)。而 main 函数的定义放在外部变量 h、m 和 s 的定义之前，不在作用域内，则 main 中的这句 ertern 声明语句必须有，表示这些变量将在后面定义，这里要引用，这种声明称为“引用性声明”。有了此声明，main 函数就可以合法地引用外部变量了。

好的编程习惯是把外部变量的定义放在源文件的开始处(所有函数之前)，这样该源文件中就可以省略 extern 声明。但是，对于多源文件组成的 C 程序，其他源文件不能省略 extern 声明。

【例 5.7】 修改例 5.6 程序，将整个程序代码放在两个源文件 file1.c 和 file2.c 中。

文件 file1.c 的内容如下。

```
include<stdio.h>
void secondToTime(int sec);               /* 函数原型 */
extern int h,m,s;                         /* 外部变量的引用性声明 */
int main( )
{
    int second = 9623;
    secondToTime(second);
    printf("%d:%d:%d",h,m,s);
    return 0;
}
```

文件 file2.c 的内容如下。

```
int h,m,s;                                /* 外部变量的定义性声明,作用域开始 */
/* 将秒数 sec 转换成时 h、分 m 和秒 s */
void secondToTime(int sec)
{
    h = sec / 3600;
    m = (sec - h * 3600) / 60;
    s = sec %60;
}                                         /* 外部变量作用域结束 */
```

该程序包含两个源文件 file1.c 和 file2.c，外部变量在 file2.c 文件的开头定义，因此在 file2.c 中不必用 extern 作声明，而在 file1.c 文件中必须用 extern 作引用性声明。file1.c 文件中的第 3 行代码就是外部变量的引用性声明，extern 告诉编译器这些变量被定义在别处，可能在本文件中，也可能在另一个文件中，但编译器并不知道它在哪个文件中定义，因此让链接程序查找。如果链接程序找到了外部变量正确的定义，它就会指明其位置，从而解决对该变量的引用。如果链接程序没有找到外部变量的定义，它就会发出错误信息并且不生成可执行文件。

外部变量的引用性声明语句可以在函数之外，也可以在函数内部。如果在函数之外，从声明之后直到文件结束的所有函数都有效。如果在函数内部，所有使用该外部变量的函数内部都要写一条声明语句。

局部变量只有定义性声明，没有引用性声明。而外部变量有定义性声明和引用性声明，两者具有严格的区别。如果在函数外部有如下声明语句：

```
int  sp;
```

是外部变量的定义性声明，该声明语句必须在函数之外，一方面说明了 sp 是一个类型为 int 的外部变量，另一方面系统还要为其分配 4B 存储单元。而如下声明语句：

```
extern  int  sp ;
```

是对已经定义的外部变量 sp 作引用性声明，该声明语句既可以在函数内，也可以在函数外，说明了 sp 的类型为 int，并不会为其分配存储单元，仅表明在代码中要按声明的类型使用它。

在一个程序中对一个外部变量只能定义一次，而外部变量的引用性声明可以出现多次(即允许重复声明)。外部变量的显式初始化只能出现在其定义中。

外部变量可以和局部变量同名，如果出现这种情况，局部变量会屏蔽同名的外部变量。也就是说，在定义局部变量的块内，同名的外部变量不可见。

当程序中有多个函数需要共享某些数据时，使用外部变量很有帮助。然而，应避免使用不必要的外部变量，因为：

(1) 无论使用与否，程序执行期间始终占据着内存。

(2) 使函数的通用性变差，因为该函数将依赖其外定义的某些变量。

(3) 大量使用外部变量的程序，容易被程序中一些未知的不需要的副作用影响而导致出错，给程序的调式、排错和维护等带来困难。

5.3.4 静态变量

全局变量和局部变量都可以用关键字 static 定义为静态变量。static 用于定义局部变量时，称为静态局部变量，它和自动变量有根本性的区别；static 用于定义全局变量，称为静态全局变量或静态外部变量，它和外部变量的区别在于作用域不同。

静态变量(包括局部和全局)和外部变量一样被分配在静态数据区，其生存期是整个程序的执行期，默认初值是 0，初始化表达式必须是一个常量表达式。

1. 静态局部变量

静态局部变量的作用域和自动变量一样是块作用域，只作用于定义它的块，但静态局部变量被分配在静态数据区，它在程序执行期间不会消失，因此，它的值有记忆性，当退出块时，它的值能保存下来，以便再次进入块时使用，而自动变量的值在退出块时都丢失了。如果定义时静态局部变量有显示初始化，仅执行一次赋初值操作，而自动变量每次进入块时都要执行赋初值操作。

【例 5.8】 编程计算 1!+2!+3!+4!+…n!，将求阶乘定义成函数，且计算量最小。

分析：由于 n!=n×(n−1)!，因此，可以直接利用上次函数调用求出的(n−1)!来计算 n!，使计算量最小。为了使局部变量的值在离开函数后不释放而保留下来，必须在定义时加 static，成为静态局部变量。

```
#include<stdio.h>
long fac(int);                          /* 函数原型 */
```

```
int main(void)
{
    int i,n;
    long sum=0;
    printf("input n(n>0):\n");
    scanf("%d",&n);
    for(i=1;i<=n;i++)  sum+=fac(i);
    printf("1!+2!+..+%d!=%ld\n",n,sum);
    return 0;
}
/* 利用静态局部变量的特性求一个整数的阶乘 */
long fac(int  n)
{
    static long f=1;                 /* 静态局部变量 */
    f *=n;
    return f;
}
```

函数 fac 内的变量 f 是静态局部变量，只在程序运行前执行一次赋初值操作，当调用函数时，不会再对 f 进行初始化，而直接使用保存在内存中的值，在退出函数时，f 占用的存储单元不被释放，新值能被保存在内存中，供下次调用时使用。虽然无论函数 fac 调用与否，f 都占据内存，但是 f 是定义在函数内部的局部变量，只能被函数 fac 访问，其他函数不能访问 f。

使用静态局部变量是为了多次调用同一函数时使变量能保持上次调用结束时的结果，即静态局部变量的值具有记忆性。

2. 静态全局变量

全局变量在定义时加 static 就成了静态全局变量，它和外部变量的唯一区别是作用域不同。静态全局变量只能作用于定义它的文件(即具有文件作用域)，其他文件中的函数不能使用，可以在定义它的文件内用 extern 对静态全局变量作引用性声明。例如：

```
int x=1;                             /* 外部变量 */
static int y=1;                      /* 静态全局变量 */
int main( )
{
    extern int x;                    /* 使用外部变量 */
    extern int y;                    /* 使用静态全局变量 */
```

变量 x 和 y 都是全局的，两个 extern 声明表明 main 要使用它们，静态全局变量 y 不能被其他文件中的代码使用，即使试图用 extern 声明也是不能引用；而外部变量 x 用 extern 声明后可以作用于其他文件。

例 5.2 中用到了随机数，多数编译器提供了实现随机数发生器的库函数。下面以随机数发生器的实现和模拟抛硬币的应用来说明静态全局变量的使用，在库函数名前加 my 的函数模拟实现了对应库函数的功能，并用于模拟抛硬币事件，投币的总次数越大，出现正面和反面的概率越接近 50%。

【例 5.9】 伪随机数发生器的实现与模拟抛硬币的应用。

分析：线性同余法是最早被广泛应用的伪随机数生成算法之一，其通过如下递推关系定义：

$$X_0 = seed$$
$$X_n = (A * X_{n-1} + C) \bmod M \quad (n \geq 1)$$

其中，X_n 是伪随机序列，seed 是种子变量，M 是模数，也是生成序列的最大周期，A 是乘数，C 是增量。各参数选取很重要，否则生成的序列将非常糟糕。

产生随机序列需要给定初始种子 seed，因此种子是各随机数发生器函数所共享的变量，应定义在函数外。而且，seed 只提供给 mysrand、myrand 等产生随机数的函数使用，并不希望任何其他函数访问它们，因此将函数 mysrand、myrand 以及它们所操作的种子 seed 设计在一个源文件 file1.c 中，在定义 seed 时加上 static，使之成为静态全局变量，其作用域局限于文件 file1.c。将函数 main 设计在另一个源文件 file2.c 中，seed 在 main 函数中不可用。

```
/* 文件 file1.c : 实现伪随机数发生器 */
#define  INITIAL_SEED          17
#define  MULTIPLIER            25173
#define  INCREMENT             13849
#define  MODULUS               32767
static unsigned long seed=INITIAL_SEED;        /* 种子 */
/* 产生在 0~MODULUS 的整型随机数 */
unsigned  myrand(void)
{
    seed=(seed*MULTIPLIER+INCREMENT) %MODULUS;
    return  seed;
}
/* 用形参 x 初始化随机数的种子 seed */
void  mysrand(unsigned x)
{
    seed=x;
}
/* 文件 file2.c : 模拟抛硬币 */
#include<stdio.h>
#include<time.h>
#define N 100                                  /* 抛硬币的总次数 */
void  mysrand(unsigned);
unsigned  myrand(void);
int  main(void)
{
    int  i,head=0,reverse=0;
    mysrand(time(NULL));
    for (i= 0;i<N;i++)  {
        if(myrand()%2 )  head++;               /* 正面朝上 */
        else  reverse++;                       /* 反面朝上 */
    }
```

```
    printf("\n%d %d\n",head,reverse);
    return 0;
}
```

以上程序由两个文件组成，在文件 file1.c 中定义了一个静态外部变量 seed，依赖变量 seed 的旧值，函数 myrand 为变量 seed 产生一个新值。由于 seed 是静态外部变量，它对文件 file1.c 内的函数来说是共享的，但是它对文件 file1.c 来说是私有的，在文件 file2.c 中不能用 extern 对 seed 作声明，也不能在 main 函数中使用 seed。现在可以在文件 file2.c 中调用这些随机数发生器函数而不必担心副作用。

外部变量已经能够被函数共享，乍一看静态全局变量似乎是不必要的。但是，使用静态全局变量的好处在于：当多人分别编写一个程序的不同文件时，可以按照需要命名变量而不必考虑是否会与其他文件中的变量同名，保证文件的独立性。

和局部变量能够屏蔽同名的外部变量一样，一个文件中的静态全局变量能够屏蔽其他文件中同名的外部变量。在静态全局变量所在的文件中，同名的外部变量不可见。

5.3.5 寄存器变量

关键字 register 只能用来定义局部变量，称为寄存器变量。register 建议编译器把该变量存储在计算机的高速硬件寄存器中，除此之外，其余特性和自动变量完全相同。需要注意的是，register 仅仅是向编译器提的建议，通常仅有为数不多的寄存器可供使用，当编译器不能为其分配到合适的寄存器时，就忽略 register，当作自动变量处理，在栈上分配存储。

使用 register 的目的是为了提高程序的执行速度。对于程序中最频繁访问的变量（如循环控制变量），可把它们声明为 register，这样可避免过度频繁地把变量从内存装载到寄存器并把结果返回到内存中。下面的例子说明了寄存器变量的用法。

```
{
    register int i;                          /* 等价于 register i; */
    for (i=0;i<=N;i++)  {
        …
    }
}                                            /* 退出复合语句将释放寄存器 */
```

函数的形参能声明为 register，但不能声明为 extern 和 static。另外，寄存器变量不能执行取地址运算。

5.4 递归

递归（recursion）是一项非常重要的编程技巧，可以使程序变得简洁和清晰，是许多复杂算法的基础。

5.4.1 递归概述

迄今所用到的函数调用都是一个函数调用另一个函数，递归调用是函数自己调用自己。

递归一般可以代替循环语句使用，递归方法只需少量代码就可描述出解题过程所需要的多次重复计算，十分简单且易于理解。

下面程序中 demoRecur 函数体内的调用 demoRecur(x/10)是自己调用自己，称为递归调用。这种**函数直接调用自己或通过另一函数间接调用自己的方式称为递归调用**，而在函**数定义中含有递归调用的函数称为递归函数**，即函数 demoRecur 的编写采用的是递归方法，它是一个递归函数。

```
#include<stdio.h>
int demoRecur(unsigned int x)
{
    putchar(x%10+'0');                          /* 输出 x 的个位数字 */
    if(x>9)  demoRecur(x/10);                   /* 递归调用 */
    putchar(x%10+'0');                          /* 输出 x 的个位数字 */
}
int  main(void)
{
    demoRecur(1234);
    return 0;
}
```

程序输出：

```
43211234
```

程序中递归的具体过程如图 5-2 所示。

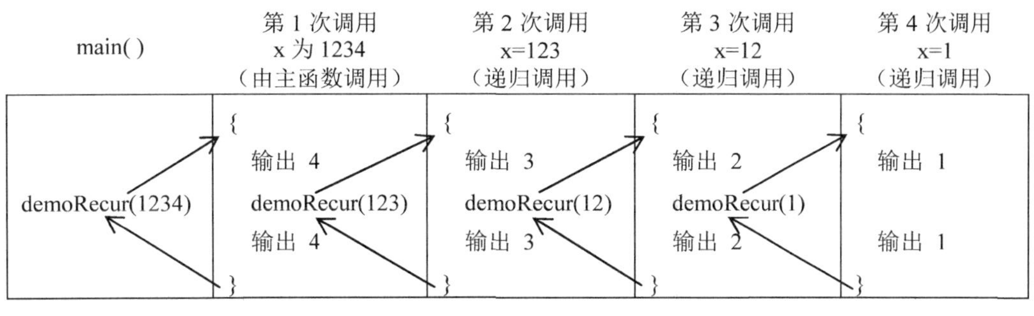

图 5-2　递归的执行过程

函数 main 使用参数 1234 调用了函数 demoRecur，这是第 1 次调用，在这次调用中，形参 x 的值为 1234，x%10+'0'的值为'4'，执行第 1 个 putchar 语句输出 4。由于 x 的值大于 9，所以函数 demoRecur 使用参数 x/10 即 123 调用其本身(递归调用)，这是第 2 次调用。这次调用 x 被赋值 123，输出 3，函数再使用参数 x/10 即 12 调用自身(递归调用)，这是第 3 次调用。以此类推，第 3 次调用输出 2，再递归调用，第 4 次调用输出 1。

在第 4 次调用中，x 的值为 1，因此 if 语句的条件不满足，这时不再继续递归调用 demoRecur 函数，接着执行第 2 个 putchar 语句输出 1，此时第 4 次调用结束，控制返回到上次调用函数的调用点处，即第 3 次调用中的 demoRecur(x/10)，因此，第 3 次调用(x 为 12)开始继续执行后面的代码(即第 2 个 putchar 语句)，输出 2。第 3 次调用结束后，第 2 次调用开始继续执行，输出 3。以此类推。

可见，main 函数调用一次 demoRecur(1234)，实际上在执行中该函数共被调用 4 次，第 1 次由主函数调用，后 3 次均是递归调用。理解递归的执行过程必须注意以下几点。

(1) 递归函数必须有终止递归的结束条件。在本例中，当实际参数是一位的整数时，条件语句 if(x>9) 得不到满足，从而结束递归。递归如果没有结束条件，它会无限制地进行递归调用，即无穷递归(与无限循环类似)。无穷递归的最后结果是耗尽内存，使系统不能正常工作甚至死机。

(2) 每次递归调用都会有一次返回。当程序流执行到某次调用的函数结束时，它会返回到前一次递归调用点接着往下执行。当结束条件得不到满足时，将一层一层递归调用下去；当结束条件满足时，递归调用逐层返回。

(3) 在递归函数中，位于递归调用前的语句的执行顺序和调用顺序相同；位于递归调用后的语句的执行顺序和调用顺序相反。例如，第 1 个 putchar 语句按照调用顺序执行了 4 次：第 1 次、第 2 次、第 3 次和第 4 次。第 2 个 putchar 语句的执行顺序是：第 4 次、第 3 次、第 2 次和第 1 次。

(4) 每一次递归调用都使用自己的私有变量，包括函数参数和函数内的自动变量。例如，第 1 次调用中的 x 和第 2 次调用中的 x 不同，程序先后共创建了 4 个独立的 x，虽然它们的名字相同，但是值不一样，而同一层的 x 值是相同的。

5.4.2 递归算法分析

递归函数的算法是递归定义，为了描述问题的某一状态，必须用到它的上一状态，而描述上一状态，又必须用到它的上一状态……这种**用自己来定义自己的方法称为递归定义**。递归定义必须能使问题越来越简单，使问题向结束条件转化。

数学上有很多计算方法是按递归定义的。例如，计算 n 的阶乘的递推公式为

$$n!=\begin{cases}1 & n=0,1\\ n\times(n-1)! & n>1\end{cases}$$

n!由(n－1)!定义，计算 n!要用到 (n－1)!，而计算(n－1)!又要用到 (n－2)!……越来越靠近 1!或 0!。当 n=0 或 1 时，n!=1，这是能够求解的最基本情况，即递归的结束条件。

【例 5.10】 用递归法定义计算 n 的阶乘的函数。

分析：根据 n!的递推公式，n!的计算是一个典型的递归问题。当 n>1 时，n!只与 n 和 (n－1)!有关，当 n=0 或 1 时，n!为 1。

```
long factorial(int n)                        /* 使用递归计算阶乘 */
{
    long ans;
    if (n==0 || n==1)     ans = 1;           /* n 为 0 或 1,n!=1 */
    else ans = n * factorial(n-1);           /* 递归调用 */
    return ans;
}
```

(n－1)!是通过用参数 n－1 调用自己实现的，调用自己的结果是如果 n－1 不等于 0 或 1，再用参数 n－2 调用自己……每次递归调用中 n 都减 1，直到 n 为 0 或 1 时递归调用

结束。

4!的计算过程如图 5-3 所示。其中图 5-3(a)是递归调用的过程,递归过程中每次 n 都减 1,直到 n 等于 1,即在计算出 1!为 1 时终止;图 5-3(b)是当递归过程终止时从每一步递归调用把值返回给调用者的过程,这个过程直到计算并返回最终值为止。

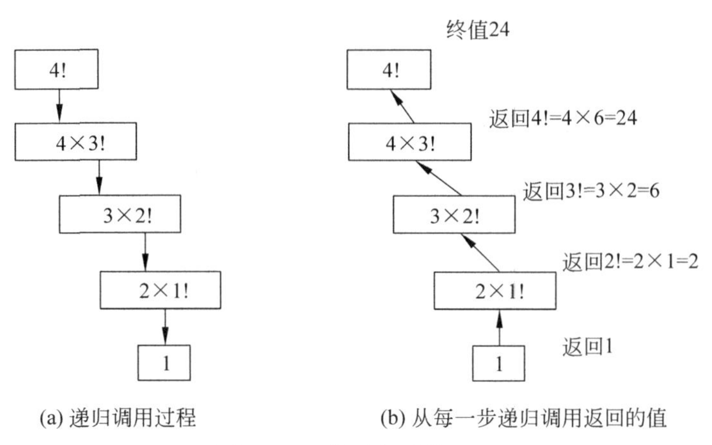

(a) 递归调用过程　　(b) 从每一步递归调用返回的值

图 5-3　4!的递归计算过程

由图 5-3 可知,当把整数 4 传递给 factorial 时,返回前一层一层地递归调用下去,直至达到终止递归的条件。为了保证递归调用正确执行,系统要建立递归调用工作栈,为各层次的调用分配数据存储区。每一层递归调用所需信息构成一个工作记录,其中包括所有实参、所有自动变量,以及返回上一层的地址。每进入一层递归调用,就产生一个新的工作记录压入栈顶。每退出一层递归调用,就从栈顶弹出一个工作记录。

可见,递归算法的运行效率较低,耗费的计算时间较长,占用的存储空间也较多。但是,递归算法也有其长处,其结构紧凑、逻辑清晰、可读性强、代码简洁。大多数的简单递归函数都能改写为等价的迭代形式。什么情况下使用递归呢?如果用递归能容易编写和维护代码,且运行效率并不至关紧要,那么就可使用递归。例如,像二叉树这样的数据结构,由于其本身固有的递归特性,特别适合于用递归处理;像回溯法等算法,一般也用递归来实现。

5.4.3　递归函数设计

递归是一种强大的解决问题的技术,其基本思想是将复杂问题逐步转化为稍微简单一点的类似问题,最终将问题转化为可以直接得到结果的最简单问题(即递归结束条件)。编写递归函数有两个要点:一是找到正确的递归算法,二是确定递归算法的结束条件。

【例 5.11】 写一个递归函数 addDigit(n),返回非负整数 n 的各位数字之和。例如,调用 addDigit(1729),则返回 19。

分析:可以把一个整数拆分为"去掉个位数的整数和个位数"。例如,1729 拆分为 172 和 9,因此 1729 的各位数之和等于"172 的各位数之和(递归调用)"加 9,172 又继续拆为 17 和 2……当这个数小于 10,就没有继续拆分的必要了,所以递归结束条件是 n<10。

```
int addDigit(int n)                    /* 使用递归法返回非负整数 n 的各位数字之和 */
```

```
{
    if(n<10)  return n;                        /* 递归结束 */
    else  return (n%10 + addDigit(n/10) );  /* 递归调用 */
}
```

【例 5.12】 用递归实现字符串比较函数 strcmp(s,t)。

分析：字符串是以空字符('\0')结尾的字符序列。因此，可以把字符串看成“一个字符后面再跟一个字符串”，或者仅有一个空字符组成的空串，可以用递归的方法编写处理字符串的函数。

比较两个串的第 0 个字符，分三种情况：①两个字符不同，则两个字符串不相等，返回非零值；②两个字符相同且都是空字符，则两个字符串相等，返回 0；③两个字符相同但不是空字符，两个串是否相等取决于“第 0 个字符除外的后续字符构成的子串”比较的结果(递归调用)。

```
int mystrcmp(char s[ ],char t[ ])              /* 为了区分库函数,取名 mystrcmp */
{
    if(s[0]!=t[0])   return(s[0]-t[0]);        /* 递归结束 */
    else if(s[0]=='\0')  return 0;             /* 递归结束 */
    else   return( mystrcmp( &s[1], &t[1]));   /* 递归调用 */
}
```

该程序中 mystrcmp(&s[1], &t[1])也可以写成 mystrcmp(s+1, t+1)。

5.4.4 经典问题的递归程序设计

1. 汉诺塔问题

这是一个著名的问题，它起源于印度布拉玛神庙中教士玩的游戏。

在名为汉诺塔的游戏中，有三个标号为 A、B 和 C 的木桩，一开始在木桩 A 上有 64 个圆盘，盘子大小不等，大的在下，小的在上，如图 5-4 所示。游戏的目标是把木桩 A 上的 64 个盘子都移到木桩 C 上，条件是一次只允许移动一个盘子，且不允许大盘放在小盘的上面，在移动过程中可以借助木桩 B。

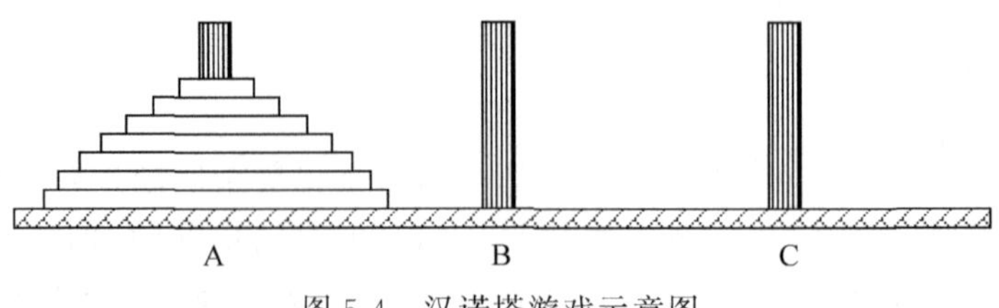

图 5-4 汉诺塔游戏示意图

经分析，移动 64 个盘的次数是：$2^n-1=2^{64}-1=18446744073709551615$，这是一个天文数字，若每一微秒可能计算(并不输出)一次移动，那么也需要几十万年。若用人工完成移动可能要移到世界末日了，故该游戏被戏称为“世界末日”。

【例 5.13】 设计一个求解汉诺塔问题的算法，输出盘子在各个木桩之间的移动顺序。

分析：这是一个典型的用递归方法求解的问题，如果用循环，则算法复杂难于实现；而用递归函数实现，则算法简单。可以将移动 n 个盘子的任务定义为函数：

```
void move(int n,int a,int b,int c);
```

该函数的功能是：将 n 个盘子从木桩 a 借助木桩 b 移动到木桩 c 上。要移动 n 个盘子，可先考虑如何移动 n－1 个盘子，分解为以下三个步骤：

（1）把 n－1 个盘子从 a 借助 c 移到 b，实现方法是递归调用：move (n－1,a,c,b)。

（2）把剩下的盘子（即最底下那个）从 a 移到 c。

（3）把 n－1 个盘子从 b 借助 a 移到 c，实现方法是递归调用：move (n－1,b,a,c)。

其中，第（1）步和第（3）步递归调用的结果又用同样的三步继续分解，依次递归下去，盘子数目 n 每次减少 1，直至 n 为 1 时递归结束。

```
#include<stdio.h>
#include<stdlib.h>
void  move(int,int,int,int);                        /* 函数原型 */
int main(void)
{
    int  n,a='A',b='B',c='C';
    printf ("\n-----TOWERS OF HANOI-----\n");
    printf ("The problem starts with n disks on Tower A.\nInput n : " );
    if(scanf("%d",&n)!=1||n<1)  {
        printf("\nERROR:Positive integer not found\n");
        return -1;
    }
    move(n,a,b,c);                                /* 调用函数 move,实现移动 n 个盘子 */
    return 0;
}
/* 将 n 个盘子从木桩 a 借助木桩 b 移到木桩 c */
void move(int n,int a,int b,int c)                  /* 递归函数 */
{
    static int cnt=1;                               /* 累计移动步骤 */
    if (n==1)                                       /* 递归结束条件:a 上只有 1 个盘子 */
        printf("step %d: %c-->%c\n",cnt++,a,c);    /* 把 a 上盘子移到 c */
    else  {
        move (n-1,a,c,b);                   /* 递归调用:把 n-1 个盘子从 a 借助 c 移到 b */
        printf("step %d: %c-->%c\n",cnt++,a,c);/* 把 a 上剩下的盘子移到 c */
        move(n-1,b,a,c);                    /* 递归调用:把 n-1 个盘子从 b 借助 a 移到 c */
    }
}
```

2. 约瑟夫问题

约瑟夫问题（Josephus Problem）也称“丢手绢问题”，是一道非常经典的算法问题，其解法很多，涉及链表模拟、数组模拟、数学解法、递归算法、压缩数组、标记法、循环算法等多种方法。

【例 5.14】　n 个人围成一个圈，每个人分别编号为 1、2、…、n，从 1 号开始 1 至 m 报数，报到 m 的人出圈，接着下一个人又从 1 开始报数，如此循环，直到只剩最后一个人时，该人即为胜利者。给定总人数 N 和报数周期 M，输出胜利者的编号。例如，当 n=10，m=4 时，胜利者编号为 5。

分析：本例给出的解法中涉及数组、标记法、递归算法。用有 N 个 int 元素的数组来模拟 N 个参与报数的人，每一个数组元素表示一个“人”，下标是其位置序号（编号即为下标+1），元素值标记是否出圈，0 表示在圈内，1 表示已出圈。下面表达式可以使数组形成一个“圈”。

```
pos = pos %N;                              /* pos 为报数人的位置序号(下标) */
```

当最后一个人（pos 为 N−1）报完数时，下一个人接着报数（pos 加 1），pos 为 N，再 pos%N 为 0，自动回到第 1 个人报数。

初始将所有数组元素值设置为 0，代表全部人都在圈中。在圈内就报数，cnt++，不在圈内就不参与报数，cnt 不变。报到 m 的人出圈就是将对应的数组元素值设置为 1。

该问题可以用递归方法求解，将“N 个人从 0 号位置开始循环报数”分解为以下两个步骤。

(1) N 个人从 0 号位置开始 1～M 报数，报数 M（下标 M−1）的出圈（标记为 1）。

(2) 剩下的 N−1 个人从 M 号位置接着循环报数。

其中，第(2)步又可同样分解为：N−1 个人报数 M 的出圈，N−2 个人接着循环报数。依次分解下去，参与报数的人每次减少 1，直至剩下 1 人则结束。因此，递归结束条件是报数人数为 1。

```
#include <stdio.h>
#define N 10                                  /* 总人数 */
#define M 4                                   /* 报数周期 */
int circle[N] = {0};                          /* 0 表示这个人在圈内,1 表示出圈 */
/* n 个人从 pos 位置开始 1~m 循环报数 */
void josephus(int n,int m,int pos)
{
    int cnt;
    if(n==1) return;                          /* 剩下 1 人结束递归 */
    for(cnt = 1;cnt <= m;pos++) {             /* 1~m 报数 */
        pos = pos %N;                         /* 环状处理 */
        if(circle[pos] == 0)  cnt++;          /* 在圈内,报数 */
    }
    circle[pos-1] = 1;                        /* 报数 m 的人出圈 */
    josephus(n-1,m,pos);                      /* n-1 个人接着循环报数 */
}
int main(void)
{
    int i;
    josephus(N,M,0) ;                         /* 从 0 号位置开始循环报数 */
    for(i = 0; circle[i];i++)                 /* 找胜利者 */
        ;
    printf("%d ", i+1);                       /* 输出胜利者的编号 */
```

```
    return 0;
}
```

*5.4.5 分治法与快速排序

分治法的基本思想是：将一个大问题划分成若干个子问题，这些子问题互相独立且与原问题相同。由分治法产生的子问题往往是原问题的较小模式，这就为使用递归技术提供了方便。在这种情况下，反复应用分治手段，可以使子问题与原问题类型一致而其规模却不断缩小，最终使子问题缩小到很容易直接求出其解，这自然导致递归过程的产生。分治与递归像一对孪生兄弟，经常同时应用在算法设计中，并由此产生许多高效算法。

下面以 C.A.R.Hoare 于 1962 年发明的快速(quick)排序法为例，说明分治思想的应用。

【例 5.15】 定义函数 QuickSort，用快速排序法对整型数组排序。

分析：快速排序是对冒泡排序的一种改进，它的基本思想是：通过一趟排序将要排序的数据分解成独立的两部分，其中一部分的所有数据比另外一部分的所有数据都小，然后对这两部分数据按此方法再分别进行快速排序，以此达到整个数据变成有序序列。整个排序过程分成两个主要步骤：分解和递归调用。具体如下。

(1) 分解：以某个数据项为切分点(下标值为 split)，将数组 a[left]～a[right]划分为：左边部分 a[left]～a[split－1]、切分元素 a[split]和右边部分 a[split＋1]～a[right]，左边元素均小于或等于 a[split]，而右边元素均大于 a[split]，切分点 split 在划分过程中确定。将该任务定义为函数 partition，其返回值是切分点的下标 split。

(2) 递归调用：数组被分解为左右两部分后，再分别对左右两部分进行递归排序。每一次递归调用，都将该部分数组元素分成两部分，当待排序数组的元素个数小于 2 时，结束递归。

```
/* 用 quick 排序法对数组 a 中的元素 a[left ] 至 a[right]按从小到大的顺序排列 */
void QuickSort(int a[ ],int left,int right)
{
    int split;                                  /* 切分点 */
    if(left<right)  {
        split=partition(a,left,right);          /* 将数组元素分成两部分 */
        QuickSort(a,left,split-1);              /* 对左边部分递归排序 */
        QuickSort(a,split+1,right);             /* 对右边部分递归排序 */
    }
}
```

QuickSort 是递归函数，由于在分解时，左边部分的所有元素都比右边部分的元素小，所以在 a[left]～a[split－1]和 a[split＋1]～a[right]都已排好序后，a[left]～a[right]的排序也就完成了。

快速排序的核心是分解步骤，分解数组的函数 partition 定义如下。

```
/* 将数组 a 中的元素 a[left ]至 a[right]分成左右两部分，函数返回切分点的下标 */
int partition(int a[ ],int left,int right )
{
```

```
    int i=left,j=right+1;
    int split=(left+right)/2;                    /* 选择数组的中间元素作为切分元素 */
    swap(a,left,split);                          /* 将切分元素移到数组的开头 */
    for ( ; ; )
    {
        while(a[++i]<=a[left] && i <= right);   /* 从左至右扫描 */
        while(a[--j]> a[left]);                 /* 从右至左扫描 */
        if(i>=j) break;                         /* 扫描相遇(或交叉)结束循环 */
        swap(a,i,j);                            /* 交换左右两边的元素 */
    }
    /* j 是切分元素的位置 */
    swap(a,left,j);                              /* 将切分元素重新移到中间 */
    return j;                                    /* 返回切分元素的下标 */
}
/* 交换 a[i]和 a[j] */
void swap( int a[ ] , int i , int j )
{
    int  temp ;
    temp = a[i];  a[i] = a[j];  a[j] = temp;
}
```

partition 函数的首要任务是选择一个切分元素,这里选择数组的中间元素作为切分元素,并将切分元素和数组开头的元素交换位置(即将切分元素移到数组的开头)。两条 while 循环分别执行从左至右和从右至左扫描,每当发现一个大于切分元素的数据或者当扫描到数组结尾时,从左至右扫描就停止;每当发现一个小于或等于切分元素的数据,从右至左扫描就停止,位于数组开头的切分元素保证从右至左扫描不会越界。两个 while 循环执行后,i 指向一个大数,j 指向一个小数,然后交换这两个数。for 循环反复执行扫描和交换,直至 i 和 j 在数组的某处相遇(或交叉)。发生这种情况时,j 总是指向最右边的小数据,这个位置就应该是切分点。最后,将数组开头的切分元素重新移到切分位置。因此,所有小于切分元素的数据都放在了数组的左边,所有大于切分元素的数据都放在了数组的右边,切分元素在它们之间。函数的返回值是切分点的下标。

选择切分元素有很多种策略,最简单的方法是选用数组的第一个元素,该法对随机排列的数组很好,如果数据基本有序,则执行效率很差。上述程序中的方法可以极大提高对有序或基本有序数组排序的效率。更加完善的策略是选择中间值,或至少是介于最大值和最小值之间的数值。

*5.5 多文件的 C 程序

大多数实际情况中的 C 程序都很长,如果把程序代码放在一个文件中,那么对程序做很小的改动,整个程序都要重新编译一遍,所以编写大型程序时,常常把程序组织成多个文件。对于多文件 C 程序,正确使用变量和函数的存储类型非常重要。

5.5.1 函数的存储类型

和变量一样,函数也有存储类型,其存储类型决定了函数的作用域。根据函数的存储类型,函数分为外部函数和静态函数。

函数的默认存储类型是 extern,定义时关键字 extern 可省略不写,这种函数称为**外部函数**。以下函数头部都表示 max 是外部函数。

```
extern int max(int a, int b)
int max(int a, int b)
```

和外部变量一样,外部函数的作用域也是从定义之后直至该文件结束,使用 extern 声明,可将作用域扩展到定义之前或其他文件。由于函数在本质上是外部的,在程序中经常要调用其他文件中的外部函数,因此在声明函数时 extern 也允许省略。外部函数 max 的原型以下两种写法一样。

```
extern int max(int,int);
int max(int,int);
```

习惯上,函数定义时省略 extern,在其他需要调用它的文件中,用 extern 声明。例如,例5.7 的 file1.c 文件中的函数原型常写作:

```
extern  void  secondToTime(int sec);
```

如果要把函数的作用域限制在定义它的文件中,其他文件不能调用,在函数定义时必须使用关键字 static,这种函数称为**静态函数**。静态函数的作用域从定义之后直至定义它的文件结束,通过写函数原型,可将作用域扩充到定义点之前,但不能扩充到其他文件。例如:

```
int max(int,int );                    /* 函数原型 */
int main(void)
{
    …                                 /* 函数 max 可被调用,但在其他文件不能被调用 */
}
static int max(int x,int n);          /* max 是静态函数,仅本文件有作用 */
{
    …
}
```

和静态外部变量一样,静态函数也只作用于所在文件,不同文件中的静态函数可以同名,互不干扰,保证文件的独立性。

5.5.2 多文件编程

组成一个程序的多个函数可以被放在一个文件中,也可以被放在不同的文件中。大型程序一般构造成多个文件,其优点是:①修改某个文件时不必重新编译其他文件;②便于多人共同开发程序,各个文件分别由不同的程序员编写。组成程序的每个文件可以独立编译成目标文件,然后再把这些目标文件和系统库连接在一起,建立一个完整的可执行程序,这个过程称为分别编译再连接。

现在将例 5.2 的三个函数组织成两个文件，把 main 函数在第一个文件中，把 getNum 和 guessNum 函数放在第二个文件中，那么第一个文件需要写函数原型。如果组成 C 程序的函数和文件更多，就可能需要在每个文件中写多条函数原型声明。

一种更好的组织方式是：把函数原型放在一个头文件（其扩展名通常用.h 表示）中。C 标准库就是采用这种方式，例如，数学函数的原型声明放在 math.h 中，字符串函数的原型声明放在 string.h 中，这样就不需要每次使用这些函数时增加其原型声明，而只需加一条 #include 指令。

例 5.2 程序中有 #define 定义的符号常量 MAX_NUMBER，而定义的常量只能作用于 #define 指令所在的文件中，由于第一个文件中的 main 函数使用了 MAX_NUMBER，第二个文件中的 getNum 函数也使用了 MAX_NUMBER，那么这两个文件中都必须有该 #define 指令。如果直接在每个文件中编写该 #define 指令，则既麻烦又易出错，尤其会带来维护上的问题，例如修改了第一个文件中的 MAX_NUMBER 值，那么其他文件中的 MAX_NUMBER 值也要被修改。

另一种比较好的方法是：把所有 #define 指令放在头文件中，在源文件中使用 #include 指令包含该头文件。

把函数原型和符号常量定义等放在头文件中是组织多文件程序的良好方法，一个多文件程序通常由若干.c 源文件和一个.h 头文件组成。每一个源文件都含有一个或多个函数定义，通常把完成相关功能的函数放在一个源文件中，如果各文件要用到一些共用的变量，可以在一个文件中定义所有的变量，而在其他文件中用 extern 来声明。通常的做法是把外部变量的 extern 声明、函数原型、#define 指令、枚举类型声明、结构类型声明等放在一个头文件中，然后在源文件的开头用 #include 把该头文件包含进来。这样做的好处是：一方面可以避免在每个源文件中输入同样的内容而做的重复劳动；另一方面可以避免因输入或修改的失误造成的不一致性。

下面给出例 5.2 的多文件程序结构，程序由两个.c 源文件和一个.h 头文件组成，其中 main.c 文件包含主函数 main，guess.c 文件包含函数 gerNum 和 guessNum，guess.h 文件包含 #include 指令和函数原型。各文件程序清单如下。

```
/* main.c 中的内容 */
#include <stdio.h>
#include <stdlib.h>
#include <time.h>
#include "guess.h"                    /* 定义常量、函数原型等 */
int main(void)
{
    ...
}
/* guess.c 中的内容 */
#include <stdio.h>
#include <stdlib.h>
#include "guess.h"
int getNum(void)
```

```
{
    …
}
void guessNum(int x)
{
    …
}
/* guess.h 中的内容 */
#define MAX_NUMBER 1000
extern int getNum (void);
extern void guessNum(int) ;
```

在计算机上运行多文件程序时，需要建立一个项目文件(project file)，在该项目文件中包含程序的各个文件，在不同编译器下运行多文件程序的方法见参考文献[1]。

**5.6 参数数目可变的函数

C 语言可以定义参数数目可变的函数。标准库函数 printf 和 scanf 就是典型的参数数目可变的函数。printf 函数的函数原型为：

```
int  printf(const char * format,…);
```

说明：该函数表示第 1 个参数必须为字符串，省略号(…)表示其余参数可变，可以有 0 至多个。因此，函数调用时，实参可以有 1 至多个。

定义参数数目可变的函数时，要用到可变参数头文件 stdarg.h 中定义的宏和类型。函数定义的头部，必须至少明确说明一个形参，在列出的最后一个形参后面用省略号(…)来表示其余参数数目可变。调用时，实参的数目必须等于或大于形参表中明确说明的形参的数目。下面是 stdarg.h 中定义的有关宏和类型。

(1) va_list：这是一种类型。为了访问可变参数列表中的参数，必须声明该类型的一个对象。宏 va_start、va_arg 和 va_end 用该类型的对象处理函数定义中的可变参数。

(2) va_start：访问可变参数列表中的参数之前使用的宏，它初始化为用 va_list 声明的对象，初始化结果供宏 va_arg 和 va_end 使用。该宏有两个参数，第一个是 va_list 类型的对象(例 5.16 中为 ap)，第二个是函数头部已明确指出的最后一个形参，即省略号前的那个形参(例 5.16 中为 i，va_start 用 i 确定可变参数列表的起始位置，使 ap 指向省略号部分的第一个参数)。

(3) va_arg：这是一个宏，它有两个参数，第一个是 va_list 类型的对象，第二个是要从可变参数列表中接收的参数的类型(例 5.16 中为 double)，它返回该参数的值。每次调用 va_arg 都会修改用 va_list 声明的对象，从而使该对象指向可变参数列表中的下一个参数。

(4) va_end：这是一个宏，它只有一个参数，就是 va_list 类型的对象。该宏必须在 va_arg 中的参数全部读完之后才可调用，它可执行任何必要的清除操作，使程序能够从可变参数列表的函数中正常返回。

【例 5.16】 定义可变参的函数 average，用于求 n 个数的平均值。函数 average 的第一个参数表示要被求平均值的数据的个数。

```
#include<stdio.h>
#include<stdarg.h>
double  average(int,…);               /*可变参的函数原型*/
int  main(void)
{
    double  a=1.5,b=2.6,c=3.7;
    printf ("a=%.1f,b=%.1f,c=%.1f\n",a,b,c);
    printf ("The average of a and b is %.2f \n",average(2,a,b));
    printf ("The average of a,b and c is %.2f \n",average(3,a,b,c));
    return 0;
}
double  average(int i,…)
{
    double  sum=0;
    int  k;
    va_list  ap;

    va_start(ap,i);
    for (k=1;k<=i;k++ )sum +=va_arg(ap,double);
    va_end(ap);
    return(sum/i);
}
```

输出结果：

```
a=1.5, b=2.6, c=3.7
The average of a and b is 2.05
The average of a,b and c is 2.60
```

函数 average 使用了 stdarg.h 中所有的宏和类型。宏 va_start、va_arg 和 va_end 用 va_list 类型的对象 ap 处理函数 average 的不定参数部分。函数先用 va_start 初始化供 va_arg 和 va_end 使用的对象 ap，使 ap 指向第一个不定参数。然后，用宏 va_start 反复从可变参数列表中检索到每一个不定参数的值，与变量 sum 相加。函数 average 用宏 va_end 使得程序从 average 正常返回到函数 main。最后，计算平均值并返回到函数 main。

函数 printf 和 scanf 是怎样知道宏 va_arg 每次使用的类型呢？printf 和 scanf 是通过扫描格式控制串中的格式说明符来确定所要处理的参数的类型。

**5.7 C11 增加的属性

C11 增加的和本章内容相关的关键字有_Noreturn 和_Thread_local。

5.7.1 函数修饰符_Noreturn

函数修饰符_Noreturn 用在函数返回类型的前面，告诉编译器这个函数不会返回到调用处，其结果是让编译器知道调用这种函数之后的语句不会执行。例如：

```
_Noreturn void fun ( )                    /* fun 函数没有返回，所以说明为_Noreturn */
{
    …
    abort( );                             /* 终止程序，不会返回到调用处 */
}
```

函数的调用者在调用返回后可能需要做一些清理工作，如调整栈指针等，如果一个函数被修饰为_Noreturn，那么编译器就知道这些清理工作可以省略，这样可以少生成一些无用代码。

5.7.2 存储类型_Thread_local

存储类型_Thread_local是C语言用来实现线程局部存储的。进程和线程都是操作系统的概念，进程是应用程序的执行实例，线程是进程内部的一个执行单元。系统创建好进程后，实际上就启动了该进程的主执行线程，主执行线程以函数（如 main）地址形式，将程序的启动点提供给 Windows 系统。主执行线程终止了，进程也就随之终止。

每一个进程至少有一个主执行线程，它无须由用户去主动创建，而是由系统自动创建的。用户根据需要在应用程序中创建其他线程，多个线程并发地运行于同一个进程中。一个进程中的所有线程都在该进程的虚拟地址空间中，共同使用这些虚拟地址空间、全局变量和系统资源，所以线程间的通信非常方便。

线程局部存储（ThreadLocal）技术是多线程技术中用于解决并发问题的技术。其原理是将一块内存与线程关联，每个线程访问的变量都存在于本线程的局部存储区中，因此多个线程间访问相同的变量名时不会产生并发问题。

使用_Thread_local关键字声明线程（thread）变量，可以很好地解决变量并发访问的冲突问题，它为每个使用该变量的线程提供单独的变量副本，并且在线程运行之前初始化。所以，每一个线程都可以独立地改变自己的副本，而不会影响其他线程所对应的副本。下面的代码声明了一个整数线程局部变量，并用一个值对其进行初始化。

```
_Thread_local int tls_i = 1;
```

只能对外部变量和静态变量（包括函数内定义的静态变量）指定_Thread_local修饰符，不可以用它声明自动变量。_Thread_local属性只能应用于变量声明和定义，不能用于函数声明或定义。例如，以下代码将生成一个编译器错误。

```
_Thread_local void func( );             /* 错误 */
```

线程本地对象的声明和定义必须全都指定_Thread_local属性，例如：

```
_Thread_local extern int tls_i;         /* 声明 */
_Thread_local int tls_i;                /* 定义 */
```

C11 还引进了一个标准C库的头文件 threads.h，里面提供了宏、类型以及支持多线程的函数，本书对此不做深入讨论。

本章小结

C 中提供的函数机制可使程序模块化，函数之间参数的传递是值传递，将实参的值单向传递给形参，组成 C 程序的函数可以分类存放在多个文件中。函数和变量都有存储类，按存储类，函数分为外部函数和静态函数，变量分为自动变量、外部变量、静态变量和寄存器变量。自动变量具有局部作用域和动态生存期；外部变量具有文件作用域和静态生存期；静态变量具有静态生存期，但静态局部变量具有局部作用域，静态外部变量具有文件作用域；寄存器变量除在可能的情况下用硬件寄存器分配存储外，其他方面与自动变量完全相同。递归算法结构清晰、代码简洁，递归和分治都是设计有效算法最常用的策略，它们经常同时应用在算法设计中，快速排序就是一个典型范例。

习题 5

5.1 什么是模块化程序设计？模块化程序设计有哪些优点？

5.2 简要说明 C 程序的一般结构。C 程序的编译单位是什么？

5.3 函数原型的作用是什么？什么情况下必须给出函数原型？

5.4 说明外部变量的定义性声明和引用性声明的区别。

5.5 说明外部变量和静态全局变量之间、静态局部变量和自动变量之间的区别。

5.6 排序程序中经常要交换两个变量的值，下面是函数 swap 的定义，函数调用 swap(a,b)能达到交换变量 a 和 b 值的目的吗？为什么？

```
void swap(int x, int y)
{
    int temp;
    temp=x; x=y; y=temp;
}
```

5.7 下面是函数 fun 的定义，如果前面没有调用 fun，则 fun(6)的值为多少？如果是第二次调用，fun(6)的值又为多少？

```
int fun(int x)
{
    static int a=0;
    a++;
    return(a*x);
}
```

5.8 下列程序段定义了三个变量 i，类型分别为 int、long 与 float。指出每个变量的存储类，它们分别在哪些行进行了声明和使用？

```
int i;
void fun(long i)
{
    long l=i;
```

```
    {
        float i;
        i=3.4;
    }
    l=i+2;
}
int * p=&i;
```

5.9 下列每个变量对哪些函数是可见的？程序有什么错误？

```
/* 文件 1.c */
int x;
int main( )
{
    int y;
    ...
}
int fun1( )
{
    extern int x, y;
    ...
}
```

```
/* 文件 2.c */
extern int x;
static int y;
int z;
int fun2( )
{
    int z;
    ...
}
int fun3( )
{
    ...
}
```

5.10 编写计算三角形面积的程序，将计算面积定义成函数。三角形面积公式为

$$area = \sqrt{s(s-a)(s-b)(s-c)}$$

$$s=(a+b+c)/2$$

其中，area 为三角形面积，a、b、c 为三角形三条边的长度。

5.11 n_0 是一个给定的正整数，对于 $i=0,1,2,\cdots$，定义：

(1) 若 n_i 是偶数，则 $n_{i+1}=n_i/2$。

(2) 若 n_i 是奇数，则 $n_{i+1}=3\times n_i+2$。

(3) 若 n_i 是 1，则序列结束。

用该方法产生的数称为冰雹(hailstone)。编写产生一些冰雹的程序，程序应该用函数 void hailstone (int n)；计算并显示由 n 产生的序列。程序的输出如下。

```
Hailstone generated by 77:
    77  232  116  58  29  88
    44   22   11  34  17  52
    26   13   40  20  10   5
    16    8    4   2   1
Number of hailstone generated:23
```

5.12 编程序计算 $s=1+\frac{1}{2!}+\frac{1}{3!}+\frac{1}{4!}+\cdots+\frac{1}{n!}$。n 由终端输入，将计算 n! 定义成函数，并在函数体内使用 static 变量使计算量最小。

5.13 算术级数是后项比前项大的常数序列。假设第 1 项为 a，相邻两项的差为 d，则第 k 项为 $t_k=a+(k-1)d$。编写包含三个形参 a、d 和 k 的函数，根据给定的 a 和 d，返回第 k 项的值。在 main 函数中提示用

户输入 a 和 d,然后输出级数的前 100 项,5 项一行。若产生整数上溢,则提前终止程序。

5.14　输入整数 n 和 k,输出 n 中从右端开始的第 k 个数字的值(k 从 1 开始)。将求 n 中右端第 k 个数字定义成函数 digit(n,k),如果 k 超过了 n 的位数,则函数返回 −1;否则返回 n 中第 k 个数字。例如,digit(345876,4)=5,digit(345,4)=−1。

5.15　编写一个模拟"投掷双骰子"的游戏程序。游戏规则:每轮投两次,取两次的和,第一轮若和为 7 或 11 则获胜,游戏结束;若和为 2、3 或 12 则输了,失败结束;若和为其他数字,则将此值作为自己的点数,继续第二轮,第三轮……直到某轮的和等于该点数则获胜,若出现和为 7,则输掉游戏。

5.16　无穷数列 1,1,2,3,5,8,13,21,…称为斐波那契数列。它的递归形式定义为:

$$F(n)=\begin{cases}1 & n=1,2\\ F(n-1)+F(n-2) & n>2\end{cases}$$

编写一个递归函数计算斐波那契数列的第 n 项,再编写一个主函数,在主函数中调用此函数计算斐波那契数列第 35 项、第 40 项、第 45 项。另外,调用 time.h 库中的函数 time 来分别测试这三项的计算时间,测试结果表明:随着 n 值的增大,计算 F(n)的时间将急剧增多。分析这种递归方式效率低的根本原因,请找出一种办法来弥补递归中的这个缺陷。

5.17　用递归实现标准库函数 strlen(s)。

5.18　将输入的一行字符逆序输出。例如,输入 string,则输出 gnirts。将逆序输出用递归函数实现。

5.19　第 5.18 题的一个变体是:读入一行词,然后按词把整行倒置输出。例如,输入 How are you,则输出 you are How。请用递归函数实现。

5.20　编写判断一个串是否为回文的递归函数。回文是正读和反读都一样的串,例如,"abcba"和"otto"就是回文。编写 main 函数来测试该函数。

5.21　整数 x 和 y 的最大公约数是既能够被 x 整除又能够被 y 整除的最大整数。编写一个递归函数 gcd,返回 x 和 y 的最大公约数。编写 main 函数来测试该函数,然后用迭代编写一个等价的函数并进行测试。

5.22　素数环问题。把 1、2、…、n 组成一个环,使得相邻两个整数之和均为素数。正整数 n 从键盘输入,输出时从整数 1 开始逆时钟排列,同一个环输出一次。例如:

输入:

```
6
```

输出:

```
1  4  3  2  5  6
1  6  5  2  3  4
```

5.23　八皇后问题:在 8×8 格的棋盘上摆放 8 个皇后,使它们互不攻击,即任意两个皇后不能在同一行或同一列或同一对角线上。编程实现八皇后问题,要求找出所有解。

5.24　骑士巡游问题:在 n 行 n 列的棋盘上,一位骑士按象棋中"马走日"的走法从初始坐标位置(x1,y1)出发,要遍访(巡游)棋盘中的每一个位置一次,计算共有多少种走法,并输出所有走法。

5.25　求 N 个数的全排列。N 个数的全排列可以看成把 N 个不同的球放入 N 个不同的盒子中,每个盒子中只能有一个球。提示:解法与八皇后问题相似。

5.26　哥德巴赫做了如下猜想:一个大于或等于 4 的偶数都是两个素数之和。定义函数 gotbaha(x),将 x 写成两个素数之和的形式。例如 gotbaha(34),则输出为 34=3+31。定义函数 isPrime(a),判别 a 是否为素数。在 main 函数中循环输入一个大于或等于 4 的偶数 n,然后调用函数 gotbaha 验证哥德巴赫猜想成立,直至输入 0 结束。

将整个程序组织成两个源文件 main.c 和 gotbaha.c,一个头文件 primes.h。函数 gotbaha 和 isPrime 放到 gotbaha.c,函数 main 放到 main.c。

第 6 章 编译预处理

C 编译程序的预处理功能是 C 语言特有的功能，C 源程序中以井号“#”开头的行是编译预处理指令。预处理指令不是 C 语言的语法成分，当对一个源文件进行编译时，系统将自动调用预处理程序对源程序中的预处理指令进行处理，处理完毕再由编译程序对预处理后的源程序进行编译。本章介绍一些常用的预处理指令的功能和用法，如宏定义、文件包含、条件编译等。程序中合理地使用预处理功能，可使程序便于阅读、修改、移植和调试，也有利于模块化程序设计。

6.1 文件包含

文件包含指令有两种形式：

```
#include <filename>
#include "filename"
```

说明：尖括号或双引号中是要被包含的文件的名字，预处理程序用指定文件的全部内容替换源文件中的#include 指令。尖括号指在系统标准目录中查找被包含文件；双引号指先在源文件或工程文件所在的目录中寻找被包含文件，若找不到再到标准目录中查找。标准目录是系统头文件所在的目录，它是系统设置的默认搜索路径，用户也可以通过集成开发环境提供的菜单选项添加 include 搜索的其他目录。一般而言，包含诸如 stdio.h 等系统提供的头文件时用尖括号；包含程序员自己的头文件时用双引号。文件名中也可以包含文件的路径名，例如：

```
#include <d:\ctest\myfile.h>
#include "d:\ctest\myfile.h"
```

如果指出了路径名，则使用尖括号和双引号没区别，均按指定路径去寻找被包含文件 myfile.h。

#include 指令通常置于源文件的首部，故被包含的文件也称为“头文件”，C 编译系统提供的头文件扩展名为 h，但设计者可根据实际情况，自行确定被包含文件的后缀、名字及其位置。头文件的内容通常含有#define 指令、extern 外部变量声明、enum 枚举类型声明、struct 结构类型声明、union 联合类型声明、typedef 类型定义和函数原型，这些都不是可执行代码，而是编译器用于产生可执行代码所需要的信息，可执行代码通常在源文件中。例如，头文件 stdio.h 里有 EOF、getchar 和 putchar 函数的宏定义，描述文件信息的 FILE 结构声明，size_t 类型的 typedef 定义，I/O 函数的原型，等等。

在程序设计中，文件包含是很有用的。当一个 C 程序由多个源文件组成时，可以将多个源文件共有的符号常量定义、宏定义、extern 声明、类型声明、函数原型声明等集中在一起，单独组成一个头文件，然后在每个需要这些定义和声明的源文件中用#include 包含这个头文件。这样，可避免在每个源文件开头重复书写那些公用量，并减少出错。

例如，假设在处理点、线、圆和矩形等基本图元信息的程序中，有下面一些声明：

```
#define MAX 1000                                             /* 图元总数 */
enum COLOR { RED,YELLOW,BLUE,WHITE,BLACK,PUPPLE}; /* 颜色编码 */
enum TYPE { DOT,LINE,CIRCLE,RECTANGLE};              /* 图元类型编码 */
union DIF {                                                  /* 联合声明 */
    xy2[2];                                                  /* 线段的终点或矩形的右下角坐标 */
    int radius;                                              /* 圆的半径 */
};
struct BASIC {                                               /* 表示图元信息的结构声明 */
    int xy1[2];
    enum COLOR color;
    enum TYPE type;
    union DIF dif;
};
struct BASIC *input(struct BASIC *unit);                     /* 函数原型 */
void output(struct BASIC *unit,n);                          /* 函数原型 */
```

则可以将上述各种声明集中放到一个名为 Graph.h 的头文件中，然后在源文件中只需写下面的一个预处理行：

```
#include "Graph.h"
```

6.2 宏定义

在 C 语言中，宏定义分为无参宏定义和带参数的宏定义两种。

6.2.1 无参宏定义

无参宏定义的一般形式为

#define 标识符 字符串

说明：标识符是宏的名字，字符串(简称串)可以是常数、表达式、格式串等任意字符序列。宏定义默认是一行，如果串太长需要写成多行，则可以在需要换行的地方用一个反斜线字符“\”，然后再换行。简单宏定义允许在源文件中用一个宏名来表示一个串，预处理程序对源文件中所有出现的宏名，都用宏定义中的串去代换，这称为宏替换或宏展开，宏替换是由预处理程序自动完成的。2.4.5 节介绍的符号常量定义实际上是简单宏定义，标识符就是符号常量的名字，串必须为常量表达式。例如：

```
#define  BUFSIZE      100
```

定义了符号常量 BUFSIZE，预处理时用 100 替换程序中出现的所有 BUFSIZE。#define 通常放在源文件开头部分，也可以放在任何位置，但必须出现在使用符号常量之前，宏名的作用域是从 #define 定义之后直到该宏定义所在源文件结束。

符号常量定义中，对应的常量表达式可以含有前面已定义过的符号常量，编程规范要求宏名全部大写且单词之间用下画线隔开。例如：

```
#define  PI        3.14159              /* 圆周率 */
#define  TWO_PI    2*PI                 /* 等价于#define  TWO_PI  2*3.14159*/
```

预处理器对源文件中的宏名，会用定义的串代替它，如果该串中还包含宏，则继续替换这些宏。无参宏定义不限于符号常量定义。例如：

```
#define  EQ  ==                         /* 宏名 EQ 代表等于运算符"==" */
```

源文件中可以使用 EQ 来比较两个数是否相等。注意，预处理时，只是简单地以串取代宏名，对它不进行任何检查，如有错误，只能在编译宏展开后的源程序时发现。例如，设宏定义为

```
#define  PI  3.14159;                   /* 多了分号 */
```

则下面语句

```
area=PI*r*r;
```

宏替换后将变为

```
area=3.14159;*r*r;
```

分号也被替换到程序中，扩展成了两条语句：area=3.14159；和 *r*r;。编译时，将提示赋值语句 area=PI*r*r;所在行有语法错误。

宏名若出现在双引号中，则预处理程序不对其进行宏替换。假设 BUFSIZE 是前述已定义的宏名，则语句

```
printf("2*BUFSIZE = %d ", 2*BUFSIZE);
```

宏替换后变为

```
printf("2*BUFSIZE = %d ", 2*100);       /* 双引号中 BUFSIZE 不在替换之列 */
```

执行时输出：

```
2*BUFSIZE =200
```

6.2.2 带参数的宏定义

宏可以有参数，带参数的宏定义的一般形式为：

#define 标识符(标识符,标识符,…,标识符) 字符串

说明：第 1 个标识符是宏名，它与左括号之间不能有空格，括号中的标识符是宏的形式参数，好比函数的形式参数，但从本质上它们不同于函数的参数。宏调用时要给出实际参数，宏展开时首先用字符串替换宏名，然后用实参去替换相应的形参。例如：

```
#define  SQUARE(x)   ((x)*(x))
#define  MIN(x,y)   ((x)<(y)?(x):(y))
```

```
#define  AREA(r)  (3.14159*SQUARE(r))
```

上面三个#define指令分别定义了三个宏：计算平方的宏SQUARE，参数是x；求两个数中较小者的宏MIN，参数是x和y；计算圆面积的宏AREA，参数是r，其后串中的SQUARE(r)是前面已定义的宏。下面是对宏SQUARE的引用。

```
printf("SQUARE(%.1f)=%.1f\n", 3.0, SQUARE(3.0));  /*输出SQUARE(3.0)=9.0*/
```

预处理时，SQUARE(3.0)先被替换为((x) * (x))，然后用实际参数3.0替换形式参数x，最终被替换为((3.0) * (3.0))。执行时输出：

```
SQUARE(3.0)=9.0
```

同样，下面宏引用：

```
SQUARE (a+1)
SQUARE (SQUARE (a))
```

将被分别替换为：

```
((a+1) * (a+1))
( ( ((a) * (a)) ) * ( ((a) * (a)) ) )
```

从以上例子可以看出，带参数的宏定义和简单宏定义的不同之处在于，前者不仅进行简单的串替换，而且进行参数替换。

注意：*在带参数的宏定义中，如果串是一个含有运算符的表达式，则串中的每个参数都必须用括号括起来，整个表达式也要用括号括起来。否则，替换结果可能与原来的语义不等价。*

假设计算平方的宏定义写成：

```
#define  SQUARE(x)   x*x
```

上述宏定义在一般使用时没有问题，若程序中对宏的引用是：

```
SQUARE(2+3);
```

其中，实际参数是2+3，那么经预处理之后SQUARE(2+3)被替换成：

```
2+3*2+3                          /*值为11，本意是25*/
```

显然，该表达式与原意(2+3) *(2+3)是不一样的。其原因在于宏定义中没有用括号将表达式中的形式参数括起来。进一步地，考虑到运算符优先级和结合性，有时即使形参加括号仍会出错。假设宏定义为：

```
#define  SQUARE(x)  (x) * (x)
```

若程序中对宏的引用为：

```
27/SQUARE(3)
```

则经预处理后，上式将被替换为：

```
27/(3) * (3)                     /*结果为27，本意是计算27/3*3/
```

该结果与原意 27/((3) * (3)) (结果为 3)是不一样的。其原因在于宏定义中没有用括号将整个表达式括起来。

注意：宏名和与左括号之间不能有空格出现。

假设宏定义为：

```
#define  SQUARE  (x)  ((x) * (x))
```

它将被认为是无参宏定义，宏名 SQUARE 代表串 (x) ((x) * (x))。以下宏引用：

```
SQUARE (3)
```

将被展开为：

```
(x)  ((x) * (x)) (3)
```

这显然是错误的。

带参宏引用在形式上很像函数调用，但二者有本质的不同。宏引用是在编译之前将宏名用定义中的串去替换，形参用实参去替换，实参和形参的关系是替换与被替换的关系，而不是传递关系。函数调用是在程序运行时将控制转移到被调用函数的代码处执行，被调用函数只有一份代码，实参和形参的关系是赋值运算的关系。函数定义时对函数的值和形参都要进行类型声明，而带参宏定义对形参不必进行类型说明，可以是各种数据类型，每次宏引用的实参类型可以不同，比较灵活。宏执行速度比函数快，因为它没有调用、返回和参数传递的时间开销，但因为带参数的宏一般比替换字符串简短，宏替换的结果会使源程序代码增长，因而多占用存储空间。所以，带参宏比较适合于程序中经常使用的简短表达式以及小的可重复的代码段。

【例 6.1】 定义一个宏 PRINT_ARR，输出整型数组的各个元素的值。

分析：宏 PRINT_ARR 需要带三个参数：array、start 和 end。其中，array 是数组名，start 和 end 分别表示数组元素的起始下标和终止下标。宏定义中的串太长需要写成两行，所以在宏定义第一行的末尾加一个续行符“\”。

```
#include <stdio.h>
#define  PRINT_ARR(array,start,end)  for(int i=start;i<=end ;i++)  \
                                      printf("%d ", array[i]);
int main()
{
    int a[5]={10,2,6,5,9};
    PRINT_ARR(a,0,4);
    return 0;
}
```

宏引用 PRINT_ARR(a,0,4);在展开后，将得到如下语句：

```
for(int i=0;i<=4 ;i++)  printf("%d ", a[i]);
```

带参的宏在系统级上已经被广泛使用。例如，getchar 和 putchar 都是用宏实现的，它们在<stdio.h>中被定义为：

```
#define  getchar( )   getc(stdin)
#define  putchar(c)   putc(c,stdout)
```

其中，stdin 和 stdout 分别是编译系统预定义的标准输入流和标准输出流的 FILE 结构指针（详见第 10 章）。

6.2.3 取消宏定义

宏名的作用域从其定义点开始直到该宏定义指令所在文件结束。如果要终止其作用域，可以使用＃undef 指令，其形式为：

#undef 标识符

说明：标识符是由＃define 指令定义过的宏名，它使得前面的宏定义被取消。例如：

```
#undef  PI
```

如果 PI 前面被定义，那么＃undef 指令之后 PI 失去定义，或者直到 PI 被再次定义为止。如果 PI 前面未被定义，这个＃undef 指令不起作用。

对于大型软件的编程，也许要引入一些别处提供的头文件，但可能只要使用其中的一部分函数原型和宏，而又不知道该头文件中的所有内容。为了防止宏名的冲突，可以使用＃undef 指令。例如：

```
#include "everything.h"
#undef  SIZE
#define  SIZE  100
```

如果刚巧在 everything.h 中定义了 SIZE，则取消它；如果没有定义，则＃undef 指令不起作用。

使用＃undef 还可以保证所调用的是一个实际函数而不是宏。例如：

```
#undef  getchar
int  getchar(void) {…}
```

*6.3 条件编译

条件编译指令用于在预处理中进行条件控制，根据一定的条件有选择地将某个源程序段包含或不包含到源文件中，从而生成不同的目标代码，利用条件编译，能够方便地编写可移植的程序和便于调试的程序。条件编译指令有三种形式，每种形式的控制流与 if 语句的控制流类似。

6.3.1 ＃if 指令

＃if 指令一般形式为：

#if 常量表达式　　程序段
[**#elif** 常量表达式　程序段]

```
 ...
[ #else 程序段]
#endif
```

说明：常量表达式必须是整型的，并且不能含有 sizeof 与强制类型转换运算符或枚举常量，程序段中可以包含 # include 和 # define 预处理行，用中括号“[ ]”括起来的部分表示可选，省略号“…”表示 # elif 部分可重复多次。

if 指令的功能是依次检测每个常量表达式的值，若某个表达式的值为非 0，则将其后的程序段加入源文件中，其他程序段不包含进来；若所有常量表达式的值均为 0，且有 # else 的情况下，将 # else 后面的程序段包含进来，否则不包含 # if 指令中的任何程序段。

【例 6.2】 采用条件编译，计算圆或正方形的面积。

```
#include <stdio.h>
#define  R  1
int  main(void)
{
float  r,area;
printf("input a number:");
scanf("%f",&r);
    #if R                                          /*R的值非 0,则计算圆的面积*/
        area=3.14159*r*r;
        printf("area of round is: %f\n",area);
    #else                                          /*R的值为 0,则计算正方形的面积*/
        area=r*r;
        printf("area of square is: %f\n",area);
    #endif
    return 0;
}
```

由于第二行的 R 定义为 1，则 # if 后的表达式为真，其后代码包含进来，预处理后的 main 函数为：

```
int  main(void)
{
    float  r,area;
    printf("input a number:");
    scanf("%f",&r);
    area=3.14159*r*r;
    printf("area of round is: %f\n",area);
    return 0;
}
```

如果要计算正方形的面积，将第二行的 R 定义为 0 即可，这时就只会将 # else 后面的代码包含进来。预处理后的 main 函数为：

```
int  main(void)
{
```

```
    float  r,area;
    printf("input a number:");
    scanf("%f",&r);
    area=r*r;
    printf("area of square is: %f\n",area);
    return 0;
}
```

条件编译当然也可以用 if 语句来实现。但是,用 if 语句将会对整个源程序进行编译,生成的目标代码程序较长;而采用条件编译则根据条件只编译其中一个程序段,生成的目标程序较短。如果条件选择的程序段很长,采用条件编译的方法十分必要。

条件编译允许有选择地编译程序的某些部分,可以将程序的特殊性能纳入不同版本。例如,对于不同语言版本中的某个应用程序,需要改变货币的显示,可以使用以下条件编译,使用符号常量 ACTIVE_COUNTRY 的值来决定货币符号。

```
#define  US                      0
#define  ENGLAND                 1
#define  FRANCE                  2
#define  ACTIVE_COUNTRY          US
#if  ACTIVE_COUNTRY = = US
    char currency[ ]= "dollar";      /*美元*/
#elif ACTIVE_COUNTRY= =ENGLAND
    char currency[ ]= "pound";       /*英镑*/
#else
    char currency[ ]= "franc";       /*法郎*/
#endif
```

#elif 指令的意义与 else if 相同,它形成一个 if-else-if 阶梯状语句,可进行多种编译选择。每个 #elif 后跟一个常量表达式。如果表达式为非 0,则编译其后的程序段,不再对其他#elif 表达式进行测试;否则,顺序测试下一个条件。上述代码预处理后变为:

```
char currency[ ]= "dollar";          /*美元*/
```

6.3.2 #ifdef 指令

#ifdef 指令的一般形式为:

```
#ifdef 标识符    程序段
[ #elif 常量表达式    程序段]
  …
[ #else 程序段]
#endif
```

说明:#ifdef 指令测试其后的标识符是否已用 #define 指令定义过,如果定义过,则将标识符后的程序段包含进来。#ifdef 指令其余部分的结构和功能与#if 指令完全相同。例如,例 6.2 中的#if 行可以写成:

```
#ifdef R
```

如果要计算正方形的面积,只要去掉或注释掉第二行的＃define 指令。

在源程序的调试中,常常需要查看某些变量的值,为此可以在程序中加一些输出信息的语句,通过这些输出信息来判断程序是否正确,这是一种常用的调试手段。调试结束后,需要把为了调试而增加的那些输出信息的语句删除掉,然而手工删除既不方便,也易出错。使用条件编译方便得多,把这些为调试而增加的语句放在条件编译指令之间,在调试时编译这些语句。

【例 6.3】 条件编译用于调试程序。

分析:在程序调试阶段,在源文件前面加＃define DEBUG,把为调试而增加的那些输出语句放到＃ifdef DEBUG 和＃endif 之间,预处理程序测试到 DEBUG 已定义,这些输出语句就被包含到源文件中,程序运行时就会输出这些变量的值。

```
#define  DEBUG
…
#ifdef  DEBUG
    printf("Variable x=%d\n",x);
    printf("Variable y=%d\n",y);
#endif
```

前面有 DEBUG 的定义,就编译两条 printf 语句,输出 x 和 y 值。完成调试后,在生成程序的发行版本时,去掉前面的＃define 指令,编译程序就忽略为调试而加入的两条 printf 语句,相当于它们被"自动"删除了。

6.3.3 ＃ifndef 指令

＃ifndef 指令的一般形式为:

```
#ifndef 标识符    程序段
[ #elif 常量表达式    程序段]
  …
[ #else 程序段]
#endif
```

说明:＃ifndef 指令测试其后的标识符是否没有定义过,如果没有定义过,则将标识符后的程序段包含进来。＃ifndef 指令其余部分的结构和功能与＃if 指令完全相同。例如,例6.2 程序中的＃if 行如果写成:

```
#ifndef R
```

因为前面定义了 R,则将＃else 后的代码加进来,程序的功能是计算正方形的面积。

【例 6.4】 采用条件编译,避免多次包含同一个头文件。

分析:为了避免一个头文件被多次包含,可以在头文件的最前面两行和最后一行加上预处理指令,让头文件在被多个源文件引用时不会多次编译。

```
#ifndef _NAME_H
    #define _NAME_H                    /* 定义头文件的标识符 */
    …                                  /* 头文件的内容 */
```

```
#endif
```

说明：NAME是头文件的名字。例如，头文件为myFile.h，则其标识符可为_MYFILE_H。

在创建一个头文件时，用#define指令为它定义一个唯一的标识符。通过#ifndef指令检查这个标识符是否已被定义，如果没有定义过，则说明该头文件未被包含，就可定义头文件的标识符(避免以后再次包含该头文件)，把该头文件的内容包含进来；如果已被定义，则说明该头文件已经被包含了，就不要再次包含该头文件，忽略#ifndef直到#endif之间的所有代码。

6.3.4 defined运算符

预处理运算符defined可以出现在 #if 或 #elif指令的条件中，其形式为：

```
defined(标识符)
defined 标识符
```

说明：defined用来判断标识符是否被#define定义过，如果被定义过，则值为1，否则为0。

defined运算符，可以将#ifdef和#ifndef指令形式的条件编译指令改用#if形式的条件编译指令。例如，例6.3中的#ifdef DEBUG指令可以写为：

```
#if  defined(DEBUG)
```

用该运算符可以写比较复杂的条件编译指令。#ifdef只能判断一个宏，如果条件比较复杂，则实现起来会比较烦琐，而用#if defined( )就比较方便。如有两个宏MACRO_1和MACRO_2，只有两个宏都定义过才会编译程序段A，可通过如下方式实现。

```
#if defined(MACRO_1) && defined(MACRO_2)
    程序段 A
#endif
```

*6.4 断言

使用断言可以创建更稳定、品质更好且不易于出错的代码。断言用于在代码中捕捉一些假设，当假设不成立时中断当前操作，可以将断言看作异常处理的一种高级形式。assert断言是动态断言，只能在程序运行出现错误时做出判断。C11增加了静态断言，它可以在编译时就对程序的错误做出判断。

6.4.1 宏assert

assert是一个经常使用的宏，该宏被定义在标准头文件assert.h中，用来在程序运行时测试表达式的值是否符合要求，其形式为：

```
assert(condition)
```

说明：如果条件condition为真(值非0)，将什么也不会发生，即在宏调用之后程序继续执行下一个语句;如果条件为假(值 0),就输出错误信息,并通过调用实用库中的函数 abort 终止程序的执行。

assert 宏通常用来判断程序中是否出现了明显非法的数据,如果出现了非法数据,则终止程序以免导致严重后果,同时也便于在程序中发现逻辑错误,提高开发代码的成功率。例如,假定程序中变量 x 不应该大于 10,那么可以用 assert 测试 x 的值,并在 x 的值不正确时输出错误信息。所用的语句为:

```
assert (x<=10);
```

在遇到这条语句时,如果 x>10,就会输出包含行号和文件名的错误信息,并中断执行。程序员可以把查找错误的重点放在该代码区。对于大多数编译器来说,输出信息看起来类似于"Assertion failed: x<= 10,file test.c,line 12"。

频繁的 assert 调用会极大地影响程序的性能,增加额外的开销。在头文件 assert.h 的 assert 宏定义中,如果定义了符号常量 NDEBUG,其后的 assert 将被忽略。因此,在调试结束后,可以通过在 #include<assert.h>之前插入 #define NDEBUG 来禁用 assert 调用,而无须手工删除 assert。代码如下:

```
#define  NDEBUG
#include<assert.h>
```

6.4.2 静态断言

assert 宏只能在程序运行出现错误时产生调试信息并进行退出操作,而静态断言(static assertions)可用于在编译时进行检查,不会产生任何运行时的额外开销(包括时间和空间)。

在 C11 标准中,从语言层面加入了对静态断言的支持,引入关键字_Static_assert 来表示静态断言,断言失败会产生有意义的且充分的诊断信息。静态断言声明的语法形式为:

```
_Static_assert (constant-expression, string-literal);
```

其中,第一个参数 constant-expression 必须是一个编译时可知的整型常量表达式,如果用一个变量作为第一个参数时,则会遇到编译错误;第二个参数 string-literal 是在断言失败时输出的提示信息(即字符串)。当 constant-expression 的布尔值为 true 时,该静态断言声明不会产生任何影响;否则,编译器将给出错误诊断信息 string-literal。例如:

```
_Static_assert(sizeof(int) == 8, "A 64-bit machine needed!");
```

在 32 位机上编译这条语句时,就会输出如下诊断信息:

```
static assertion failed: "A 64-bit machine needed!"
```

在头文件 assert.h 中,定义 static_assert 宏为关键字_Static_assert 的同义词。

**6.5 宏的高级用法

在 C 语言的宏中可以使用操作符 # 和 ##,C99 标准增加了可变参数宏,C11 标准增加了通用类型宏,C 标准中还指定了一些预定义宏,本节将介绍这些宏的用法。

6.5.1 宏操作符#和##

6.2.2 节介绍的带参数宏定义的串中可以使用一些特殊的操作符，例如字符串化操作符“#”和连接操作符“##”。

1. 字符串操作符“#”

#的功能是将其后面的实际参数转换成带双引号的字符串。#只能用于带数宏定义中，且必须置于宏定义中的参数名前。下面带参宏定义：

```
#define  PRN(expr)  printf(#expr"= %d\n",expr);
```

则宏引用 PRN(a/b)被展开为：

```
printf("a/b""= %d\n",a/b);
```

其中的字符串被连接起来，等价于：

```
printf("a/b= %d\n",a/b);
```

这个例子说明，可以在程序中用宏 PRN 检查变量的值，操作符#是一种非常方便的调试工具。

2. 字符串连接操作符“##”

操作符##的作用是将两个独立的字符串连接成一个字符串。例如：

```
#define  PASTE(front, back)  front ##back
```

宏 PASTE 利用操作符##把经参数传递过来的两个字符串连接起来，从而宏引用 PASTE(name, 1)在经过预处理后，得到的是 name1。例如：

```
#define SORT(x)  sort_function ##x
```

宏 SORT 利用操作符##把字符串 sort_function 和经参数 x 传递过来的字符串连接起来，这意味着下面语句：

```
SORT(3)(array,size);
```

将被替换为：

```
sort_function3(array,size);
```

由此可以看出，如果在运行时才能确定要调用哪个函数，那么可以利用操作符##动态地构造要调用的函数名。

6.5.2 可变参数宏

在函数中，有参数数目可变的函数，如 int printf(const char * format, …) 就是参数数目可变的函数，省略号“…”表示参数表可变。在 C99 标准之前，可变参数表只能用在函数中，不能用在宏中。C99 标准增加了可变参数宏(variadic macros)，允许像下面这样定义可变参数宏：

```
#define  DEBUG(format,...)  printf (format, __VA_ARGS__)
```

DEBUG 是一个可变参数宏，format 是宏的一个参数，省略号代表一个能够改变的参数表，在每次被调用时，省略号“…”被表示成 0 个或多个参数。内建的预处理器标识符__VA_ARGS__ 用来把省略号“…”部分传递给宏。当宏的调用展开时，实参就取代__VA_ARGS__。例如，宏调用：

```
DEBUG("x= %d\n,y=%d\n",10,20);                    /* 输出 x=10,y=20 */
```

会被展开成：

```
printf("x= %d\n,y=%d\n",10,20);
```

【例 6.5】 用 C99 的可变参数宏，打印调试信息。

分析：在编写代码的过程中，为了调试程序，经常会输出一些调试信息到屏幕上，随着项目的调试，输出的信息可能会越来越多，信息的输出一般要调用 printf 等函数。但是，当调试完后，又需要手工将这些地方删除或者注释掉，这样工作量比较大且非常麻烦。如何方便地处理这些用于输出调试信息的语句？用 C99 的可变参数宏，可方便地输出调试信息。

```
#include <stdio.h>
#define DEBUG                                          /* 正式发行时，删除此行 */
#ifdef DEBUG
    #define MSG(fmt,…) printf(fmt,__VA_ARGS__)         /* 可变参数宏 */
#else
    #define MSG(fmt,…)
#endif
int main()
{
    printf("hello!\n");
    MSG("%s %d %5d\n", "debug1", 10, 20);               /* 输出调试信息 */
    MSG("%s %s %10.2f %d\n", "debug2", "test", 10.5, 100); /* 输出调试信息 */
    return 0;
}
```

调试阶段定义 DEBUG 宏，在需要输出调试信息的地方用宏 MSG，调试成功后，软件正式发行时，只需将第二行的 #define 指令删除或注释掉即可，非常方便。

6.5.3 通用类型宏

通用类型宏或者泛型宏(type-generic macros)允许开发人员根据宏的某个参数的类型来确定生成的内容。C11 中引入关键字_Generic 来实现通用类型宏，它可以把一组具有不同类型而却有相同功能的函数抽象为一个接口。例如：

```
#define sin(x)  _Generic ( (x),long double: sinl,float: sinf,default: sin ) (x)
```

sin 就是一个通用类型宏，_Generic 会对传来的第一个参数进行类型判断，然后根据后面的类型-表达式关联表来实现编译期的替换。例如宏 sin(1.0F)，因为参数类型是 float，实际上调用函数 sinf(1.0F)；宏 sin(1.0L)，因为参数类型是 long double，实际上调用函数 sinl(1.0L)；宏 sin(1.0)，因为参数类型是 double，实际上调用函数 sin(1.0)。也就是说，_Generic

会根据传来的实际参数 x 的类型将宏 sin(x)展开成特定的函数：sinl(x)、sinf(x)或 sin(x)。

【例 6.6】 用_Generic，编写求和的通用类型宏 sum。

```
int sumi(int * arr, int cnt)                                /* 整数求和 */
{
    int sum = 0;
    int i;
    for(i = 0; i < cnt; ++i)   sum += arr[i];
    return sum;
}
double sumf(double * arr, int cnt)                          /* 浮点数求和 */
{
    double sum = 0.0;
    int i;
    for(i = 0; i < cnt; ++i)   sum += arr[i]
    return sum;
}
/* 通用类型宏 sum,它会根据传递的实际类型来决定最终调用的函数 */
#define sum(_arr, _cnt) _Generic(_arr[0],int: sumi, default: sumf)(_arr, _cnt)
```

6.5.4 预定义宏

C 标准中指定了一些预定义宏(见表 6-1)，它们被展开后产生特定的信息，这些预定义宏对于编程经常会用到，它们不能被取消或重新定义，这些宏名都以两个下画线开头和结尾。

表 6-1 预定义宏

预 定 义 宏	解 释
__DATE__	进行预处理的日期，其形式为“Mmm dd yyyy”
__FILE__	代表正被编译的源文件名的字符串，包含了详细路径
__LINE__	代表当前源代码中的行号的整数常量
__TIME__	源文件编译时间，其格式为 “hh：mm：ss”
__FUNCTION__	当前所在函数名
__func__	当前所在的函数名(C99 提供)

对于__FILE__、__LINE__、__FUNCTION__(或__func__)这样的宏，在调试程序时是很有用的，因为可以很简单地在程序运行期进行异常跟踪，精确地定位出现异常的文件名、行数与函数名。例如：

```
#include <stdio.h>
#include <stdlib.h>
#define MSG(message,assertion)  if(!(assertion)){\
    printf("line %d in %s(%s)", __LINE__, __FILE__,__FUNCTION__);\
```

```
    printf(":%s\n",message);\
    abort();\
}
int main(int argc,char * argv[ ])
{
    MSG("命令参数不能为空",argc==2);
    /*…*/
    return 0;
}
```

当命令行中可执行文件名后没有参数时,程序运行结果为:

```
line 10 in D:\test.c(main):命令参数不能为空
```

本章小结

编译前的预处理功能是C语言区别于其他高级语言的一个重要特征,所有的预处理指令都是以井号"#"开头。最常用的预处理功能有三种:文件包含、宏定义和条件编译,使用宏可以减少程序的执行时间,条件编译使程序员能够控制预处理指令的执行和程序代码的编译。头文件 assert.h 中的宏 assert 用来测试表达式的值,有助于表达式的值满足要求,保证程序的正确性,使用 assert 是一种良好的编程方法。

习题 6

6.1 下列哪些宏定义可能是错误的?为什么?

(1) #define MOD %　　(2) #define NUMBER = 20 ;

(3) define ident (x) x　　(4) #define void int

(5) #define mul(x,y) x*y

6.2 定义宏 BALL_VOL(r),计算半径为 r 的球体积,编写一个 C 程序,计算半径从 1 到 10 的球的体积,并以表格形式输出结果。

6.3 定义宏 EVEN_GT(x,y),该宏在 x 为偶数且大于 y 时返回 1,并编写 main 函数来测试该宏。

6.4 定义宏 SWAP(x,y),用于交换两个参数 x 和 y 的值,并编写 main 函数来测试该宏。

6.5 定义宏 SET_BITS(x,p,n,y),将整数 x 从第 p 位开始的向右 n 位(p 从右至左编号为 0~31)置为 y 的最右边 n 位的值,其余各位保持不变,并编写 main 函数来测试该宏。

6.6 简述带参函数和带参宏的区别。

6.7 定义一个宏,该宏按下列格式输出一个 int 变量的名字及其值,top 是变量名,top 的值为 34。

```
name: top,  value: 34
```

6.8 采用条件编译,根据是否定义宏 LOWER,将给定的字符串按小写字母或大写字母输出。如果已定义了宏 LOWER,则按小写字母输出;否则,按大写字母输出。

6.9 假设测试程序时,需要临时忽略一个代码块,让编译器不对其进行编译,但不从文件中删除该代码块,也不把它放在注释中,如何解决这个问题?

6.10 下面是两个头文件和一个 C 源文件。如果对源文件采用 C 语言预处理器处理,会产生什么结果？写出处理后的程序代码。

(1)
```
/*头文件 blue.h*/
int  blue=0;
#include "red.h"
```

(2)
```
/*头文件 red.h*/
#ifndef  _RED_H
  #define _RED_H
  #include "blue.h"
  int  red=0;
#endif
```

(3)
```
/*源文件  test.c*/
#include "blue.h"
#include "red.h"
```

第7章 数组

C程序中除了基本类型(整型、字符型、浮点型)的数据,还经常会使用构造类型的数据。C语言提供的构造类型有数组类型、结构类型、联合类型。构造类型数据是由基本类型数据按照一定的规则组织而成的,需要在使用之前进行定义,并按照语言规则的要求进行使用。

数组是有序数据集合,由“数组名”唯一命名。数组的每个元素都具有相同的数据类型,用数组名和下标的方式可以唯一确定数组中的元素。本章首先介绍数组的基本概念和分类,然后着重介绍一维数组和二维数组的声明、初始化和使用方法,并在此基础上将相关讨论引申至一般的n维数组。再后介绍字符数组,特别是字符串的概念、定义和字符串处理函数的设计与使用。最后介绍几个基于数组的典型应用实例——冒泡排序、二分查找、矩阵乘运算等。

7.1 数组概述

第2章介绍了C语言的基本数据类型,并用它们声明了变量,例如:

```
int x;
double f;
```

这里的x、f都是独立的个体,只能描述一个基本数据类型的数据。而在实际应用中,往往会碰到一些相关的数,如一个班上所有学生C语言课程的考试成绩、一个等比数列中的前n项等。这时仅靠定义一些独立的简单变量来描述就不方便了。试想,要记录一个班上30位学生C语言课程的考试成绩,定义30个独立的变量会是一个什么样的情形?非常烦琐,并且使用起来也极为不便。

数组为描述这样的相关数据提供了便利的手段。数组是按顺序存储的一组相同类型的数据,由一个称为数组名的标识符来标识整个数据集合。数组包含若干个数据,每个数据称为数组的一个元素,使用“数据名+下标”的方式就可以引用数组的每个元素。这样,就可以在需要的时候方便地访问数组中的每个元素,特别是使用循环来处理一个数组中的所有元素或者其中一部分连续下标区间中的元素。

根据维数的不同,数组分为一维数组、二维数组、三维数组等。所谓维数,指的是为了引用数组中的一个元素需要的下标的个数。下面详细介绍各种形式数组的定义和应用。

7.2 一维数组

一维数组是只有一个下标的数组。

7.2.1 一维数组的声明

声明一维数组的一般形式为:

[存储类型说明符] [类型修饰符] **类型说明符 数组名[常量表达式]**={初值列表};

说明:存储类型说明符可以是 extern 或 static,分别用于声明外部数组和静态数组。

类型修饰符可以是 const 和 volatile,分别用于声明常量数组(元素的值为常量的数组)和易失性数组(一种处理易变数据的技术方法)。

类型说明符用于声明数组中元素的数据类型,简称为数组的类型。数组的类型可以是基本数据类型,如 int、char、float、double 等,也可以是后面将要讲到的结构、联合或指针等复杂数据类型。根据数据类型的不同,又将所声明的数组简称为整型数组、字符型数组、单精度浮点数数组、双精度浮点数数组等。

数组名必须是一个合法的标识符,用于标识整个集合的存在。C 语言规定,数组名作为常量对待(事实上,数组名的值是数组的地址,即数组在内存中的起始地址),一旦定义,数组名的值不能被修改。

方括号([ ])也称为下标操作符,数组定义时放在数组名的后面,作用是将前面的名字声明为数组。

常量表达式的结果必须是整数,用于告诉编译器数组的大小,即数组中元素的个数,编译器据此为数组开辟相应的空间来保存数组中的元素。

初值列表是用一对花括号界定的一组初始值的列表,为数组中的元素赋初值;数组定义中初值列表是可选项。

【例 7.1】 声明一维数组并解释其含义。

(1) int score[30];

(2) char code[10];

(3) float length[100];

分析:上面分别定义了三个一维数组:score 是一个包含 30 个元素的整型数组,code 是一个包含 10 个元素的字符型数组,length 是一个包含 100 个单精度浮点数元素的 float 型数组。

变长数组:数组声明时下标操作符(即方括号)中的表达式指出了数组的大小,C99 标准以前这个表达式必须是常量表达式,是在程序运行前就可以决定具体值的量。但 C99 标准及以后,C 语言引入变长数组的概念,此时定义数组时,下标表达式可以是在运行时赋值的变量或表达式。

【例 7.2】 变长数组的定义。

```
int n=5;
char a[n];
scanf("%d",&n);
char b[n];
```

分析:a 数组的大小由 n 的当前值 5 决定;而在定义 b 数组之前,先输入 n 的新值,然后用它指定 b 的大小,再具体开辟 b 的内存空间。

变长数组具有更高的灵活性,但使用中也有一定的限制。

(1) 变长数组必须在程序块的范围内定义,不能在文件范围内定义。也就是说,变长数组只能是局部数组,而不能是全局数组,因此变长数组的作用域只能为块作用域。

(2) 变长数组不能用 static 或 extern 修饰，因此，变长数组的生命周期是短暂的，只在所在的程序块被执行期间存在。当程序块执行结束退出时，变长数组也就被系统自动释放了。

(3) 变长数组不能作为结构体或者联合的成员，只能以独立的数组形式存在(关于结构体或者联合的知识在第 9 章讲述)。

(4) 变长数组的长度事实上也是一次指定、以后不能再变的，只是允许在运行时根据需求现场指定长度，但只要长度在第一次确定后，以后就不能再改。所以，这种“变长”并不是“随时都可变的”的意思。如果需要根据运行时不同的具体情况开辟不同大小的空间，则要用到动态内存分配的技术，需要用 malloc、free 等函数实现对内存空间的分配和管理，这将在第 8 章介绍。

7.2.2 一维数组元素的引用和下标

C 语言中访问数组元素的基本方法是数组名＋下标。对一维数组而言，访问数组元素的一般形式是：

数组名[下标表达式]

说明：数组名是一个预先定义的数组名称；方括号([ ])这里也称为下标操作符，并位于数组名后，在数组元素访问表达式中，方括号界定了一个下标表达式；下标表达式应为整型表达式，表示待访问的元素在数组中的下标。

关于数组的下标，C 语言约定：如果定义时给出的数组大小是 n(即定义数组时设定的元素个数)，则下标的有效范围是 0～n－1，其中 0 是最小下标，n－1 是最大下标。C 语言约定任何数组的合法下标都是从 0 开始的。例如：

```
int b[8];
```

数组 b 的有效下标范围是 0～7。b[0]是 b 的第一个元素，b[1]是 b 的第二个元素……b[7]是 b 的最后一个元素。

如果使用的下标超出了 0～n－1 的范围，则称为下标越界。例如，基于上面定义的数组 b，下面的写法都是错误的。

```
y=b[9];
b[10]=5;
```

数组越界访问原则上是错误的，这相当于“未经授权”地访问了不属于本数组的其他存储空间。如果是读操作，如 y＝b[9];，则至多是读了错误的数据；但如果是写操作，如 b[10]＝5;，则有可能会破坏其他存储空间中的内容而影响到程序的正常执行，甚至会干扰其他程序的执行，严重时可导致系统的崩溃。

数组越界访问是一类常见的错误。但是，C 语言为提高执行代码的效率，对下标越界访问并不主动进行检查。也就是说，即使是越界的下标，编译的时候不进行检查、执行的时候也不报错，直到系统出现异常终止程序的执行，或程序员发现结果不对，然后自己排错。所以，使用数组的时候，对待下标要特别小心，注意防止出现下标越界的问题。

【例 7.3】 分析下面程序段存在的问题并改正。

```
int i, b[8];
for(i=0;i<=8;i++)
    printf("%d ",b[i]);
```

分析：循环到 i=8 时，访问数组元素 b[8]就存在下标越界的问题。变量 i 在控制循环执行次数的同时，也起到了数组下标的作用：用 i 来索引数组 b 中元素。不熟悉 C 语言数组下标规则的读者可能认为，既然数组定义时指定了数组大小为 8，则 i 循环范围的上限就可以达到 8，但要注意，b[8]已经超范围访问数组元素了。使用循环访问数组中的元素是使用数组最一般、最常用的方式，所以类似的问题要特别注意。正确的写法应该是：

```
for(i=0;i<8;i++)
    printf("%d ",b[i]);
```

7.2.3 一维数组的运算

数组的运算指将数组或数组的元素用于表达式语句中参与计算。对于正确引用的数组元素，如 b[0]、b[1]，使用时每个都可以看作一个独立的变量(尽管元素间因某种关联组织在数组中，但元素本身可视为一个个独立的变量个体)，可以参与其类型所允许的所有何运算。例如，设有以下数组定义：

```
int x[3]={1,2,3}, y[3]={4,5,6}, z[3],k=1;
```

以下运算表达式语句都是正确的：

```
z[0] = x[0] + y[0];
z[1] = x[0] + y[3];
z[k] = ++x[0] + --y[k++];
z[1] = x[0] + y[x[1]];        /* 等价于 z[1]= x[0]+y[2]; */
```

但 C 语言规定，对数组的所有运算最终都要归结到对数组元素的操作上，而不支持将数组作为一个整体进行操作。例如，对上述定义的数组 x、y 和 z，若要实现 x 中的元素和 y 中的元素对应相加，并将结果保存在 z 中，在 C 语言中不能直接表示为：

```
z=x+y;
```

这相当于取 x 和 y 两个数组名的值(各自数组的地址)相加，然后给 z 赋值，但 z 的值是地址常量，所以赋值是错误的。一般正确的方式是使用循环，将 x 和 y 的元素依次相加并把结果保存在 z 中的对应元素中。

```
for(i=0;i<3;i++)
    z[i] = x[i] + y[i];
```

7.2.4 一维数组的逻辑结构和存储结构

从逻辑结构看，一维数组可以看作由数组元素组成的一维序列，是一种线性结构。数组中，除了第一元素和最后一个元素以外，其他每个元素有且只有一个前驱(比它下标小 1 的那个元素)和一个后继(比它下标大 1 的那个元素)，而第一个元素没有前驱，最后一个元素没有后继。

从存储结构看，数组是内存空间中顺序、连续存储的一组数据。每个元素占若干字节(字节数由其类型决定，例如 int 类型元素占 4 个字节，char 类型元素占 1 个字节)，位置彼此相邻，顺序排列在内存线性空间中一段连续的区域内。

【例 7.4】 说明简单变量 x 和整型数组 a 的存储结构。

```
int x;
int a[4];
```

分析：在内存中存在 x 和 a 的相应字节空间保存它们的数据，其分配的存储空间如图 7-1 所示。设 int 型是 4 字节长度，则内存中为 x 分配 4 个字节以保存 x 的值，见图 7-1(a)；数组 a 中包含 4 个 int 型元素，在内存中分配有 16 字节的连续空间，每 4 个字节表示一个整型数组元素，这 4 个元素在内存中按序依次存放，见图 7-1(b)。

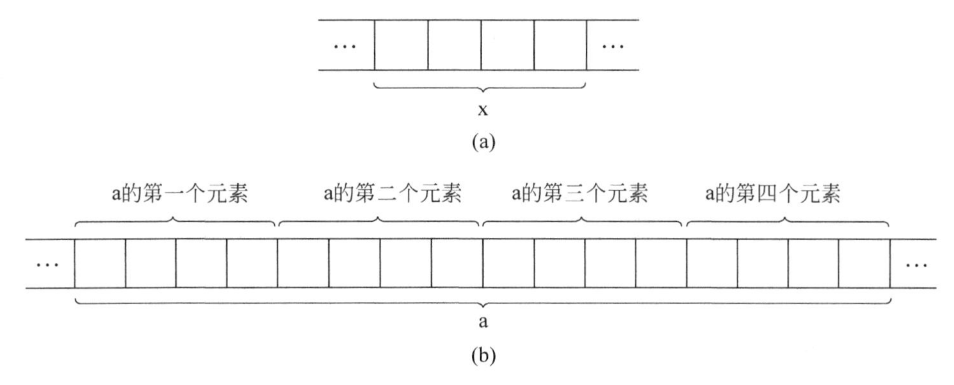

图 7-1 为变量 x 和数组 a 分配存储空间示意图

C 语言中，普通变量的值是它所代表的若干字节单元的内容。若上面变量 x 的值是 5，则是指它所标识的 4 个字节的值以整数计是 5。但对数组言，数组名不代表任何元素的值，而是数组的整体存在，其值是一个地址值，等于数组在内存中所占第一个字节的地址。进一步观察还会发现，数组的第一个字节也是数组中第一个元素的第一个字节，所以数组的地址与数组的第一个元素的地址本质上是一个地址，相等但逻辑含义不同，一个称为数组的地址，一个称为数组元素的地址。

【例 7.5】 以下程序输出一个数组的数组名的值、数组中各元素的值和地址，观察它们之间的关系。

```
#include <stdio.h>
#define SIZE 4
int main(void)
{
    int a[SIZE]={1,3,5,7}, k;
    printf("the value of a is 0x%x\n",a);          /*输出数组名的值*/
    for(k=0;k<SIZE;k++)
```

```
        printf("a[%d]=%d\t &a[%d] = 0x%x\n", k, a[k], k, &a[k]);
                                                    /* 输出数组中各元素的值和地址 */
    return 0;
}
```

分析：该程序首先通过#define命令定义了符号常量SIZE，值为4；然后声明了一个大小为SIZE的整型数组。在其后第一个printf语句中，输出符号a(即数组名)的值，其值等于数组a的起始地址，是一个无符号整型的数据，以%x的方式；第二个printf语句在循环语句中，连续输出a数组中各个元素的值和地址。

程序的一次运行后输出：

```
the value of a is 0x0061feec
a[0]=1   &a[0] = 0x0061feec
a[1]=3   &a[1] = 0x0061fef0
a[2]=5   &a[2] = 0x0061fef4
a[3]=7   &a[3] = 0x0061fef8
```

通过上述输出可以看到：①数组名a的值与数组中第一个元素的地址是相同的，都等于0x0061feec，即数组的起始地址等于数组中第一个元素的地址。②每个元素在内存中都有独立的存储空间；作为整型数据，每个元素占4字节；通过取地址运算&可以获取每个元素的地址，可以看到它们在内存中是从数组的起始位置开始连续、顺序存放的，各元素的地址值依次相差4。一维数组a中4个元素在内存中存储形式如图7-2所示。

地址	数组元素
0x0061feec	1
0x0061fef0	3
0x0061fef4	5
0x0061fef8	7

图7-2　一维数组a在内存中的存储形式

7.2.5　初始化数组

数组初始化是指在定义数组时为数组中的元素赋初值，这需要用初值列表完成。如前所述，初值列表是用一对花括号界定的一组初值的集合，有多个初值时，初值和初值之间用逗号隔开。例如：

```
int a[4]={1, 2, 3, 4};
char name[6]={'z', 'h', 'a', 'n', 'g', 0};
```

如果数组定义时给出了初值列表，则数组初始化的操作就是将初值列表中的初值依次赋给数组中的元素：第一个初值赋给数组的第一个元素(下标为0的元素)，第二个初值赋给数组的第二个元素，依次类推。

有以下情况需要说明。

(1) 初值列表中的初值个数应小于或等于数组的大小。如果等于，则按照上述规则，依次为数组的每个元素赋初值；如果小于，则缺少的初值必须位于初值列表的最后，不能前面缺失，也不能中间缺失。

(2) 如果初值列表中初值的个数大于数组的大小，则会发生溢出，错误地对超出数组范围的空间赋值。

【例 7.6】 以下声明语句均定义包含 8 个元素的整型数组并初始化,分析它们的对错。

① int b[8] = {1,2,3,4,5,6,7,8};

② int b[8] = {1,2,3,4};

③ int b[8] = { , , ,4,5,6,7,8};

④ int b[8] = {1,2, ,4, ,6,7,8};

⑤ int b[8] = {1,2,3,4,5,6,7,8,9};

分析:①正确。②正确。初值列表中初值的个数小于数组大小,缺失的数据位于初值列表的最后部分,是合法的定义方式。③错误。如果初值列表中有缺失的数据,这些数据不能位于除最后部分的其他位置。这里前面三个初值缺失,所以是错误的。④错误。缺失的数据也不能位于初值列表的中间位置。⑤错误。初值列表中初值的个数不能大于数组的大小,否则会引发程序异常,甚至系统崩溃。

(3) 数组定义时,只要带有正确的初值列表(初值列表甚至可以为空,表示没有指定任何具体的初值),则对有对应初值的元素,用初值进行初始化;对初值缺失的元素(缺失的初值一定时位于初值列表的最后部分),编译器自动将元素初始化为 0。

【例 7.7】 有以下数组定义,分析数组元素被初始化的情况。

① int b[8] = {1,2,3,4,5,6,7,8};

② int b[8] = {1,2,3,4};

③ int b[8] = {0};

④ int b[8] = {};

⑤ int b[8];

分析:①b 的每个元素都有对应的初值,按序对元素进行初始化。②初值列表中有缺失的初值,则 b 的前 4 个元素被赋予初值 1、2、3、4,而后面的 4 个元素 b[4]~b[7]被自动初始化为 0。③相当于用显式的初值 0 初始化 b[0],然后将后面的 7 个元素自动初始化为 0,所以该语句相当于将 b 的所有元素赋初值 0。④初值列表为空时,编译器自动将 b 中的所有元素赋初值 0。⑤没有初值列表,此时若 b 为全局数组,则编译器自动将 b 中的所有元素初始化为 0;而若 b 是局部数组,则 b 的所有元素的初值为不可预测的随机值,所以对局部数组,一定要通过赋初值或其他方式为其元素赋值,之后再加以引用,否则就会产生意想不到的结果。

【例 7.8】 执行以下程序,观察输出结果。

```
#include<stdio.h>
int b1[6] = {1,2,3};
int b2[6] = { };
int b3[6];
int main()
{
    int b4[6] = {1,2,3};
    int b5[6] = {};
    int b6[6];
    int i,s1=0,s2=0,s3=0,s4=0,s5=0,s6=0;
    for(i=0;i<6;i++) {
```

```
        s1 += b1[i];
        s2 += b2[i];
        s3 += b3[i];
        s4 += b4[i];
        s5 += b5[i];
        s6 += b6[i];
    }
    printf("s1 = %d\ns2 = %d\ns3 = %d\ns4 = %d\ns5 = %d\ns6 = %d\n",s1,s2,s3,s4,
s5,s6);
    return 0;
}
```

一次执行的结果：

```
s1 = 6
s2 = 0
s3 = 0
s4 = 6
s5 = 0
s6 = -1343367202
```

可见，对于全局数组，当有初值列表对其初始化时，若元素有对应的初值，则用初值初始化该元素；而若初值缺失，则没有初值对应的元素被自动初始化为0。即使没有用初值列表对全局数组初始化，或有初值列表，但列表为空，全局数组中的元素也会被全部自动初始化为0。

对于局部数组，当有初值列表对数组初始化时，若元素有对应的初值，则用初值初始化该元素；若初值缺失，则没有初值对应的元素也会被自动初始化为0，即使初值列表为空，局部数组中的元素也会被全部自动初始化为0。但是，如果没有使用初值列表对数组进行初始化，如上述的数组b6，则所有元素的初始值都是未知的，所以对b6中的元素求和，和的值也是不可预测的随机值(每次执行这个值可能都不相同)。

(4) 带有初值列表时，定义数组的时候可以不用指定数组的大小。即数组定义中的方括号里可以不用注明数组的大小，但方括号不能少。例如：

```
int b[ ] = {1,2,3,4,5,6,7,8};
```

此时，编译器自动分析初值列表中数据的个数，并将数组的大小设定为这个数，例如上述数组b，编译器认定b的大小等于8，相当于int b[8] = {1,2,3,4,5,6,7,8};。

(5) 为了提高数组初始化的灵活性，C99及以后的标准中又添加了指定初始化器，从而可以以任意次序指定数组任意元素的初值。

指定初始化器是在初值列表中用“[下标]=初值”的方式指定为某个下标位置的元素赋初值。例如：

```
int b[8] = {1, [3]=4, [1]=2,6, [6]=7, 8};
```

可见，使用指定初始化器，可以以任意次序为数组元素指定初值，而不一定按0、1、2、…的基本顺序；第一个初值1没有被指定，所以按常规的方式处理，赋给b[0]；其后如果有被指定初始化器指定的初值，则按指定的要求赋初值，如 4 被赋给 b[3]，2 被赋给 b[1]，7 被赋给 b[6]；其他没有指定初值的元素，编译器自动将其初值置为 0。如果一个由指定初始化器指定的初值后是一个普通的初值，如上述初值列表中的 6 和 8，则其对应的下标是前面指定的下标＋1 的位置，然后为该位置对应的元素赋初值，这里 6 将赋给 b[2]，8 将赋给 b[7]。

【例 7.9】 分析以下程序的输出结果。

```
#include <stdio.h>
int main()
{
    int arr[8] = {1, [3]=4, [1]=2,6, [6]=7, 8};
    int i;
    for(i=0;i<8;i++)     printf("%d ",arr[i]);
    return 0;
}
```

程序输出：

```
1 2 6 4 0 0 7 8
```

可见，指定初始化器没有顺序要求。没有指定下标的初值仅为前面延续过来的下标加 1 处的位置赋初值。

使用指定初始化器时，同样可以不指定数组的大小。此时，编译器会计算最大的下标，并正确指定数组的大小。例如，将上面数组 arr 的定义改写为：

```
int arr[ ] = {1, [6]=7, 8, [1]=2,6, [3]=4};
```

则输出依然为：1 2 6 4 0 0 7 8。编译器为 arr 指定的大小为 8，因为其中包含指定初始化设置：[6]=7，而其后跟有普通初值 8，尽管二者位于初值列表的前面，但 8 依然被当作 arr[7] 的初值，这样计算出来的 arr 的大小仍为 8。

如果初值列表中含有对某个下标位置元素的重复初始化，会怎么样呢？如将上面的程序改写如下：

```
#include <stdio.h>
int main()
{
    int arr[8] = {1,9, [3]=4, [1]=2,11,12, [6]=7, 8};
    int i;
    for(i=0;i<8;i++)     printf("%d ",arr[i]);
    return 0;
}
```

则输出是：

```
1 2 13 14 0 0 7 8
```

可见，如果初值列表中存在对元素的重复初始化，则以最后一次指定的初值为最后的结果。如上述初始列表中,从左往右看,先为 b[1]赋初值 9,但在后面有指定初始化器的设置[1]=2,将 b[1]的初值重新赋值,所以最后的结果是 b[1]的初值为 2;类似地,b[3]开始被初始化为 4,但后面存在重复初始化(初值 14),所以最后 b[3]的初值为 14。

虽然利用指定初始化器可以重复指定数组元素的初值,并可能使得初值列表中的项数多于设定的数组大小,但最终能确定的下标及下标范围应在数组大小限定的范围内,否则同样存在数组越界的问题。

7.2.6 用 const、extern、static 声明数组

和普通变量类似,可以用 const、static、extern 声明数组,从而把数组声明为常量数组(只读数组)、静态数组,或用 extern 进行外部数组声明。例如,下面是常量数组的声明。

```
const int days[12] = {31, 28, 31, 30, 31, 30, 31, 31, 30, 31, 30, 31};
```

days 是一个表示每年中每月天数的 const 数组,定义时用含有 12 个月天数的初值列表为数组赋初值,之后数组的内容就不能再被改变了,其元素只能读,不能被修改。下面是静态数组声明。

```
static int score[30];
```

score 是一个表示成绩的静态数组。静态数组的含义是其中的每个元素都是静态的,并遵循和普通静态变量一样的访问规则,即局部静态数组只能在其定义的局部程序块中访问,作用范围为定义它的局部区域,但生命周期是永久的,并具有记忆功能,在一次执行后,再次进入它所在局部程序块时,上次数组的值仍可使用。

如果 C 程序是一个多文件结构,在其中一个文件中声明了一个全局数组,而在另一个文件中要使用该数组,则需要在第二个文件使用数组前对数组进行外部数组声明。

设一个 C 程序包含 file1.c 和 file2.c 两个源程序文件。file1.c 中声明有全局数组:

```
int arr2[10];
```

则对 arr2 的外部数组声明为:

```
extern int arr2[10];
```

和对普通变量的外部声明一样,外部数组声明可以用在任何需要的地方,而通常的做法则是将上面的外部数组声明语句写在与 file1.c 对应的头文件 file1.h 里,并在使用到 arr2 的其他文件中用 #include "file1.h"将该头文件包含进来。

7.2.7 一维数组作为函数的形参

函数的形参可以是数组,形参里的数组称为形式数组。用一维数组作为函数的形参时,形式数组的声明方式是:

数据类型名 数组名[ ]

说明:方括号"[ ]"中不用指定大小。数据类型名和数组名的要求与一般数组的定义相同。

【例 7.10】 定义计算整型数组元素之和的函数 GetSum。

```
int GetSum(int a[],int n)
{
    int i, sum=0;
    for(i=0;i<n;i++)     sum = sum + a[i];
    return sum;
}
```

分析：函数参数表里，a 是形式数组，数据类型是整型，即数组元素的类型是整型。声明时数组 a 的方括号中不用指定数组的大小，但通常用一个参数专门给出形式数组中的元素数量，如该例参数表中的整型参数 n。

设 main 函数中对 GetSum 有以下调用行为。

```
#define SIZE 5
int main()
{
    int arr[SIZE];
    int i,sum;
    for(i=0;i<SIZE;i++)     scanf("%d",&arr[i]);
    sum = GetSum(arr,SIZE);
    printf("The sum of all elements is %d\n", sum);
    return 0;
}
```

调用时，arr 作为数组型实参传递给函数 GetSum 的形参数组 a，同时传递的参数还有 SIZE，给出当前正在处理的数组中的元素数量。

在第 5 章函数中介绍过 C 语言函数传递的基本方式——值传递，但根据传递的是普通数据还是地址型数据，又区分为传值或传址。形式数组的参数传递方式是传址。

如 GetSum 函数，形参 n 是普通参数，在形参与实参虚实结合时，仅将实参的值(SIZE 的数值)赋给形参，表示当前 GetSum 的形式数组实际具有 5 个元素；而形参数组 a 被赋的值是实参数组名 arr 的值，即数组 arr 的地址。

可以进一步理解形参数组参数传递的含义。所谓传址，就是在参数传递时，复制给形参的是一个地址值，而不是其他普通的值。前面已经介绍过，数组名的值就是数组地址，即数组所占内存空间中第一个字节的内存地址。所以，实参数组与形参数组的虚实结合过程，不是把实参数组的元素一一复制给形参数组，而仅是将实参数组的地址(由数组名代表)复制给形参数组的数组名，从而使得形参数组名的值也等于这个地址。可见，即使是“传址”，本质上还是一种“传值”的形式，只是这时传递的“值”是一个地址值。

一旦成功“传址”，则实参数组名和形参数组名就具有了相同的地址值，从而二者就具有了统一性：代表着内存中同一个区域，该区域中原本存放着实参数组的元素。数组参数的虚实结合如图 7-3 所示，箭头表示实参数组名 arr 和参数传递后形参数组 a 都指向同一个存储区域，即数组 arr 在内存中的本体。

同时，以数组名[下标]的方式引用数组中的元素，本质上是取从数组名标识的地址开

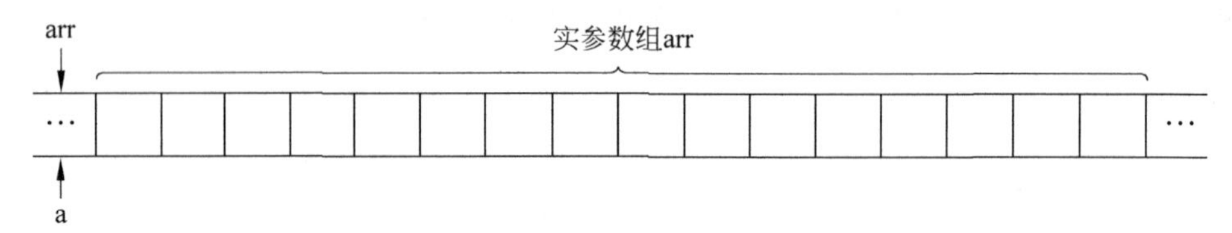

图 7-3 数组参数的虚实结合

始、下标偏移为 i 的元素(注：这里是以元素数据长度为一个单元计算步长的，如 int 型数据以 4 字节为一单位计算)。例如，arr[0]是相对数组 arr 的起始地址、下标偏移为 0 的元素，即数组的第一个元素；arr[1]是相对数组 arr 的起始地址、下标偏移为 1 的元素，即数组的第二个元素。基于这样的元素定位机制，在 GetSum 函数中 a 的值等于 arr 的值，则用 a[0]，a[1]，…，a[4]访问到的元素与在 main 函数中用 arr[0]，arr[1]，…，arr[4]访问到的元素实际上是同一个的元素。

【例 7.11】 下面的程序，在 main 函数中定义了一个 9 个元素的数组 score，并调用 findmax 函数，找出数组中的最大值并移动到数组的最后一个元素的位置上。

```
#include <stdio.h>
void findmax (int score[],int n);
int main()
{
    int score[9]={ 85, 72, 90, 67, 95, 85, 78, 65, 84};
    int i;
    printf("The original elements in array are:\n");
    for(i=0;i<9;i++)    printf("%d ", score[i]);
    printf("\n\n");
    findmax (score,9);
    printf("The elements in the array after processing are:\n");
    for(i=0;i<9;i++)   printf("%d ", score[i]);
    return 0;
}

void findmax (int sc[],int n)
{
    int t, j;
    for(j=0;j<n-1;j++)
        if(sc[j]>sc[j+1]) {
            t = sc[j];
            sc[j] = sc[j+1];
            sc[j+1] = t;
        }
}
```

输出结果：

```
The original elements in array are:
```

```
85 72 90 67 95 85 78 65 84
The elements in the array after processing are:
72 85 67 90 85 78 65 84 95
```

分析：findmax 函数有一个形参数组 score，在 main 函数中用实参数组 score 调用 findmax 函数。从输出结果可以看到，调用 findmax 函数后，原始数组 score 中的元素被调整了，最大元素被挪到了整个数组的最后一个位置上，而其他元素在 findmax 函数执行过程中，也做了一定的交换，其规则是：在 findmax 函数 for 循环的执行中，每次迭代比较两个相邻的元素 sc[j]和 sc[j+1]，如果 sc[j]>sc[j+1]，即发现值大的元素在前、值小的元素在后，则交换二者的值，否则不交换；然后 j++，继续比较下一对元素，直到 j=n-2，比较完 sc[n-2]和sc[n-1]为止。至此，数组中的最大元素(95)就被挪到了数组的最后位置上，而其他元素在这个过程中也发生了一定的交换，程序执行过程中数组 sc 中元素的变化情况见表 7-1。

表 7-1　findmax 函数执行过程中数组 sc 中元素的变化情况

j	数组中元素的值								
0	85	72	90	67	95	85	78	65	84
1	72	85	90	67	95	85	78	65	84
2	72	85	90	67	95	85	78	65	84
3	72	85	67	90	95	85	78	65	84
4	72	85	67	90	95	85	78	65	84
5	72	85	67	90	85	95	78	65	84
6	72	85	67	90	85	78	95	65	84
7	72	85	67	90	85	78	65	95	84
结果	72	85	67	90	85	78	65	84	95

表 7-1 中带有阴影的相邻元素为 for 循环各次迭代时进行比较的两个元素。其中，j=0、2、4、5、6、7 时，因为 sc[j]>sc[j+1]而发生了元素交换；而当 j=1、3 时，sc[j]≤sc[j+1]，不需要交换。这样调整的最后结果见表中最后一行。

需要进一步明确的是，尽管 findmax 函数中是基于 sc 数组进行的元素调整，但事实上，sc 指向的是 main 函数中 score 数组的本体，所以对 sc 中元素的调整结果，直接反映在 score 数组中。可以看到，在 main 函数中，在执行完 findmax 函数后输出的 score 数组的元素是调整以后的排列情况。

7.3　二维数组

一维数组中的元素之间为线性关系。而在现实应用中，经常会遇到二维数据关系，如学生成绩登记表等二维表格数据。设学生有语文、数学两门课程的考试成绩，登记表如表 7-2 所示。

使用什么样的数据结构描述这种二维数据呢？显然用一维数组不再合适。而二维数组则是一种较好的选择。

二维数组是有两个下标的数组，从逻辑结构上理解，可以把二维结构看作行和列的关系，也就是二维数组是由若干行和列组成的数据。

表 7-2　学生成绩登记表

序号	语文	数学
1	85	90
2	93	78
3	88	88
4	90	95
…	…	…

7.3.1　二维数组的定义

二维数组定义的一般形式为：

类型说明符 数组名[常量表达式] [常量表达式]={初值列表}；

说明：类型说明符、数组名、常量表达式的语法要求和含义与一维数组相同。并且在类型说明符前也可以加存储类型说明符(extern、static)和类型修饰符(const、volatile)，从而把二维数组声明为静态数组或进行外部二维数组声明，或定义成常量型二维数组或易失性二维数组。关于二维数组的初始化和初值列表的使用将在后面介绍。

【例 7.12】 声明二维数组并解释其含义。

(1) int scores[30][3]；

(2) char names[10][20]；

分析：scores 是一个包含 90 个整型元素的二维数组，这 90 个整数逻辑上被排列 30 行×3 列，可以用于登记一个班上 30 位学生的学号、语文成绩、数学成绩，每行是一个学生的记录，分成 3 列，分别对应学号、语文成绩、数学成绩。names 是一个字符型二维数组，可以看作 10 行×20 列的结构，每行包含 20 个字符，如果一行保存一个表示学生名字的字符串，则这个二维数组可以保存 10 个学生的名字。

7.3.2　二维数组元素的引用和数组运算

对二维数组而言，定位其中的一个元素需要两个下标，因此访问二维数组元素的一般形式为：

数组名[下标表达式 1][下标表达式 2]

说明：数组名也是一个预先定义的二维数组名称；两个方括号分别界定了一个维度的下标。同样，下标表达式 1 和下标表达式 2 均为整型表达式，取值范围应在各维的有效下标区间，即 0～维度大小－1 范围内，超出该范围的下标为越界访问数组。

注意：在二维数组元素引用的表达式中，每个下标都需要用方括号界定，而不能将多个下标写在一个方括号中。

例如，设有二维数组 a 和整数 x、y 的定义为：

```
int a[3][4];
int x = 1, y=3;
```

则数组 a 第一维下标的取值区间是 0～2，第二维下标的取值区间是 0～3。以下是正确的数组元素引用表达式。

```
a[0][0]          /* 因为 0 在正确的下标取值区间中 */
```

```
a[x][0]         /* 变量 x 的值等于 1,在 a 第一维下标的正确取值区间中 */
a[x][y]         /* x 和 y 的值分别在 a 的第一维和第二维下标的取值区间中 */
a[++x][y++]     /* 前缀式++x 的值是 2,而后缀式 y--的值是 3,都在取值区间内 */
```

而以下数组元素引用表达式是不正确的。

```
a[1, 2]         /* 不能将两个下标写在一个方括号中,正确的写法是 a[1][2] */
a[x+y][y]       /* x+y 是整型表达式,值是 4,超出了 a 第一维下标的取值区间 */
```

在数组运算上,如前所述,对数组,包括一维数组、二维数组及更高维度的数组,C 语言都不支持对数组整体的运算,一般都落实在对数组元素的操作上。

以下程序段定义了三个大小均为 3×4 的二维数组 a、b 和 c,实现了 a 和 b 中元素对应相加,即 a[i][j]+b[i][j],并将结果保存在 c[i][j]中的功能。

```
int i, j;
int a[3][4], b[3][4], c[3][4];
for(i=0;i<3;i++)
for(j=0;j<4;j++)
    c[i][j] = a[i][j] + b[i][j];
```

以上程序段具有使用二维数组进行数据处理的典型程序结构:二重循环。因为有两个下标,在对二维数组元素进行操作时,典型的程序结构就是二重循环,依次扫描二维数组中的每个元素并完成相应的计算。

7.3.3　二维数组的逻辑结构和存储结构

从逻辑结构看,二维数组可以看作具有行-列结构的二维数据分布,一个元素 a[i][j]有 8 个近邻(处在边界处的元素除外,它们的近邻为 3 或 5 个),如图 7-4 所示。

	a[i-1][j-1]	a[i-1][j]	a[i-1][j+1]	
	a[i][j-1]	a[i][j]	a[i][j+1]	
	a[i+1][j11]	a[i+1][j]	a[i+1][j+1]	

图 7-4　二维数组元素 a[i][j]的 8 个近邻元素

基于这样的逻辑结构,就可以基于当前元素位置方便地换算其他近邻元素的位置了。

但从存储结构看,因为内存是线性编址,所以存储二维数组时存在从二维到一维的映射转换。C 语言的规则是“行主序存储”,即从首地址开始,先存二维数组的第一行元素,在第一行的最后一个元素后面接着存第二行的元素,依此类推,直到将最后一行元素存入线性地址空间中,如图 7-5 所示。

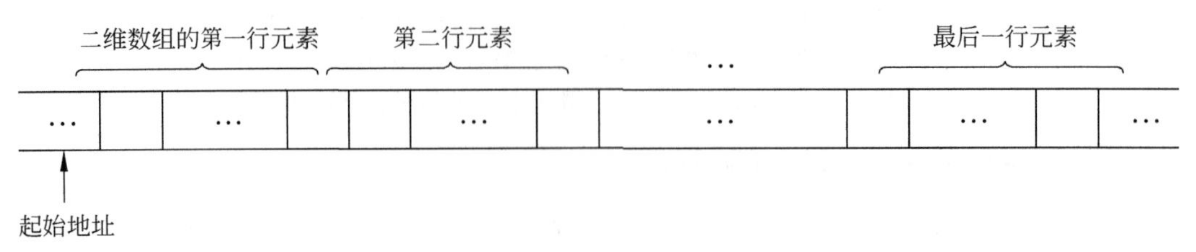

图 7-5　二维数组的存储结构

和一维数组的数组名一样，二维数组的数组名也是一个地址常量，其值等于二维数组的起始地址，即二维数组的第一个元素在内存中的地址。例如，上述二维数组 a，a 的值就是元素 a[0][0]的地址。

取地址表达式 &a[i][j]对二维数组的元素同样表示取元素的地址，所以 a 的值就等于 & a[0][0]。

基于这样的存储结构，可以基于数组的起始地址，根据元素偏移计算每个元素的地址，这涉及指针的内容，在第 8 章将对此进行阐述。

7.3.4　二维数组的初始化

在定义二维数组时，可以用初值列表为其初始化。有两种初始化形式。

(1) 根据二维数组的存储结构进行初始化。

形式上就是把数组中的元素依次写在花括号中，元素之间用逗号隔开。编译器初始化数组时，将初值列表中的元素依次赋给二维数组的元素，赋值顺序等于二维数组中元素的存储顺序。例如：

```
int a[3][4]={1, 2, 3, 4, 5, 6, 7, 8, 9, 10, 11, 12};
```

初始化后，二维数组 a 的存储形式及经赋初值后元素的值如图 7-6 所示。

a[0][0]	a[0][1]	a[0][2]	a[0][3]	a[1][0]	a[1][1]	a[1][2]	a[1][3]	a[2][0]	a[2][1]	a[2][2]	a[2][3]
1	2	3	4	5	6	7	8	9	10	11	12

图 7-6　二维数组 int a[3][4]的存储形式及经赋初值后元素的值

初值列表中同样允许有缺失的初值，甚至为空，数组中若没有初值对应的元素，则编译器自动初始化为 0。

【例 7.13】　分析以下程序的输出结果。

```
#include<stdio.h>
int main()
{
    int a[3][4]={1, 2, 3, 4, 5, 6};
    int i,j;
    for(i=0;i<3;i++) {
        for(j=0;j<4;j++)  printf("%d ",a[i][j]);
        printf("\n");
    }
```

```
    return 0;
}
```

分析：main函数中定义了二维数组a，并用有6个元素的初值列表对a进行初始化，则a中前6个元素a[0][0]、a[0][1]、a[0][2]、a[0][3]、a[1][0]、a[1][1]被依次赋予初值1～6，而其余的所有元素被自动初始化为0。

程序输出：

```
1 2 3 4
5 6 0 0
0 0 0 0
```

(2) 按照二维数组的逻辑结构进行初始化。

此时可以分行来对二维数组进行初始化。

【例7.14】　分析以下程序的输出结果。

```
#include<stdio.h>
int main()
{
    int b[4][4]={{1, 2, 3},{},{9, 10}, {13}};
    int i,j;
    for(i=0;i<4;i++) {
        for(j=0;j<4;j++)    printf("%3d ",b[i][j]);
        printf("\n");
    }
    return 0;
}
```

分析：程序中对二维数组的初始化是按照二维数组的逻辑结构来组织初值列表中的元素的。初值列表中，内层的每一对花括号对应二维数组一行元素的初值。每行都可以有自己缺失的元素，甚至可以为空表。用每一行的初值对本行元素初始化时，规则同于一维数组。

程序输出：

```
  1   2   3   0
  0   0   0   0
  9  10   0   0
 13   0   0   0
```

同时，对整体而言，并不需要对数组的每一行都有对应的内层花括号，但缺失的花括号必须位于整个初值列表的最后部分。如以下定义：

```
int b[4][4]={{1, 2, 3}, ,{9, 10}, {13}};  /*错误，中间缺失了第二行对应的内层花括号*/
int b[4][4]={{1, 2, 3},{},{9, 10}};       /*正确，缺失部分对应的所有元素被自动初始化为0*/
```

如果初值列表中给出了所有元素初值或者内层花括号界定了所有行的初值时，二维数组声明中的第一维下标大小可以省略，但第二维下标不能省略。例如：

```
int ary1[ ][4]={1, 2, 3, 5, 6, 7, 8, 9};
int ary2[ ][4]={{1, 2, 3},{},{9, 10}, {13}};
```

编译器会根据给出的初值情况自动计算数组第一维的大小，对于数组 ary1，由于第二维指出了每行的元素数，而初值列表中给出了 8 个初值，所以，ary1 的第一维大小是 2；同理，对 ary2，是按照数组的逻辑结构给出的初值列表，其中包含了 4 行的初值，所以 ary2 的第一维大小是 4。

7.3.5 二维数组作为函数的形参

用二维数组作为函数的形参，需要在函数形参表里用以下方式的声明二维数组类型形式参数为：

数据类型名 数组名[ ][整型常量表达式]

说明：需要用两个方括号“[ ]”表示是二维数组，第一维不用指定大小，但第二维必须指定大小。例如，以下函数 addAry2D 实现两个二维数组 a、b 对应元素相加并将结果存于数组 c 中的功能。

```
void addAry2D (int a[][4], int b[][4], int c[][4], int n)
{
    int i, j;
    for(i=0;i<n;i++)
        for(j=0;j<4;j++)
            c[i][j] = a[i][j] + b[i][j];
}
```

函数 addAry2D 的参数表声明了三个二维形参数组 a、b、c。两个 m×n 二维数组相加，结果也是一个 m×n 二维数组，因此这里二维数组 a、b、c 应有同样的大小。作为形参数组声明，第一维大小均被省略，但为了指示各数组第一维的大小，和一维数组作参数时类似，参数表里声明了一个整型参数 n，给出这些数组第一维的大小；而各数组的第二维显式地指定了大小(各数组第二维的大小均为 4)，这是不能省略的。

设在 main 函数中调用 addAry2D 函数，示例如下。

```
#define SIZE 3
void addAry2D (int a[][4], int b[][4], int c[][4], int n);
int main()
{
    int a[SIZE][4], b[SIZE][4], c[SIZE][4];
    int i, j;
    printf("The array dimension is %dX4. Now please input the elements of array a
and b.\n", SIZE);
    printf("Array a:\n");
    for(i=0; i<SIZE; i++) {
        for(j=0; j<4; j++) {
            printf("a[%d][%d] = ", i, j);
```

```
            scanf("%d",&a[i][j]);
        }
    }
    printf("Array b:\n");
    for(i=0; i<SIZE; i++) {
        for(j=0; j<4; j++) {
            printf("b[%d][%d] = ", i, j);
            scanf("%d",&b[i][j]);
        }
    }
    printf("Adding a and b ……\n", SIZE);
    addAry2D (a, b, c, SIZE);
    printf("Done. The result is:\n");
    for(i=0; i<SIZE; i++) {
        for(j=0; j<4; j++)
            printf("%d ", c[i][j]);
            printf("\n");
        }
    return 0;
}
```

main 函数中调用了 addAry2D 函数，以 main 函数中定义的三个二维数组为实参，调用 addAry2D 函数时，直接在参数表中写上实参数组名即可。

二维数组形参和实参的虚实结合也是"传址"的方式，即将实参二维数组的地址(数组名的值)复制给形参二维数组。"传址"后，形参数组名具有和实参数组名一样的地址值。而所谓的引用一个数组的元素，本质上就是基于这个数组的起始地址，访问某个下标偏移处的存储单元的内容。所以，基于形参数组名访问的某个下标偏移处的存储单元与基于实参数组名访问的同样下标偏移处的存储单元，实际上是同一个单元，这一性质不管是对一维数组还是二维数组，甚至更高维数组，都是成立的。

*7.4 n 维数组

超过二维的数组称为高维数组，如三维数组、四维数组等。下面将数组的定义和使用推广至一般的 n 维数组。

7.4.1 n 维数组的定义

n 维数组定义的一般形式为：

类型说明符 数组名[常量表达式 1] [常量表达式 2]… [常量表达式 n]={初值列表};

说明：n 维数组的定义中有 n 对方括号，从左到右，每对方括号界定一维下标，常量表达式 i 给出第 i 维下标的大小。设第 i 维下标的常量表达式的值等于 d_i，则该维的大小是 d_i，下标的取值区间为 $0\sim d_i-1$。整个数组中共有 $d_1\times d_2\times\cdots\times d_n$ 个元素。

类型说明符给出数组中基本元素的数据类型。类型说明符前也可以加存储类型说明符

(extern、static)和类型修饰符(const、volatile),从而把多维数组声明为静态数组,或进行外部声明,或定义成常量型数组或易失型数组等。

初值列表中同样可以以存储结构或逻辑结构的方式对多维数组中元素进行初始化,且={初值列表}是可选项。

【例 7.15】 定义高维数组并解释其含义。

```
int a[2][3][4]={1, 2, 3, 4, 5, 6, 7, 8, 9, 10, 11, 12, 13, 14, 15, 16, 17, 18, 19, 20, 21,
22, 23, 24};
float f[3][4][5][6][7];
```

分析:定义了一个三维整型数组 a 和一个五维 float 类型的数组 f。其中,数组 a 用初值列表为其赋了初值,从而使得 a 中的元素依次等于 1~24。数组 f 没有被赋初值,则 f 中元素的初值有以下情况:如果 f 是定义在程序块中的局部数组,则元素初值是不确定的任意值;如果 f 是全局数组,编译器会自动初始化元素的初值为 0。

7.4.2 n 维数组的使用

同一维、二维数组,C 语言中对数组的运算不支持整体操作,而最终都要落实到对数组元素的操作上。例如:

```
int a[2][3][4]={1, 2, 3, 4, 5, 6, 7, 8, 9, 10, 11, 12, 13, 14, 15, 16, 17, 18, 19, 20, 21,
22, 23, 24};
int b[2][3][4];
b= a;                                /* 错误,不能引用数组名直接实现数组的赋值 */
b[0][0][0] = a[0][0][0];             /* 正确,数组元素之间可以进行赋值运算 */
```

数组最方便的使用之处是设计循环程序,通过变换下标引用数组中的元素,从而达到对数组中批量数据自动处理的目的。

7.4.3 n 维数组元素的引用和使用

n 维数组元素引用的一般形式为:

数组名[下标 1] [下标 2]…[下标 n]

说明:每个下标都可以是常量或表达式,但取值必须为非负整数,合法取值区间为 0~n_i-1,n_i 代表第 i 维的大小。

表达式"数组名[下标 1] [下标 2]…[下标 n]"表示引用数组的一个元素,其值为数组元素的值,其类型为数组元素的类型,能够参与相应数据类型数据可以参与的所有运算,如赋值或取地址等。

【例 7.16】 三维数组元素的赋值和取地址等操作。

```
#include <stdio.h>
int main(void)
{
    int x[2][3][4];
    int i, j, k, n, sum;
```

```
    for(i=0; i<2; i++)
        for(j=0; j<3; j++)
            for(k=0; k<4; k++)
                scanf("%d", &x[i][j][k]);    /* 用 & 运算符取元素 x[i][j][k]的地址 */
    n = 0;
    for(i=0; i<2; i++) {
        for(j=0; j<3; j++) {
            sum = 0;
            for(k=0; k<4; k++) {
                printf("%d ", x[i][j][k]);    /* 输出元素 x[i][j][k]的值 */
                sum += x[i][j][k];            /* 计算本组元素的和 */
            }
            printf("\n");
            printf("sum_%d = %d\n", n++, sum);  /* 每 4 个元素输出一下它们的和 */
        }
        printf("\n");
    }
    return 0;
}
```

分析：在 main 函数中定义了一个三维整型数组 x，然后利用循环对其元素进行访问和操作。程序输出了 6 组数，每组 4 个数，并计算了这 4 个数的和，sum_1～sum_6 分别输出了这 6 组中 4 个元素的和。

执行程序，输入数据：

```
1 2 3 4 5 6 7 8 9 10 11 12 13 14 15 16 17 18 19 20 21 22 23 24
```

则程序输出：

```
1 2 3 4
sum_1 = 10
5 6 7 8
sum_2 = 26
9 10 11 12
sum_3 = 42
13 14 15 16
sum_4 = 58
17 18 19 20
sum_5 = 74
21 22 23 24
sum_6 = 90
```

7.4.4 n 维数组的存储结构

从逻辑结构的角度，一维数组、二维数组、三维数组及更高维的数组分别对应一维空间、二维空间、三维空间及更高维空间的结构。但是，从物理存储结构看，C 语言对所有数组均采用“行序”为主的方式，将任意维的数组元素存储到由线性地址标识的内存存储单元中，这就存在一个多维数组下标到一维线性地址的映射。

二维数组中存在显式的“行”，对三维及以上维度的数组，怎么理解“行序”呢？其规则可以描述如下。

设 n 维数组的维度编排为：**数组名[第 1 维] [第 2 维]…[第 n 维]**，其中第 1 维至第 n 维的大小分别为 $d_1 \sim d_n$。

数组名标识了数组在内存中的起始地址，该地址也是数组中第一个元素的存储位置。从该位置开始，首先在保持 d1～d_{n-1}都等于 0 的前提下，将第 n 维下标从 0 变化到 d_n-1，并将对应的 d_n 个元素顺序存放到内存单元中；然后第 n－1 维下标加 1，如果加 1 后第 n－1 维下标小于等于 $d_{n-1}-1$，则第 n 维下标再从 0 变化到 d_n-1，并将此时对应的 d_n 个元素接在前面已存储元素的后面顺序、连续地存放到内存单元中，然后第 n－1 维下标再加 1，直到第 n－1 维下标加 1 后等于 d_{n-1}(并且第 n 维下标也变化到 d_n-1)。再往后，第 n－2 维下标加 1，第 n－1 维和第 n 维下标全部清零。重复上面的周期性变化，依次存放相应的元素。这个过程一直持续到第 1 维的下标从 0 变化到 d_1 结束。注意，最后一个元素的下标是[d_1-1] [d_2-1]… [d_n-1]，当上述过程变换到最后一个元素对应的下标时，再往后一步，得到的下标表示是[d_1] [0]… [0]，此时第一维下标越界，代表对整个数组有效下标范围内的元素扫描完毕，所有的元素都以线性顺序存储到内存中由数组名标识起始地址的内存存储空间中了。

可以换个角度理解多维数组的物理存储结构：将第 i 维下标视为一个“d_i 进制的数”，即“该数逢 d_i 进 1”，数组元素对应的 n 维下标就可视为由这样的 n 个不同进制“数”组成的“多位数”。然后对这个“多位数”从 00…0 开始，在最低位(即第 n 维对应的“位”)连续加 1，各位按照“逢 d_i 进 1”的方式计值，从而可以得到 00…0～$(d_1-1)(d_2-1)\cdots(d_n-1)$共 $d_1 \times d_2 \times \cdots \times d_n$ 个“数”，其中每个这样的“n 位数”对应一个元素的下标，而内存中的数组元素就是按照这个顺序依次存放的。

元素的地址	数组元素
0x0061fe8c	x[0][0][0]
0x0061fe90	x[0][0][1]
0x0061fe94	x[0][1][0]
0x0061fe98	x[0][1][1]
0x0061fe9c	x[1][0][0]
0x0061fea0	x[1][0][1]
0x0061fea4	x[1][1][0]
0x0061fea8	x[1][1][1]

图 7-7　int x[2][2][2]的物理存储形式

设有 int x[2][2][2]，x 的起始地址是 0x0061fe8c，则 x 的物理存储形式如图 7-7 所示。左侧为各个元素的起始地址，每个单元占 4 个字节，存储一个整型数据元素。

x 的起始地址是 0x0061fe8c，即 x 的第一个元素的存储地址是 0x0061fe8c，从这个位置开始，x 中的元素 x[0][0][0]、x[0][0][1]、x[0][1][0]、…、x[1][1][1]按序依次存放到各单元中。需要注意的是，这里所说的“单元”，物理意义上不是单纯的一个字节，而是对应一个数组元素的数据单元，长度等于数组元素数据类型的长度。例如，x 的一个单元对应一个 int 数据，长度为 4 字节，x 中元素的地址从 0x0061fe8c 开始，依次递增 4。

7.4.5　n 维数组的初始化

初始化 n 维数组时，初始值用初值列表给出。当有多个初值时，初值之间用逗号隔开。对 n 维数组初始化，同样可以按照数组的逻辑结构或物理结构进行。

如例 7.15 中定义的三维数组 a[2][3][4],使用了初值列表对其初始化,并且是按照物理存储结构进行的,即初值 1～24 依次赋给数组元素 a[0][0][0]～ a[1][2][3]。

与二维数组类似,如果有初值列表并且初值列表中给出了全部元素,则定义数组时,第一维大小可以省略,但后面各维的大小不能省略。以三维数组 a 为例,多维数组元素的初始化可以有以下形式。

```
int a[ ][3][4]={1, 2, 3, 4, 5, 6, 7, 8, 9, 10, 11, 12, 13, 14, 15, 16, 17, 18, 19, 20, 21,
22, 23, 24};
int a[2][3][4]={ };                /*或 int a[2][3][4]={0}; 将数组元素全部初始化为 0*/
int a[2][3][4]={ 1, 2, 3, 4, 5, 6, 7};  /*前 7 个元素的初值为 1~7,后面的元素全部为 0*/
int a[2][3][4]={{{1, 2, 3, 4}, {5, 6, 7, 8}, {9, 10, 11, 12}}, {{13, 14, 15, 16}, {17,
18, 19, 20}, {21, 22, 23, 24}}};   int a[2][3][4]={{{1, 2, 3, }, {5, 6 }, {}}};  /*所
有缺失的初值同样必须位于(相应维的)最后部分,a[0][0][0]、a[0][0][1]、a[0][0][2]、a[0][1]
[0]、a[0][1][1]的初值分别等于 1、2、3、5、6,其余元素 a[0][0][3]、a[0][1][2]、a[0][1][3]及
以后的所有元素都被自动初始化为 0*/
```

7.4.6 n 维数组作为函数的参数

前面介绍了二维数组作为函数参数的使用方法,这需要：在定义函数时,参数表中声明二维数组形式参数;在调用函数时,用调用环境中的一个二维数组作为实参调用该函数。

对一般的 n 维数组,规则也是如此,即首先需要在函数定义时参数表中声明 n 维数组形式参数,然后在调用时用 n 维数组实参调用该函数。而且与二维数组形参声明相同的是,以 n 维数组作形参,在声明 n 维数组形参时,形参数组的第一维省略其大小,但后面的各维必须注明大小,同时在函数的参数表中,一般应有一个整型参数指出数组第一维的大小。

调用的时候,形参数组与实参数组的虚实结合依然采用“传址”的方式,将实参数组的地址(数组名的值)复制给形参数组名,从而使得形参数组和实参数组指向内存中的同一个数组实体。其使用方法和原理与二维数组相同,对多维数组的调用机制的理解,读者可以在二维数组的基础上加以拓展,这里不再赘述。

【例 7.17】 定义一个函数,可以输出任意一个第二维大小为 3、第三维大小为 4 的三维数组的元素。

```
#include<stdio.h>
void outputary(int x[][3][4], int n)  /*函数定义时,参数表中声明了三维形参数组 x,第一
维的大小缺省,但第二维和第三维的大小必须给出,同时参数 n 将给出 x 第一维的大小*/
{
    int i, j, k;
    for(i=0; i<n; i++) {
        for(j=0; j<3; j++) {
            for(k=0; k<4; k++)
                printf("%d ", x[i][j][k]);  /*输出元素 x[i][j][k]的值*/
            printf("\n");
        }
    }
}
```

```
int main(void)
{
    int c[10][3][4];            /* 这里定义了一个 10×3×4 大小的三维数组 c */
    int i, j, k, n=0;
    for(i=0; i<10; i++) {
        for(j=0; j<3; j++) {
            for(k=0; k<4; k++)
                c[i][j][k] = ++n;
    outputary(c,10);            /* 用实参数组 c 调用函数,并指出 c 第一维的大小为 10 */
    return 0;
}
```

7.5 字符数组和字符串

理论上将,除了数据类型不同外,在定义和使用上字符数组和其他数组是完全一致的。但是,C 语言中没有专门的字符串数据类型,而是用字符数组保存字符串的内容,这就使得字符数组有了不同于其他类型数组的应用场景。

7.5.1 字符数组

一维字符数组(简称字符数组)就是以字符型数据为元素的一维数组。这里的字符类型可以是 char 或 wchar_t,下面以 char 类型字符数据为例进行说明。

字符数组声明的一般形式与 7.2.1 节讨论的一维数组声明在语法格式和要求方面是完全相同的。它的使用方法也与其他一维数组相同。例如,下面声明了一个有 10 个字符元素的字符数组并初始化。

```
char s[10]={ 'A', 'B', 'C'};
```

由于一个 char 类型的字符数据在内存中占一个字节,所以长度为 n 的字符数组,在内存中是用 n 个连续的字节存储的。如上面的 s 数组,在内存中将有连续 10 字节的内存字节单元存储它,如图 7-8 所示,没有写初值的单元为空闲单元。

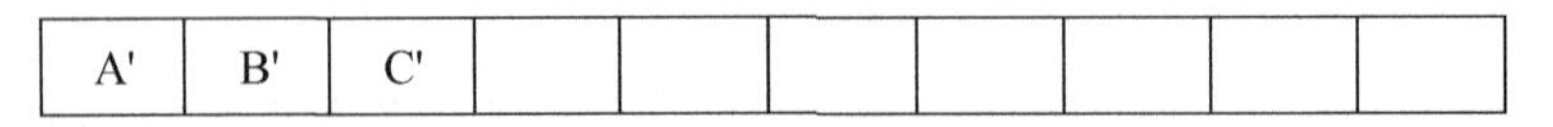

图 7-8 初始化后的 s 数组在内存中的表示

7.5.2 字符串

C 语言中,字符串是程序正文中用一对双引号界定的字符序列。例如,字符串"Hello World!"。但是,C 语言没有规定字符串类型的基本数据类型,而是用字符数组来存放字符串,并提供一组操纵这种字符数组的库函数来实现对字符串的操作。

C 语言规定字符'\0'为字符串的终结符。对一个字符串,除了双引号中显式的字符外,还在最后一个字符的后面自动加上字符'\0'表示字符串的结束。即使是空字符串"",其最后也隐含包含字符'\0'。这就使得在存储一个字符串时,所需要的字节数实际比双引号中显式的字符数多 1。例如,"Hello World!" 的存储形式如图 7-9 所示。

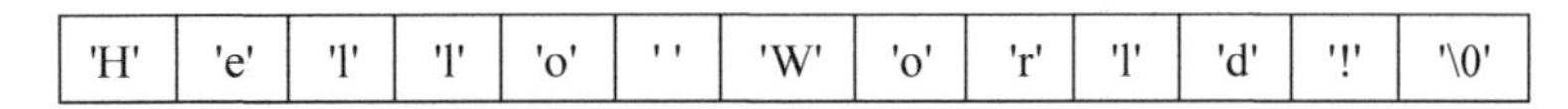

'H'	'e'	'l'	'l'	'o'	' '	'W'	'o'	'r'	'l'	'd'	'!'	'\0'

图 7-9 字符串"Hello World!"的存储形式

将存储一个字符串需要的字节数称为字符串的存储长度,则这个长度等于双引号中的显式字符数+1。当声明一个字符数组来存放字符串时,字符数组的长度应不小于该字符串的存储长度。

7.5.3 字符数组的初始化

在不考虑字符串特殊要求的情况下,字符数组的初始化就是用初值列表进行初始化的普通形式。但如果需要将字符数组中的字符序列视为字符串,则在初始化时,就必须考虑字符串终结符'\0'。例如,定义一个字符数组保存"Hello World!",可以有以下三种初始化形式。

(1) 用字符初值列表的方式初始化字符数组。

```
char s1[20] = {'H', 'e', 'l', 'l', 'o', ' ', 'W', 'o', 'r', 'l', 'd', '!', '\0'};
```

此时,必须在初值列表的最后显式给出字符串终结符'\0'。而且由于"Hello World!"中显式字符数为 12,所以 s1 的长度必须大于或等于 13。这里设置 s1 的长度为 20,前 13 个字节存放了字符串中 12 个显式字符和最后的字符串终结符'\0',其余字节空闲。

(2) 直接用字符串初始化字符数组。

```
char s2[20] = "Hello World!";
```

此时,字符串终结符'\0'隐含在字符串最后,初始化后 s2 中前 13 个字节的内容与前面的 s1 完全相同,多余的字节也是空闲状态。

(3) 直接用字符串初始化字符数组,但不指定字符数组的大小。

```
char s3[ ] = "Hello World!";
```

此时,编译器自动计算字符串的存储长度(双引号内显式字符数+1),然后为 s3 开辟该长度大小的字节空间并放入字符串的各个字符,包括终结符'\0'。这时 s3 的大小恰好等于字符串"Hello World!"的存储长度。

7.5.4 字符数组的使用

如果将字符数组的元素仅视为普通的字符型数据,字符数组的使用和其他类型数组的使用是一致的:①数组名代表字符数组的起始地址;②数组元素可以通过数组名[下标]的方式访问;③对数组元素可以取值、赋值、取地址;④数组元素可以参与字符型数据可以参与的所有运算。

而如果将字符数组中的字符序列当作字符串使用时,则一定要注意任何时候字符串最后要有字符串终结符'\0'的存在,否则使用字符串函数处理时会有溢出访问的风险。另外,还要注意字符串空间问题。

【例 7.18】 分析程序的输出结果。

```
#include<stdio.h>
int main(void)
{
    char s1[] = "C Programming!";
    char s2[] = "C Programming!\0";
    char s3[] = "C Prog\0ramming!";
    char s4[] = "C Prog\0ramming!\0";
    printf("sizeof(s1) = %d, s1 = %s\n",sizeof(s1),s1);
    printf("sizeof(s2) = %d, s2 = %s\n",sizeof(s2),s2);
    printf("sizeof(s3) = %d, s3 = %s\n",sizeof(s3),s3);
    printf("sizeof(s4) = %d, s4 = %s\n",sizeof(s4),s4);
    return 0;
}
```

分析：printf 在以%s 的方式输出一个字符串时，是从该字符串字符序列的第一个字符开始，在没有遇到字符串终结符'\0'之前，直接将各字符依次输出；而一旦遇到字符串终结符'\0'，则结束输出。所以上面的程序中，字符数组 s1～s4 分别保存了 4 个不同的字符序列，s1 中的字符串终结符'\0'隐含在字符序列的最后，所以 s1 的存储长度是 15，输出的结果是"C Programming!"14 个字符。和 s1 不同的是，s2 的初始化串包含一个显式的'\0'字符，从字符序列的角度，这个'\0'与前面的所有字符一样被存入 s2，在 s2 的第 15 个字节单元，但从字符串的角度，与普通的字符串表示形式一样在右双引号之前还有一个隐含的字符串终结符'\0'，这个'\0'字符是不同于前一个'\0'字符的独立存在，也被保存进 s2，在 s2 的最后一个字节处，所以用 sizeof 求 s2 的字节大小时，sizeof(s2)＝16，比 s1 的长度大 1；但同时，用 printf 输出 s2 的内容时，第一个'\0'字符被当作整个串的结束符处理（因为碰到'\0'字符就代表字符串的结束），所以输出结果是"C Programming!"。按照和 s2 中第一个'\0'字符同样的原因，s3、s4 中间出现的'\0'字符首先被当作字符序列中的一个字符存入字符数组中，但在输出它们的内容时，则是碰到'\0'字符即结束，所以 sizeof(s3)＝16，sizeof(s4)＝17（s4 中包含两个显式的'\0'字符），但输出是相同的，均为"C Prog"，因为它们的初始化字符串中，第一个'\0'字符出现在同样的下标处。执行程序得到的输出结果是：

```
sizeof(s1) = 15, s1 = C Programming!
sizeof(s2) = 16, s2 = C Programming!
sizeof(s3) = 16, s3 = C Prog
sizeof(s4) = 17, s4 = C Prog
```

【例 7.19】 分析以下程序，指出存在的问题和原因。

```
1   #include "stdio.h"
2   int main(void)
3   {
4       char Capital[]="ABCDE", Lowercase[6];
5       int i, j;
6       int delta='a'-'A';                  /*'a'-'A'等于 0x20*/
```

```
7       for(i=0;i<5;i++) {
8         Lowercase[i]= Capital[i] + delta;
                               /*将 Capital 中的大写转成小写存于 Lowercase 中*/
9       }
10      for(j=0;j<5;j++) {
11          Capital[i+j] = Lowercase[j];
                               /*将数组 Lowercase 的元素连接在数组 Capital 的后面*/
12      }
13      Capital[i+j] = '\0';
14      printf("%s\n",Capital);          /*输出数组 Capital 的内容*/
15      printf("%s\n",Lowercase);        /*输出数组 Lowercase 的内容*/
16      return 0;
17  }
```

分析：对上述程序编译不会报错，因为所有的语句都符合语法规则的要求，但执行时，输出可能会出现异常，一次执行的结果可能如下：

```
ABCDEabcde
abcdeABCDEabcde
```

其中，数组 Lowercase 的输出内容是“abcdeABCDEabcde”，是因为数组的声明和使用中存在典型错误而致。

程序的功能是将大写字母数组 Capital 中的每个元素（大写字母的 ASCII 码）通过加偏移值 delta 的方式换算成对应的小写字母 ASCII 码，并存于数组 Lowercase 中。在第 7～9 行的操作中，实现了数组 Capital 中所有大写字母向小写字母的换算和存储，但如果分析第 15 行，应想到需要将数组 Lowercase 中的小写字母序列定义成字符串，这样才能在第 15 行用%s 的方式正确输出。基于这样的考虑，不仅要在第 7～9 行完成 Capital 数组中显式字符的转换，还要在转换完成之后在数组 Lowercase 中加上字符串终结符'\0'。

程序的第二个错误是第 10～12 行的操作。这段程序的目的是将数组 Lowercase 中的 5 个小写字母连接在数组 Capital 后面。第 7 行的 for 循环语句退出时 i==5，恰好代表数组 Capital 中字符串终结符'\0'所在的位置，原意是从这个位置将数组 Lowercase 中的 5 个小写字母连接进来，算法思想上是正确的。但是，数组 Capital 的声明 char Capital[]="ABCDE"，由于没有指定数组大小，而直接用字符串"ABCDE"对数组进行初始化，其结果是编译器自动指定 Capital 数组的大小等于 6，恰好存放了 5 个大写英文字母和一个字符串终结符'\0'。这样在第 10～12 行，接在第 5 个元素后继续存放小写字母'a'、'b'、'c'、'd'、'e'时，从字符'b'开始就是对数组 Capital 的越界访问了，所以这个位置存在重大缺陷。改正这一错误的方法也很简单，就是在声明 Capital 数组时，根据后面的需要给出数组的具体大小。

综上所述，改正程序中的不恰当定义和操作后，正确的程序如下。

```
#include <stdio.h>
int main(void)
{
    char Capital[11]="ABCDE", Lowercase[6];   /*指定 Capital 的大小为 11,保证连接的
                                                需要*/
```

```
    int i, j, delta='a'-'A';                    /* 'a'-'A'等于 0x20 */
    for(i=0;i<5;i++) {
        Lowercase[i]= Capital[i] + delta;       /* 将 Capital 中的大写转换成小写存于
                                                   Lowercase 中 */
    }
    Lowercase[5] = 0;                           /* 为 Lowercase 中的字符序列添加终结符
                                                   '\0','\0'的 ASCII 码值是 0 */
    for(j=0;j<5;j++) {
        Capital[i+j] = Lowercase[j];            /* 将数组 Lowercase 的元素连接在数组
                                                   Capital 的后面 */
    }
    Capital[i+j] = '\0';                        /* 为数组 Capital 中的字符序列添加终结
                                                   符'\0' */
    printf("%s\n",Capital);                     /* 输出数组 Capital 的内容 */
    printf("%s\n",Lowercase);                   /* 输出数组 Lowercase 的内容 */
    return 0;
}
```

7.5.5 字符串处理函数

字符串作为一种普遍存在的数据，在程序设计时会使用到。C 语言虽然没有定义专门的基本数据类型表示字符串，却以标准库函数的方式，提供了一组丰富的函数来处理字符串数据。这些函数在标准头文件 string.h 中声明，所以在使用这些库函数之前，要在 C 源文件中使用 #include 命令将 string.h 包含进来。读者可以打开 string.h，查看里面提供的标准字符串处理函数，常用的有：

```
int strlen(char * s);  /* 求字符串 s 的长度，返回 s 中第一个'\0'字符前的非'\0'字符的数量 */
char * strcat (char * s, const char * t);  /* 字符串的连接，把字符串 t 的内容追加到字符串 s 的结尾，并返回字符串 s 的地址 */
char * strchr (const char * s, int c);  /* 在字符串 s 中查找指给定的字符 c 的第一次出现的位置，如果字符 c 在字符串 s 中出现，返回 c 出现位置的字节地址，否则返回 NULL */
int strcmp (const char * s1, const char * s2);  /* 比较两个字符串，如果两个字符串相同，即从两个字符串中的第一个字符开始至'\0'字符所有的字符都对应相同，则返回 0；否则返回非零值 */
char * strcpy (char * t, const char * s);  /* 字符串复制，将字符串 t 的内容复制给字符串 s，并返回字符串 s 的地址 */
char * strstr (const char * s, const char * t);  /* 查找子串，在字符串 s 中查找另一个字符串 t 的出现位置，如果字符串 t 在字符串 s 中出现，则返回 t 在 s 中第一次出现的位置(字节地址)，否则返回 NULL */
```

需要注意的是，上述的函数参数表中，对字符串参数的声明是用字符型指针的形式，而不是字符数组。关于字符指针和字符数组之间的关系，将在第 8 章指针中详细阐述，而这里读者可以将上面的字符指针表示理解为与字符数组等价的表示形式，或者仅简单地将上述函数理解为以下形式的声明方式。

```
int strlen(char s[]);
```

```
char * strcat (char s[], const char t[]);
char * strchr (const char s[], int c);
int strcmp (const char s1[], const char s2[]);
char * strcpy (char t[], const char s[]);
char * strstr (const char s[], const char t[]);
```

调用这些函数时,字符数组形参的位置用字符数组实参对应即可。

【例 7.20】 使用字符串处理标准库函数。

```
#include<stdio.h>
#include <string.h>                              /* 包含 string.h 头文件 */
int main(void)
{
    char s1[30] = "I am learning ";
    char s2[ ] = "C program language.";
    char s3[20];
    printf("s1 = %s\n",s1);
    printf("strlen(s1) = %d\n",strlen(s1));   /* 求字符串 s1 的长度 */
    printf("s2 = %s\n",s2);
    strcpy(s3, s2);                              /* 将字符串 s2 的内容复制给 s3 */
    printf("after strcpy(s3,s2), s3=%s\n",s3);
    printf("after strcat(s1, s3), s1 = %s\n", strcat(s1,s3));
            /* 将字符串 s3 的内容追加到 s1 的后面,然后输出连接后的字符串 s1 的内容 */
    return 0;
}
```

程序输出:

```
s1 = I am learning
strlen(s1) = 14
s2 = C program language.
after strcpy(s3,s2), s3=C program language.
after strcat(s1, s3), s1 = I am learning C program language.
```

为了帮助读者掌握字符串处理的技术,掌握字符串处理函数的实现原理和使用方法,下面以字符串处理标准库中的几个函数为例,用自己的方式予以实现,为了与标准库函数有所区分,下面实现的函数名称和返回值略有改变。

【例 7.21】 编写求字符串长度的函数 strLen。

```
int strLen(char s[])
{
    int j=0;
    while(s[j] != '\0') j++;
    return j;
}
```

程序中,s 是形参字符数组,j 作为数组元素的下标。j 开始时置初值 0,表示访问 s 的第一个元素 s[0]。while 循环中,从 s[0]开始依次扫描 s 中的元素,若 s[j]不等于'\0',j 自增 1,

继续扫描下一个元素。此处 j 有两个作用,一是当作下标使用,实现对数组元素的扫描;二是作为计数器,对字符串中非'\0'字符进行计数。这一过程直到遇到'\0'字符结束,表示到达字符串的结尾,终止循环,然后返回 j 的当前值,即字符串的长度。

【例 7.22】 编写求字符串复制函数 strCpy。

```
void strCpy (char t[], char s[])
{
    int j=0;
    while(t[j] = s[j++]);
}
```

字符串复制的基本原理是将源字符串 t 的字符一一赋给目标字符串 s,即连续执行 t[0]=s[0],t[1]=s[1],…,直到到达 s 的串尾。程序中用循环实现这一赋值过程。下标 j 从 0 开始,while 循环中每次迭代将 s 中的一个字符 s[j]赋给 t[j],然后 j 自增 1,直到 s 中的最后一个字符——字符串终结符'\0'。

这里要特别注意的是 while 循环的实现方式,里面集成了赋值、判断循环是否结束、下标自增等多项操作,这是 C 语言语法紧凑、精炼的典型范例。

t[j] = s[j++]是一个带有后缀自增运算的赋值语句,按照 C 语言的运算规则,是先对式中的 j 计算,取得 j 的当前值;然后执行赋值操作,将 s[j]赋给 t[j];再执行 j 的自增运算。C 语言规定,赋值语句的值由赋值运算符(=)左边的操作数决定,这样在完成赋值操作后(注:这里是指完成了赋值,但 j 尚未自增之前的时刻),表达式的值是 t[j]的值。

如果此时 s[j]的值等于'\0',表示 j 已经扫描到 s 数组中的结尾,并已经将最后的终结符'\0'也赋给了 t[j],此时赋值表达式的值也就等于 0,作为循环控制条件,即循环控制条件为"假",从而可以终止循环,成功完成字符串 s 到字符串 t 的复制并终止。而如果 s[j]此时不是字符'\0',则 t[j]也不等于'\0',赋值表达式的值为非 0 值,所以循环控制条件为"真",j 自增后继续处理 s 的下一个字符,直到 s[j]为'\0'时为止。

【例 7.23】 编写字符串比较函数 strCmp。

```
int strcmp(char s[], char t[])
{
    int j=0;
    while(s[j]==t[j] && s[j]!= '\0')  /*若当前下标处的字符相等且未到串尾,则继续循环*/
        j++;
    return s[j]-t[j];                 /*返回值是当前 j 指示的两个字符的差值*/
}
```

从程序中可以看到,比较两个字符串的算法是从两个字符串的首字符开始,成对比较 s[0]与 t[0],s[1]与 t[1],……结束条件有两个:①某时刻 s[j]不等于 t[j]了;②扫描到 s 串的末尾,发现二者(当前的 s[j]和 t[j])还相等。结束条件①是两个字符串不相等的情况,结束条件②是两个字符串相等的情况。不管哪种情况,这个时候都将终止循环,然后函数返回,而返回值是当前两个元素的差 s[j]−t[j]:如果 s[j]等于 t[j](且都等于 0),返回值等于 0;如果 s[j]大于 t[j],则返回一个大于 0 的值,称为串 s 大于串 t;如果 s[j]小于 t[j],则返回一个小于 0 的值,称为串 s 小于串 t。

一般,在使用 strSmp(或标准库函数 strcmp)的时候,仅根据 strCmp 的返回值是否等于 0 来判断两个字符串是否相等即可。例如:

```
if(!strCmp(s1, s2))
    …
else
    …
```

如果要具体判定两个字符串的“大小”,则可以进一步区分 strCmp 函数的返回值是等于 0、大于 0 还是小于 0。

【例 7.24】 字符串比较函数 strCmp 的使用。

```
int main(void)
{
    char s1[]="abc",s2[]="abd",s3[]="abc",s4[]="abb";
    printf("%s is %s %s.\n", s1,strCmp(s1,s2)>0 ?"greater than" : strCmp(s1,s2)<0
?"less than" : "equal to", s2);
    printf("%s is %s %s.\n", s1, strCmp(s1,s3)>0 ?"greater than" : strCmp(s1,s3)<0
?"less than" :  "equal to",s3);
    printf("%s is %s %s.\n", s1,strCmp(s1,s4)>0 ?"greater than" : strCmp(s1,s4)<0
?"less than" : "equal to",s4);
    return 0;
}
```

程序的运行结果:

```
abc is less than abd.
abc is equal to abc.
abc is greater than abb.
```

【例 7.25】 编写求字符串子串的函数 strStr。

如果一个字符串 t 是另外一个字符串 s 的一部分,则称 t 是 s 的子串。例如,"Hello"是"Hello World!"的子串。strStr 函数的功能就是已知两个字符串 s 和 t,在 s 里找 t 第一次出现的位置。如果 t 在 s 中出现,则返回 s 中第一次出现的串 t 的首字符在 s 中的下标位置;否则,返回 −1。

这里给出一种简单的求子串的算法:首先确定 t 的首字符在 s 中出现的位置,然后判断该位置后面的字符是不是与 t 中的字符依次对应相等。如果不相等,再确定下一个位置,重复查找过程。程序如下。

```
int strStr(char s[], char t[])
{
    int j, k;
    for(j=0 ; s[j]!='\0'; j++)
        if(s[j]==t[0] ){                /* 找到 t 串的首字符在 s 串中的一个出现位置 */
            k=1;                        /* 再从 t[j]后面的下一个字符继续比较 */
            while(s[j+k]==t[k] && t[k]!='\0')   /* 如果 s 串中从 j 开始的字符与 t 中的
字符依次相等,且还未查找到 t 中的最后一个元素(字符'\0'),则继续比较 */
```

```
                k++;
            if( k==strlen(t) )         /* 判断匹配成功的连续字符数是否与 t 的长度相同 */
                return j;              /* 匹配成功,返回匹配位置的起始下标 */
        }
/* t 在 s[j]处没有出现,则继续循环:j 加 1,然后确定 t 的首字符在 s 中的下一个出现的位置,重复上述过程 */
    return -1;                         /* 没有找到字符串出现的位置,返回-1 */
}
```

下面是对 strStr 函数的使用。

```
int main(void)
{
    char s1[80]="C is the most widely used programming language.";
    char s2[]="use";
    int i,j=0;
    i = strStr(s1,s2);         /* strStr(s1,s2)的返回值是 s2 在 s1 中第一次出现时,出现位置处 s2 的首字符在 s1 中的下标 */
    printf("the sub_string's beginning position is %d\n",i);
    while(j<i)
        putchar(s1[j++]);    /* 输出 s 串中 t 串出现位置之前的部分 */
    putchar('\n');
    while(putchar(s1[i++])) ; /* 输出 s 串中自 t 串出现的开始位置起至串结束部分的内容 */
    putchar('\n');
}
```

程序输出结果:

```
the sub_string's beginning position is 21
C is the most widely
used programming language.
```

可以看到,子串 s2("use")在 s1 出现的位置是下标 21 处。然后分两段输出了 s1 中下标区间 0~20 的内容和 21~结尾的内容。这里调用了标准库函数 putchar 输出 s1 中的字符。putchar 正确执行时,返回值是其输出的字符的值(转换成 int 型数据),程序中的最后一个 while 循环正是利用这一点作为循环结束条件的:当最后输出至 s1 的字符串终止符'\0'时,putchar(s1[i])返回 0,循环控制条件为"假",循环就可以终止了。

【例 7.26】 编写将字符串反转的函数 reverse。

字符串反转是指将一个字符串的内容首尾颠倒过来。例如,将"abcde"反转为"edcba"。程序如下。

```
void reverse(char s[])
{
    int  j, k;                  /* j 为前指示器,k 为尾指示器 */
    char c;
    for(j=0, k=strlen(s)-1; j<k ; j++, k--)
        c=s[j], s[j]=s[k], s[k]=c;
}
```

字符串反转的基本算法是连续地对字符串中这样的一对字符进行交换：一个字符位于串的前部，由前指示器 j 指示(初值为 0)；一个字符位于串的后部，由尾指示器 k 指示(初值为 s 的最后一个元素的下标)；交换 s[j]和 s[k]，然后 j 加 1，k 减 1；重复该过程，直到 j>=k 终止循环。

习题 7.9～7.12 还给出了另外一些字符串操作函数的功能说明。请读者根据这些函数功能的说明编程实现这些字符串操作函数。

数字字符串是指由数字符、小数点、正负号等组成的字符串，简称数字串。将一个数字串转换成对应的数值或反之。例如，将数字串"12345.67"转换成数值 12345.67，或将数值 12345.67 转换成数字串"12345.67"，是程序设计中经常用到的操作。为此，C 语言提供了一组库函数实现数字串与其数值之间相互转换，其中常用的函数有：

```
char * itoa (int iv, char nstr[], int radix);/* 将整型变量 iv 的值转换成数字串，存放到字符数组 nstr 中, radix 是数字转换时使用的进制基数，如 2、8、10、16 等 */
char *ltoa(long lv,char nstr[],int radix);/* 含义同 itoa，只是将长整型变量 lv 的值转换成数字串 */
int atoi(const char nstr[]);/* 把字符串 nstr 转换成整型数，函数返回转换后的值 */
long atol(const char nstr[]);/* 把字符串 nstr 转换成长整型数，函数返回转换后的值 */
double atof(const char nstr[]);/* 把字符串 nstr 转换成双精度浮点数 */
```

其他函数还有 ultoa、gcvt、ecvt、fcvt、strtod、strtol、strtoul 等，读者可以查阅相关资料学习。

以上函数中除了 itoa、ltoa，其他函数的声明均在 stdlib.h 中，使用时需要用 include 命令将 stdlib.h 包含进来。而 itoa、ltoa 为非标准库函数，它们的使用与编译环境相关，请读者注意。

为了帮助读者理解和掌握数字串与其数值之间的转换，下面用自己的方式实现一个将十进制数字串转换成整数的函数 atoi10、一个将十进制整数转换成数字串的函数 itoa10 和一个将十六进制数字串转换成十进制整数的函数 htoi。

【例 7.27】 编写一个将十进制数字串转换成对应整数的函数 atoi10。

```
#define BASE 10
int atoi10(char s[])
{
    int i=0,num=0;
    for(;s[i] != '\0'; i++)
        num=num * BASE +s[i]-'0';
    return num;
}
```

atoi10 函数将字符数组 s 中存放的数字串转换成对应的十进制整数。首先，字符串中存放的是'0'～'9'十个数码字符，将一个数码字符 c 转换成一位的数值 d，方法是：

```
d = c - '0'
```

即用数码字符的 ASCII 码减去'0'的 ASCII 码 0x30。例如，'1'的 ASCII 码是 0x31，0x31－0x30＝1，即为数码字符'1'对应的数值 1。

其次，一个 n 位的十进制数 $a_n a_{n-1} \cdots a_2 a_1$ 可以展开成以下形式：

$$a_n a_{n-1} \cdots a_2 a_1 = ((\cdots((a_n * 10 + a_{n-1}) * 10) \cdots + a_2) * 10) + a_1$$

例如，54321 = (((((5 * 10+4) * 10)+3) * 10)+2) * 10+1。

这样，对 s 中的字符串，如"54321"，就可以从首字符('5',对应数值的最高位)开始，逐位转换成对应的值，然后利用上面的展开式构造一个多位整数。请读者阅读上面的程序，理解其算法设计思想。

细心的读者可能会发现，这里实现的 atoi10 不能处理“负数串”(即数字串对应的是一个负整数)，因为负数串的首字符是负号'-'。读者可以自己扩充 atoi10 函数，使其能够处理负数串。

【例 7.28】 编写一个将十进制整数转换成对应数字串的函数 itoa10。

将一个整数转换为对应的数字串，是将一个数字串转换为对应整数运算的逆运算。itoa 函数将参数 n 中给定的十进制整数转换成对应的数字串，并且可以处理负数。程序如下。

```
#define BASE 10
void itoa10(int n, char s[])
{
    int sign, j=0;
    if(n<0) {                       /* 如果是负数 */
        n=-n;                       /* 取反,将 n 变为正数 */
        sign=1;                     /* 同时记下负数的符号位标记 1 */
    }
    else sign = 0;                  /* 非负数的符号位标记为 0 */
    while(n>0) {
        s[j++]=n%BASE + '0';        /* 通过模 10 取余,得到当前 n 的最低位,然后转换成对应
                                       的数码字符 */
        n /=BASE;                   /* 通过除 10 取商,依次完成对整数各位的转换,直到 n 等
                                       于 0 终止 */
    }
    if(sign==1)   s[j++]='-';       /* 如果是负数,在串尾添加负号 */
    s[j]='\0';
    reverse(s);                     /* 将上面得到的数字串反转过来 */
}
```

一个 0～9 的个位数 d 转换成对应的数字字符 c 执行的操作是：

```
c=d+'0'
```

即 d+0x30，0x30 是字符'0'的 ASCII 码。

itoa10 可以实现一个多位十进制数到数字串的转换，而这个转换过程是从 n 初值的最低位(个位)开始的，并在 while 循环中完成。while 循环的第一次迭代时，计算 n%BASE 得到的是 n 的个位数的数值，然后转换成数码字符，存于 s[j]中(j 此时等于 0)。然后执行 n=n/ BASE，相当于将 n 的原值向右移一位：原来的个位被移除，原来的十位变成现在个位，原来的百位变成现在十位……然后重复循环计算过程，直到原值的最高位转换完成，再执行 n=n/ BASE，得 n==0，循环终止，即完成整个数字串的转换工作。

需要注意的是，按照上述 while 的计算过程，依次得到的是整数的个、十、百……各位的数码，存入字符数组 s 后得到的数码序列顺序和正常的十进制数顺序正好是相反的。为此，函数最后调用了例 7.30 中给出的字符串反转函数 reverse，从而将 s 中的字符串反转过来，使之成为正常的顺序。

itoa10 可以处理负数的情况。如果 n 的初值是负数，则首先将其转换成正数（n=－n），同时记下负数标记（sign=1）。在将绝对值部分（不管是正数、0 还是负数）转换成反序的数字码序列后，如果 sign=1，就在序列的最后加上符号'-'，反转后字符'-'恰好位于数字串的开始，成为正确的负数串表示形式。

下面是对 itoa10 函数的调用。

```
#include<stdio.h>
int main()
{
    int number=-12345;
    char ss[25];
    itoa10(number,ss);
    printf("integer = %d\nstring = %s\n",number,ss); /* 输出整数和转换后的数字串 */
    return 0;
}
```

执行程序后输出：

```
integer = -12345
string = -12345
```

上述函数实现了十进制的数和数字串的转换。在十六进制下，数码字符有'0'～'9'及'A'～'F'共 16 个，如果实现整数向十六进制数字串的转换，则需要在取模运算时，对余数做进一步判断：如果余数 d 小于 10，通过 d+'0'转换成数字符；而如果 d 大于或等于 10，则通过 d－10＋'A'转换成'A'～'F'之间的字符（或通过 d－10＋'a'转换成'a'～'f'也是等价的）。下面的函数 htoa 实现整数向十六进制数字串的转换。

【例 7.29】 编写一个将非负整数转换成对应的十六进制数字串的函数 htoa。

```
void htoa(int n, char s[])
{
    int d, j=0;
    for(; n>0; j++) {
        d= n%BASE;
        if(d>=0&&d<=9)
            s[j]=d + '0';           /* 如果余数小于 10,则转换成数字符'0'~'9' */
        else s[j]=d-10 + 'A';       /* 如果余数大于或等于 10,则转换成字母'A'~'F' */
        n /=BASE;                   /* 通过除 10 取商,依次完成对整数各位的转换,直到 n 等
                                       于 0 终止 */
    }
    reverse(s);                     /* 将上面得到的数字串反转过来 */
}
```

这里，htoa 函数实现了非负整数向十六进制数字串的转换。读者可以加以补充，使之能够处理负整数的转换。

7.5.6　二维字符数组和字符串数组

二维字符数组是用 char 声明的二维数组。一个一维字符数组可以存放一个字符串，而二维数组的每一行都是一个一维字符数组，都可以存放一个字符串，这样可以将二维字符数组视为字符串数组。

1. 二维字符数组的声明、初始化

声明二维字符数组和声明其他二维数组在形式上是一致的，只是将数组类型声明为 char。例如：

```
char text[20][50];
```

这里 text 是一个有 20 行、50 列的二维字符数组。在内存中对应连续的 1000 个字节的存储空间，按行序存储了 text 中的 20 行、每行 50 个字符的数据。

二维字符数组的初始化是指在声明数组的时候对其赋初值。与一维字符数组初始化类似，对二维字符数组初始化有三种基本方式。

（1）根据二维字符数组物理存储结构赋初值。

```
char s1[2][4] = { 'a', 'b', 'c', '\0', 'x', 'y', 'z', '\0'};
```

s 的初值列表中有 8 个元素，按序依次赋给 s 的第一行 4 个元素和第二行的 4 个元素作为初值。由于每行的最后一个元素是'\0'，所以可以视为每行存放了一个字符串：第一行的字符串是"abc"，第二行的字符串是"xyz"。

（2）根据二维字符数组逻辑存储结构赋初值。

应在外层花括号内再用内层花括号界定每一行的初值。例如：

```
char s2[2][4] = { {'a', 'b', 'c', '\0'}, {'x', 'y', 'z', '\0'}};
```

以上两种方式都是以元素为单位对二维字符数组进行初始化。如果每行的字符序列不作为字符串对待，而视为普通的字符数据，则不需要在每行最后赋'\0'，可以是需要的其他任意字符。例如，char s3[2][4] = { {'a', 'b', 'c', 'd'}，{'x', 'y', 'z', '1'}}；。

（3）用字符串初始化二维字符数组。

在初值列表中直接写上多个的字符串，中间用逗号隔开。赋初值时，将第一个字符串存于二维字符数组的第一行，第二个字符串存于第二行，依次递推。例如，从星期一到星期天的英文名称，每个都是字符串，定义一个二维字符数组 weeks 保存它们。

```
char weeks[7][10] = {"Monday", "Tuesday", "Wednesday", "Thursday", "Friday",
"Saturday", "Sunday"};
```

weeks 的存储形式如图 7-10 所示。

在用字符串初始化二维数组时，每行最后一个元素会自动赋'\0'作为本行字符串的终结符，所以字符数组的列数不能小于最长字符串的长度+1，即至少要等于最长字符串的存储长度，否则溢出。

'M'	'o'	'n'	'd'	'a'	'y'	'\0'			
'T'	'u'	'e'	's'	'd'	'a'	'y'	'\0'		
'W'	'e'	'd'	'n'	'e'	's'	'd'	'a'	'y'	'\0'
'T'	'h'	'u'	'r'	's'	'd'	'a'	'y'	'\0'	
'F'	'r'	'i'	'd'	'a'	'y'	'\0'			
'S'	'a'	't'	'u'	'r'	'd'	'a'	'y'	'\0'	
'S'	'u'	'n'	'd'	'a'	'y'	'\0'			

图 7-10　weeks 的存储形式

当初值列表中给出了所有的字符串，二维字符数组的第一维也可以省略，编译器根据初值列表中的字符串数定义二维字符数组的第一维大小。例如，一个保存每月英文名字的字符串数组声明如下：

```
char months[][10] = { "January", "February", "March", "April", "May", "June",
"July", "August", "September", "October", "November", "December"};
```

该二维字符数组将被自动定义为 12 行大小，每行 10 列。各行依次存放了一年 12 个月每月的英文名称。

2. 二维字符数组的使用

二维字符数组的使用包括引用数组元素、为数组元素赋值、取数组元素的地址等。如果二维字符数组中存放了多个字符串，则可以以行的方式引用每一行的字符串。

(1) 使用数组元素。

```
char s[2][4] = { 'a', 'b', 'c', '0', '1', '2', '3', '4'};
```

第一行的元素是 s[0][0]、s[0][1]、s[0][2]、s[0][3]，它们的值分别是'a'、'b'、'c'、'0'。

第二行的元素是 s[1][0]、s[1][1]、s[1][2]、s[1][3]，它们的值分别是'1'、'2'、'3'、'4'。

设 $0\leqslant i<2, 0\leqslant j<4$，可以对元素 s[i][j]执行以下操作。

```
s[i][j] = 'm';              /* 为 s[i][j]赋值，使其等于'm' */
&s[i][j];                   /* 取元素 s[i][j]的地址 */
scanf("%c", &s[i][j]);      /* &s[i][j]作为 scanf()的参数，接收外部输入的字符 */
```

(2) 使用字符串。

引用二维字符数组 a[N][M]第 i 行字符串的一般形式是：a[i] 或 &a[i][0]。例如：

```
char strs[2][40] = { 'a', 'b', 'c', '\0', '1', '2', '3', '\0'};
```

引用 strs 第 i 行字符串的形式是：strs[i]或 &strs[i][0]。

对表达式 a[i]的解释为：如果将有 M 个元素的一维数组视为一种对象，则二维数组 a 可以视为由 N 个这样的一维数组对象组成的“超”一维数组，即二维数组是由一维数组组成的一维数组(这一概念可以引申至任意 n 维数组：对 n 维数组 b[I][J][K]…[N][M]，若将 n－1 维的 J×K×…×N×M 数组视为一种对象，则 b 就是由 N 个这样的 n－1 维数组对象组成的一维数组，其相关内容将在指针部分详述)。在这种“超”一维数组中，第 i 个元素是

a[i],表示 a 中第 i 个一维数组,与"一维数组的数组名是数组第一个元素的地址"同理,a[i]也是 a 中第 i 个一维数组的起始地址,即第 i 个一维数组的第一个元素的地址,所以 a[i]与&a[i][0]等价。

基于上面的表示形式,就可以在其他运算表达式或语句中引用一个二维字符数组中的字符串了。

【例 7.30】 字符数组使用示例。

```
#include<stdio.h>
#include<string.h>
int main()
{
    int i;
    char weeks[7][10] = {"monday", "", "WednesDay", "ThursDay", "FriDay",
"SaturDay", "SunDay"};
    weeks[0][0] = 'M';          /*将第一个字符串的首字母从小写字母'm'修改为大写字母'M'*/
    scanf("%s",weeks[1]);  /*接收一个从键盘输入的字符串并保存到 weeks[i]中*/
    for(i=2;i<7;i++)
        weeks[i][strlen(weeks[i])-3] = 'd';
                                /*将第 3~7 个字符串中的大写'D'修改为小写'd'*/
    for(i=0;i<7;i++)
        printf("%s ",weeks[i]);  /*输出 weeks 中所有字符串*/
    return 0;
}
```

程序中,在 main 函数中声明了一个二维字符数组 weeks 并进行了初始化,其中第二个字符串的初值为空,并在程序的第 8 行等待从键盘输入第二个字符串的内容(星期二的英文名称),这里用 weeks[1]引用 weeks 中的第二个字符串,并作为参数用在 scanf 函数中。为了将第 3～7 个字符串中的大写字母'D'修改为小写字母'd',程序第 9～10 行首先调用字符串标准函数 strlen 求每个字符串的长度,然后计算大写字母'D'的位置(为每个串的倒数第 3 个字符)并为该位置赋值为小写字母'd'。程序最后连续输出 weeks 保存的所有字符串。

执行程序,如果输入:

```
Tuesday
```

程序输出结果:

```
Monday Tuesday Wednesday Thursday Friday Saturday Sunday
```

7.6 基于数组的应用

实际应用中,数据因为它们之间逻辑关系而形成一维结构、二维结构、三维结构等。如果是同类型数据,则可以使用一维数组、二维数组、三维数组等来存储这些数据,然后基于它们的数组表示进行各种形式的运算。本节介绍基于数组的三个典型应用实例:冒泡排序、二分查找、矩阵乘运算。

7.6.1 冒泡排序

已知一个含有 n 个元素的集合 $A=\{a_i|0\leqslant i\leqslant n-1\}$,开始的时候 A 中元素是无序的,使用某种算法,将 A 中的元素按照值的大小从小到大(或从大到小)重新排列称为排序。排序算法有很多种,冒泡排序是其中一种简单的排序算法。

这里用一维数组表示数据集合,元素可以是任何类型,只要元素间能比较大小即可,不失一般性,这里假设 A 是一个一维整型数组,声明为 int A[N];(N 是一个常量表达式)。

冒泡排序的计算过程按"轮"进行,算法共执行 n-1 轮。第 i 轮筛选出集合中的第 i 大元素,并通过元素的交换将它放到数组中倒数第 i 的元素位置上。

第 1 轮,筛选出 n 个数中的最大元素,并把它放到 A[n-1]中。

第 2 轮,在 A[0]~A[n-2]中找其中的最大值——该最大值是原 n 个数中的第二大元素,并把它放到 A[n-2]中。

第 3 轮,在 A[0]~A[n-3]中找其中的最大值——该最大值是原 n 个数中的第三大元素,并把它放到 A[n-3]中。

……

这样经过 n-1 轮筛选,所有的元素就按照它们值的大小从小到大地排列好了。

例 7.11 中的 findmax 函数实际上就是对 n 个元素做第一轮筛选,并把找到的最大元素交换至数组的最后位置。对于一般情况,设算法进展到第 i 轮,则待筛选的范围是 A[0]~A[n-i],通过改写 findmax 中的循环语句即可实现第 i 轮的筛选工作。程序段如下。

```
int t, j;
for(j=0;j<i-1;j++)
    if(A[j]>A[j+1]) {
        t = A[j];
        A[j] = A[j+1];
        A[j+1] = t;
    }
```

然后再增加一层外循环即可实现 n-1 轮重复筛选的操作。冒泡排序函数 bubblesort 的程序如下。

```
void bubblesort(int a[], int n)
{
    int t, i, j;
    for(i = 0; i<n-1;i++) {          /* 进行 n-1 轮筛选 */
        for(j=0;j<n-i-1;j++)         /* 数据范围是 a[0]~a[n-i-1] */
            if(a[j]>a[j+1]) {
                t = a[j];            /* 交换 */
                a[j] = a[j+1];
                a[j+1] = t;
            }
        /* 以下输出本轮完成后数组 A 中所有元素的排列情况 */
        printf("%3d: ",i+1);
```

```
        for(j=0;j<n;j++)
            printf("%d ",a[j]);
        printf("\n");
    }
}
```

为了清楚地展示每一轮筛选的结果，可以在 bubblesort 函数的外层循环中增加输出本轮筛选后数组 A 中元素排列情况的语句。以下是对 bubblesort 函数的调用，从输出结果中可以观察到 bubblesort 函数的工作过程。

bubblesort 函数的形参表中，形参数组 a 表示待排序的元素集合，n 给出数组中元素的个数。在 main 函数中，定义了整型数组 ia，然后用作实参调用 bubblesort 函数。

【例 7.31】 调用 bubblesort 函数对数组中的元素进行排序。

```
#include<stdio.h>
#include<string.h>
#define N 9
int main()
{
    int ia[N] = {85, 72, 90, 67, 95, 85, 78, 65, 84};
    int i;
    bubblesort(ia, N);
    printf("end: ");
    for(i=0;i<N;i++)   printf("%d ",ia[i]);
    printf("\n");
    return 0;
}
```

执行程序后的输出结果：

```
  1: 72 85 67 90 85 78 65 84 95
  2: 72 67 85 85 78 65 84 90 95
  3: 67 72 85 78 65 84 85 90 95
  4: 67 72 78 65 84 85 85 90 95
  5: 67 72 65 78 84 85 85 90 95
  6: 67 65 72 78 84 85 85 90 95
  7: 65 67 72 78 84 85 85 90 95
  8: 65 67 72 78 84 85 85 90 95
end: 65 67 72 78 84 85 85 90 95
```

上面程序使用了和例 7.11 一样的数据。对于第一轮，在 9 个元素里筛选最大值 95 并将之交换到数组最后位置的过程细节，读者可以参见表 7-1。而在上面的输出中，数字 1～8 表示 1～8 轮筛选，每轮完成后各自的输出；最后一行 end，是排序完成后 ia 数组中元素的最终排列情况。

7.6.2 二分查找

在已知的元素集合 A 中找一个给定的元素 x，如果 x 在 A 中出现，即 A 中的某个元素等于 x,则返回其所在的位置;如果 A 中没有任何元素等于 x,则返回找不到标记,这个过程就称为查找。设集合 A 用数组表示,则成功查找时返回值等于 x 的元素的下标即可,否则返回−1。例如:

设有数组声明:

```
int A[9] = {85, 72, 90, 67, 95, 85, 78, 65, 84};
```

若待查找的元素 x=95,则可以成功查找到 A[4]等于 95,此时返回下标 4;若 x=96,则因为 A 中没有哪个元素等于 96,故返回−1。而如果 x=85,由于 85 在 A 中出现 2 次,这通常要看问题的要求,如果仅要求找到其中一次出现即可,则顺序查找时通常就返回下标 0 了;但如果要找出 x 在 A 中的所有出现,则需要返回两个下标 0 和 5,因为 A[0]和 A[5]都等于 x。

如果 A 中的元素是无序的,则一般只能"顺序查找",即从第一个元素开始,依次比较 A 的元素和 x,如果相等,则返回元素的下标;如果最后都没有找到等于 x 的元素,则返回−1。读者可能已经想到,用一个简单的循环即可实现这种顺序查找。具体程序由读者自己实现。下面介绍一种在有序表上的查找算法——二分查找算法。

所谓在有序表上的查找,是指数组 A 中的元素已经排序(不失一般性,这里假设 A 中的元素按照从小到大的顺序排好序),此时做查找计算,就没必要从第一个元素起顺序查找,而是可以用"二分查找",相比顺序查找,二分查找具有更快的查找速度。二分查找算法的基本思想如下。

设已排好序的 n 个元素存于数组 a[0..n−1]中,待查找元素是 x。

首先计算中间元素的下标 mid =(left+right)/2,这里 left 指示当前查找区间的最小下标,right 指示当前查找区间的最大下标(开始的时候 left=0,right=n−1,表示当前查找 x 的元素区间是 a[0]~a[n−1],即整个的数组范围)。

如果 x 等于 a[mid],则返回 mid;如果 x 小于 a[mid],则下一步在 a[left]~a[mid−1]范围重复上述查找过程,此时置 right=mid−1,重复上述步骤即可;而如果 x 大于 a[mid],则在 a[mid+1]~a[right−1]范围内继续查找,此时置 left=mid+1,重复上述步骤即可。

这一过程一直持续到某个时刻恰好有某个 a[mid]等于 x,则算法终止,成功找到等于 x 的元素,返回 mid;或者最后出现 left>right 的,此时表示没有在 a 中找到 x 的情况,退出查找过程,算法终止,返回−1。

在上述查找过程中,不管下一次重复查找是在左半区间还是在右半区间,都只在剩下的一半元素区间内继续查找,而另一半区间,因为元素的大小关系,使得 x 绝对不会在其中出现,所以不用在这半个区间内查找 x,相比顺序查找,这一步可以节省一半的时间,所以二分查找具有更高的效率。

实现上述二分查找算法的函数是 BinarySearch,具体程序如下。

```
int BinarySearch (int a[], int x, int n)   /* 参数数组 a 中有 n 个已排序的元素,x 是待查找
的元素。如果 x 在 a 出现,则返回所在位置的下标;否则,返回-1 */
{
    int left = 0, right = n-1,  mid;
    while(left <= right)
    {
        mid=( left + right)/2;   /* 计算中间元素的下标 */
        if(x<a[mid])
```

```
            right = mid - 1;       /* 通过修改 right = mid - 1,使得下一次循环时在前半区间
                                      继续查找 */
        else if(x>a[mid])
            left =mid+1;           /* 通过修改 left =mid+1,使得下一次循环时在后半区间继
                                      续查找 */
        else
            return (mid);          /* 成功找到,返回下标 */
    }
    return -1;                     /* 查找失败,返回-1 */
}
```

下面是对 BinarySearch 函数的调用。

【例 7.32】 调用 BinarySearch 函数,在一个已知的有序数列中查找指定的元素。

```
#include <stdio.h>
int main(void)
{
    int score[]={65, 67, 72, 78, 84, 85, 85, 90, 95};  /* 数组 score 中含有 9 个已排序的
                                                          元素 */
    int x=78;
    int idx;
    idx = BinarySearch(score, x, 9);  /* 以 score 为实参数组调用 BinarySearch 函数,
                                         待查找的元素 x=78,数组中有 9 个元素 */
    if(idx!=-1)
        printf("Find score[%d] = %d.\n",idx, score [idx]);   /* 查找成功 */
    else
        printf("Not find %d.\n", x);                         /* 查找失败 */
}
```

程序的运行结果:

```
Find score [3] = 78.
```

图 7-11 是 x=78 时,函数 BinarySearch 在数据集合 score[]上的工作过程。

下标	0	1	2	3	4	5	6	7	8
元素	65	67	72	78	84	85	85	90	95
循环									
1	↑ left				↑ mid				↑ right
2	↑ left	↑ mid		↑ right					
3			↑ left mid	↑ right					
4				↑ right left mid 成功					

图 7-11 函数 BinarySearch 的工作过程

7.6.3 矩阵乘运算

矩阵是一种按照行-列排列的数表。一个由 m×n 个数排列成的 m 行、n 列的数表称为 m 行 n 列的矩阵,简称 m×n 矩阵。下面是一个 5×6 的矩阵 **A**。

$$\mathbf{A}=\begin{bmatrix}21 & 12 & 33 & 41 & 15\\26 & 37 & 38 & 59 & 7\\11 & 32 & 14 & 22 & 25\\36 & 17 & 24 & 20 & 30\end{bmatrix}$$

矩阵中的每个数称为矩阵的元素。如矩阵 **A**,a_{ij}表示矩阵 **A** 中第 i 行第 j 列的元素,矩阵 **A** 也可记为 $\mathbf{A}=(a_{ij})_{5\times 6}$。

按照线性代数的运算规则,一个 m×p 矩阵 **A** 和一个 p×n 矩阵 **B**,矩阵 **A** 右乘矩阵 **B**(或称矩阵 **B** 左乘矩阵 **A**)所得到的乘积是一个 m×n 的矩阵 $\mathbf{C}=(c_{ij})_{m\times n}$,其中 **C** 矩阵的元素 c_{ij}是按照以下公式计算得到的 **A** 矩阵的第 i 行元素与 **B** 矩阵第 j 列元素的内积。

$$c_{ij}=\sum_{k=1}^{p}a_{ik}b_{kj} \tag{7.1}$$

式中,i = 1,2,…,m, j=1,2,…,n。

下面编写实现两个矩阵相乘的程序。

(1) 矩阵的表示:根据矩阵的定义,显然可以用二维数组表示矩阵,通常第一维表示行,第二列表示列。需要注意的是,一般数学里矩阵的下标从 1 开始,而 C 语言中数组的下标从 0 开始,因此编程时需要进行适当的调整。

(2) 矩阵的计算:根据式(7.1),对于一个指定 i、j 的元素 c_{ij},可以用一重循环结构完成计算,而对于 C 中的所有元素(i=1,2,…,m,j=1,2,…,n),程序的主体将是一个三重循环结构。

设 M、N、P 是用#define 定义的整数常量,一个实现两个矩阵乘运算的函数 mulMatrix 如下。

```
void mulMatrix(int a[][P], int b[][N], int c[][N], int m, int p, int n)
{
    int i, j, k, sum;
    for(i=0; i<m; i++)
        for(j=0;j<n;j++) {
            sum = 0;
            for(k=0;k<p;k++)
                sum += a[i][k] * b[k][j];
            c[i][j] = sum;
        }
}
```

函数 mulMatrix 以三个二维数组作为形式参数,而声明二维形参数组时,数组的第一维下标的大小可以省略,但第二维下标的大小必须给出,这一规则同样适用于二维以上的形参数组声明,即第一维下标的大小可以不用给出,但其余各维的下标必须给出;另外三个整型参数 n、p、m 分别指示二维数组 a、b、c 第一维的大小(事实上,根据矩阵乘的运算规则,这里应有 p 等于 P、n 等于 N)。计算矩阵乘积的程序是一个三重循环结构:外层循环控制结果矩阵的行,中间循环控制结果矩阵的列,而内层循环用于计算一个指定了下标 i、j 的元素 c_{ij}。

【例 7.33】 设有矩阵 **A** 和 **B**,编程计算 **C**=**A**×**B**。

$$\mathbf{A}=\begin{bmatrix}1 & 2 & 3 & 4\\5 & 6 & 7 & 8\\9 & 0 & 1 & 2\end{bmatrix}\quad \mathbf{B}=\begin{bmatrix}1 & 2 & 3\\4 & 5 & 6\\7 & 8 & 9\\0 & 1 & 2\end{bmatrix}$$

分析:根据已知条件,**A** 是一个 3×4 的矩阵,**B** 是一个 4×3 的矩阵,所以结果矩阵将是一个 3×3 的矩阵。程序中,分别用一个 3×4 和一个 4×3 的二维数组表示矩阵 **A** 和 **B**,同时定义一个 3×3 的二维数组保存 **C**。

```
#include <stdio.h>
#define M 3
#define P 4
#define N 3
void mulMatrix(int a[][P], int b[][N], int c[][N], int m, int p, int n);
int main()
{
    int A[M][P] = {{1,2,3,4},{5,6,7,8},{9,0,1,2}};
    int B[P][N] = {{1,2,3},{4,5,6},{7,8,9},{0,1,2}};
    int C[M][N];
    int i,j;
    mulMatrix(A,B,C,M,P,N);
    for(i=0; i<N; i++) {
        for(j=0; j<M; j++)
            printf("%8d ",C[i][j]);
        printf("\n");
    }
    return 0;
}
```

程序的运行结果:

```
30       40       50
78      104      130
16       28       40
```

本章小结

本章介绍了一维数组和二维数组的声明及初始化、元素的引用及数组与元素参与运算的形式和要求、一维数组和二维数组的逻辑结构及存储结构,以及数组作为函数参数的使用方法,并且将这些内容推广到一般的 n 维数组。

字符数组是字符串的存储形式,而字符串又是文本表示和处理的基础。本章专门介绍了字符数组的声明和使用、字符串的概念和它的C语言表示、二维字符数组和字符串数组的声明及使用方法。在此基础上，介绍了标准函数库中常用字符串函数的使用方法，并对其中多个函数的设计进行了详细介绍，包括：求字符串长度、字符串复制、字符串比较、求字符串的子串、字符串反转等，以及数字串和数值之间的转换函数，包括：十进制数字串转换成对应整数、十进制整数转换成对应数字串、非负整数转换成对应的十六进制数字串等，介绍了这些函数的算法设计和实现方法。

在数组应用方面，介绍了冒泡排序、二分查找以及矩阵乘运算三个典型实例。通过这些实例的学习，可以很好地帮助读者加深对数组的理解。这些实例所涉及的算法思想和实现方法也需要很好地掌握，在今后的编程学习和实践中会经常用到。

习题 7

7.1 有以下程序，程序中的数组a是全局数组，函数f中声明的数组b是静态数组，c是局部数组。运行程序，观察局部数组、静态数组和全局数组的行为特征。

```
#include <stdio.h>
int a[3];
void f()
{
    static int b[3]={1,2,3};
    int c[3] = {1,2,3};
    int i;
    for(i=0;i<3;i++){
        a[i] = a[i] * (i+1);
        b[i] = b[i] * (i+1);
        c[i] = c[i] * (i+1);
    }
    printf("a: ");
    for(i=0;i<3;i++)   printf("%d ", a[i]);
    printf("\n");
    printf("b: ");
    for(i=0;i<3;i++)   printf("%d ", b[i]);
    printf("\n");
    printf("c: ");
    for(i=0;i<3;i++)   printf("%d ", c[i]);
    printf("\n");


}
int main()
{
    int i;
    for(i=0;i<3;i++)    a[i] = i+1;
    printf("1...\n");
    f();
```

```
    printf("2...\n");
    f();
    return 0;
}
```

7.2 约瑟夫问题：n个人依次从1到n编号并围成一个圈，从编号为1的人开始报数，凡报数为3的人退出圈子，直到只剩下一个人为止。编写程序模拟该过程，并输出最后剩下的那个人原来的编号。

7.3 输入10个数，用冒泡排序法对其进行排序并输出排序后的结果。

7.4 输入n个学生的姓名和C语言课程的成绩，将成绩按照从高到低的次序排序，姓名同时作相应调整。输出排序后学生的姓名和C语言课程的成绩。

7.5 在7.4题的基础上增加以下功能：输入一个新的学生姓名和他的C语言课程的成绩，然后将该新学生插入已排序的数组中并依然保持所有学生按照C语言课程成绩大小从小到大排列，输出插入新学生后的所有学生的姓名和他们的C语言课程成绩。

7.6 选择排序是这样一种排序算法：第一次从待排序的数据元素中选出最小的一个元素，并把它放在序列的起始位置；以后每次从剩余的未排序元素中选出最小元素，并把它放到前面已排序元素的末尾；以此类推，直到待排序的数据元素的个数为0为止(这样得到的是一个升序序列，也可以每次选最大的元素，从而得到降序序列)。编程输入n个数，然后用选择排序算法将它们按非降次序排列后输出。

7.7 输入n个整数到数组u中，再输入正整数k(0<k<n)，k将数组u划分为两段：u[0]，u[1]，…，u[k-1]和u[k]，u[k+1]，…，u[n-1]，将两段元素交换位置并仍存放在数组u中，输出交换后的数组元素。例如，假设n=7，k=3，数组元素u[0]，u[1]，…，u[6]依次为1，2，3，4，5，6，7，则待交换的两段元素是u[0]，u[1]，…，u[2]和u[3]，u[4]，u[5]，…，u[6]，交换的结果是4，5，6，7，1，2，3。注：将交换两段数组元素的程序定义为函数，并要求程序中总共只能使用一个数组。

7.8 编程统计输入的一段文本中每个数字字符、英文字母和其他字符出现的次数(假设文本仅由英文符号组成，要求用数组元素作为每个数字字符、英文字母和其他字符出现次数的计数器)。

7.9 编写字符串操作函数strnCpy(char * s, const char * t, int n)。该函数的功能是：t是已知字符串，如果t的长度不大于n，则将t完整复制到字符数组s中；否则，仅将t中的前n个字符复制到s中并形成字符串。

7.10 编写字符串操作函数strnCat(char * s, const char * t, int n)。该函数的功能是：s和t是两个字符串，如果t的长度不大于n，则将t完整地连接至s的尾部；否则，仅将t中的前n个字符连接到s的尾部并形成字符串。

7.11 编写字符串操作函数striCmp(const char * s, const char * t)。该函数的功能与strCmp类似，比较两个字符串s和t是否相等，如果相等则返回0，否则返回非零(小于0表示s小于t，大于0表示s大于t)，而区别在于striCmp不区分英文字母的大小写。

7.12 编写字符串操作函数char * strChr (const char * s, int c)。该函数的功能：在字符串s中查找指定的字符c的第一次出现的位置，如果c在s中出现，则返回c出现位置的字节地址，否则返回NULL。

7.13 编写一个用递归的方法求字符串长度的函数int rstrlen(const char * s)，s是已知的字符串，函数返回s的长度。

7.14 编写一个将十六进制数字串转换程对应整数的函数atoh(const char nstr[])，其中nstr是十六进制数字串，函数返回转换后的值。

7.15 编程实现函数char * itoa (int iv, char nstr[], int radix)。该函数将整型变量iv的值转换成数字串，存放到字符数组nstr中，radix是数字转换时使用的进制基数，如2、8、10、16等，可以处理负数。

7.16 编写一个程序，统计输入的一段文本中的字符数、单词数及输入的行数。输入的文本以Ctrl+Z结束。提示：这里单词是指连续出现的若干个英文字母符号，区分大小写，包括单独一个英文字母，一个单词与其邻近的其他单词之间由一个或多个空格符或其他非英文字母的符号隔开。一般而言，输入的文本从第一行开始，每输入一次回车换行(换行符)，文本中就增加一行，要注意第一行和最后一行的处理，不要统计漏掉；Ctrl+Z是组合键，指在键盘上同时按下Ctrl键和字母Z键，一般以该组合键作为文本输入的结束标志。

7.17 编写一个程序，统计输入的一段文本中除去空格、制表符、换行符之后剩余字符的个数。

7.18 编写一个程序，首先将输入的多行文本存放在一个足够长的一维字符数组中，然后将其中相连的多个空格压缩成一个空格，最后再输出该一维数组的内容。要求输出的内容能够像输入时一样以多行方式显示。

7.19 编写一个程序，先输入若干行文本，以Ctrl+Z结束；然后再输入一个字符串，之后在先前输入的文本中查找哪些行含有该字符串并输出这些行的内容。

第8章　指针

指针类型是C语言最有特色的数据类型，指针变量是一种用来存放地址的特殊变量。在C语言中，由于指针能够表达某些用其他方法无法表达的运算，而且使用指针编写的代码更紧凑和更高效，所以指针用得非常多，应当深入理解和掌握指针。本章介绍指针的概念、指针作函数参数、数组的指针表示、指针数组、带参数的main函数、函数指针、指针函数、指向数组的指针以及指针的复杂说明。

8.1　指针的概念

指针就是地址，指针变量就是专门存放地址的变量，深刻理解指针的概念对使用指针非常重要。

8.1.1　变量的地址和指针变量

1. 变量的地址

程序中的任何变量都占据一定数量的以字节为单位的内存单元，所需内存单元的字节数由变量的类型决定。例如，在32位计算机中，一个int型变量占据4B(4字节)连续的内存单元，一个double型变量为8B，一个char型变量为1B。内存的每个字节都有一个编号，相当于教学楼里的教室号，内存字节的编号称为“地址”。所以，每个内存单元都有自己的地址：第一个字节的地址是0，后面字节的地址依次是1、2、3……

例如，有声明语句：

```
int a;
```

则系统为变量a分配4B内存空间，假设占据地址为1000、1001、1002和1003。那么变量a的地址是哪一个呢？答案是1000。虽然一个int型变量占据了4B内存空间，但它只有一个地址，就是首地址，即**变量在内存存储中的起始地址称为该变量的地址**。实际上，程序编译后就将变量名转换为变量的地址了，变量a在计算机看来就是一个具体的内存地址(如1000)。因此，对于语句：

```
a=160;
```

计算机执行的操作是：将数值160写入地址为1000的内存单元中。变量名和内存地址之间的关联是编译器实现的，计算机通过地址来存取变量值。这里有两个概念：变量的地址和变量的值，变量的地址是分配给这个变量的内存单元的起始位置编号，变量的值是该内存位置所存储的数值。例如，变量a被分配在内存地址为1000的位置，该位置存放的值是整数160，则变量a的地址为1000，其值是160。

地址是一类比较特殊的数据，代表某个变量所占内存的编号，相当于地址是一个指示器，指明了变量的内存位置，就像钟表上的指针，指向某个时间。因而，将地址形象化地称为指针，**一个变量的地址称为该变量的指针**。例如，变量 a 的地址是 1000，则 1000 就是变量 a 的指针，或者说指针 1000 指向变量 a。

指针是 C 语言的一种数据类型，和其他类型的数据一样有常量和变量之分。例如，整型有整型常量和整型变量，指针也有指针常量和指针变量。

2. 取地址运算符

单目运算符 & 用来求变量所占内存的起始地址，称为取地址运算符。若有声明：

```
int a, b[10];
```

则表达式 &a 是变量 a 的地址，其类型是指针，这是一个指针常量；表达式 &b[0]代表数组的首元素的地址，类型也是指针，是一个指针常量。因为系统分配给变量 a 和数组 b 的内存位置是固定不变的，所以都不能被修改，**不能被程序修改的地址值称为指针常量**。

注意，运算符 & 的操作数必须是一个左值表达式(如变量名 a、数组下标表达式 b[0])。不允许对常量、表达式、寄存器变量进行取地址操作。例如，&(a+2)和 &100 都属于非法操作。数组名 b 表示数组的首地址，即 b 等价于 &b[0]。

3. 指针变量

可以将变量 a 的地址存放在另一个变量 p 中。赋值语句：

```
p=&a;
```

用于将 a 的地址存入变量 p，称"p 指向变量 a"，或称"p 所指对象是 a"，或称"p 是 a 的指针"，它们之间的关系如图 8-1 所示。一般情况下，用户并不知道编译器为变量分配的存储位置，无法预测它们的地址，在画内存示意图时，用箭头来代替实际地址值，画一个从指针(p)到它指向的变量(a)的箭头来表示指针中的地址。注意，变量 p 的值是 &a(如 1000)，变量 p 本身也有地址(&p)。

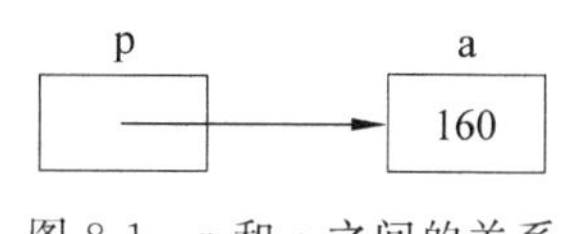

图 8-1 p 和 a 之间的关系

这种**专门用来存放地址值的变量称为指针变量**，p 就是一个指针变量，只能将地址值赋值给它。指针变量是一种特殊类型的变量，和以前学过的整型、浮点型等变量不同，指针变量是用来指向另一个变量的，引入指针的目的是为了通过指针间接访问它所指向的变量。如果 p 指向 a，那么就在 p 和 a 之间建立起一种联系，通过访问 p 能知道 a 的地址，从而找到 a 的内存单元，取得其值。

4. 指针运算符

单目运算符 * 是指针运算符(或称间接访问运算符)，其操作数的类型必须是指针，用来访问指针所指向的对象。如果指针变量 p 如图 8-1 所示已经指向了 a，则语句：

```
*p=200;                    /* 等价于 a=200; */
```

将 200 赋给 p 所指向的对象(即变量 a)，该语句等价于 a=200;。再执行语句：

```
printf("%d", *p);          /* 等价于 printf("%d", a); */
```

屏幕上将显示变量 a 的新值 200。**利用变量名**(如 a)**实现对变量的访问称为直接访问，通过指向变量的指针**(如 *p)**实现对变量的访问称为间接访问**。

p 是变量，其值可更改，可改变为存放其他变量的地址。例如：

```
p=&b[0];                    /*将 b[0]的地址存储在指针变量 p 中*/
```

指针 p 指向变量 b[0]，*p 就是间接访问 b[0]，执行语句中出现的 b[0]都可以用 *p 代替。

8.1.2 指针变量的声明

指针变量在使用之前也要先进行声明，由于指针变量是一种特殊类型的变量，相比于其他一般变量的说明多了个特殊的标记*。例如：

```
int *p;
```

说明：声明语句中变量名前的星号"*"是指针说明符，说明该变量是指针变量，int 说明指针 p 所指对象的类型是 int，称"p 是指向整型数据的指针变量"或"p 是整型指针变量"，表达式 *p 的类型就是 int，通过 p 间接访问所指地址处连续 4 字节单元的内容。若有声明：

```
char *pc;                   /*pc 是字符指针变量*/
```

则表达式 *pc 的类型是 char，访问所指地址处 1 字节单元的内容。

因此，声明指针的一般形式是：

类型区分符 *标识符 1, *标识符 2,…, *标识符 n;

说明：标识符 i (i=1,2,…,n)是指针变量名，指针变量所指对象的类型由类型区分符决定。

指针变量也可以在声明的时候对其进行初始化，但必须用变量的地址进行初始化，初始化后的指针将指向该变量。例如：

```
int x, *p=&x;               /*x 是整型变量,p 是整型指针变量*/
```

该声明语句中的赋值号是给 p 赋值(不是给 *p 赋值)，使指针 p 指向变量 x，出现在声明语句中的星号*是指针说明符，仅仅标记其后变量是指针变量，初始化是针对指针变量的，上面声明语句等价于：

```
int x, *p;
p=&x;
```

【例 8.1】 指针的声明和使用。

```
int  a=10, b, c[10];
int  *p = &a;               /*p 是整型指针变量,现在指向 a*/
b = *p;                     /*等价于 b=a,b 的值为 10*/
*p = 2 * *p;                /*等价于 a=2*a,a 的值现在为 20*/
p = &c[1];                  /*p 现在指向数组元素 c[1]*/
*p = 30;                    /*等价于 c[1]=30,c[1]的值现在为 30*/
(*p)++;                     /*等价于 c[1]++,c[1]的值现在为 31*/
```

分析：当指针 p 指向 a 时，*p 就是 a；当指针 p 指向 c[1]时，*p 就是 c[1]。注意区分(*p)++ 和 *p++，由于单目运算符的结合性是右结合，*p++ 等价于 *(p++)，自增作用于 p。

程序中的星号“ * ”有三种不同的含义：①双目的乘法运算符；②单目的指针间访运算符；③在声明语句中作指针说明符，此时的 * 读作“指针”。

8.1.3 指针的赋值和移动操作

1. 指针的赋值

可以将一个指针常量赋值给指针变量，也可以将一个指针变量赋值给另一个指针变量，**如果两个指针类型相同，则直接赋值**（指针类型就是指针所指变量的类型）。例如：

```
int x, *p1, *p2;                    /* p1和p2是整型指针变量 */
p1 = &x;                            /* p1指向x */
p2 = p1;                            /* p2也指向x */
```

由于 x 是 int 型，所以 &x 的类型是 int *（读作整型指针），p1 的类型也是 int *，直接将整型指针常量 &x 赋值给整型指针变量 p1。由于 p1 是变量，可以采用直接访问方式使用 p1 本身，将 p1 的值直接赋给 p2，两个指针的指向一样，均指向变量 x。

如果两个指针类型不相同，一般要使用类型强制符转换后再赋值。例如：

```
short x=0x1234, *p1;                /* p1是短整型指针变量 */
char *p2;                           /* p2是字符指针变量 */
p1 = &x;                            /* 同类型指针直接赋值，p1指向x */
p2 = (char *)&x;                    /* 不同类型要强制转换，p2指向x的首字节 */
printf("%#x  %#x", *p1, *p2);       /* 输出0x1234  0x34 */
```

由于 &x 的类型是 int *，而 p2 的类型是 char *，两者类型不相同，需要将右边指针类型转换为左边指针类型再赋值。假设变量 x 的地址为 2000，则它占据内存地址为 2000 和 2001 两个字节，低字节数据 0x34 放在低地址 2000 处，高字节数据 0x12 放在高地址 2001 处，如图 8-2 所示。

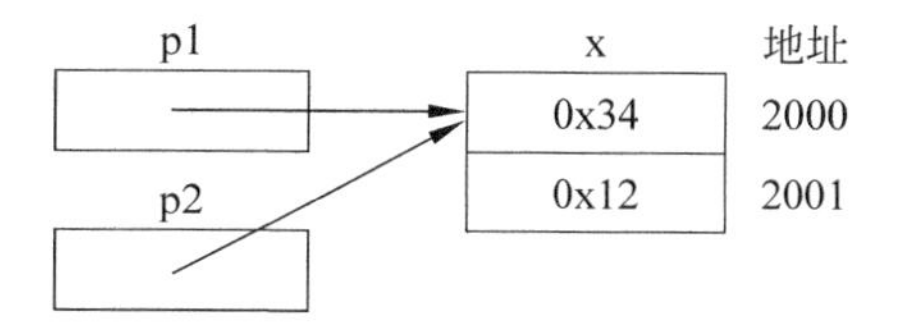

图 8-2 指针和所指变量之间的存储示意图

表达式 &x 的值为 2000，所以 p1 和 p2 的值为 2000，均指向地址为 2000 的内存单元。虽然它们的指向一致，但是它们的类型不同，* p1 和 * p2 的结果就不一样。因为 p1 的类型是 short *，所以 *p1 的类型就是 short，表示访问指针 p1 所指处 2 字节数据，值为 0x1234；而 p2 的类型是 char *，所以 *p2 的类型就是 char，表示访问指针 p2 所指处 1 字节数据，值为 0x34。

由此可见，对指针间接访问（即单目 * 运算）的结果取决于指针的类型，所以指针变量声明时必须指定指针的数据类型，这样才能利用指针正确进行间接访问运算。

2. 指针的移动

指针的移动是指通过将指针加一个整数实现指针的后移（地址增大的方向），或者通过指针减一个整数实现指针的前移（地址减小的方向）。就像钟表上的指针原本指向 5 时，顺时针拨动 2 格后指向 7 时，而逆时钟拨动 1 格指向 4 时。假设 p 是指针，n 是整数，则表达式（p±n）的类型和 p 一样，仍是指针，它指向 p 当前位置后面或前面的第 n 个元素。例如：

```
int  a[10]={1, 2, 3, 4, 5, 6, 7, 8, 9, 10};
int  *p = a;                          /*p现在指向a[0]*/
p += 2;                               /*p后移2个元素,p现在指向a[2]*/
--p;                                  /*p前移1个元素,p现在指向a[1]*/
printf("%d", *(p + 3) );              /*(p + 3) 指向a[4],输出5*/
```

执行printf之前p指向a[1],则(p+3)指向a[1]后面的第三个元素a[4],因此 *(p+3)等价于a[4],值为5,注意此时指针变量p的值未变,还是指向a[1]。

【例8.2】 将short数的高字节和低字节交换。

分析:该问题可以用第2章介绍的位运算实现,本例采用指针实现更简洁。short数占2B内存空间,可以利用char型指针取出其中的字节数据,因此,设置一个char型指针变量p,初始化让p指向short变量a的低字节,则(p+1)指向a的高字节,交换它们所指内容*p和*(p+1)即可。

```
#include <stdio.h>
int main(void)
{
    short  a = 0x5678;
    char t, *p = (char *)&a;               /*p指向a的低字节*/
    printf("Before swap a = %#hx\n",a);
    t=*p;  *p=*(p+1);  *(p+1)=t;          /*交换高低字节*/
    printf("After swap a = %#hx\n",a);
    return 0;
}
```

【例8.3】 一个长整型数占4字节,其中每个字节又分成高4位和低4位。试从长整型数的低字节开始,依次取出每个字节的高4位和低4位数据并转换为十六进制字符进行输出。

分析:利用char型指针取出长整型数的字节数据,再利用位运算提取字节数据的高4位和第4位。

```
#include<stdio.h>
int main(void)
{
    long x=0x1234ABCD,k;
    char *p=(char *)&x;                 /*强制转换,p指向x的最低字节*/
    char up_half,low_half;              /*up_half存高4位,low_half存低4位*/
    for(k=0;k<4;k++)                    /*循环处理4字节数据*/
    {
        low_half=(*p)&0x0f;             /*取低4位*/
        if(low_half<10)                 /*其值小于10,转换成字符'0'~'9'*/
            low_half |= '0';
        else                            /*其值大于或等于10,转换成字符'A'-'F'*/
            low_half=(low_half-10)+'A';
        up_half=(*p>>4)&0x0f;           /*取高4位*/
```

```
        if(up_half<10)
            up_half|='0';
        else
            up_half=(up_half-10)+'A';
        p++;                                /* 移动 p,使它指向 x 的下一个字节 */
        printf("%c    %c\n",up_half,low_half);
    }
    return 0;
}
```

8.1.4 悬挂指针和 NULL 指针

1. 悬挂指针

如果一个指针没有被设置为指向一个已知的对象,则这样的指针称为悬挂指针。在程序里面使用悬挂指针是很危险的,下面代码就存在这类错误。

```
char *p1;                       /* p1 是字符指针变量,未初始化,目前无所指 */
long *p2;                       /* p2 是长整型指针变量,未初始化,目前无所指 */
scanf("%s",p1);                 /* 使用了悬挂指针 p1,错误! */
*p2=10;                         /* 使用了悬挂指针 p2,错误! */
```

切记:当创建一个指针时,系统只分配了用来存储指针本身的内存空间,并不会分配用来存储数据的内存空间。第 1 行声明语句创建了名为 p1 的字符指针变量,第 3 行语句从键盘读入一个字符串存放到指针 p1 指向的内存空间,但是究竟 p1 指向哪里呢?同样地,第 2 行声明语句创建了名为 p2 的长整型指针变量,第 4 行语句将 10 存储到 p2 所指向的内存位置,问题是 p2 指向哪里呢?指针变量和其他变量一样,声明后没有被初始化,如果是自动变量,那么它的值是随机的,不知道会指向哪里,一般认为此时指针处于"无所指"的状态,是一个悬挂指针(野指针)。

上面程序执行第 3 行和第 4 行操作,会发生什么情况呢?如果运气好,p1 或 p2 的初始值随机指向一个非法地址(即用户没有访问权限),操作将会出错从而终止程序。在 UNIX 机上,这个错误被称为"段违规"(segmentation violation)或"内存错误"(memory fault),它提示程序试图访问一个并未分配给程序的内存位置。

一个更为严重的情况是,如果这个指针的初始值随机指向一个合法地址,那么位于那个位置的数据将被覆盖,导致意想不到的错误,甚至程序崩溃。像这种类型的错误非常难以捕捉。所以,在对指针进行间接访问之前,必须非常小心,确保它们已经被正确初始化。

2. NULL 指针

C 语言允许指针具有 0 值,通常用符号常量 NULL 表示,称为空指针或 NULL 指针,表示不指向任何对象。NULL 在头文件 stdio.h 和 stdlib.h 中都有定义。

NULL 指针的概念是非常有用的。例如,一个在数组中查找某个特定值的函数可能返回一个指向查找到的数组元素的指针,如果该数组不包含指定的值,函数就返回一个 NULL 指针,因为地址 0 是系统使用的单元,程序中任何实际对象的指针都不可能是 NULL。这个技巧允许返回值传达是否找到元素的信息,返回值为 NULL 则没有找到,否则就已经找到。

NULL 可以赋值给任何类型的指针变量，在变量声明的时候，如果没有确切的地址可以赋值，为指针变量赋一个 NULL 值是一个良好的编程习惯。例如：

```
int *p=NULL;
```

实际上就是给 p 赋值为 0，NULL 是一个特殊指针值，它表示指针 p 目前并未指向任何对象，处于不能用的状态。要避免使用 NULL 指针，程序中任何时候都不能向 NULL 指针的对象赋值。因为多数计算机都将内存地址为 0 开始的一块区域作为中断向量区，不能随意访问。对空指针的使用往往导致计算机出现异常而不能运行。

注意区分空指针和悬挂指针两种概念，空指针有确定的值 0，可以确保不指向任何对象，而悬挂指针为不确定值，可能指向任何地方。

8.2 指针参数

第 5 章介绍了函数的传值调用和返回值，使用 return 语句只能从函数返回一个值。本节将进一步介绍函数的传址调用以及如何从函数返回多个结果。

8.2.1 传值调用和传址调用

执行函数调用时，系统为每个形参分配了存储空间，然后将实参的值传递给形参单元，形参是实参的副本，因而在被调用函数中对形参的修改不会改变实参变量的值。例如，在排序程序中拟通过调用称为 swap 的函数来交换两个变量的值，如果将 swap 函数定义为：

```
void swap(int x, int y)
{
    int t;
    t = x;  x = y;  y = t;
}
```

则函数调用：

```
swap(a, b);
```

不能实现交换 a 和 b 的值，因为实参和形参占据不同的存储单元，实参仅仅将其值传递给形参，在 swap 函数中被交换的形参 x 和 y 只是 a 和 b 的副本，而不是 a 和 b 本身，a 和 b 根本没有受影响。

为了达到交换调用函数中的变量 a 和 b 的目的，需要将 a 和 b 的地址（即指针）作参数传递给被调用函数的形参，使形参指向 a 和 b，这样在被调用函数中通过指针间接访问调用函数中的 a 和 b 本身，从而将其值修改。因此，对 swap 函数调用应写成：

```
swap(&a, &b);
```

而 swap 函数定义应为：

```
void swap(int *p1, int *p2)
{
    int t;
```

```
    t = *p1;   *p1 = *p2;   *p2 = t;      /* 交换指针 p1 和 p2 所指变量的值 */
}
```

swap 的形参 p1 和 p2 都是整型指针,调用时,传递给 p1 的是 a 的地址(&a),传递给 p2 的是 b 的地址(&b),使 p1 指向调用函数中的变量 a,p2 指向变量 b。因此,在被调用函数 swap 中,*p1 就是间接访用 a,*p2 就是间接访用 b,交换 *p1 和 *p2 就是交换 a 和 b。

*p1 和 *p2 既是 swap 函数的输入参数,又是输出参数,进入 swap 时,*p1 和 *p2 是交换之前的 a 和 b 值,从 swap 返回时,*p1 和 *p2 是交换之后的 a 和 b 值。可见,**通过指针参数的传址调用可以改变调用函数中变量的值**。

实际上,C 语言函数调用时一直是传值的,只不过传的值可以是变量值,也可以是变量的地址值。当使用传址方式时,形参要说明为指针,实参可以是指针常量(如在变量名前加取地址运算符 &),也可以是指向某个对象的指针变量。

8.2.2 返回多个值的函数

return 语句只能从函数返回一个值,**指针参数可以作输出参数将值传回调用函数,从而解决函数返回多值的问题**。

【例 8.4】 输入某年的第几天,将其转换为该年的某月某日。

分析: 定义函数 MonthDay 将某年的第几天转换为该年的某月某日,函数应该有两个输入参数,某年和该年的第几天,然后送回转换结果:某月和某日。将这两个结果通过指针参数返回。为了方便转换,设计二维数组 dayTab 存放平年和闰年每个月的天数,第 0 行存放平年中每个月的天数,第 1 行存放闰年中每个月的天数。

先根据给定的 year 算出该年是平年还是闰年,leap 为 0 表示平年,为 1 表示闰年,leap 起着行下标的作用。再按照给出的天数 yearDay,从 1 月份开始通过查表依次减去每月天数,直至剩余天数不足 1 个月。

```
#include <stdio.h>
/* year 和 yearDay 是输入参数,*pMonth 和 *pDay 是输出参数,输出某月和某日 */
void MonthDay(int year,int yearDay,int *pMonth,int *pDay)
{
    static int dayTab[][13] = {
        {0,31,28,31,30,31,31,30,3130,31},   /* 平年各月天数 */
        {0,31,29,31,30,31,31,30,3130,31}    /* 闰年各月天数 */
    };
    int i,leap;

    leap = (((year%4 == 0)&&(year%100 !=0))||(year%400 == 0)); /* leap=1,闰年 */
    for (i=1;yearDay>dayTab[leap][i];i++)
        yearDay -= dayTab[leap][i];          /* 依次减去每月天数 */
    *pMonth = i;                             /* i 就是第几月,通过指针参数返回 */
    *pDay = yearDay;                         /* 剩余天数就是第几天,通过指针参数返回 */
}

int main()
```

```
{
    int year,month,day,yearDay;
    printf("input the year and the days of the year please!\n");
    scanf("%d%d",&year,&yearDay);
    MonthDay(year,yearDay,&month,&day);   /* 根据该年的第几天,计算月、日 */
    printf("It's %d month and %d day in %d.\n",month,day,year);
    return 0;
}
```

8.3 指针和一维数组

C语言中指针与数组有着密切的联系,数组名是指向数组第0个元素的指针,可以用指针代替下标引用数组元素,由于下标运算符"[ ]"是系统的预定义函数,下标操作实际涉及对系统预定义函数的调用。因此,指针操作比下标操作要快。

8.3.1 一维数组元素的指针表示

1. 指向数组元素的指针

设有说明:

```
int x[6];
```

定义了一个有6个元素的整型数组x,数组x存放在一片连续的内存区域中,该区域占用6 * sizeof(int)字节,6个数组元素的名字分别是x[0]、x[1]、x[2]、x[3]、x[4]和x[5]。为了用指针变量表示x的元素,需要声明一个与x的元素同类型的指针变量。例如:

```
int  *p;
```

并由赋值语句

```
p = &x[0];  或  p = x;                    /* 数组名 x 等价于 &x[0] */
```

使p指向x的第0个元素x[0],如图8-3所示,图中方框代表一定字节的内存单元,指针变量p和其他变量一样也占据内存,所占内存大小可用sizeof(p)求出,p左侧的方框就代表它占据的内存空间,现在里面放的是x[0]的地址,但是可更改为放其他元素的地址。数组名x固定指向x[0],不可更改,它是一个指针常量。

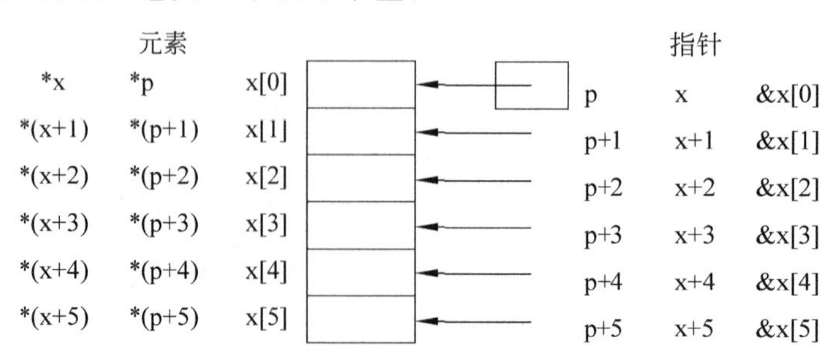

图8-3 指向数组元素的指针

当 p 指向 x[0]时,则(p+1)指向 x[1],(p+2)指向 x[2],(p+i)指向 x[i],那么 *p 等价于 x[0],*(p+1) 等价于 x[1],*(p+2) 等价于 x[2], *(p+i) 等价于 x[i]。

如果 p 指向 x[1]时,则(p+1)指向 x[2],(p+2)指向 x[3],那么 *p 等价于 x[1],*(p+1) 等价于 x[2],*(p+2)等价于 x[3]。概括地说,数组元素的指针加 1,等效于数组元素的下标加 1。所以,如果 p 指向 x[i]时,则(p+1)指向 x[i+1],++p 使 p 指向 x[i+1];同样地,如果 p 指向 x[i],则 *(++p) 等价于 x[++i]。

由于数组名 x 是 x[0]的地址,即数组名也是一个指针(常量),所以,也可以用同样的方式以数组名代替指针变量来表示数组元素。x 指向 x[0],则(x+i)指向 x[i],(x+i) 等价于 &x[i],*(x+i) 等价于 x[i]。

由此可见,**引用数组元素有两种等价的形式:通过下标引用和通过指针引用**。指针包括指针变量和数组名,元素下标引用和指针引用的对应关系见图 8-3 左侧表达式,元素地址的对应关系见图 8-3 右侧表达式,处在同一行的表达式是等价的形式。

注意,指针变量和数组名是有区别的,p 是变量,数组名 x 是常量,因而

```
p=x+1; p++;&p;
```

是合法操作,而

```
x=p; x++;
```

都是非法操作。

还有一点,可以用指针变量带下标的形式引用数组元素。如果 p 指向 x[2],则 p[0] 等价于 x[2] 和 *p, p[1]等价于 x[3] 和 *(p+1),p[i] 等价于 x[2+i] 和 *(p+i)。

2. 指针的关系运算

两个指针可以进行<、<=、>、>=、==和!=中任何一种关系运算,而且只有当它们指向同一数组时,比较运算才有意义。设 p 和 q 是指向同一数组的指针变量,如果 p<q 为真,则表示 p 所指的元素位于 q 所指元素之前;否则,p 所指的元素位于 q 所指元素之后或它们指向同一元素。实际应用中,指针的关系运算多用在循环条件控制中控制循环的终止。

如果 p 和 q 指向不同的数组,则 p 和 q 的比较没有任何意义;如果 p 和 q 是不同类型的指针,则 p 和 q 不能进行比较。

【例 8.5】 利用指针输入数组元素,再逆序输出数组元素。

分析:下面程序中 for 循环和 while 循环的判断条件均是指针的关系运算表达式,for 循环用来给数组元素输入值,for 循环结束后 p 指向 a[10],即最后一个元素 a[9]的后面,注意该存储单元不属于数组 a。为了逆序输出数组元素,先将 p 回退指向 a[9],所以用前置式自减(--p),直至回退到指向首元素,故 while 的循环条件为 --p>=a。

```
#include<stdio.h>
#define N 10                                    /*数组大小*/
int main(void)
{
    int  a[N], *p;
    printf("Please enter %d numbers\n", N);
```

```
    for( p=a; p < a + N; p++ )              /* 初始 p 指向 a[0] */
        scanf("%d", p) ;                    /* 读入整数给指针 p 指向的元素 */
    while( --p >= a)                        /* p 先自减,再和 a 比较 */
        printf("%d ", *p ) ;
    return 0;
}
```

3. 指针的相减运算

指向同一数组的两个指针可以进行减法运算。设指针变量 p 和 q 是指向同一数组的某元素，且 p>q，则 p－q 为 p 和 q 之间相隔元素的个数，即两个指针相减其结果等于所指元素的下标之差，值是一个整数。例如，例 8.5 程序中 for 循环的判断条件可以写成：p－a<N。

【例 8.6】 利用指针相减求字符串的长度。

分析：形参指针 s 指向字符串的首字符，设置指针变量 p 从首字符开始逐字符扫描字符串，直至 p 指向串尾'\0'，则 p－s 就是字符串的长度。

```
int strlen(char *s)
{
    char *p=s;                  /* 声明 p 并使之指向字符串 s 的首字符 */
    while( *p != '\0' )         /* 结束循环后,p 指向字符串 s 的结束标志符 '\0' */
        p++;
    return (p-s);               /* p-s 就是字符串的长度 */
}
```

4. 单目 * 和 ++ 的组合使用

用指针表示数组元素时，++（－－）运算常和间接访问运算 * 结合一起，同时出现在一个表达式中，这时需要严格通过结合性来进行分析判断。++（－－）和单目 * 都位于第二优先级，结合性是右结合。

【例 8.7】 设有声明：int y, x[3] = {1, 3, 5}, *p = x；写出下列表达式的值，表达式之间相互无关。

(1) ++*p　　(2) y=*++p　　(3) y=*p++　　(4) y=(*p)++

分析：

(1) 该表达式等价于++(*p)，由于 p 指向 x[0]，所以 *p 等价于 x[0]，然后对 x[0]做++操作，x[0]的值变为 2，该表达式的值也为 2。

(2) 该表达式等价于 y=*(++p)，p 先自增，使 p 指向 x[1]，然后再做间接访问操作，即得到 x[1]的值，为 3，最后将 3 赋给 y，表达式的值为 3。

(3) 根据右结合性，该表达式等价于 y=*(p++)，由于是后置++，p 还是指向 x[0]，先计算 *p，就是 x[0]，值为 1，将 1 赋给 y，然后 p 进行自增运算，使 p 指向 x[1]。这是一个赋值表达式，左操作数 y 的值就是表达式的值，为 1。

(4) 由于 p 指向 x[0]，该表达式等价于 y=x[0]++，和第(3)题一样后置++需延迟计算，将 x[0]赋给 y 之后再执行 x[0]自增运算。该表达式的值为 1，x[0]变为 2。

注意区分 *p++ 和 (*p)++，前者++的对象是指针 p，而后者++的对象是指针 p 所指的对象。

对于前置－－和后置－－,可以参考前置＋＋和后置＋＋理解。

例 8.5 中用于逆序输出数组元素的 while 语句可以改为组合使用 * 和－－的形式。

```
while (p > a )                     /* 进入 while 时,p 指向 a[10] */
    printf("%d", * --p ) ;         /* 先自减再间接访问 */
```

＋＋(－－)和 * 结合使用时,应特别注意:根据具体情况正确使用＋＋(－－)的前置式和后置式。下面的一对表达式:

```
* p++ = val
val = * --p
```

在实际应用中成为进栈(push)和退栈(pop)操作的习惯用法。进栈操作如图 8-4 所示,阴影部分表示已占用的栈空间,空白部分表示可用空间。p 是栈指针,始终指向下一个可用单元。val 是准备进栈的值或从栈顶弹出的值,val 的类型应与指针对象和栈元素的类型相同。进栈操作的顺序是:数据 val 先入栈,然后移动 p 指向下一个可用单元,所以用后置式自增(* p＋＋ ＝ val)。退栈操作的顺序与进栈相反:移动 p 指向栈顶元素,然后取出栈顶元素(出栈),所以用前置式自减(val ＝ * －－p)。

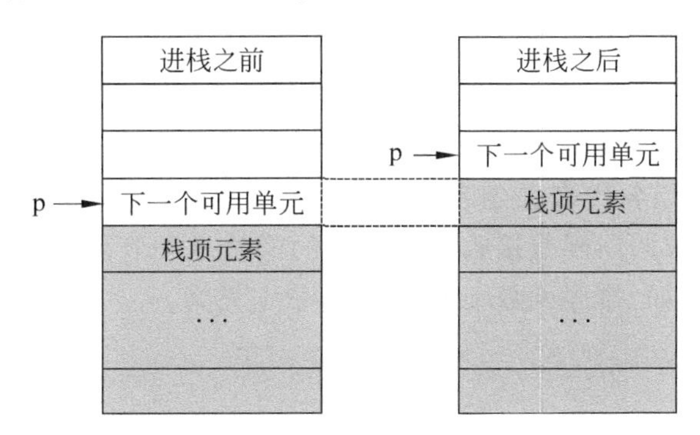

图 8-4　进栈操作示意图

*5. 复合文字

复合文字(compound literals)是 C99 新增的,相当于为数组和结构类型定义了一种类似于 8、'w' 一样的常量类型。C99 标准委员会认为:如果有能够表示数组和结构内容的复合文字,那么在编写程序的时候要方便很多。

对于数组来说,复合文字就是在数组的初始化列表前加上圆括号括起来的类型名,其一般形式为:

(类型名){初值表}

说明:圆括号里的类型名类似于数组的定义,但把数组名去掉。下面是普通数组和复合文字的声明:

```
int arr[2]={5,9};                  /* 普通数组 */
(int [2]){5,9};                    /* 有 2 个元素的复合文字 */
```

类型名就是前面声明中去掉 arr 后剩余的部分,即 int [2]。和数组初始化时可以省略维数一样,一个复合文字也可以省略大小,编译器会自动计算元素的数目。

```
(int [ ]){1,2,5,6,8};                /* 有5个元素的复合文字 */
```

上述复合文字的声明实际就是创建了匿名数组，由于它没有名称，因此创建之后不可能在另一个语句中使用它们，为了方便在后面的语句中使用它们，可以在创建的同时使用指针保存它们的位置。例如：

```
int *ptr;
ptr = (int [2]){3,4};
```

于是指针 ptr 指向的是复合文字首元素的位置，此时 ptr[0]=3，ptr[1]=4。

另外，复合文字也可以作为实参被传递给类型与之匹配的形参。例如：

```
int sum(int ar[ ],int n);                /* sum函数原型:求数组的元素和 */
int total;
total= sum((int [3]{1,2,3}), 3);        /* sum函数调用,第一个实参是复合文字 */
```

第一个实参是包含三个 int 型元素的数组，同时也是首元素的地址（同数组名一样）。这种给函数传递信息而不必先创建数组的做法，是复合文字的通常使用方法。

8.3.2 一维数组参数的指针表示

1. 用指向数组元素的指针作函数参数

第 7 章介绍过一维数组作函数参数时，形参说明为不指定大小的数组，实参用数组名。前面已经多次强调：**数组名代表数组首元素的地址**。将一维数组名作函数的实参，传递的是数组首元素的地址，被调用函数接收这个地址的形参是一个存放该地址的变量，也就是本章介绍的指针变量。例如，排序函数 sort 在第 7 章定义为：

```
void sort( int a[ ], int n)
{ … }
```

形参说明 int a[ ]中的 a 本质上是接收地址值的变量，用来保存传给它的实参数组的首地址，所以 a 的类型是指向 int 对象的指针，int a[ ] 等价于 int *a。sort 函数可以等价地定义为：

```
void sort( int * a, int n)
{ … }
```

后者的意义更明确，它表明形参 a 是一个指针变量，当一个数组名被传递到函数时，函数能够以指针或下标方式引用数组元素。

也可以向函数传递数组的一部分（这部分是连续的），将这一部分元素的开始地址传给函数。例如，x 是一个有 10 个元素的 int 数组，那么

```
sort( x+2, 5);                /* 等价于 sort( &x[2], 5); */
```

将 x[2]的地址传递给形参 a，使 a 指向 x[2]，实现对数组 x 中从第二个元素（即 x[2]）开始的连续 5 个整数排序。

调用 sort 函数时，与形参对应的实参可以是数组名，也可以是数组元素的地址，还可以是指向数组元素的指针变量。

【例 8.8】 用指针参数实现冒泡排序函数。

```
void bubbleSort(int *a,int n)
{
    int i, t, *p;
    for ( i = 0; i < n - 1; i++ ) {                /*共进行 n-1 轮"冒泡"*/
    for( p = a; p < a + n - i - 1; p++ )           /*控制每一轮冒泡的循环*/
        if ( *p > *(p+1) ) {                       /*对两两相邻的元素进行比较*/
            t = *p;
            *p = *(p+1);
            *(p+1) = t;
        }
    }
}
```

bubbleSort 函数的形参 a 是一个 int 指针,调用时传给 a 的是被排序数组的首地址,称 a 指向排序数组。p 是与 a 类型相同的局部指针变量,表达式 p = a 使 p 指向被排序数组的首元素,每一轮从首元素开始两两比较。设当前 p 指向 a[j],则被交换的两个元素 *p 和 *(p+1) 分别等价于 a[j] 和 a[j+1]。指针表示效率高,但不如下标表示直观易读。

下面的函数调用将使数组 x 中的 10 个元素按升序排列。

```
int x[10]={2,4,7,5,12,45,8,10,3,9};
bubbleSort(x,10);
```

函数调用后 x 的内容改变为{2,3,4,5,7,8,9,10,12,45},该函数之所以能改变实参数组 x 的内容,是因为使用了指针,从而能够使用并修改原始数组数据。

但是,有的函数并不希望修改原始数组数据。例如,下面 average 函数的功能是计算数组中所有元素的平均值,所以函数不应该修改实参数组的内容,但是由于 a 是指针,函数定义中的编程错误(如 a[i]++)会导致原始数据遭到破坏(每个元素值增加 1)。

```
float average(int *a, int n)                   /*错误的代码*/
{
    int i, total;
    for(total = 0, i = 0; i < n - 1; i++ )
        total += a[i]++;                       /*每个数组元素值被错误地增加了 1*/
    return (float)tatal/n ;
}
```

2. 指向常量的指针作函数参数

标准 C 提供了一种避免修改原始数组数据的方法,如果函数仅仅使用原始数组数据,并不需要修改这些数据,那么在函数原型和函数定义的形参声明中使用关键字 const。例如,average 函数的原型和定义为:

```
float average(const int *a, int n);  /*原型,也可以为 float average(const int a[ ],
                                        int n); */
float average(const int *a, int n)   /*定义,也可以为 float average(const int a[ ],
                                        int n) */
```

```
{
    int i, total;
    for(total = 0, i = 0; i < n - 1; i++ )   total += a[i];
    return (float)tatal/n ;
}
```

形参 a 是指针，所指对象类型为 const int（整型常量），即指针 a 所指数组元素的值不能被修改。如果不小心使用了诸如 a[i]++之类的修改操作，编译器会发现这个错误，并生成一条错误信息，提示函数试图修改常量。

使用 const 可以对实参数组提供保护，可阻止函数修改传递过来的实参数组的数据。

总结：如果函数要修改数组内容，在声明数组参数时不要使用 const；如果函数不需要修改数组内容，在声明数组参数时最好使用 const。

***3. 常量指针和指针常量**

第 2 章讲过可以使用 const 来创建符号常量。例如：

```
const double PI=3.14159;                /* PI 是双精度浮点型常量 */
```

关键字 const 将 PI 所占空间的访问权限限定为只读、不能写，所以 PI 的内容不能修改，是一个 double 型常量。

对于指针，涉及两部分存储空间，指针变量本身所占空间和指针所指对象所占空间（如图 8-1 中指针 p 的空间和它指向的 x 的空间）。可以使用 const 将指针本身的内容限定为不能修改，也可以使用 const 将指针指向的内容限定为不能修改，或者两者均限定为不能修改。

常量指针就是指向常量的指针，这里指针是名词，常量是形容词，表示不能通过这个指针来修改它所指向的对象的值，但是指针本身的值可以被修改，所以声明时可以不用初始化。

```
int a = 5,b = 6;
const int *p ;                          /* p 是常量指针，可以不初始化 */
p = &a;                                 /* 合法，可以修改指针本身的值 */
*p= 10;                                 /* 非法，不能通过 p 修改所指变量 a 的值 */
a = 8;                                  /* 合法，因为 a 不是常量 */
```

上面第 2 行声明 p 是指针，所指对象类型为 const int（整型常量），称 p 是指向整型常量的指针，因此不能使用 p 修改所指变量(a)的值，但是可以让 p 指向其他变量。还要注意，因为 a 并没有声明为 const，仍然可以使用 a 来修改其值。

指针常量就是类型是指针的常量，这里常量是名词，指针是形容词，表示指针本身是常量，不能被修改，但是指针所指向的对象可以被修改。

```
int a = 5,b = 6;
int * const p = &a;                     /* p 是指针常量，必须初始化 */
*p= 10;                                 /* 合法，可以使用 p 修改所指对象的值 */
p = &b;                                 /* 非法，它不能再指向别的变量 */
```

上面第 2 行声明中 const 在星号右边，限定指针 p 是常量，所指对象类型是 int。也可以使用两个 const 来创建指针，这个指针本身和它指向的内容都不能被改变。

```
int a = 5,b = 6;
const int * const p = &a ;                    /* p是指向常量的指针常量,必须初始化 */
*p= 10;                                       /* 非法,不能通过 p 修改所指变量 a 的值 */
p = &b;                                       /* 非法,指针本身的值也不能修改 */
```

*8.3.3 高精度计算:超长整数加法

高精度计算是指参与运算的数(如加数、减数、因子、计算结果等)范围超出了标准数据类型(整型、浮点型)能表示的范围的运算。例如,求 100 的阶乘,求两个 200 位数的和等。高精度计算需解决超长数据的存储、运算过程以及数据的输入输出等方面的问题。

【例 8.9】 求两个不超过 200 位的非负整数的和。

分析:200 位的整数超出了任何整型类型所能表示的范围,因此不能用一个 int 等类型变量来存储。本例用数组存储超长整数,每个数组元素存储整数的 1 位数字(可以优化),为了运算和输出的方便,额外用一个元素保存整数的总位数,存储格式为:数组的第 0 个元素保存总位数,第一个元素保存个位数字,第二个元素保存十位数字,以此类推。当然也可以设计其他的存储格式,比如低位在高地址的模式。

大整数的输入输出也不能用%d 一次性完成,数据的输入应循环逐位输入数字,将数字转换为对应的整数再存储在数组中,数据的输出按实际位数循环逐位进行。

程序中声明被加数数组 x[N+1]、加数数组 y[N+1]、和数数组 z[N+2]。先将和数数组 z 全部清零,再通过模拟列竖式计算 x 和 y 相加结果保存在 z 中。运算过程是:从个位开始循环逐位进行带进位的加法运算,同一位的两个数及来自低位的进位相加,形成本位的值以及向高位的进位。完成两个数所有位的相加后,如果进位值不为 0,则应向高位添加一个进位。

```
#include<stdio.h>
#include<ctype.h>
#define N 200                                         /* 最大位数 */

#define max(a,b) ((a)>(b)?(a):(b))
void getBigNum(int *,int );
void addBigNum(int *,int *,int *);
void putBigNum(int *);

int main(void)
{
    int x[N+1],y[N+1],z[N+2],len,i;
    printf("输入被加数:");
    getBigNum(x,N);                                   /* 输入被加数 x */
    printf("输入加数:");
    getBigNum(y,N);                                   /* 输入加数 y */
    addBigNum(z,x,y);                                 /* z=x+y */
    putBigNum(z);                                     /* 输出 z */
    putchar('\n');
```

```
    return 0;
}
/* 输入一个最多 lim 位的大整数,存于 x 指向的单元,x[0]保存总位数,个位在 x[1],十位在
x[2],… */
void getBigNum( int *x,int lim)
{
    int i,t,c;
    int *p1,*p2;
    for(i=1;i<=lim;i++)   *(x+i)=0;                        /* 先清零 */
    for(i=1;i<=lim && isdigit(c=getchar());i++)   /* 最先输入的高位在 x[1],x[2],… */
        *(x+i)=c-'0';
    *x=i-1;                                                 /* x[0]保存整数的总位数 */
    for(p1=x+1,p2=x+i-1;p1<p2;p1++,p2--)                   /* 反转,低位在 x[1],x[2],… */
        t=*p1,*p1=*p2,*p2=t;
}
/* 将 x 指向的被加数与 y 指向的加数相加,结果放到 z 指向的单元 */
void addBigNum(int *z,int *x,int *y)
{
    int i,carry,n;
    for(i=1;i<=N;i++)                                       /* 和数清零 */
        *(z+i)=0;
    n = max(*x, *y);                                        /* n 为两个加数中较长的位数 */
    for(carry=0,i=1;i<=n;i++) {
        *(z+i) = *(x+i) + *(y+i) + carry;                   /* 带进位的加法运算 */
        carry = *(z+i) /10;                                 /* 计算新的进位 */
        *(z+i) %= 10;                                       /* 计算本位 */
    }
    if(carry)                                               /* 最后一位的进位 */
    {
        *(z+i)=carry;
        i++;
    }
    *z = i-1;                                               /* z[0]保存和数的实际位数 */
}
/* 输出 x 指向的整数 */
void putBigNum(int *x)
{
    int *p;
    int n=*x;                                               /* 整数的位数 */
    for(p=x+n;p>x;p--) {                                    /* 从高位开始输出 */
        printf("%d",*p);
    }
}
```

高精度计算是基于**分治法**。分治法是一种很重要的算法,其核心思想是“分而治之”:将一个规模较大的问题,分解成为一些规模较小的子问题进行求解,然后对这些解进行合并

形成原问题的解,这个技巧是很多高效算法的基础。对本例而言,采用的分治策略是:将一个大数分解为多个一位整数,将超长整数的加法运算看成为多个一位加法运算的组合。而一位加法运算就是被加数的对应位与加数的对应位及来自低位的进位相加,形成本位部分以及向上位的进位,通过循环,逐位完成整个超长整数的加法运算。

以上的分治策略简单,但存在两个明显的缺点:①一个数组元素(整型变量)只存放一位数,空间浪费;②一次加法只处理一位,时间效率不高。读者可以思考如何针对这些问题进行优化。

8.4 指针与字符串

字符串的内部表示是一个以'\0'结尾的字符数组,一维数组的指针表示同样适用于字符串。但字符串有一些特殊性,要注意其指针表示和数组表示的区别。

8.4.1 字符串的指针表示

程序中用指针表示一个字符串可以采用下面几种方法。

(1) 声明一个字符指针变量和一个字符数组,字符串存放在一个字符数组中,并使指针变量指向字符数组,通过指针变量引用字符串或字符。

```
char astr[ ] = "It is a string";  /* 声明和初始化一个字符数组 */
char *pstr = astr;                /* 声明一个字符指针,使之指向字符串的首字符 */
printf("%s\n", pstr);             /* 输出指针变量 pstr 指向的字符串 */
printf("%c", *pstr);              /* *pstr 等价于 astr[0],输出字符'I' */
```

字符串"It is a string"存放在字符数组 astr 中,数组名 astr 就是字符串的起始地址,用 astr 对指针变量 pstr 进行初始化,使 pstr 指向字符串的第 0 个字符,pstr 和 astr 的类型都是 char *。

(2) 声明和初始化一个字符指针变量,通过字符指针变量访问字符串或字符。

```
char *pstr = "It is a string";    /* 声明一个字符指针变量,并使它指向一个字符串 */
printf("%s\n", pstr);             /* 输出字符串 */
printf("%c", pstr[0]);            /* 输出字符'I' */
printf("%c", *(pstr+1);           /* 输出字符't' */
```

字符串"It is a string"存储在连续的无名存储区中,通过语句 pstr = "It is a string";将无名储存区的首地址赋给指针 pstr,使 pstr 指向字符串的第 0 个字符。也就是说,**指针变量 pstr 保存的是字符串的首地址,而不是把字符串保存在 pstr 中**。

用字符指针表示字符串看起来和字符数组很相似,它们都可以使用%s 输出整个字符串,也都可以使用 * 或[ ]引用单个字符,但下面两种声明形式有重要区别。

```
char astr[ ] = "It is a string";  /* 串长度 14,数组大小 15 */
char *pstr = "It is a string";
```

首先,它们的存储结构不一样,如图 8-5 所示。astr 是字符数组,编译器会给它分配 15B 存储空间,字符串放入这块存储区,数组名 astr 代表该存储区的起始地址,它是类型为 char *

的常量(指针常量),就像 3 是 int 常量,诸如 astr = "red apple",* ++astr 等操作均是非法的。

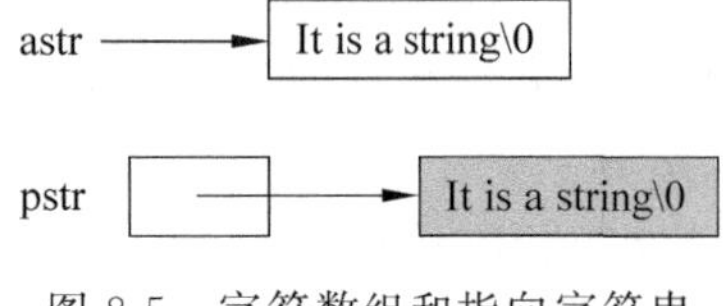

图 8-5 字符数组和指向字符串的指针变量

而 pstr 是字符指针变量,和其他变量一样,编译器也会给它分配空间,所占空间大小是和 CPU 的寻址长度相关的,比如 32 位 CPU 的寻址长度为 32 位,那么这个空间就占 4B,不管定义的是什么类型的指针,都只占 4B。记住,这个存储空间只能用来存地址,不能存字符串,那字符串放在哪里呢?编译器会另外给字符串分配 15B 空间,并将该空间的首地址赋给 pstr,使 pstr 指向字符串的第 0 个字符。这里 pstr 是变量,所以像 pstr ="red apple",* ++pstr 等操作是合法的。

其次,它们在内存中的存储区域不同,字符数组存储在全局数据区(外部或静态数组)或栈区(自动数组),而指针表示的字符串存储在常量区,图 8-5 中画有斜线的内存单元在常量区,pstr 存储在全局数据区或栈区。全局数据区和栈区的字符串(也包括其他数据)有读取和写入的权限,而常量区的字符串(也包括其他数据)只有读取权限,没有写入权限。

内存权限的不同导致的一个明显结果是:字符数组在定义后可以读取和修改每个字符;而对于指针表示的字符串,一旦被定义后就只能读取不能修改,任何对它的赋值都是错误的。请看下面代码。

```
char * str = "Hello World!";
str = "I love C!";          /* 正确,指针变量本身在全局数据区或栈区,可以修改,但不提倡 */
str[3] = 'P';               /* 错误,因为字符串在常量区,不能修改 */
```

这段代码能够正常编译和链接,但在运行时会出现段错误(Segment Fault)或者写入位置错误。

8.4.2 字符串作函数参数

字符串作函数参数即字符数组作函数参数,它本质上是指向字符类型的指针作参数。函数定义时应将形参声明为 char * 或 char [ ],函数调用时用字符串首地址作实参。

【例 8.10】 用指针改写复制字符串的函数。

```
void mystrcpy(char * t, const char * s)
{
    while( (* t = * s) != '\0' ) {
        s++;
        t++;
    }
}
```

该函数将指针 s 指向的字符串复制到指针 t 指向的存储单元,因为第一个串需要修改,所以不用 const;而第二个串不需要修改,所以使用 const。开始时,t 和 s 分别指向实参数组的首元素,复制一个元素,然后两个指针分别移向下一个元素,复制下一个元素,这一过程进行到串尾标记字符'\0'被复制为止。

利用 8.3.1 节介绍的组合使用++和 * 的方法，mystrcpy 函数可以写成更简练的形式。

```
void mystrcpy(char * t, char * s)
{
    while( ( * t++ = * s++) != '\0' )
        ;
}
```

由于复制过程继续的条件是被复制的字符为非 0(非'\0')，所以与'\0'进行比较的运算是多余的，mystrcpy 函数还可以进一步简化。

```
void mystrcpy(char * t, char * s)
{
    while( * t++ = * s++)
        ;
}
```

函数调用时对应于目的串 t 的实参可以是字符数组名或已初始化的字符指针；对应于源串 s 的实参可以是字符串常量、字符数组名或指向字符串的指针。若有以下说明：

```
char s1[20 ], s2[20], * ps1, * ps2;
```

则下列对 mystrcpy 函数的调用都是正确的。

```
(1)mystrcpy(s1, "You are a student!");
(2)ps1 = s1;
   ps2 = "You are a student!";
   mystrcpy(ps1, ps2);
(3)ps2 = s2;
   mystrcpy(ps2, "You are a student!");
   mystrcpy(s1, s2);(注:或用 mystrcpy(s1, ps2);)
```

以上三组语句的功能是等效的，都是将串"You are a student!"复制到字符数组 s1 中。

注意，下列对 mystrcpy 函数的调用是不正确的。

```
char s1[10 ], s2[ ] ="You are a student!";
mystrcpy(s1,s2);
```

因为 s2 的长度是 19 字节，而 s1 只有 10 字节，不能容纳复制过来的字符串，复制操作将导致多出来的 9 个字符溢出到相邻存储单元。

【例 8.11】 用指针定义字符串比较函数。

```
int mystrcmp(const char * s1, const char * s2);
{
    for( ; * s1 == * s2; s1++, s2++ )
        if( * s1 == '\0' ) return 0;
    return ( * s1 - * s2);
}
```

该函数将 s1 指向的字符串和 s2 指向的字符串按字典序进行比较，因为两个串都不需要修改,所以均使用 const。如果 s1 和 s2 的长度相同且所有元素都相等,则 s1 和 s2 相等,返回值为 0;否则 s1 和 s2 不相等。当第一次出现不相等字符时,结束比较,较小的那个字符所在的那个串较小,反之为大。当 s1＜s2 时,返回值＜0;当 s1＞s2 时,返回值＞0。

8.5 指针数组

数组元素的类型可以是字符型和整型等基本类型,也可以是指针,**一个以指针类型数据为元素的数组称为指针数组**,数组中的每个元素用来保存地址值。

8.5.1 指针数组的概念

1. 指针数组的声明

指针数组的声明形式为:

类型区分符 *数组名[常量表达式];

说明:数组名前的星号"*"表示数组元素的类型是指针,类型区分符说明指针所指对象的类型。例如:

```
int *p[3];
```

在这个声明语句中,由于[ ]的优先级高于 *,所以先解释 p[3],p 是有三个元素的数组,然后解释 int *,说明数组的每个元素是一个 int 类型的指针,简称 p 是有三个元素的整型指针数组。

指针数组可以与其他同类型对象在一个声明语句中说明。例如:

```
char c, *pc, *name[5];
```

c 是一个字符变量,pc 是一个字符指针变量,name 是含有 5 个元素的字符指针数组。

指针数组的主要用途是表示二维数组,尤其是字符串数组。用指针数组表示二维数组的优点是:二维数组的每一行或字符串数组中的每一个字符串可以具有不同的长度,用指针数组表示字符串数组处理起来十分方便灵活。

2. 指针数组的初始化

和其他类型的数组一样,在声明指针数组时也可以初始化,使指针数组的每个元素都指向具体的对象。

```
int a[ ] = {1,2,3}, b[ ] = {4,5,6};
int *p[2] = { a, b };
```

说明:p 是一个有两个元素的 int 型指针数组,p[0]初始化为 a(数组的首地址),p[1]初始化为 b,即 p[0]指向数组 a 的首元素,p[1]指向数组 b 的首元素,因此,指针数组 p 描述了一个 2 行 3 列的二维数组,p 的每个元素指向二维数组的每一行。表达式 p[1][2]、*(p[1]+2)、*(*(p+1)+2)都表示第 1 行第 2 列的元素,值为 6。

用指针数组表示二维数组时,需要额外增加用作指针的存储开销,但指针数组方式比较灵活,每一行的元素个数可以不相同。例如,有三角矩阵:

$$
\begin{array}{lllll}
a_{00} & & & & \\
a_{10} & a_{11} & & & \\
a_{20} & a_{21} & a_{22} & & \\
a_{30} & a_{31} & a_{32} & a_{33} & \\
a_{40} & a_{41} & a_{42} & a_{43} & a_{44}
\end{array}
$$

可以定义一个有 15 个元素的一维数组来存储三角矩阵元素，定义一个有 5 个元素的指针数组存储每一行首地址，声明语句为：

```
int a[15], *p[5];
```

下面的语句使 p 的每个元素指向三角矩阵的每一行。

```
for( i=0; i<5; i++)
    p[i] = a + i*(i+1)/2;        /*p[0]指向 a[0], p[1]指向 a[1] , p[2]指向 a[3], … */
```

下面的语句增加一个累加器变量 sum，同样使 p 的每个元素指向三角矩阵的每一行。

```
for(sum=0, i=0; i<5; i++)
{
    p[i] = a + sum;
    sum += i+1;                  /*累加当前行元素的个数*/
}
```

指针数组不常用于描述整型、浮点型等二维数组，应用最多的是描述字符串数组，尤其是由不同长度的字符串组成的数组。

8.5.2 用指针数组表示字符串数组

1. 字符指针数组的初始化

如果想存储若干字符串就要使用字符串数组，如由 12 个月份名组成的字符串数组，由 C 语言关键字组成的字符串数组。可以将每个字符串的首地址集中保存在指针数组中，这样字符串的处理更加方便灵活。

【例 8.12】 关键字的识别。输入一个字符串，判断其是否为 C 语言的关键字。

分析：C 语言的关键字是确定的，将每个关键字作为一个字符串常量，放到花括号中用来初始化字符指针数组 keyword，从而建立关键字表。下面程序中只象征性地列出 5 个关键字，实际应用时需补充全部关键字。注意，在表的末尾增加了一个 NULL 指针，这个 NULL 指针使函数在搜索这个表时能够检查到表的结束，而无须知道表的长度。

```
#include<stdio.h>
#include<string.h>
int isKeyword(char *s);
#define  MAXLEN    63            /*字符串的最大长度*/
int main(void)
{
    char s[MAXLEN+1];
    printf("Input strings\n");
```

```
    while(scanf("%s",s)!=EOF)
        if(isKeyword(s))  printf("%s is a keyword\n",s);
        else  printf("%s is not a keyword\n",s);
    return 0;
}
/*若 s 是关键字,则函数返回 1;否则,返回 0*/
int isKeyword(char *s)
{
    static char *keyword[ ]={"auto","char","continue","if", "int",NULL};
                                                        /*关键字表*/
    int i;
    for(i=0;keyword[i]!=NULL;i++)
        if(!strcmp(s,keyword[i])) return 1;
    return 0;
}
```

keyword 是一个有 6 个元素的字符指针数组,初值表由表示关键字的字符串的首地址组成。元素 keyword[0]是指向第 0 个串"auto"的指针,keyword[1]是指向第 1 个串"char"的指针,keyword[2]是指向第 2 个串"continue"的指针,keyword[3]是指向第 3 个串"if"的指针,keyword[4]是指向第 4 个串"int"的指针,最后一个元素 keyword[5]是表示字符串数组结束的 NULL 指针。一般地,字符指针数组的每一个元素指向相应字符串的首字符。

keyword 数组只是存放字符串的首地址,而字符串存在常量区。可以把 keyword[0]视为表示第 0 个字符串,*keyword[0]表示第 0 个字符串的第 0 个字符。由于数组和指针之间的关系,*keyword[0]和 keyword[0][0]等效,*(keyword[0]+1)和 keyword[0][1]等效。

2. 指针数组和二维数组的比较

字符串数组也可以用下面的二维数组来表示。

```
char keyword2[ ][9] = {"auto","char","continue","if", "int", "" };
```

这个 keyword2 是一个 6 行 9 列的二维数组,每一行的长度刚好可以容纳最长的关键字,字符串本身被存储在这个数组里,在表的末尾用一个空串作为字符串数组的结束标记。

指针数组和二维数组的差别在于:

(1) 二维数组建立了一个所有行的长度都相同的数组,每一个字符串都用 9B 来存放(有冗余);而指针数组建立的是一个不规则数组,每个字符串常量占据的内存空间只是它本身的长度(无冗余),但指针数组本身要占用空间。

(2) keyword 和 keyword2 的类型不同,keyword 是一个 char 指针的数组,里面存放 6 个地址值,其元素 keyword[i]是类型为 char * 的变量;而 keyword2 是一个 char 数组的数组,存放 6 个完整的字符串,keyword2[i] 表示第 i 个字符串的首地址,它是类型为 char * 的常量。

改用二维数组 keyword2 代替指针数组 keyword 实现例 8.12,该如何修改程序呢?除了修改相应的声明外,还需修改 isKeyword 函数中 for 循环的判断条件表达式,即将

keyword[i]!=NULL 改为 * keyword2[i]!='\0'。

3. 动态分配字符串数组

如果各字符串事先不确定，需要由用户输入，这时无法通过初始化的形式创建字符串数组，那么应该如何实现字符串的存储？下面代码存在严重问题。

```
char * str[10];
int i;
for(i=0;i<10;i++)  scanf("%s",str[i]);
```

问题在于虽然定义了指针数组 str，但是 str 中的每个元素都没有赋值，其值是随机的，因此随机地指向某个内存单元。通过 scanf 函数的赋值，实际是给 str[i]随机指向的存储单元赋值(详见 8.1.4 节)，危害很大。

时刻记住：指针数组的每个元素只能存地址值，用来保存各个字符串的首地址，不能存字符串本身。指针数组的声明仅仅获得了存放地址的空间，并没有分配存放字符串的空间，那么键盘输入的字符串放在什么位置？其存储空间怎么得到？根据字符串本身存储方式的不同就会有不同的方法。

使用动态存储技术可以实现字符串数组的无冗余存储，根据实际输入的字符串长度用 malloc 函数分配存储空间。

动态存储分配函数是 C 语言的标准函数，用来管理堆内存，相关的函数主要有 malloc、calloc、realloc、free 等，这些函数的原型声明在头文件＜stdlib.h＞中(见附录 B 中的实用函数)。

```
void  *malloc(size_t size);                  /*分配 size 字节*/
void  *calloc(size_t n, size_t size);        /*分配 n*size 字节*/
void  *realloc(void *p, size_t size);        /*把 p 所指的已分配存储区改为 size 字节*/
void  free(void * p);                        /*释放 p 指向的存储区*/
```

这里 size_t 是 unsigned int 的别名，表示无符号整型，它是在＜stdio.h＞中通过关键字 typedef(详见 8.10 节)定义的。下面详细介绍 malloc 函数的功能及其使用，其他函数的介绍请参考附录 B。

函数 malloc 的功能是向系统申请分配 size 字节的连续存储区域。如果分配成功，则返回分配区域的首地址；如果分配失败(如内存容量不够)，则返回 NULL，分配的存储区域未被初始化。

当分配的内存不再使用时，应使用 free(p)函数释放由 p 所指的内存，并将它返回给系统，以便这些内存成为再分配时的可用内存。p 是由 malloc、calloc 或 realloc 分配的存储区的指针，一旦释放，就不能再用 p 引用存储区中的数据。如果 p 为 NULL，那么 free 函数无释放操作。

malloc 函数的返回值类型是 void *，void * 表示未确定类型的指针，更明确地说是函数 malloc 在分配存储空间时还不知道用户用这段空间来存储什么类型的数据(有的用户可能是存放 char 型数据，有的可能是 int 或者其他类型)，用户可以在里面存放任何类型的数据。不能对 void 指针施行单目 * 运算，因为无法确定 void 指针所指对象占用的内存大小。void * 类型可以通过类型转换符强制转换为其他确定类型的指针。

下面的代码利用 malloc 函数动态创建一个有 n 个元素的 int 数组。

```
int i,n, * p;
scanf("%d",&n);
if( (p=(int *)malloc( n*sizeof(int) ) ) == NULL )   /*如果分配失败*/
{
    printf("Out of memory!");
    exit(-1);
}
for(i=0;i<n;i++) scanf("%d",p+i);                  /*数据存入分配的存储区*/
```

在引用 p 指向的动态存储区中的数据之前，一般应该判断 p 是否为空。如果 p 为空，则说明动态存储分配失败，应该输出提示并结束程序。

C99 支持动态数组，对于支持 C99 的系统，可以直接动态创建大小为 n 的数组：

```
int i,n, * p;
scanf("%d",&n);
int a[n];                                          /*定义动态数组*/
for(i=0;i<n;i++) scanf("%d",a+i);                  /*数据存入动态数组 a*/
```

根据程序运行时所输入的 n 值，创建有 n 个元素的数组。假如运行时输入 10，则数组 a 的大小固定为 10，后面 n 值若发生改变，但 a 的大小不变。

用动态存储分配函数创建动态数组的方法适用于所有 C 语言的标准，而且用这些函数可以建立动态数据结构(详见 9.8 节)，适用性更广。

【例 8.13】 用动态存储技术实现不等长字符串数组的无冗余存储。键盘输入 10 个字符串，将其无冗余的存放到动态分配的内存，再按照每行一个字符串的格式输出这些字符串。

分析：通过 malloc 函数分配空间来存放字符串，循环执行以下操作实现字符串的输入和无冗余存储：①输入一个字符串临时放入一维数组 temp 中；②根据读入字符串的实际长度通过 malloc 函数无冗余地分配存储区，并将分配到的存储区首地址保存到相应的指针数组元素中；③将 temp 中的字符串取出存入分配到的存储区。在循环过程中，如果 malloc 存储分配失败，就返回－1，结束 main 函数的执行。

```
#include<stdio.h>
#include<stdlib.h>
#include<string.h>
#define MAXLEN    80                               /*字符串长度上限*/
#define STRNUM    10                               /*字符串个数*/
/*输出指针数组 p 指向的 n 个字符串*/
void writeStrArr(const char *p[ ],int n)
{
    int i = 0;
    while(n-- >0)  printf("%s\n",p[i++]);
}
int main( )
```

```
{
    int strLength,i;
    char * s[STRNUM],temp[MAXLEN];
    printf ("输入%d个字符串,一行1个字符串\n",STRNUM );
    for(i=0;i<STRNUM ;i++) {
        gets(temp);
        strLength = strlen(temp);           /* 求字符串长度,不包含'\0' */
        s[i] = (char * )malloc(strLength+1);/* 为当前字符串动态分配空间并记录首地址 */
        if(s[i]==NULL)  return -1;          /* 存储分配失败,结束 main 的执行 */
        strcpy(s[i],temp);                  /* 将字符串的内容复制到分配的内存 */
    }
    writeStrArr(s,STRNUM);
    return 0;
}
```

指针数组首先它是一个数组,因此遵循数组作函数参数的规定,writeStrArr函数的形参p与实参s指的是同一数组。因为该函数的功能是输出指针数组指向的字符串,这些字符串不需要修改,所以使用const。

4. 指针数组作函数参数

【例8.14】 在例8.13的基础上对字符串按字典序排序,输出排序后的字符串。

分析: 将字符串排序算法写成函数strsort,采用冒泡排序法。当发现排在前面的字符串大于后面的字符串时,不是交换字符串本身,而是交换指向字符串的指针(即交换str[j]和str[j+1]),字符串本身的存储位置不变,不需要执行字符串赋值的操作(字符串赋值要用串拷贝函数strcpy)。无论字符串多长,都只需要交换两个指针值,从而提高了程序效率。

```
#include<stdio.h>
#include<stdlib.h>
#include<string.h>
void writeStrArr(const char * [],int);/* 该函数定义同例 8.13 */
void strsort ( char * [ ],int);         /* 字符串排序函数原型 */
#define MAXLEN    80                    /* 字符串长度上限 */
#define STRNUM    10                    /* 字符串个数 */
int main( )
{
    …                                   /* 输入字符串并无冗余存储,该部分代码同例 8.13 */
    strsort(s,STRNUM);                  /* 排序字符串 */
    write_strArr(s,STRNUM);             /* 输出排序后的字符串 */
    return 0;
}
/* 对指针数组 str 的元素指向的 size 个字符串进行字典序排序 */
void strsort ( char * str[ ],int size )
{
    char * temp;
    int i, j ;
```

```
        for(i=0; i<size-1; i++)
            for(j=0; j<size-i-1; j++)
                if ( strcmp(str[j],str[j+1] ) >0 ) {
                    temp=str[j];
                    str[j]=str[j+1];
                    str[j+1]=temp;
                }
    }
```

strsort 函数的形参声明为 char * str[ ]，调用时实参是字符指针数组名 s，而数组名 s 是首元素 s[0]的地址（s 等价于 &s[0]），即数组名 s 本身是指针，它所指对象 s[0]也是指针（数组元素的类型是 char * ），这种指向指针的指针称为二级指针。因此，形参 str 实际上是一个二级指针，即 char * str[ ]等价于 char **str。

*8.5.3 指向指针的指针

1. 二级指针的声明

任何变量都对应一定数目的存储单元，指针变量也不例外，因而指针变量也有地址。存放指针变量地址的变量称为指向指针的指针，或指向一级指针的指针，或二级指针。二级指针在说明时变量名前面有两个 * 。例如：

```
char * * p;
```

其中，右起第一个 * 说明 p 是指针变量，第二个 * 说明 p 所指对象是指针（一级指针），char 说明一级指针指向的对象是字符型数据。又如：

```
int x=1234, * p=&x, * * pp=&p;
```

声明语句中变量之间的关系如图 8-6 所示，p 是 int 指针（一级指针），里面存放了变量 x 的地址，所以 * p 代表 x。pp 是指向 int 指针的指针（二级指针），里面存放了指针变量 p 的地址。所以，* pp 代表 p，**pp 就是 * p 代表 x。因此，利用二级指针间接访问其最终指向的对象需要施加两次单目 * 运算。

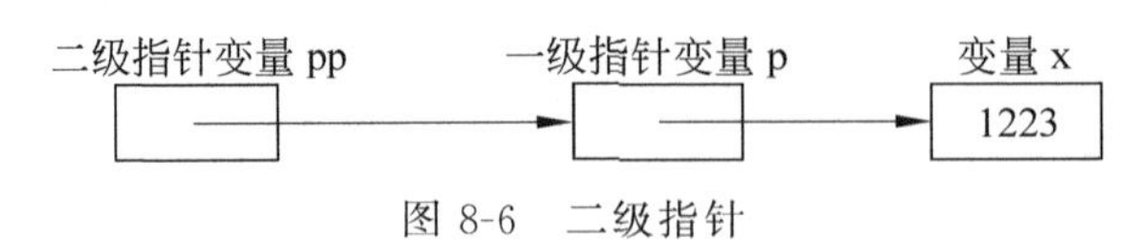

图 8-6　二级指针

2. 二级指针与指针数组

数组和指针有很密切的关系，可以通过指向数组元素的指针引用数组元素。假如 x 是 int 数组，则可以声明一个指向数组首元素的指针来引用数组元素。例如：

```
int x[6], * p=x;
```

其中，p 是一级指针，指向数组的首元素 x[0]，则 *(p+i) 等价于 x[i]。

对于指针数组，由于数组元素的类型是指针，则需声明一个指向指针的指针来引用数组元素。例如：

```
char * keyword[]={"auto","char","continue","if", "int"};
char * * p=keyword;                    /* keyword 等价于 &keyword[0] */
```

其中,p 是二级指针,指向指针数组的首元素 keyword[0],因为 keyword[0]本身又是字符指针,所以 p 应该声明为二级指针。 *(p+i) 等价于 keyword[i], *(*(p+i)+j) 等价于 keyword[i][j]。例 8.12 的 isKeyword 函数可以改用二级指针实现,代码如下。

```
int isKeyword(char * s)
{
    static char * keyword[ ]={"auto","char","continue","if", "int",NULL};
                                                            /* 关键字表 */
    char * * p;                                             /* 二级指针 */
    for(p = keyword; * p!=NULL; p++)
        if(!strcmp(s, * p))  return 1;
    return 0;
}
```

二级指针 p 初始指向元素 keyword[0],则 *p 代表 keyword[0],执行 p++后 p 指向下一元素 keyword[1], * p 就代表 keyword[1],反复循环,直到 p 指向 NULL 指针。

3. 二级指针参数

二级指针主要的应用是作为函数参数,由 8.2 节可知:通过传递变量的指针可以达到修改实参变量值的目的。如果需要修改的是指针值,就需要传递指针的指针了。例如,下面的代码通过调用 menInit 函数给 buf 赋值,因 buf 是一个 int 指针,所以形参应声明为 int 指针的指针。

```
int memInit(int * * p)
{
    * p =(int * )malloc(sizeof(int) * 20);
    if( * p == NULL)  return 0;
    return 1;
}
int main()
{
    int * buf ;
    menInit(&buf);
    …
}
```

main 函数通过调用 menInit 函数将所分配内存空间的首地址赋值给 buf。buf 是一个 int 指针,&buf 则是指向 buf 的指针(二级指针),把 &buf 传递给 menInit 函数的形参 p,那么二级指针 p 指向 buf,于是 *p 等价于 buf,这样 buf 就指向了分配的内存。

当指针数组作函数参数时,形参实际上是指向指针(因数组元素是指针)的指针,即二级指针。例如,形参 char * str[ ]等价于 char **str。

【例 8.15】 用二级指针改写例 8.14。

分析:将 main 函数的指针数组改用二级指针表示,通过 malloc 动态分配 STRNUM 个指针元素的空间，并将其首地址记录在二级指针 s 中，相当于动态创建了字符指针数组 s，*(s+i)等价于 s[i]。指针数组形参的类型本质上是二级指针，均改用二级指针表示。

```
#include<stdio.h>
#include<stdlib.h>
#include<string.h>
void writeStrArr(const char **,int);
void strsort ( char **,int);
#define MAXLEN    80                                  /*字符串长度上限*/
#define STRNUM    10                                  /*字符串个数*/

int main( )
{
    int strLength,i;
    char **s,temp[MAXLEN];
    s = (char **)malloc(sizeof(char * ) * STRNUM);   /*动态分配字符指针数组*/
    printf("输入%d个字符串,一行1个字符串\n",STRNUM);
    for(i=0;i<STRNUM ;i++) {
        gets(temp);
        strLength = strlen(temp);                     /*求字符串长度,不包含'\0'*/
        *(s+i) = (char *)malloc(strLength+1);  /*为当前字符串动态分配空间并记录首
                                                地址*/
        if(*(s+i)==NULL)  return -1;                  /*存储分配失败,结束 main 的执行*/
        strcpy(*(s+i),temp);                         /*将字符串的内容复制到分配的内存*/
    }
    strsort(s,STRNUM);
    writeStrArr(s,STRNUM);
    return 0;
}
/*对二级指针 str 指向的 size 个字符串进行升序排序*/
void strsort ( char **str,int size )
{
    char *temp,**p;
    int i;
    for(i=0; i<size-1; i++)
        for(p=str; p<str+size-i-1; p++)
            if ( strcmp(*p, *(p+1)) >0 ) {
                temp = *p;
                *p = *(p+1);
                *(p+1) = temp;
            }
}

/*输出二级指针 p 指向的 n 个字符串*/
void writeStrArr(const char **p,int n)
```

```
{
    while(n-- >0) printf("%s\n", *p++);
}
```

strsort 函数的局部二级指针 p 在每一轮冒泡开始值为 str,即 p 指向实参数组首元素 s[0],*p 等同于 s[0], *(p+1)等同于 s[1]。p++移动 p 指向 s 的下一元素 s[1],此时 *p 和 *(p+1)分别等同于 s[1]和 s[2],以此类推。

writeStrArr 函数中的二级指针形参 p 初始值为实参 s,即 p 指向实参数组首元素 s[0]。*p++等价于*(p++),先输出 *p 指向的字符串,再移动 p 指向 s 的下一元素。

*8.6 main 函数的参数

表示和处理 main 函数的参数是指针数组和二级指针的一个重要应用。有些操作系统,包括 UNIX 和 MS-DOS,让用户在命令行中输入参数来启动一个程序的执行,这些参数被传递给程序,供程序分析处理。如果要将命令行参数传递给程序,该程序的 main 函数必须是带参数的。

8.6.1 命令行参数

命令行界面是在图形界面得到普及之前使用最为广泛的界面,它通常不支持鼠标,用户通过键盘输入指令。命令行界面需要用户记忆操作的命令,不如图形界面使用方便,但是它更节约计算机系统的资源,在熟记命令的前提下,使用命令行界面的操作速度更快。所以,图形界面的操作系统不仅保留命令行界面,而且还加强操作命令的功能。

命令行是在命令行模式(如 Windows 的 cmd)下,用户输入的用于运行程序的行,在命令行中空格隔开的字符串就是命令行参数。假定有一个名为 copy 的程序,在 Windows 下运行该程序的命令行为:

```
c:\>copy  abc.txt  def.txt
```

该命令行有三个参数,参数 copy 是可执行程序名,其后的 abc.txt 和 def.txt 是程序执行需要的参数。该命令行执行 copy 程序,将 copy、abc.txt 及 def.txt 三个参数传递给该程序的 main 函数,实现将文件 abc.txt 的内容复制到文件 def.txt 中。因此,该 main 函数应该带有形参。

8.6.2 带参 main 函数的定义

main 函数具有两个形参,第一个通常称为 argc(argument count),类型为 int,表示命令行参数的个数;第二个通常称为 argv(argument value),是一个字符指针数组,数组的元素分别指向命令行中用空格分隔的参数,即 argv[0]指向可执行文件名字符串,argv[1]、argv[2]、…、argv[argc-1]依次指向后续的各个参数。其定义形式为:

```
int main(int argc, char *argv[])
{
    …                                        /*函数体*/
}
```

说明：main 的参数通常取名为 argc 和 argv，但也可以命名为 a 和 b，只不过程序的可读性会差一些。对于 8.6.1 节中给出的运行 copy 程序的命令行，则将 3 传给 argc，相当于指针数组 argv 有三个元素，argv[0]指向串"copy"，argv[1]指向串"abc.txt"，argv[2]指向串"def.txt"。

下面的例子是处理命令行参数的一个简单程序，非常像 UNIX 的 echo 命令。

【例 8.16】 回显命令行参数。将命令行中程序名后面的各参数回显在屏幕的一行中。

```
#include <stdio.h>
int main(int argc, char* argv[])
{
    int i;
    for( i=1; i<argc; i++ )
        printf("%s%c", argv[i], (i<argc-1) ? ' ' : '\n' );
    return 0;
}
```

若编译链接之后，可执行文件的名字为 show，在命令行环境下输入下面的命令行并回车：

```
show  I  like  C  programming
```

则输出为：

```
I  like  C  programming
```

命令行参数的个数(含程序名 show)为 5，所以 argc 的值为 5，argv[0]指向串"show"，argv[1]指向串"I"，…，argv[4]指向串"programming"。

由于形参声明 char *argv[ ]等价于 char **argv，所以可将 show 程序的 main 函数写成下面等价的形式。

```
int main(int argc, char **argv)
{
    while ( --argc > 0 )
        printf("%s%c", *++argv, (argc>1) ? ' ' : '\n' );
    return 0;
}
```

前置表达式--argc 使得输出的参数个数比总个数少 1(不输出程序名)。初始 argv 指向 argv[0]，++argv 使得 argv 指向 argv[1](跳过程序名字符串)，*++argv 就是 argv[1]。(argc>1)为真，表示当前输出的不是最后一个参数，此时要输出一个空格字符；(argc>1)为假，表示已经输出最后一个参数，此时要输出一个换行符。

【例 8.17】 基于命令行的计算乘幂的程序 power，第一个参数为 double 型，作为幂的底数，第二个参数为整数，作为幂的指数。如果命令行为：power 3.0 2，则程序计算出 3.0^2。

分析：命令行参数都是字符串，输入的数字也属于字符串，如果需要把输入的参数当成数值(整数或浮点数)来用，需要进行类型转换。头文件 stdlib.h 中的 atoi 和 atof 函数可以将字符串转换为整数和浮点数。

```
#include<stdio.h>
#include<stdlib.h>
#include<math.h>
int main(int argc, char * argv[])
{
    double x;
    int n;
    if(argc!=3)                        /* 参数个数不为 3,说明命令行格式不对 */
    {
        printf("Arguments error\n");
        exit(-1);
    }
    x = atof(argv[1]);                 /* 将第一个参数串(底数)转为 double 型 */
    n = atoi(argv[2]);                 /* 将第二个参数串(指数)转为 int 型 */
    printf("%f\n",pow(x,n));
    return 0;
}
```

8.6.3 命令行参数的传递

图 8-7 显示了程序 show 启动时命令行是如何进行传递的。命令行如下：

```
show  I  like  C  programming
```

该行有 5 个参数,所以把 5 传递给形参 argc。命令行中的每个参数作为一个字符串被存储到内存中,并且分配一个指针数组集中存放 5 个字符串的首地址,指针数组的末尾是一个 NULL 指针,因此这个指针数组的大小是 6,argc 的值和这个 NULL 都可以用于确定传递了多少个参数。然后将指针数组的首地址传递给形参 argv,使 argv 指向指针数组的第 0 个元素 argv[0],而 argv[0]指向程序名字符串的首字符。所以,形参 argv 的类型实际上是指向字符指针的指针,里面仅存放一个地址值,所指向的指针数组也被称为 argv。注意,形参 argv 是变量,初始指向指针数组的首元素,可以根据需要更改为指向其他元素。

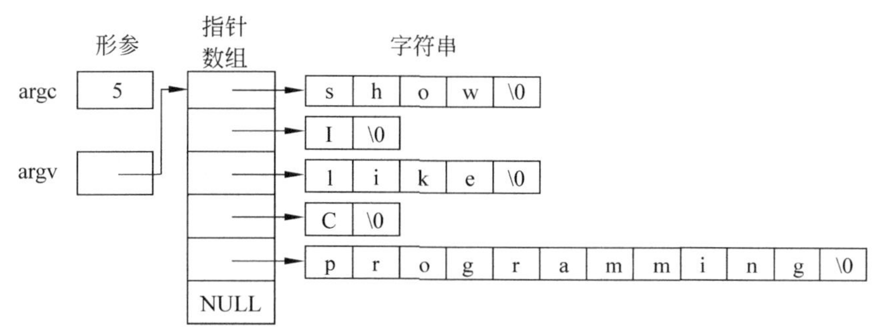

图 8-7 程序 show 启动时命令行参数的传递

8.7 指针函数

C 的函数可以返回除数组以外的任何类型数据，如果函数的返回值是一个指针（地址），该函数称为指针函数，正如返回整数的函数称为整型函数一样。

8.7.1 指针函数的声明

指针函数声明的一般形式为：

类型区分符 *函数名(形参表)；

说明：函数名后的圆括号“( )”表示这是一个函数，其前面的星号“*”表示此函数的返回值为指针（地址），类型区分符表示函数返回的指针指向的类型。例如：

```
int *pfun(int, int);
```

由于*的优先级低于( )的优先级，因而 pfun 首先和后面的( )结合，也就意味着，pfun 是一个函数，它有两个 int 参数。接着再和前面的*结合，说明这个函数的返回值是一个指针。最前面的 int 说明返回的指针指向 int 数据。因此，pfun 是一个整型指针函数，它有两个 int 参数。

字符串程序库<string.h>中的很多函数都是指针函数。例如，strcpy、strcat 和 strstr 等。下面的例子模拟实现了标准库函数 strcpy 的功能。

```
#include <stdio.h>
char *mystrcpy(char *t, const char *s)
{
    char *p=t;                          /*p指向第一个实参字符串(目标串)*/
    while(*t++=*s++) ;
    return p;                           /*返回目标串的首地址*/
}
int main()
{
    char str1[30], str2[]="C language";
    mystrcpy(str1, str2);               /*注意str1要够长*/
    printf("str1: %s\n", str1);         /*输出字符串复制的结果*/
    return 0;
}
```

与例 8.10 中 mystrcpy 不同的是，该函数返回类型是字符型指针，它返回目标串的首地址，所以 main 中的 mystrcpy 和 printf 两个函数调用语句可以合并成下面一个语句。

```
printf("str1: %s\n", mystrcpy(str1, str2));
```

8.7.2 指针函数返回值的分析

用指针作为函数返回值时需要注意的是，函数运行结束后会销毁函数内部定义的所有局部数据，包括自动变量、自动数组和形式参数，函数返回的指针请不要指向这些数据。请看下面的例子。

```
#include<stdio.h>
char *getString(void)
{
    char p[ ]= "hello world";            /*p是自动数组*/
    return p;                            /*编译器一般将提出警告信息*/
}
int main(void)
{
    char *str = NULL;
    str = getString();                   /*str指向的内容是垃圾，得不到想要的内容*/
    puts(str);
}
```

编译程序时将提示警告信息：[Warning] address of local variable 'p' returned，意思是：不能试图把局部变量的指针作为函数的返回值。

因为 p 是函数 getString 内定义的自动数组(auto 型)，是存在栈中的，当函数结束时将被自动释放。函数将自动数组的首地址返回并赋值给 str，但是 str 所指内存(自动数组 p 的空间)被销毁了，里面的内容不是我们想要的了。

解决上述问题的方法有多种，只要函数返回的指针所指向的内存在函数结束后仍然有效，不被系统回收即可。下面是一种解决方法，函数中的 p 是局部静态数组，是存在静态区的，函数结束不会被释放。

```
char *getString(void)
{
    static char p[ ]= "hello world";
    return p;
}
```

综上所述，函数虽然不能直接返回一个数组，但是可以用返回数组首地址(即指针)的方式实现类似功能，但要注意：该数组不能是函数内定义的 auto 型数组，因为自动数组在退出函数后会被释放；该数组可以是外部数组、静态局部数组、动态分配数组以及从函数参数传过来的实参数组。

8.7.3　指针函数的定义及应用

利用指针函数返回的指针，可以对它指向的对象做进一步的操作。如果该指针指向一个数组，实际就间接解决了函数返回数组或多值的问题。

【例 8.18】 模拟实现查找子串的标准库函数 strstr，调用 strstr 函数统计子串出现的次数。

分析：函数 strstr 在字符串 str 中查找子串 substr，如果找到，则返回 substr 在 str 中首次出现的起始地址，否则返回 NULL。在 main 函数中调用 strstr 函数，找出子串在源串中的每一次出现，并统计出现的次数。

```
#include<stdio.h>
#include<string.h>
char *mystrstr(const char *str, const char *substr)
{
    const char *pstr, *psub, *res;                  /*pstr指向源串, psub指向子串*/
    for( ; *str !='\0'; str++ )  {
        res = str;                                  /*从res所指处开始匹配子串*/
        for( pstr= str, psub=substr; *psub !='\0'; pstr++, psub++ )
            if( *pstr != *psub )  break;            /*结束本轮匹配*/
        if(*psub =='\0')  return res;               /*匹配成功,返回首次出现的地址*/
    }
    return NULL;                                    /*不存在子串,返回NULL*/
}
int main()
{
    char *strSource = "What a challenge! It wasn't any challenge at all";
    char *strFind = "challenge", *p = strSource;
    int count = 0, len;
    len = strlen(strFind);
    while ( (p = mystrstr(p, strFind)) != NULL )  {
        printf("%s\n", p);
        p += len;                                   /*让指针跳过子串*/
        count++;
    }
    printf("出现 %d 次\n", count);
    return 0;
}
```

程序输出结果:

```
challenge! It wasn't any challenge at all
challenge at all
出现 2 次
```

【例 8.19】 模拟实现标准库函数 strtok,调用 strtok 函数从字符串"Mary male 20, Join female 40,Tom female 32"中提取出人名、性别及年龄信息。

分析:函数 strtok(s,delim)将字符串 s 分隔为一组子串,s 为要分解的字符串,delim 为分隔符字符串。每调用一次分隔出一个子串,首次调用时,参数 s 指向被分隔的字符串;往后的调用参数 s 必须为 NULL,从串 s 中剩余待处理字符串分隔出一个子串。每次调用当在串 s 中发现 delim 中包含的分隔符时,则将该字符改为'\0',并返回被分隔出的子串首地址;当 s 不能被分隔时,则返回 NULL。

实现函数 strtok 的关键点在于定义一个静态的字符指针变量,该指针用来记录分隔后余下的字符串首地址。

程序中以逗号和空格为分隔符,调用 strtok 从给定字符串中提取所需子串,将提取的子串保存到字符指针数组中,程序末尾打印指针数组中保存的所有子串。

```
#include<stdio.h>
/*分解字符串,s是被处理串;delim是分隔符串*/
char *mystrtok(char *s, const char *delim)
{
    static char *last=NULL;                    /*用来记录分隔后余下的字符串首地址*/
    int found=0;                               /*是否找到与delim匹配的字符*/
    char *tok;
    const char *bak=delim;
    if(s==NULL) s=last;                        /*非首次调用mystrtok*/
    else  last=s;
    for(;*s;s++)  {                            /*遍历剩余串s的每一个字符*/
        for(delim=bak;*delim;delim++)  {       /*遍历delim串的每一个分隔符*/
            if(*s==*delim)  {                  /*如果s串中的字符是分隔符*/
                *s='\0';                       /*用'\0'替换分隔符*/
                found=1;                       /*标记已出现分隔符*/
                break;
            }
        }
        if(found)  {
            if(s==last)  {                     /*跳过前导分隔符*/
                last++;
                found=0;
            }
            else  {
                tok=last;                      /*tok指向被分隔的子串*/
                last=++s;                      /*last指向s串中剩余待处理子串*/
                return tok;                    /*返回子串的首地址*/
            }
        }
    }
    if(last==s)  return NULL;                  /*全部分隔完毕,返回NULL*/
    tok=last;
    last=s;
    return tok;                                /*返回最后一个子串的首地址*/
}
int main(void)
{
    int c=0,i;
    char buf[]="Mary male 20, Join female 40,Tom female 32";
    char *p[20];
    p[c++] = mystrtok(buf, "□,");          /*□代表空格,首次调用,第一个实参为buf*/
    while ((p[c] = mystrtok(NULL, "□,")) != NULL)  /*其后调用,第一个实参为NULL*/
        c++;
    for (i=0; i<c; i++)  {
        if(!(i%3))  printf("\n");
```

```
        printf("%10s", p[i]);
    }
    return 0;
}
```

程序输出结果：

```
Mary        male      20
Join      female      40
Tom         male      32
```

*8.8 指向函数的指针

任何一个函数经编译之后都会形成对应的一系列机器指令，这些指令占用一段连续内存，首条执行指令的地址称为函数的入口地址。当调用一个函数时，实际上是跳转到函数入口地址，执行函数体的指令，函数名就是函数的入口地址，正如数组名代表数组的首地址一样。所以，函数名的类型是指针，它是一种特殊类型的指针，这个指针所指对象是函数，称为指向函数的指针，简称函数指针。

8.8.1 函数指针变量的声明

就像 int 变量的地址可以存储在 int 指针变量中一样，函数的入口地址也可以存储在某个函数指针变量中。这样，可以通过这个函数指针变量来调用所指向的函数。函数指针变量的声明形式为：

类型区分符 (*标识符)(形参表);

说明：声明中有两对圆括号，左边一对圆括号将指针说明符 * 和标识符结合在一起，说明该标识符是一个指针变量名。右边圆括号是函数的标记，表示这个指针指向函数。形参表是所指函数的形式参数声明，类型区分符表示所指函数的返回类型。例如：

```
int (*comp)(char *,char *);
```

说明：comp 是指向函数的指针，所指函数有两个 char * 参数，返回 int 值，或者合起来用一句话描述：comp 是指向有两个 char * 参数的 int 函数的指针。注意，声明中左边的圆括号不能省，它提高了 * 的优先级，如果省略该括号，写成：

```
int *comp(char *,char *);
```

则 comp 成为一个指针函数(见 8.6 节)。

函数返回值类型和形参列表决定了函数指针的类型，不同类型的函数指针不能混用。假如函数 func 的原型为：

```
int func(int, int);
```

则用来指向函数 func 的指针应该声明为：

```
int (*pf)(int, int) = func;
```

该声明语句创建了函数指针 pf,并把它初始化为指向函数 func。函数指针的初始化也可以通过下面赋值语句来完成。

```
pf=func;
```

在函数指针被声明并且初始化之后,就可以使用函数指针来调用函数。有以下两种调用形式:

```
(*pf)(10, 16);                          /*间接访问调用形式,左边括号不能少*/
pf(10, 16);                             /*直接调用形式*/
```

因为 pf 指向 func 函数,*pf 就是 func,所以(*pf)(10, 16)与 func(10, 16)等价。又因为函数名是函数入口地址(指针),可以互换地使用指针和函数名,所以 pf(10, 16)与 func(10, 16)等价。

8.8.2 函数指针的应用

函数指针最常见的用途有两个:①作为参数传递给其他函数;②用于散转程序。本小节介绍第一个用途,第二个用途将在 8.11.1 节介绍。

【例 8.20】 使用回调函数实现数据查找。有全班 30 个学生的考试成绩,需分别用函数输出 60 分以下的成绩和大于或等于 90 分的成绩。要求代码灵活,可复用性强,

分析:题目有两个需求:①输出 60 以下的数;②输出大于或等于 90 的数。当然,每个需求可用一个函数去实现,这两个函数绝大部分代码相同,只是值的比较方法不同。作为开发者,要考虑到将来可能还有其他类似的需求,如找出 80 的数,如果每个类似需求分别用不同的函数去实现,那么将会有大量的重复代码。如何修改数据比较的执行方式,用一个函数实现所有类似的需求?解决方案就是使用函数指针,这样代码将变得更加灵活,可复用性更强。

用函数 findNumbers 实现各种不同条件的查找功能。例如,既可以找小于某个值的数,还可以找大于某值的数,等等。如何描述这个条件?对于函数 findNumbers 来说,它的任务是在数组中找满足条件的数,找到就输出。至于条件是什么,需要调用者传递给它。这个条件不是一个简单的数据,调用者需要编写一个函数来描述,然后把这个函数作为参数传递给 findNumbers 函数。因此,findNumbers 函数需要一个函数指针参数获取传递进来的函数地址,再利用函数指针调用这个函数来找出满足指定条件的数。

一个函数通过由运行时决定的指针来调用另一个函数的行为称为**回调**(callback)。用户将一个函数指针作为参数传递给其他函数,后者将“回调”用户的函数。这样就可通过同一接口实现对不同类型数据、不同功能的处理。

```
#include<stdio.h>
#define N 30
int GreaterOrEqual(int, int);
int less(int,int);
void findNumbers(int *,int,int,int(*)(int,int));
int main(void)
{
```

```
    int score[N];
    printf("输入%d个成绩:\n",N);
    for (int i = 0; i < N; i++) scanf("%d",score+i);
    printf("低于60分:\n");
    findNumbers(score, N, 60, less);
    printf("高于或等于90分:\n");
    findNumbers(score, N, 90, GreaterOrEqual);
    return 0;
}
/*大于或等于被比较数compNumber的回调函数*/
int GreaterOrEqual(int number, int compNumber)  {
    return number >= compNumber;
}
/*小于被比较数compNumber的回调函数*/
int less(int number, int compNumber) {
    return number < compNumber;
}
/*查找函数:在x指向的n个整数中查找满足指定条件的数,compNumber是被比较数,p是函数指
针,它所指向的函数用于将数组中的数与compNumber比较*/
void findNumbers(int *x, int n, int compNumber, int (*p)(int, int))
{
    for (int i = 0; i < n; i++) {
        if ( p( x[i], compNumber) )  printf("%d\n",x[i] );
    }
}
```

第一次调用findNumbers时,将函数名less传递给形参p,因此p指向函数less,p(x[i], compNumber)等价于less (x[i], compNumber),将数组元素x[i]和compNumber进行比较,当x[i]<compNumber时,函数less返回值为1。因此,if条件为真,执行pintf语句输出x[i]。

第二次调用findNumbers时,将函数名GreaterOrEqual传递给形参p,因此p指向函数GreaterOrEqual,p(x[i], compNumber)等价于GreaterOrEqual(x[i], compNumber),当x[i]>=compNumber时,输出x[i]值。

这里函数GreaterOrEqual和less被称为回调函数,回调函数就是一个通过函数指针参数调用的函数。main函数调用findNumbers是直调,在执行函数findNumbers时通过指针参数调用less或GreaterOrEqual,这就是回调。函数指针作为参数,调用者可以传入不同的函数入口地址,因此可以回调不同的函数。这种方法既为使用者提供了灵活的接口,也为开发者提供了灵活性,开发者提供一个函数就可以满足使用者的多种需求,增强了函数的通用性。

*8.9 指针与多维数组

多维数组可以被看成由下一级数组作为元素的数组。例如,二维数组被看成由行元素(一维数组)组成的数组,三维数组被看成以二维数组为元素的数组。多维数组的指针表示

比一维数组复杂，既可以用指向数组基本元素的指针来表示，也可以用指向下一级数组的指针来表示。本节重点介绍二维数组的指针表示。

8.9.1 指向数组元素的指针

设 a 是一个 2 行 3 列的整型数组，p 是指向整型变量的指针，a 和 p 的声明如下。

```
int a[2][3] = {{1,3,5},{2,4,6}}, *p;
```

那么只要让 p 指向 a 的元素，就可以用 p 来引用数组 a 的元素。下面的代码可以逐行输出 a 的所有元素。

```
for( p = &a[0][0], i = 0; i < 2; i++)           /*p 指向 a[0][0]*/
{
    for( j = 0; j < 3; j++)
        printf ("%3d", *(p + 3*i + j ) );       /*输出 a[i][j]*/
    printf("\n");
}
```

表达式 p = &a[0][0] 使 p 指向 a 的第 0 行 0 列元素，则 (p + 3*i + j) 指向 a 的第 i 行 j 列元素 a[i][j]，所以 *(p + 3*i + j) 就表示 a[i][j]。

上述代码中的表达式 *(p + 3*i + j) 也可以改用 *p++，其区别是：后者随着 i、j 的变化 p 每次移向下一个元素，p 的值被改变；前者不改变 p 的值，在循环结束时 p 仍指向 a[0][0]。

8.9.2 指向数组的指针

1. 用数组名引用二维数组的元素

二维数组相当于一个特殊的一维数组，里面每个元素又是一个一维数组。以下面数组为例：

```
int a[2][3];
```

可以把 a 看成由两个行元素(a[0]和 a[1])组成的一维数组，元素 a[0]和 a[1]又都是包含三个整数的一维数组。也就是说，a[0]和 a[1]是两个一维数组的数组名，表示一维数组的首地址，即 a[0]是第 0 行首元素的地址，a[0]等价于 &a[0][0]，是一个 int 指针，它指向元素 a[0][0]；a[1]是第 1 行首元素的地址，a[1]等价于 &a[1][0]，也是一个 int 指针，它指向元素 a[1][0]。

与一维数组一样，二维数组名也是数组的首地址，但它与一维数组名又不同，二维数组名 a 不是指向 int 元素的指针，所指对象不是 a[0][0]。由于二维数组被看成由行元素组成的一维数组，所以二维数组名 a 是指向行元素的指针，所指对象是整个 0 行(即三个元素的一维数组)，a+1 指向下一行(第 1 行)，如图 8-8 右侧所示。

由于 a 所指对象是第 0 行(a[0])，因此 *a 就是 a[0]，均是第 0 行的首地址，指向元素 a[0][0]；a+1 指向第 1 行，因此 *(a+1) 同 a[1]，均是第 1 行的首地址，指向元素 a[1][0]，如图 8-8 左侧所示，左侧同一行的表达式完全等价，均表示数组元素的地址。

由于 *a 和 a[0] 均指向 a[0][0]，因此 **a 和 *a[0] 同 a[0][0]；*a + 1 和 a[0] +

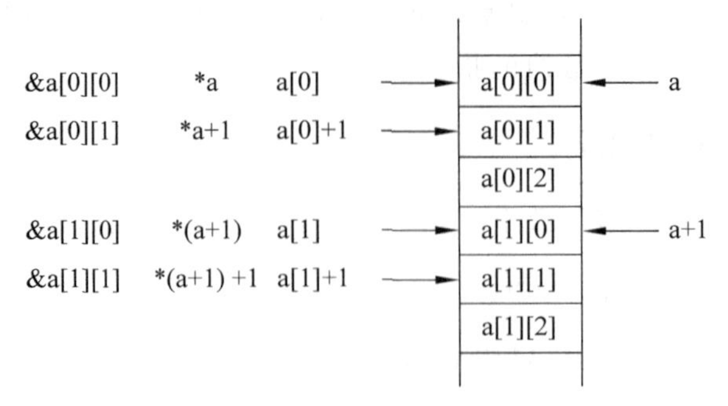

图 8-8 二维数组行地址和数组名之间的关系

1 均指向下一个 int 元素 a[0][1],因此 *(*a +1) 和 *(a[0] + 1) 同 a[0][1]。于是,可以用数组名 a 或行首指针 a[i]来引用二维数组的元素,如表 8-1 所示。

表 8-1 用数组名 a 或行首指针 a[i]表示数组元素

行	第 0 列	第 1 列	第 2 列
第 0 行	**a 或 *a[0]	*(*a+1) 或 *(a[0]+1)	*(*a+2) 或 *(a[0]+2)
第 1 行	**(a+1) 或 *a[1]	*(*(a+1)+1) 或 *(a[1]+1)	*(*(a+1)+2) 或 *(a[1]+2)

综上所述,二维数组 a 第 i 行 j 列的元素可表示为 a[i][j]、*(a[i]+j) 或 *(*(a+i)+j),二维数组 a 第 i 行 j 列的元素地址可表示为 &a[i][j]、a[i]+j 或 *(a+i)+j。式子中的括号不能写错,例如,不能把 *(*(a+i)+j) 写成 *(*(a+i+j)),前者表示第 i 行 j 列的元素,同 a[i][j];后者表示第(i+j)行 0 列的元素,同 a[i+j][0]。

注意区分 a[0]与 a,a[0]是第 0 行的首地址,a 是数组的首地址,虽然第 0 行的首地址和数组的首地址的值相同,但是两者类型不同,操作不同。a[0]的类型是 int *,它指向数组元素 a[0[0],所以 *a[0] 就是 a[0[0],a[0]+1 指向下一个整数元素 a[0][1]。a 是指向行(a[0])的指针,所以 *a 就是 a[0];a+1 指向下一行(a[1]),所以 *(a+1)就是 a[1]。

可见,二维数组名 a 不是指向一个具体的数组元素,而是指向整个一行,即指向一个包含三个元素的一维数组,其类型说明符是:

```
int (*)[3]
```

说明:()和[ ]的优先级相同,按从左到右的顺序解释,第 1 步解释(*),这是指针类型,第 2 步解释[3],这个指针指向包含三个元素的数组,第 3 步解释 int,数组的元素是 int 类型。综合起来,这是指向有 3 个整型元素的数组的指针类型。请看下面声明语句。

```
int x[10], *p1 = x;                /* 合法,p1 和 x 的类型相同,都是 int 指针 */
int a[2][3], *p2 = a;              /* 有警告,p2 和 a 的类型不同 */
```

指针之间赋值很严格,类型不相同的指针不能直接赋值。第二个声明语句中 p2 和 a 的类型不同,p2 是指向 int 的指针,而 a 是指向包含三个 int 元素的数组的指针。可以将 a[0]、*a 和 &a[0][0] 赋值给 p2,或者使用强制类型符将(int *)a 赋值给 p2。

2. 用指向数组的指针变量引用二维数组的元素

在用二维数组名表示数组元素的基础上,很容易用指向数组的指针变量来表示数组元素。例如：

```
int (*p)[3],a[2][3];
```

p 被说明为指向含三个 int 元素的数组的指针，注意声明中的()不能少，int (*p)[3]和 int *p[3]含义完全不同，后者是含三个元素的整型指针数组，所以定义变量时一定要注意括号问题，否则定义变量会有根本性差别。

由于数组 a 每行有三个 int 元素，所以可以用下面赋值语句让 p 指向数组 a 的第 0 行：

```
p = a;
```

然后就可以用 p 来引用数组的元素，引用形式如表 8-2 所示。

表 8-2 用数组的指针 p 来引用数组的元素

行	第 0 列	第 1 列	第 2 列
第 0 行	**p 或 (*p)[0]	*(*p+1)或 (*p)[1]	*(*p+2)或 (*p)[2]
第 1 行	**(p+1)或 (*(p+1))[0]	*(*(p+1)+1)或(*(p+1))[1]	*(*(p+1)+2)或 (*(p+1))[2]

p 相当于二维数组的行指针，p+1 指向第 1 行，以行为单位操作。表 8-2 中右边形式较左边形式直观易读，左边形式与用数组名表示时完全相同，但 a 与 p 使用上有区别。p 是变量，可以用++p 使 p 指向下一行，而数组名 a 是常量，固定指向第 0 行，其值不可更改。

二维数组元素的表示十分灵活多样，可仅用下标表示，可仅用指针表示，也可以将指针和下标结合起来表示，指针又分指向元素的指针和指向数组的指针。只要掌握了下标表示和指针表示的本质，就能自如地运用不同的表示方法。

【例 8.21】 奇阶魔方阵。在一个 $n \times n$ 方阵中填入 $1 \sim n^2$ 的整数(n 为奇数)，使得各行、各列、各对角线的和都相等，图 8-9 是五阶魔方阵。

17	24	1	8	15
23	5	7	14	16
4	6	13	20	22
10	12	19	21	3
11	18	25	2	9

图 8-9 五阶魔方阵示例

分析：解魔方阵问题的方法很多，本例采用右上楼梯法生成魔方阵。

(1) 由 1 开始填数，将 1 填在第 0 行的中间位置，然后依次填入 $2 \sim n^2$。

(2) 每次往右上角走一步，新位置会有下列情况：

① 若只超出上方边界，则在最下方对应位置填入下一个数；

② 若只超出右边边界，则在最左边对应位置填入下一个数；

③ 若上方和右边边界均超界限，或者新位置已填入数字，则在原位置的下一行填入下一个数。

```
#include <stdio.h>
#define N 5
int main(void)
{
    int square[N][N] = { 0 },key,i,j;
    int (*p1)[N]=square;                          /*p1 指向第 0 行 square[0]*/
```

```
    int * p2=square[0];                              /* p2 指向首元素 square[0][0] */
    i = 0, j = N / 2;
    * (p2+j) = 1;                                    /* 1 放在第 0 行的中间位置 */
    for(key=2;key<=N * N;key++)
    {
        i--, j++;                                    /* 往右上角走一步 */
        if(i<0 && j<N)                               /* 仅超出上方边界 */
            i = N - 1;
        else if (j==N && i>=0)                       /* 仅超出右边边界 */
            j = 0;
        else if(i<0 && j==N || ( * (p1+i))[j] )      /* 两边均超界或已填数 */
            i += 2, j--;
        * ( * (p1+i) +j)= key;
    }
    for(i = 0; i < N; i++) {
        for(j = 0; j < N; j++)
            printf("%3d ", * p2++);
        putchar('\n');
    }
    return 0;
}
```

程序中 p1 是指向有 5 个整型元素的数组的指针变量，初始化 p1 指向二维数组 square 的第 0 行，所以(* (p1+i))[j]和 * (* (p1+i) +j)均等价于 square[i][j]。p2 是指向整型元素的指针变量，初始化 p2 指向 square[0][0]，所以 * (p2+j)等价于 square[0][j]。 * p2++ 先取出 p2 指向的元素，然后 p2 指向下一个元素，通过二重循环结构输出二维数组 square 的每一个元素。

8.9.3 二维数组参数的指针表示

与二维数组的指针表示相对应，二维数组作为函数参数时，可以传递指向数组元素的指针，也可以传递指向数组的指针，只是实参和形参的类型必须一致。

1. 形参为指向数组的指针

二维数组名是指向一维数组(行)的指针，因此，当用二维数组作函数形参时，既可以把它写成数组形式，也可以把它写成指向数组的指针形式。例如，以下两种形式的原型完全等价。

```
void aveCols(int a[ ][5], int row);     /* a 实质上是指向有 5 个 int 元素的数组的指针 */
void aveCols(int ( * a) [5], int row);
```

数组形式的形参 a 声明中左边方括号是空的(即使填写了大小，编译器也将忽略它)，右边方括号不允许空着，必须填写具体数值(C99 标准允许使用变量)，编译器把这个 a 解释为一个指针，指向由 5 个 int 元素构成的数组。

【例 8.22】 定义函数 aveCols，计算并输出二维数组各列元素的平均值。

```
void aveCols(int ( * a) [5],int row)     /* 形参 row 是行数 */
```

```
{
    int c,r,sum;
    for(c=0; c<5; c++)                  /* 枚举每一列 */
    {
        for(sum=0, r=0; r < row; r++)   /* 累加当前列的所有元素值 */
            sum += *(*(a+r)+c);         /**(*(a+r)+c) 等价于 a[r][c] */
        printf("col %d:average=%.1f\n", c, 1.0*sum/row);
    }
}
```

形参为指向一维数组的指针时，实参应为二维数组名或指向一维数组的指针变量。假设有如下声明：

```
int arr1[20][5], arr2[10][5];
int  (*p)[5] = arr2;
```

则函数调用可以是：

```
aveCols(arr1,20);   /* 以数组名为实参,对 20×5 的数组输出各列元素的平均值 */
aveCols(p,10);      /* 以指向数组的指针变量为实参,对 10×5 的数组输出各列元素的平均值 */
```

从形参 a 的声明中可知，数组的列数是在函数 aveCols 内定义的(是个常量)，行数是作为参数传递得到的，如果把 20 传给 row，则函数可以处理 20 行 5 列的数组；把 10 传给 row，可以处理 10 行 5 列的数组。但是，如果要处理 10 行 6 列的数组，则要定义另一个新的函数，将形参的列维数定义为 6。

二维数组按其元素在内存的存储顺序就是一个一维数组，将二维数组当作一维数组看待，传递数组首元素(第 0 行 0 列元素)地址和行数及列数，就可以创建能够处理任意二维数组的函数。

2. 形参为指向数组元素的指针

当传递的是数组元素的地址时，形参应声明为指向数组元素的指针，例 8.22 的 aveCols 函数可定义如下。其中，形参 a 是指向数组元素的指针，row 为行数，col 为列数。

```
void aveCols(int *a,int row,int col)
{
    int c,r,sum;
    for(c=0; c < col; c++)              /* 枚举每一列 */
    {
        for(sum=0, r=0; r < row; r++) /* 累加当前列的所有元素值 */
            sum += *(a + r*col + c); /* 指针(a + r*col + c)指向第 r 行 c 列的元素 */
        printf("col %d: sum=%.1f\n", c, 1.0*sum/row);
    }
}
```

这种方法是把二维数组当作一维数组传递，然后由函数计算每个元素的地址，通过间接访问运算 * 引用元素，虽然使用上比较麻烦，但是通用性较好，通过传递行数和列数可以处理任意二维数组。例如，现有以下声明：

```
int scr1[15][3], scr2[10][6];
int *p = scr1[0];                /* 也可以 int *p=&scr1[0][0] */
```

函数调用时,实参应为数组首元素的地址或指向首元素的指针变量。

```
aveCols(scr1[0],15,3);           /* 首元素的地址为实参,对 15×3 的数组输出各列平均值 */
aveCols(&scr2[0][0],10,6);       /* 首元素的地址为实参,对 10×6 的数组输出各列平均值 */
aveCols(p,15,3);                 /* 指向首元素的指针变量为实参 */
```

3. 指向变长数组的指针

在C99标准出现之前,声明数组时在方括号内只能使用常量,因此二维数组参数的列维数必须是常数,函数只能处理固定列数的二维数组,缺乏通用性,虽然通过将二维数组当作一维数组看待,也可以创建能处理任意维数的二维数组的函数,但处理起来比麻烦。鉴于此,C99允许数组的[ ]中使用变量,这样的数组称为**变长数组**(variable-length array, VLA)。

注意:变长数组的"变"并不是说数组的长度可以随时变化,数组的长度在创建后是固定不变的,"变"是指数组的长度可以是变量。该变量一定要在数组之前声明并有确定值。

例如:

```
int n=5, (*a)[n];
n = 10;
```

在声明指针a时n为5,则指针a就是指向含5个int元素的数组的指针,此后n值改为10,但a的类型不变,还是指向5个元素的数组。例8.22的aveCols函数使用指向变长数组的指针定义为:

```
void sumCols(int row, int col, int (*a)[col])   /* 形参 row 是行数, col 是列数 */
{
    int c,r,sum;
    for(c=0; c <col; c++)                        /* 枚举每一列 */
    {
        for(sum=0, r=0; r < row; r++)            /* 累加当前列的所有元素值 */
            sum += *(*(a+r)+c) ;                 /**(*(a+r)+c) 等价于 a[r][c] */
        printf("col %d: sum=%.1f\n", c, 1.0*sum/row);
    }
}
```

形参a是指向由col个元素的变长数组的指针,形参col必须先于a声明。上面函数定义的头部写成如下形式是错误的。

```
void sumCols(int (*a)[col], int row, int col)   /* 变长维数 col 要先于 a */
```

函数原型中的形参名称可以省略不写,此时需要用星号代替省略的维数:

```
void sumCols(int , int , int (*a)[*]);
```

由于数组的行数和列数都是作为参数传递得到的,因此该函数能处理任意二维整型数组,前提是编译器必须支持变长数组特性。若有数组int arr[3][4],则函数调用可以为:

```
aveCols(3,4,arr);                          /*对 3×4 的数组输出各列平均值*/
```

**8.9.4 多维数组的指针表示

多维数组的指针表示更为复杂,但其基本思想与二维数组的指针表示是相同的。例如:

```
int v[2][3][4]  ;                          /*v是 2 页 3 行 4 列的三维数组*/
```

可以把 v 看成由 24(2×3×4)个元素按物理存储顺序排列的一维数组,用指向数组元素的指针表示数组 v 的元素。例如:

```
int *p = &v[0][0][0];    /*&v[0][0][0] 同 v[0][0],就像二维数组的 &a[0][0]同 a[0]*/
```

p 指向 v 的首元素(第 0 页 0 行 0 列元素),则 *(p + i*3*4 + j*4 + k) 等价于 v[i][j][k]。

还可以把 v 看成以 3 行 4 列的二维数组(页)为元素的数组,用指向二维数组的指针表示数组 v 的元素。例如:

```
int (*q)[3][4] = v ;
```

q 是指向有 3 行 4 列的二维整型数组的指针,所指对象是整个二维数组,初始化为指向 v 中第 0 页 v[0](每页是一个 3×4 二维整型数组),则 q+1 指向第 1 页 v[1],q+i 指向第 i 页 v[i],*(q+i)就表示 v[i](相当于二维数组名),是指向首行的指针,那么 *(q+i)+j 指向第 i 页的第 j 行,*(*(q+i)+j) 就表示该行(相当于一维数组名),是指向该行首元素的指针,所以 *(*(q+i)+j)+k 指向该行的第 k 列,*(*(*(q+i)+j)+k) 就是元素 v[i][j][k]。

三维数组名 v 是三维数组的首地址,指向第 0 页 v[0],类型为 int (*)[3][4]。v[i]是第 i 页的首地址,指向该页的首行(即一维数组),类型为 int (*)[4]。v[i][j]是第 i 页 j 行的首地址,指向该行的首元素(int 型),类型为 int *。v[i][j][k]是数组最低一级的元素,类型为 int。因此,对于三维数组的元素,其指针表示法有三种:①用指向二维数组的指针表示;②用指向一维数组的指针表示;③用指向数组元素的指针表示。以下表达式均表示元素 v[i][j][k]。

```
*(*(*(v+i)+j)+k)         /*v是指向二维数组的指针*/
*(*(v[i]+j)+k)           /*v[i]是指向一维数组的指针*/
*(v[i][j]+k)             /*v[i][j]是指向数组元素的指针*/
```

【例 8.23】 多维矩阵转一维矩阵。有时为了运算方便或存储空间问题,使用一维矩阵会比二维或多维矩阵更为方便。例如三角矩阵,使用一维矩阵比使用二维矩阵更节省空间。

分析: 以三维矩阵转一维矩阵为例,索引值由 0 开始,在由三维矩阵转一维矩阵时,按照数组元素在内存的存放顺序,将三维矩阵的元素一个一个读入一维矩阵,此时索引的对应公式为 m= i*N*M + j*M+ k,其中 i、j 与 k 分别是三维矩阵的页、行(共 N 行)和列(共 M 列)索引,m 表示对应的一维矩阵索引。

```
#include <stdio.h>
int main(void)
```

```
{
    int arr1[2][3][4] = {
        {{1, 2, 3, 4},{5, 6, 7, 8},  {9, 10, 11, 12}},
        {{13, 14, 15, 16},{17, 18, 19, 20},  {21, 22, 23, 24}}
    };
    int arr2[24] = {0},i,j,k,m;
    int (*p1)[4]=arr1[0];              /*p1是指向有4个元素的一维数组的指针*/
    int (*p2)[3][4]=arr1;              /*p2是指向有3行4列的二维数组的指针*/
    printf("原三维数组:\n");
    for(i = 0; i < 2; i++) {
        for(j = 0; j < 3; j++) {
            for(k = 0; k < 4; k++)     /*用指向一维数组的指针p1访问三维数组元素*/
                printf("%4d", *(*(p1+j)+k+i*3*4));
            printf("\n");
        }
        printf("\n");
    }
    for(m=0,i = 0; i < 2; i++)
        for(j = 0; j < 3; j++)
            for(k = 0; k < 4; k++)  {  /*用指向二维数组的指针p2访问三维数组元素*/
                m = i*3*4 + j*4  + k;
                arr2[m] = *(*(*(p2+i)+j)+k);
            }
    printf("一维数组:\n");
    for(i = 0; i < 24; i++)
        printf("%d ", arr2[i]);
    printf("\n");
    return 0;
}
```

程序中p1是指向有4个整型元素的一维数组的指针，初始化p1指向三维数组arr1的第0页0行，所以p1+j指向第0页j行，*(p1+j)就是arr1[0][j](代表该行首元素的地址)，*(p1+j)+k则指向该行的第k个元素，即arr1[0][j][k]，由于每页有3*4个元素，因此*(p1+j)+k+i*3*4指向arr1[i][j][k]，(*(p1+j)+k+i*3*4)就是arr1[i][j][k]。

p2是指向二维数组(3行4列)的指针，初始化p2指向三维数组arr1的第0个二维数组(即第0页)，所以(p2+i)指向第i页arr1[i]，*(p2+i)就是arr1[i](即第i个二维数组的首地址)，*(*(*(p2+i)+j)+k)就是二维数组arr1[i]的第j行k列元素arr1[i][j][k]。

类似地，n维数组的元素可以用指向n−1维数组的指针、指向n−2维数组的指针……直至指向数组元素的指针等指针表示，使得多维数组的指针表示形式更加丰富多彩。

8.10 用typedef定义类型名

typedef是C语言的一个关键字，用来为已经存在的类型名定义一个别名(新类型名)，以后在程序中就可以用这个别名来声明变量或函数。

8.10.1 typedef 的用法

typedef 定义的一般形式为:

typedef 类型区分符 说明符;

说明:说明符中的标识符是定义的新类型名,类型区分符可以是基本类型、结构或联合类型区分符,也可以是由 typedef 定义的类型名。例如:

```
typedef   float   real;                    /* 定义 real 代表 float 类型 */
```

定义了 float 的一个别名 real,这样可以在任何需要 float 的上下文中使用 real。例如:

```
real  score;                               /* 等价于 float  score; */
```

在实际使用中,typedef 主要有下面三种用法。

1. 为基本类型定义新的类型名

系统默认的所有基本类型都可以用 typedef 来创建别名,重新定义易于记忆的类型名。例如,C99 标准之前 C 语言没有布尔类型,可以使用 typedef 定义一个布尔类型,用 #define 定义两个符号常量表示真和假。

```
#define TRUE 1
#define FALSE 0
typedef int bool;                          /* 定义 bool 代表 int 类型 */
```

这样可以在程序中使用 bool 定义变量。

```
bool flag=TRUE;                            /* flag 为 bool 类型,初始化为真 */
```

将变量 flag 定义为 bool 类型,其意义更加明确,可读性更强。

2. 为复杂声明定义简单的别名

typedef 常用来为复杂的声明定义简单易懂的别名,隐藏难以理解的语法。例如:可以使用下面的方式为字符指针类型定义一个别名 string,从而隐藏指针语法。

```
typedef   char   *string;                  /* 定义 string 为 char * 的别名 */
string  s,t[10];                           /* 等价于 char *s, *t[10]; */
```

对于这种不太复杂的变量声明,使用 typedef 来定义一个别名优势并不明显,但在比较复杂的变量声明中,使用 typedef 会非常有意义。如以下声明:

```
int (*pToFun)(char *,char *);              /* pToFun 是函数指针变量 */
```

pToFun 是一个指向函数的指针变量。当使用 typedef 定义后,pToFun 就成为一个指向函数的指针类型,即:

```
typedef  int (*pToFun)(char *,char *);     /* pToFun 是定义的新类型名 */
```

前面加了 typedef 就表示 pToFun 为类型 int (*)(char *,char *)的别名,即 pToFun 表示“返回值是 int,形参是两个 char * 的函数指针”类型。以后就可以将 pToFun 作为类型名来声明变量或函数。

```
pToFun pf;                              /* 与 int (*pf)(char *,char *); 等价 */
void fun(int *v,int n,pToFun cmp);      /* 形参 cmp 是指向函数的指针 */
```

由于 strcmp 函数的原型是 int strcmp(char *s,char *t);,因此可以将 strcmp 赋值给 pf 或调用 fun 函数时传递给 cmp。

```
pf = strcmp;                            /* pf 指向函数 strcmp */
```

显然,用 pToFun 比用原来一长串的形式要简洁、易于理解,被说明对象的类型越复杂,越能显示出使用 typedef 的好处。

3. 定义与机器无关的类型

使用 typedef 有利于程序的通用和移植,程序从一个机器移植到另一个机器时,会依赖于机器硬件特性。如果用 typedef 来定义与机器有关的数据类型,那么程序移植时只需修改 typedef 定义而不需要修改程序的其余部分。例如,在 16 位系统上 int 数据占用 2 字节,而在 32 位系统上占用 4 字节。假设程序要求 int 数占 4 字节,可在 32 位系统上用 typedef 为 int 定义一个名字 int_32。

```
typedef int int_32;
```

在 32 位系统上程序中用 int_32 而不用 int 来声明整型变量,把这个程序移植到 16 位系统时,要保证整数占用的字节数和数据范围不变,只需将 typedef 定义修改为:

```
typedef long int_32;
```

因为 16 位系统中 long 占用的字节数和 32 位系统中的 int 是一样的。

可见,当跨平台时,只要修改 typedef 本身就行,不用对其他源码做任何修改。标准库就广泛使用 typedef 来创建这样的平台无关类型,如 size_t、ptrdiff 和 fpos_t。

8.10.2 typedef 与 #define 的区别

typedef 与 #define 在效果上有相似之处,但不等价。#define 是预处理指令,在编译预处理时进行简单的替换,不进行正确性检查,只有在编译已被展开的源程序时才会发现可能的错误并报错。而 typedef 是关键字,在编译时进行翻译处理,并不是简单的替换过程。例如:

```
typedef char *string1;                  /* 有分号 */
#define string2 char *                  /* 无分号 */
string1 s1, s2;                         /* 翻译为 char *s1, *s2; */
string2 s3, s4;                         /* 替换为 char *s3,s4; */
```

两者都是给 char * 重新定义一个名字。但 string2 是用 #define 定义的宏名,在编译预处理时被替换成 char *,因此 s3 是 char * 变量,而 s4 是 char 变量。string1 是用 typedef 定义的类型名,表示 char * 类型,因此 s1、s2 都是 char * 变量。

**8.11 复杂声明

复杂的声明一般由数组说明符“[ ]”、指针说明符“*”和函数说明符“()”组合而成,而且任何说明符都可以括在圆括号“()”中。正确理解和构建复杂形式的声明是学习和使用 C

语言的重要环节。

8.11.1 函数指针数组

指针数组是一个存放地址数据的存储空间，如果把函数的入口地址存放到一个数组中，这个数组就是一个函数指针数组。例如：

```
char * (* pf[3])(char * p);
```

该声明中有两对括号，按从左到右的顺序解释，先解释左边的(* pf[3])，由于[ ]的优先级高于 *，pf 和[ ]结合说明 pf 是一个有三个元素的数组，之后与 * 结合，说明 pf 是一个有三个元素的指针数组。再解释右边的(char * p)，说明这些指针指向有一个 char * 参数的函数。最后解释最前面的 char *，说明函数的返回值类型为 char *。

综上所述，pf 是一个函数指针数组，每个数组元素指向的函数有一个 char * 参数、返回值为 char *。

【例 8.24】 特殊几何图形面积计算器，能够计算圆、正方形、正三角形等的面积，要求以菜单选择方式执行用户指定的功能。

分析：通过指向函数的指针建立一个转移表，表中存放了函数的入口地址(即函数名)，根据用户的选择查表执行相应的函数，以实现多分支函数处理，从而省去了大量的 if 或 switch 语句。注意，初始化转移表的语句前面应有 cirArea 等相应函数的原型或定义。

```
#include<stdio.h>
#include<math.h>
double cirArea(double), sqArea(double), triArea(double);   /* 函数原型 */
int main()
{
    int choice;
    double a,result;
    double  (* area[ ])(double) = {cirArea, sqArea, triArea};
                                                /* 转移表,可以再添加其他函数 */
    do
    {
        printf("1:圆\n2:正方形\n3:等边三角形\n0: 退出\n\n");
        printf("请选择:");
        scanf("%d",&choice);
        if ((choice<=3 && choice>=1))
        {
            printf("输入半径或边长\n");
            scanf("%lf",&a);
            result = (* area[choice-1])(a);   /* 调用函数指针数组里面 choice 指定的函数 */
            printf("%f\n",result);
        }
    } while (choice);
    return 0;
}
```

```
double cirArea(double x)
{
    return 3.14 * x * x;
}
double sqArea(double x)
{
    return x * x;
}
double triArea(double x)
{
    return sqrt(3) * x * x/4;
}
```

8.11.2 指向函数的指针函数

首先它是函数，函数的返回值是指针，但是这个指针不是指向 int、char 之类的基本类型，而是指向函数，称它是一个指向函数的指针函数。例如：

```
int (* f(int))(int *, int);
```

先解释左边的(* f(int))，由于( )的优先级高于 *，f 和(int)结合说明 f 是一个函数，该函数有一个 int 参数，接着与 * 结合，说明函数 f 是一个指针函数。然后解释右边的(int *，int)，说明函数 f 的返回值是指向函数的指针，所指函数有一个 int * 参数和一个 int 参数。最后解释最左边的 int，说明所指函数的返回值是 int 类型。

综上所述，f 是有一个 int 参数的指针函数，返回的指针指向有一个 int * 参数和一个 int 参数且返回值为 int 的函数。

【例 8.25】 函数指针作为函数返回值的用法。根据用户输入的字符串来决定对数组的操作，输入 min，求数组的最小值；输入 max，求数组的最大值；输入 sum，对数组元素求和。

分析：为了使程序结构清晰且易修改，定义 getOperation 函数，它接受一个字符串参数，根据字符串获取要执行的函数，返回该函数的入口地址，所以 getOperation 是有一个 char * 参数的指针函数，返回指向函数的指针，所指函数的参数列表和返回值类型应和求最大值等函数一致。getOperation 函数根据传入的字符串返回 getMax、getMin 或 getSum 等函数的入口地址(函数指针)，通过这个指针可以调用相应函数。

```
#include<stdio.h>
#include<string.h>
int getMin(int * d, int n)                      /* 求最小值 */
{
    int min,i;
    for (min=d[0],i=1; i<n; i++)
        if (d[i]<min) min = d[i];
    return min;
}
int getMax(int * d,int n)                       /* 求最大值 */
```

```
{
    int max,i;
    for ( max=d[0],i=1; i<n; i++)
        if (d[i]>max) max = d[i];
    return max;
}
int getSum(int * d, int n)                  /* 求和值 */
{
    int s=0, i;
    for (i=0; i<n; i++) s += d[i];
    return s;
}
int ( * getOperation(char * str))(int * , int) /* 根据字符串得到操作类型,返回指向函数
                                                  的指针 */
{
    if( !strcmp(str,"min")) return getMin;
        else if( !strcmp(str,"max"))  return getMax;
        else if( !strcmp(str,"sum")) return getSum;
        else return NULL;
}
int main(void)
{
    int a[] = {3,12,23,-31,36};
    int size = sizeof(a)/sizeof(a[0]);      /* 计算数组的大小 */
    int ( * p)(int * , int);                /* 函数指针和函数 getOperation 返回值
                                               类型要一致 */
    char s[10];
    printf("Please input the Operation:\n");
    scanf("%s",s);
    if( (p=getOperation(s))!=NULL)          /* 获取函数名, p 指向该函数 */
        printf("result is %d\n", p(a,size)); /* 通过函数指针调用函数 */
    return 0;
}
```

8.11.3 函数指针数组的指针

函数指针数组的指针本身是一个指针,这个指针指向一个数组,这个数组里面存的都是函数的入口地址,其用法与前面介绍的数组的指针没有差别。例如:

```
char * ( * ( * pf)[3])(char * p);
```

理解复杂声明的基础是关于函数、数组和指针的各种基本概念,在此基础上从标识符开始按照运算符的优先级和结合性逐步骤解释说明符,()和[ ]属于同一优先级,二者同时出现时,按从左到右顺序解释,对嵌套的()从内向外解释。上面声明语句的解释顺序如下。

(1) (* pf)说明 pf 是一个指针变量(只能存放一个地址值)。

(2) (* pf)[3]说明 pf 是指向一个包含三个元素的数组的指针。

(3) (* (* pf)[3])说明数组的元素是指针(即数组里面存的是地址值)。

(4) (* (* pf)[3])(char * p)说明数组的元素是指向函数的指针,所指函数有一个字符指针参数。

(5) char * (* (* pf)[3])(char * p) 说明所指函数的返回值类型为字符指针。

综上所述,pf 是指向有三个元素的数组的指针,该数组的每个元素是指向有一个 char * 参数、返回值为 char * 的函数的指针。

【例 8.26】 设 a 是有两个元素的函数指针数组,数组元素所指向的函数返回值为 char * 、有两个 char * 参数;p 是指向有两个元素的函数指针数组的指针。要求通过 p 来调用数组 a 的元素指向的函数,请编写使用 p 的应用程序。

分析:a 和 p 的声明中函数类型和参数列表要一致,相应的声明语句为:

```
char * ( * a[2])(char *,char *);
char * ( * ( * p)[2])(char *, char *);
```

用函数指针数组 a 将需要调用的函数地址存放起来。注意,这些函数的类型必须是 char * (char *,char *)。这里选择库函数 strcpy 和 strcat 对 a 进行初始化,使 a[0]指向 strcpy 函数,使 a[1]指向 strcat 函数。

对一维数组名施加取地址运算所产生的是一个指向数组的指针,即 &a 和 a 的值一样,但是类型不同,&a 是指向数组的指针,a 是指向数组元素的指针,所以要用 &a 对 p 赋值,使 p 指向包含 a[0]和 a[1]两个元素的数组。由于 p 所指的对象是整个数组 a,所以 (* p) 就表示数组,该数组有两个元素 a[0]和 a[1],再用下标区分,因此 (* p)[0] 等价于 a[0], (* p)[1]等价于 a[1],(* p)[0]和(* p)[1]还可以分别写成 p[0][0]和 p[0][1]。

```
#include<stdio.h>
#include<string.h>
int main()
{
    char * ( * a[2])(char *, char *)={ strcpy , strcat };
                                            /* a 是有两个元素的函数指针数组 */
    char * ( * ( * p)[2])(char *, char *);  /* p 是指向有两个元素的函数指针数组的指针 */
    char t[20];
    p = &a;                                 /* p 指向整个数组 a */
    ( * p)[0](t,"Hello ");                  /* ( * p)[0]等价于 a[0] 等价于 strcpy */
    ( * p)[1](t,"world!");                  /* ( * p)[1]等价于 a[1] 等价于 strcat */
    puts(t);
    return 0;
}
```

该程序输出结果为:

```
Hello  World!
```

**8.12 restrict 和_Atomic 类型限定符

restrict 是 C99 标准引入的,用于限定和约束指针;_Atomic 是 C11 标准引入的,用于增强 C 语言对并发的支持。

8.12.1 restrict 限定的指针

restrict 只能用于指针,表明使用该指针是访问其所指数据对象的唯一方式。例如:

```
int * restrict a=(int *)malloc(10 * sizeof(int));
```

声明了受限指针 a,它告诉编译器,由 malloc 分配的内存只能被指针 a 访问到。这样做的好处是,能帮助编译器进行更好的优化代码,生成更有效率的汇编代码。在优化时,编译器假定被 restrict 限定的指针是访问其所指向对象的唯一途径。如果在一个函数中声明了两个 restrict 限定指针,则编译器假定这两个指针指向不同的区域。

使用 restrict 的经典例子是 memcpy 函数,C 标准库中 有两个函数可以从一个位置把字节复制到另一个位置,在 C99 标准下,它们的原型在<string.h>中声明如下。

```
void * memcpy(void * restrict s1, const void * restrict s2, size_t n);
void * memmove(void * s1, const void * s2, size_t n);
```

这两个函数均从 s2 指向的位置复制 n 字节数据到 s1 指向的位置,且均返回 s1 的值。两者的差别在于关键字 restrict,在 memcpy 中用 restrict 限定 s1 和 s2,就明确断言这两个指针指向的内存区域没有重叠。memmove 函数则没有这个限定。如果两个区域存在重叠时使用 memcpy,其行为是不可预知的,既可以正常工作,也可能失败。在不应该使用 memcpy 时,编译器不会禁止使用 memcpy。因此,使用 memcpy 时,程序员必须确保没有重叠区域。

关键字 restrict 一方面告诉编译器可以自由地做一些有关优化的假定,另一方面告诉用户仅使用满足 restrict 要求的参数。一般,编译器无法检查用户是否遵循了这一限制。

8.12.2 _Atomic 类型限定符

_Atomic 是 C11 标准增加的支持多线程的原子特性修饰符,它修饰数据类型,但不能修饰数组和函数。经_Atomic 修饰的某种数据类型的变量,其数据(变量的内容)具有原子性,<stdatomic.h>头文件中定义了一些宏、函数以及原子数据类型名,用于完成多线程之间共享数据的原子操作。

所谓原子操作,就是该操作(如表达式求值)绝不会在执行完毕前被任何其他任务或事件打断,使得多个线程访问同一个全局资源的时候,能够确保所有其他的线程都不在同一时间内访问相同的资源,确保多个线程访问共享数据的正确性,从而避免了锁的使用,提高了效率。例如:

```
_Atomic int hogs;                          /* hogs 是一个具有原子性的变量 */
```

```
atomic_store(&hogs,12);                    /* stdatomic.h 中的宏 */
```

hogs 是具有原子性的 int 变量,即对 hogs 变量的操作必须是原子的、不可分割的。在 hogs 中存储 12 是一个原子过程,在执行完毕前其他线程不能访问 hogs。编写这种代码的前提是,编译器要支持 C11 的新增语言成分。

本章小结

数据的地址称为指针,指针包含常量和变量,指针变量存放的是地址数据,地址数据的类型统称为指针类型,而不同类型变量的地址是不同的指针类型。程序中任何一个数据都具有值和类型两个方面的含义,一个机内值可以有不同的解释,而数据类型是如何解释一个值的依据。在学习本章内容时,时刻注意指针的类型这个概念,它是理解和掌握指针的关键。

本章内容较多且很重要,必须掌握的知识点包括:各种类型指针的声明形式和使用指针的方法,指针允许哪些运算,如何用指针表示一维数组、字符数组及二维数组,如何用指针数组表示字符串数组,如何定义和调用以简单类型的指针作参数的函数,如何定义和调用以数组作参数的函数,如何定义和调用以指针数组作参数的函数,带参数的 main 函数的定义,指针函数的定义和使用,如何理解和表达常见的复杂声明。

习题 8

8.1 根据下列要求,写声明语句:

(1) 声明一个初值为 5 的整型变量 x 和一个整型指针 p,并且使 p 指向 x。

(2) 声明一个初值为"abcd"的字符数组 s 和一个字符指针 p,并且使 p 指向 s 的首字符。

(3) 声明一个字符指针 p,并且使 p 指向字符串"12345"。

(4) 声明一个整型指针常量 p 并对其进行初始化。

(5) 声明一个指向字符型常量的指针 p。

8.2 定义宏 BYTE0 和 BYTE1,利用指针提取短整形数据 x 的高 8 位和低 8 位数据。

8.3 下面的代码段有没有问题?如果有,问题在哪里?

```
int a[10], *p;
for(p=a; p<a+10; )   *++p=0;
```

8.4 根据以下声明,写出下面每个表达式的值。假设数组 arr 在内存的起始地址是 100,整型值和指针的长度都是 4 字节。

```
int arr[ ]={10,20,30,40,50}, *p=arr+1;
```

(1) arr　(2) arr[3]　(3) *arr + 3　(4) *(arr+3)　(5) arr + 3

(6) p[0]　(7) p[3]　(8) *p + 3　(9) *(p+3)　(10) p + 3

8.5 在下面的代码中,a1 和 a2 有区别吗?为什么?

```
void function(int a1[10],int n)
{
    int a2[10];
```

```
    …
}
```

8.6 指出并改正下面代码段中的错误。

```
char * str[10];
int i;
for(i=0;i<10;i++)  scanf("%s",str[i]);
```

8.7 根据以下声明,写出下面每个表达式的值。假设数组 arr 在内存的起始地址是 200,整型值和指针的长度都是 4 字节。

```
int arr[ ][3]={ {10,20,30},{40,50,60} },(*p)[3]=arr;
```

(1) p　(2) p+1　(3) arr[0]　(4) arr[0]+1　(5) *(*(p+1)+1)

8.8 编程检测机器的大小端。要求定义函数 checkEndian,利用指针检测机器的大小端模式,是大端模式函数返回 1,是小端模式函数则返回 0。

8.9 定义函数从一个无序的整数数组中查找最大值和最小值,最大值和最小值均由指针参数带回。

8.10 从键盘输入 n 个整数并放到数组 x 中,编写一个函数,使用最少的辅助存储单元将数组 x 中的 n 个元素颠倒顺序,仍然存放在原数组中。并且在 main 函数中输出颠倒顺序后数组 x 中的各个元素。要求在程序中均使用指针间接访问数组元素,不能用下标引用。

8.11 定义函数,用冒泡法对整数按升序排序,在 main 函数中输入 10 个数,输出排序后的结果。要求用指针表示数组元素。

8.12 用指针方式实现如下功能:n 个人围成一圈,依次从 1 到 n 编号,从编号为 1 的人开始报数,凡报数为 3 的人退出圈子,输出最后留下的一个人的编号。

8.13 用指针实现字符串比较。定义函数 strnCmp,比较两个字符串 s 和 t 的前 n 个字符,如果前 n 个字符一样,则返回 0,如果串 s<串 t(即按字典序 s 在前面,t 排在后面),则返回负数,如果串 s>串 t,则返回正数。要求串 s 和串 t 在函数中均不能被修改。

8.14 用指针实现字符串连接,定义函数 strnCat,从源串 s 中最多取 n 个字符添加到目标串 t 的尾部,且以'\0'终止,返回目标串 t 的首地址。源串 s 不应该被修改。

8.15 编程实现求阶乘值 n!(n 可高达 100)。

8.16 输入 n 行文本,每行不超过 80 个字符,用字符指针数组指向键盘输入的 n 行文本,且 n 行文本的存储无冗余。编写一个函数,它将每一行中连续的多个空格字符压缩为一个空格字符。在 main 函数中输出压缩空格后的各行,空行不予输出。

8.17 设某个班有 N 个学生,每个学生修了 M 门课程(用 #define 定义 N、M)。输入 M 门课程的名称,然后依次输入 N 个学生中每个学生所修的 M 门课程的成绩。编写下列函数:

(1) 计算每个学生各门课程平均成绩。

(2) 计算全班每门课程的平均成绩。

(3) 分别统计低于全班各门课程平均成绩的人数。

(4) 分别统计全班各门课程不及格的人数和 90 分以上(含 90 分)的人数。

在 main 函数中输出上面各函数的计算结果。(要求都用指针操作,不得用下标)

8.18 从键盘输入若干字符串,每个字符串以换行符结束,对这些字符串进行升序排序并输出,每个字符串占据一行。

8.19 用命令行参数实现至少两个字符串的连接。例如,命令行为:

```
mystrcat str1,str2,…
```

命令行中 mystrcat 是可执行程序的名字,str1、str2、…是被连接的字符串。规定连接顺序为从右至左,即右边的串依次连接到左边串的末尾。

8.20 编写一个程序，输入 n 个整数，排序后输出。排序的原则由命令行可选参数-d 决定，有参数-d 时按递减顺序排序，否则按递增顺序排序。要求将排序算法定义成函数 sort，而且只能有一个排序函数。提示：利用指向函数的指针作参数使 sort 函数实现递增或递减排序。

8.21 编写程序 tail，从键盘输入若干文本行，输出最后 n 行，默认 n 值为 10，但可通过命令行可选参数改变它，可选参数以负号(－)开头，用－n 表示输出最后 n 行。以下命令输出最后 10 行。

```
tail  -10
```

8.22 单位矩阵的判断。定义一个函数，用来判断一个 5 阶方阵是不是单位矩阵，若是则函数返回 1，若不是则函数返回 0。要求形参为指向数组元素的指针。单位矩阵就是一个正方形矩阵，它的主对角线上的元素都为 1，其余元素全为 0。

8.23 输入一个 5×5 矩阵，编写一个函数，利用指向数组的指针作参数求其转置矩阵，在 main 函数中输出转置后的矩阵。

8.24 设有声明：int a[2][3][4]，* p=a[0][0]；。

(1) 请写出用 p 间访 a[i][j][k]的表达式。

(2) 请写出用数组名 a 间接访问 a[i][j][k]表达式。

(3) 请写出关于 p 的声明语句，使得可以用(* (* (* (p+i)+j)+k))表示 a[i][j][k]。

8.25 解释下面的声明语句。

(1) float (* p)[2]；　　(2) char * p[5]；

(3) char (* fp)(char * ,int *)；　　(4) int * pf(float(* a)(int))；

(5) int (* pf(char *))[5]；　　(6) int (* (* fp)(char *))[3]；

(7) char * (* p[2])(char * ,char *)；

(8) char * (* a[2])(char(*)(int *),char *)；

8.26 请根据下面各题的解释，写出对应的声明语句。

(1) f 是一个无参指针函数，返回值为指向有 5 个 int 型元素的数组的指针。

(2) p 是有三个元素的指针数组，数组中的每个元素是指向有两个字符指针参数、返回值为字符指针的函数的指针。

(3) p 是函数指针，所指向的函数无参，且返回一个指向有三个元素的字符数组的指针。

(4) p 是有三个元素的函数指针数组，数组中每个元素所指向的函数无参，且返回值是指向长度为 4 的整型数组的指针。

8.27 typedef 和 # define 都可以用一个标志符来命名某种类型。例如：

```
#define STRING char *
typedef char * STRING;
```

都可以实现用 STRING 来表示字符指针类型。试以声明语句 STRING a, b；为例，解释它们在使用上的区别。

8.28 对于声明语句 char * (* p[2])(char * , const char *)；，请写出通过 p 调用 C 语言标准库函数的应用程序。

8.29 编写程序 cal，计算命令行中逆波兰表达式的值，其中每个运算符或操作数用一个单独的参数表示，要求用指针编程。例如，以下命令将计算 10/(3+2)的值。

```
cal  10  3  2  +  /
```

8.30 编写程序 expr，将从命令行输入的中缀表达式转换为对应的逆波兰表达式，其中每个运算符或操作数用一个单独的参数表示，操作数可以包含小数，运算符仅包含加减乘除四则运算和括号，要求用指针

编程。例如,命令

```
expe a+b*(c-d)-e/f
```

输出的逆波兰表达式为:

```
a b c d - * + e f / -
```

第9章　结构与联合

结构属于C语言的构造类型,它相当于其他高级语言中的记录,可以表示一些复杂的数据,利用结构类型可以建立和处理链表、二叉树等动态数据结构,结构的成员还可以是由若干个二进制位构成的字段。本章除介绍结构的使用及其链表的相关操作外,还将介绍联合类型,联合在语法上与结构相同,但二者是两种不同的数据类型,具有不同的存储结构。

9.1　结构概述

数组是一种构造类型,组成数组的所有元素必须是相同类型的变量,因此数组适合描述不同对象的同一属性。例如,为了描述8颗行星的直径,可以说明下面的数组:

```
double diameter[8];
```

由于下标唯一确定一个元素,因而下标可以表示每一颗行星对象,对应元素的值就是该颗行星的直径,8个元素代表8颗行星每一颗行星的直径。但在实际应用中,常常需要描述一个对象的不同属性。例如,一颗行星有名称、直径、质量、轨道半径、自转周期、公转周期和卫星数等属性,其中的一些属性如直径、质量、轨道半径、自转周期、公转周期可以用浮点型描述,名称用字符数组描述,卫星数用整型描述。如果用简单变量来分别描述各个属性,则难以反映这些数据之间的内在联系(都是同一处理对象的属性),表达这些属性的数据具有不同类型,又不能构成一个数组,于是C语言提供了可以由不同类型数据组合而成的结构类型。

结构就是一种可以将不同类型的数据组织成一个整体的构造类型,它里面每个数据的类型可以相同,也可以不同,这些数据都称为结构的成员。例如,描述行星的结构包含了一颗行星的所有信息,每个信息是一个结构成员,有自身的名字和类型。先看一个简单的示例程序,了解如何创建和使用结构。

【例9.1】 在天文台程序中,为了简化问题,假设每颗行星的信息只包括名称、直径和卫星数。下面的程序输入一颗行星的信息,然后输出这些信息。

```
#include<stdio.h>
struct planet {                        /* 声明结构类型 */
    char    name[16];                  /* 行星的名称 */
    double diameter;                   /* 行星直径的千米数 */
    int  moons;                        /* 卫星数 */
};
int main( )
{
    struct planet x;                   /* 定义结构类型变量 x */
    printf("Please enter the planet name、diameter and moons\n");
```

```
    scanf("%s %lf %d", x.name, &x.diameter, &x.moons);
    printf("%s\nDiameter:%f\nMoons:%d",x.name,x.diameter,x.moons);
    return 0;
}
```

运行时输入：

```
Jupiter  142987  79
```

则输出为：

```
Jupiter
Diameter:142987.000000
Moons:79
```

程序使用了结构的三个重要内容：①构造了描述行星的结构类型 struct planet，它有三个成员，分别表示行星名称、直径和卫星数；②定义了一个 planet 结构变量 x，表示一颗行星，变量 x 有 planet 类型声明中指定的成员；③用点运算符访问结构变量的成员，如 x.diameter 为该颗行星的直径。

9.2 结构的声明和引用

结构类型是一个抽象的类型，是各种结构的总称，程序中使用的应该是具体的有确定含义的结构，例 9.1 程序中的 struct planet 就是一个特定的结构类型。所以，在使用结构前必须先声明它，即说明它由哪些类型的数据项构成。

9.2.1 结构类型的声明

声明结构类型的一般形式为：

```
struct 结构类型名{
    成员声明表
};
```

说明：struct 是声明结构类型时必须使用的关键字，结构类型名是标志该结构类型的名字，用以区分其他结构类型，由程序设计者按标识符命名规则指定，两者联合起来组成一个类型区分符。花括号内是该结构的各个成员，结构成员的声明方式与变量和数组的定义方式相同，只是不能初始化，成员的数据类型可以是除本结构类型以外的其他任何类型。结构类型的声明以分号结束。下面是例 9.1 程序中描述行星的结构类型声明。

```
struct planet {                    /* planet 是类型名 */
    char    name[10];              /* 行星的名称 */
    double diameter;               /* 行星直径的千米数 */
    int   moons;                   /* 卫星数 */
};
```

该声明描述了一个具体的结构类型 struct planet，它包含 name、diameter 和 moons 三个成员。planet 仅标志一个特定的结构类型，不具有存储单元，struct planet 是一个类型名，它和 char、int 等关键字的作用一样，都可用来定义变量。

9.2.2 结构变量的定义

结构类型的声明仅仅描述了该结构的格式，系统不会为其分配实际的存储单元。为了在程序中使用结构，需要定义结构类型的变量（简称结构变量）。结构变量的定义有两种方法：一是结构类型和结构变量分别声明；二是结构类型和结构变量同时声明。

方法 1：先声明结构类型，再定义结构变量。

声明了结构类型之后，就可以通过已经命名的结构名来定义对应的结构变量。

```
struct planet {                       /* 声明结构类型 */
    char    name[10];                 /* 行星的名称 */
    double diameter;                  /* 行星直径的千米数 */
    int  moons;                       /* 卫星数 */
};
struct planet inner,outer;            /* 定义 planet 结构变量 */
```

inner 和 outer 是 planet 结构类型的两个变量，具有存储单元，可以被初始化。

方法 2：声明结构类型的同时定义结构变量。

将类型声明和变量定义结合在一条声明语句中。

```
struct planet {
    char name[10];                    /* 行星的名称 */
    double diameter;                  /* 行星直径的千米数 */
    int  moons;                       /* 卫星数 */
}  inner,outer;                       /* inner 和 outer 是 planet 结构变量 */
```

此种情况下，该声明语句中的结构名 planet 是可选的，如果以后程序中不再使用该结构类型的声明，则上面语句可简化为：

```
struct  {                             /* 无名结构类型 */
    char    name[10];                 /* 行星的名称 */
    double diameter;                  /* 行星直径的千米数 */
    int  moons;                       /* 卫星数 */
}  inner,outer;                       /* inner 和 outer 是结构变量,它们都有三个成员 */
```

还可以通过存储类型修饰符对结构变量的存储类型进行修饰。例如：

```
static struct planet  inner;
```

inner 为 planet 类型的静态结构变量，此时其成员 name、diameter 和 moons 都具有静态变量的性质。

9.2.3 结构变量的初始化

结构变量在定义时可以初始化，初值是由常量表达式组成的初值表，初值表的形式与数组初始化时的类似，初值的类型和顺序要与结构成员的一致。例如：

```
struct planet {
    char name[10];                  /* 行星的名称 */
    double diameter;                /* 行星直径的千米数 */
    int  moons;                     /* 卫星数 */
}  x = {"Jupiter" , 142987,79 } ;
```

将结构变量 x 的成员依次初始化为"Jupiter"、142987 和 79。

9.2.4 点运算符

结构变量不能作为一个整体进行输入输出，只能对结构变量的成员进行输入输出。对结构变量中成员的访问形式为：

结构变量名.成员名

说明：.是小数点字符，称为结构成员运算符，其左操作数是结构变量，右操作数是结构成员，它具有最高优先级。所以，结构成员的引用表达式在任何地方出现都是一个整体，成员表达式的类型由成员的数据类型确定。例如，下面的语句给结构变量 inner 的成员赋值。

```
inner. diameter=14298;
inner. moons=79;
scanf("%s",inner. name);
```

注意，scanf 函数的参数 inner. name 前没有 & 符号，因为成员 name 是数组名，所以 inner.name 等同于字符数组名，其数据类型是 char *，本身代表地址，是成员 name 的首地址。既可以像上面一样用函数 scanf 的%s 格式输入一个字符串，也可以如下所示用字符串复制函数 strcpy 复制一个字符串。

```
strcpy(inner. name,"Jupiter");
```

注意，下面的语句是错误的，因为数组名是常量，不能被修改。

```
inner. name="jupiter";
```

结构成员是数组时，可以用下标引用数组的元素，下面的语句将行星名称的首字母改为大写。

```
inner. name[0]='J';
```

.和[]运算符都是最高优先级，结合性是自左往右，所以 inner. name[0]解释为(inner. name)[0]，是对数组成员的第 0 个元素的引用，类型为 char。

9.2.5 嵌套的结构

结构的成员可以是除自身之外的其他结构类型，**含有结构成员的结构称为嵌套的结构**。例如，在行星结构中可以增加一个日期成员，它表示行星首次被人类发现的年、月、日信息。日期被声明为一个结构，遵循先声明后引用的原则，应先声明日期结构类型，再声明行星结构类型。

```
struct date{                       /* date 结构 */
    int  month;
    int   day;
    int   year;
};
struct planet {                    /* planet 结构 */
    char    name[10];              /* 行星的名称 */
    double diameter;               /* 行星直径的千米数 */
    int  moons;                    /* 卫星数 */
    struct date find_date;         /* 发现的日期 */
} ;
```

date 是一个日期结构类型，planet 结构的最后一个成员 find_date 是 date 结构类型(struct date)，所以 planet 是一个嵌套的结构，下面的语句声明 mid 是 planet 结构变量。

```
struct planet mid;
```

如果成员本身是结构类型，则要用若干成员运算符逐级引用到最低一级的成员，对最低级的成员进行访问。例如，下面的语句输入发现 mid 的年、月、日。

```
scanf("%d %d %d", &mid.find_date.year, &mid.find_date.month, &mid.find_date.
day);
```

由于成员 year 是 int 类型，所以 mid.find_date.year 的数据类型是 int，用函数 scanf 输入其值要用取地址运算符 &，表示成员的地址。

*9.2.6 结构的大小

结构所占存储空间的大小和内存地址对齐问题有关，内存对齐是编译器为了便于 CPU 快速访问而采用的一项技术。

1. 内存对齐

在现代计算机体系中，CPU 读写内存数据时，并不能从任意地址开始，都是从某个特定的地址开始以字(4B 或 8B)为一个块来操作。对于 32 位 x86 系统，这个特定地址是 4 的倍数，可以访问的起始地址分别为 0、4、8、12 等，字长是 4B。如果编译器能保证 int 型数据都从 4 倍数地址开始存放，那么读写一个 int 型数据就只需要一次内存操作，而 short 型数据从 2 倍数地址开始存放，也只需要访问一次；否则，处理器可能需要进行两次访问操作，因为数据可能恰好横跨在两个 4 字节内存块上。例如，一个 short 型变量 x 如果在内存中的地址为 7，它占用地址为 7 和 8 的两字节内存，则读取 x 的值需要先从 4 号地址开始处取得 1 字节的内容，然后再从 8 号地址处取得 1 字节的内容，两部分内容共同组成了 x，很明显，访问 x 要进行两次内存操作。但是，如果 x 的起始地址是 2 的倍数，比如其地址为 6，则 CPU 只需从 4 号地址访问一次就可以读取到 x 的内容。

正是由于 CPU 只能在特定的地址处读取数据，为了提高读取效率，就要求数据在内存中的地址是某个整数 k 的倍数，这就是所谓的内存对齐，这个 k 被称为该数据类型的对齐模数(也称为对齐系数)。变量在内存中对齐可以加快 CPU 读写内存的速度，也就提高了整个程序的性能。

变量在内存中地址对齐规则,各编译器的处理方法有所不同。Win32 平台下的编译器在默认情况下采用的对齐规则大多是:基本数据类型 T 的对齐模数就是 T 的大小,即 sizeof(T)。例如,要求 double 型数据的地址总是 8 的倍数,而 char 型数据则可以从任何一个地址开始。Linux 下 GCC 的规则是:2 字节大小的基本数据类型(如 short)的对齐模数是 2,超过 2 字节的基本数据类型(如 long、double)都以 4 为对齐模数。

结构数据的对齐包括两个方面:结构内各成员的对齐和结构总长度的对齐。在默认情况下,结构数据的对齐规则如下。

(1) 结构中第一个成员的地址等于结构变量的地址,即其地址相对于结构变量的偏移量为 0。

(2) 之后每个成员的地址的偏移量都是自己数据类型大小(对齐模数)的整数倍;

(3) 结构的总大小要等于最大成员数据类型长度的整数倍。

为了成员及总的结构大小对齐,会在结构中留下一些没有实际意思的空位,结构的大小可能会大于各个成员大小之和。

【例 9.2】 结构变量占用字节数测试及分析。

```
#include <stdio.h>
struct {
    char   a;
    int    b;
    short  c;
    char   d;
} x;
struct {
    char   a;
    char   b;
    short  c;
    int    d;
} y;
int main()
{
    printf("sizeof x = %d\n",sizeof x);
    printf("sizeof y = %d\n",sizeof y);
    return 0;
}
```

程序运行结果:

```
sizeof x=12
sizeof y=8
```

经测试,结构变量 x 和 y 虽然成员的数据类型一样:两个 char、一个 short 和一个 int,只是声明的顺序不同,但结构占用的大小不同,一个 12B,一个 8B,如图 9-1 所示,图中阴影格子代表填充字节。

首先看 x,第一个成员 a 的地址等于结构变量 x 的地址,它相对于 x 的偏移量为 0,占 1

字节；第二个成员 b 为 int 类型，为了满足规则(2)，它要对齐在 sizeof(int)=4 的倍数处，其偏移量为 4，故需要在第一个成员 a 后面填充三个字节；第三个成员 c 为 short 类型，要对齐在 sizeof(short)=2 的倍数处，其偏移量为 8，无需填充；最后一个成员 d 为 char 类型，无需填充，其偏移量为 10，结构总大小 4+4+2+1=11。最后要验证规则(3)，结构的对齐模数为成员中最大的 4，显然 11 mod 4 不为 0，故需要在第四个成员 d 后面填充 1 字节，这样结构变量 x 的总大小为 4+4+2+2=12B。

再看 y，第一个成员 a 等于结构变量首地址，偏移量为 0；第二个成员 b 为 char 型，无需填充，b 的偏移量为 1；第三个成员 c 是 short 型，也无需填充，偏移量为 2；第四个成员是 int 型，也不需要填充，偏移量为 4。结构总大小 1+1+2+4=8。同样，最后需要验证规则(3)，显然 8 mod 4 为 0，故 d 后面无须填充，y 的总大小为 8B。

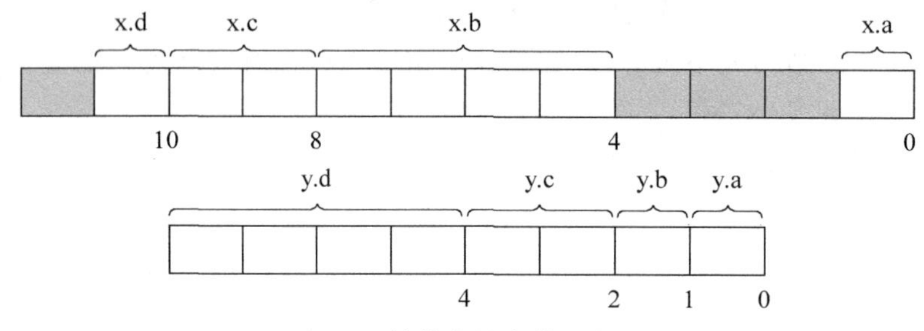

图 9-1　结构变量存储示意图

2. C11 对齐特性

C11 标准新增了一些与对齐相关的语言成分。例如，关键字_Alignof 和_Alignas，宏名 alignof 和 alignas，函数 aligned_alloc。

关键字_Alignof 是运算符，它返回指定类型的对齐系数(以字节为单位)，结果是 size_t 类型的整数常量，其使用的一般形式是：

```
_Alignof(类型名)
```

说明：若类型名为数组类型，则返回数组元素的对齐系数。类型名不能为函数类型或不完整类型。例如：

```
size_t d_align = _Alignof(float);
```

如果 d_align 的值是 4，那么 float 类型数据的对齐系数就是 4。

关键字_Alignas 是对齐说明符，用于指定一个变量或类型的对齐系数，指定的值不应该小于其基本值，其一般形式为：

```
_Alignas (类型名)
_Alignas (整型常量表达式)
```

说明：_Alignas 作为类型说明符之一出现在声明语句中。例如：

```
int _Alignas(16) a;                    /* 或_Alignas(16) int a; */
```

变量 a 的对齐系数指定为 16，意味着 a 的地址值必须能被 16 整除。

C11 增加了宏名 alignof 和 alignas，以及动态存储对齐分配函数 aligned_alloc，使用它们,需要在源文件中包含头文件 stdalign.h。宏名 alignof 和 alignas 分别为 _Alignof 和 _Alignas 的同义词。函数 aligned_alloc 的原型为:

```
void *aligned_alloc(size_t alignment, size_t size);
```

说明:该函数功能是以 alignment 字节对齐方式分配 size 字节的内存,并返回指向所分配内存的指针,分配失败返回空指针值。

9.3 结构数组

以同类型的结构变量为元素的数组称为结构数组,结构数组特别适合描述通信录、人员登记表、商品销售清单、库存清单以及编译程序处理的符号表等二维表格数据,结构数组是一种应用十分广泛的数据结构。

9.3.1 结构数组的定义

为了描述 30 个学生的情况登记表,可以声明如下的结构数组。

```
struct stud {
    char num[12];                    /* 学号 */
    char name[9];                    /* 姓名 */
    char sex;                        /* 性别 */
    struct date birthday             /* 出生日期 */
    float score;                     /* 总平成绩 */
};
struct stud students[30];
```

数组 students 有 30 个元素,每个元素是 stud 结构类型,可以描述一个学生的情况,30 个元素可以描述 30 个学生的情况。stud 结构中嵌套了一个表示出生日期的 birthday 结构成员,其类型 struct date 的声明见 9.2.5 节。该结构数组所描述的二维表的形式如表 9-1 所示,表头表示数组元素的结构,表的每一行表示数组的一个元素,代表一个具体的学生,每行中的数据就是该生的信息。

表 9-1 学生情况登记表

num	name	sex	birthday			score
			month	day	year	
20160805001	Zhang	m	5	6	1998	90.5
20160805002	Li	f	8	20	1998	89.2
…	…	…	…	…	…	…

引用结构数组的元素同引用普通数组元素形式一样,例如:

```
students[i]
```

是结构数组 students 的第 i 个元素,每个 students[i](i=0～29)等同于一个结构变量,在引用结构数组元素中的成员时，students[i]起结构变量名的作用。例如，引用数组元素students[0]中的成员如下。

```
strcpy(students[0].num,"20160805001"); /* 不能写成:students[0].num="20160805001"; */
students[0].sex='m';
students[0].birthday.day=6;
scanf("%f",&students[0].score);
```

9.3.2 结构数组的初始化

与普通数组一样，结构数组在定义时也可以初始化。例如，结构数组 students 的声明和初始化如下。

```
struct stud students[ ]={
    {"20160805001","Zhang",'m',{5,6,1998},0},
    {"20160805002","Li",'f',{8,20,1998},0},
    {"20160805003","Wang",'m',{1,12,1998},0}
};
```

students 被说明为含有三个元素的结构数组，每个元素是一个 stud 结构。因为一个学生除成绩以外的其他情况是已知的，所以可以用实际数据初始化，成绩在未输入前用 0 作为初值。整个数组的初值由最外层的一对花括号“{}”界定，每个元素的初值用{}括起来，由于成员 birthday 是 date 结构，其初值也用{}括起来。{}主要用于增强初值表的可读性，可使初值与元素的对应关系准确，但内层的{}不是必需的，在初值全部给出的情况下内层{}可以省。

9.3.3 结构数组作函数参数

结构数组和普通数组一样可以作函数参数，形参可以声明为不指定大小的数组，也可以声明为指针。下面举一个模拟单击窗口的例子来说明结构数组的应用，以及结构数组作函数参数的用法。

【例 9.3】 在某图形操作系统中，有 n 个重叠的矩形窗口，窗口之间有层次顺序，在窗口重叠的区域，只会显示位于最顶层的窗口里的内容。当鼠标单击屏幕的一个点时，处于被单击位置的最顶层窗口就会被移到所有窗口的最顶层，剩余窗口的层次顺序不变；如果未单击到窗口，则忽略这次单击。

编程模拟单击窗口的过程，鼠标 m 次单击屏幕的一个点，输出被单击的窗口号(窗口按照输入顺序编号从 1 到 N)，再将其移到最顶层。如果未单击到窗口，则输出字符串"Ignored"。

分析：窗口有左上角坐标(x1,y1)、右下角坐标(x2,y2)和窗口号(num)，因此用结构来描述一个窗口，用结构数组 win 来描述 N 个窗口。由于鼠标单击将导致窗口顺序发生改变，为了不移动窗口坐标等数据，用外部数组 order 来存储窗口的显示顺序，数组元素存放窗口索引值(即窗口在数组 win 中的下标)，当窗口顺序改变时，只需要移动这个索引数据，操作速度较快，这是一种重要的程序设计技巧。

将模拟处理一次鼠标单击操作定义为函数，该函数的功能是：输入鼠标单击处的坐标，然后从最顶层开始遍历窗口，找到被单击的窗口，并再其移到最顶层，函数返回被单击的窗口号，如果未单击到窗口，则返回−1。函数需要接收 n 个窗口信息，所以用窗口结构数组 w 和窗口数 n 作函数参数。

```
#include <stdio.h>
#define N 10
struct win {
    int num;                                   /* 窗口号 */
    int x1, y1, x2, y2;                        /* 窗口坐标 */
};
int clickWin(struct win w[ ],int n);           /* 模拟处理一次鼠标单击操作的函数 */
int order[N];                                  /* 外部数组:保存窗口的显示顺序 */
int main()
{
    struct win w[N];                           /* 存储 N 个窗口的信息 */
    int top;                                   /* 保存鼠标单击处的顶层窗口号,-1 表
                                                  示未单击到窗口 */
    int n,m,i;

    printf("Enter Number of windows and clicks\n");
    scanf("%d %d", &n, &m);                    /* 输入窗口数和鼠标单击数 */
    printf("Enter %d window coordinates\n",n);
    for(i=0; i<n; i++) {
        scanf("%d %d %d %d",&w[i].x1,&w[i].y1,&w[i].x2,&w[i].y2);
                                               /* 输入窗口坐标 */
        w[i].num = i + 1;                      /* 按输入顺序给窗口自动编号 */
    }
    for(i=0; i<n; i++)                         /* 初始化窗口显示顺序 */
        order[i] = n - i -1;

    printf("Enter the click coordinates\n",n);
    for(i=0; i<m; i++) {                       /* 模拟 m 次鼠标单击操作 */
        top=clickWin(w,N);                     /* 单击一次 */
        if(top != -1)  printf("%d\n",top);     /* 输出结果 */
        else  printf("Ignored\n");
    }
    return 0;
}
/* 模拟一次鼠标单击操作,返回被单击处的顶层窗口号 */
int clickWin(struct win w[ ],int n)
{
    int x,y,top = -1;                          /* top 保存被单击处的顶层窗口号,-1
                                                  表示未单击到窗口 */
    int i,c,k;
```

```
    scanf("%d %d", &x, &y);                     /* 输入鼠标单击处的坐标 */
    for(i=0; i<n; i++) {                        /* 从最顶层窗口开始遍历,判断哪个窗口
                                                   被单击 */
        c=order[i];                             /* 记录窗口索引 */
        if(w[c].x1<=x && x<=w[c].x2 && w[c].y1<=y && y<=w[c].y2) {
                                                /* 单击在窗口内 */
            top = w[c].num;                     /* 记录被单击的窗口号 */
            for(k=i; k>0; k--)                  /* 移动被单击的窗口到最前端 */
                order[k] = order[k-1];
            order[0] = c;
            break;
        }
    }
    return top;                                 /* 返回窗口号 */
}
```

程序的一次运行结果：

```
Enter Number of windows and clicks
3 4↙          (输入 n=3,m=4)
Enter 3 window coordinates (按照从最下层到最顶层的顺序输入三个窗口的位置)
0 0 4 4↙      (输入的 1 号窗口位置,初始在最下层)
1 1 5 5↙      (输入的 2 号窗口位置,初始在中间层)
2 2 6 6↙      (输入的 3 号窗口位置,初始在最上层)
Enter the click coordinates
1 1↙          (输入的第一次鼠标单击的坐标)
2             (单击处同时属于 1 和 2 号窗口,但 2 号在上面,它被置于最顶层)
0 0↙          (输入的第二次鼠标单击的坐标)
1             (单击处只属于 1 号窗口,它被置于顶层。三个窗口的层次与初始相反)
  4 4↙        (输入的第三次鼠标单击的坐标)
1             (单击处同时属于三个窗口, 1 号处于最顶层,它被选择)
0 5↙          (输入的第四次鼠标单击的坐标)
Ignored       (第四次单击处不属于任何窗口)
```

9.4 指向结构的指针

指针可以指向结构类型的变量,称这种指针为指向结构的指针,简称为结构指针。通过结构指针可以访问结构变量的成员。

9.4.1 结构指针的声明

结构指针变量的声明形式,除了在变量名前加指针说明符 * 外,其余同结构变量的声明。例如,设 date 是已定义的日期结构类型,如要使指针 p 指向一个 date 结构变量 birthday,则需要下面的声明和赋值语句：

```
struct date birthday, * p;
p=&birthday;
```

在指针声明时进行初始化具有同样的效果：

```
struct date birthday, * p=&birthday;
```

以上两种形式均说明 birthday 是一个结构变量，p 是指向结构变量 birthday 的指针，与普通变量一样，&birthday 为结构变量 birthday 所占据内存的起始地址，这是一个结构指针常量。

由于 p 指向 birthday，则 *p 就是间接访问 birthday，*p 与 birthday 等价，按照第 8 章所讲，用 p 引用结构变量的成员可表示为：

```
(* p).year=1968;                /* 等价于 birthday.year=1968; */
printf("%d",(* p).day);         /* 输出 birthday 的成员 day */
scanf("%d",&(* p).month);       /* 输入 birthday 的成员 month 的值 */
```

注意：成员引用表达式中的圆括号"()"不能省。

例如，(*p).day 不能写成 *p.day，因为运算符"."的优先级高于星号"*"，*p.day 等同于 *(p.day)，这是一个错误表达式，因为点号"."运算符的左操作数必须是结构类型，而 p 是结构指针，是非法的。

用结构指针引用结构成员的一般形式可表示为：

(*结构指针).成员名

9.4.2 箭头运算符

结构指针在程序中使用得很频繁，为了简化引用形式，C 语言提供了另一个结构成员运算符"->"，其使用的一般形式为：

结构指针->成员名

说明：->是减号字符后紧跟大于号字符，其左操作数是结构指针，右操作数是结构成员，它与.、()和[]一样具有最高优先级，无论在任何地方出现都解释为一个整体。例如，设 planet 是已定义的行星结构类型，有下面的声明语句：

```
struct planet inner, * p=&inner;
```

则用 p 引用 inner 的成员可表示为：

```
p->moons              /* 等价于 inner.moons 和 (* p).moons */
p->find_date.day      /* 等价于 inner.find_date.day 和 (* p).find_date.day */
```

->和.运算符的结合性为左结合，所以 p->find_date.day 等同于(p->find_date).day，因为成员 find_date 是 date 结构类型，所以表达式 p->find_date 的类型是 date 结构。

9.4.3 结构数组的指针表示

第 8 章讲过数组的指针表示，和普通数组一样，结构数组的元素除了下标表示外，也可以用数组名(指针常量)或指针变量来表示。例如,stud 是 9.3.1 节声明的学生结构类型,有声明语句如下。

```
struct stud std[ ]={
    {"20160805001","Zhang",'m',{5,6,1998},90},
    {"20160805002","Li",'f',{8,20,1998},80},
    {"20160805003","Wang",'m',{1,12,1998},70}
};
struct stud  *p=std;
```

则下面是数组元素的指针表示。

```
p->sex               等价于 std[0].sex,值为'm'
(p+1)->num           等价于 std[1].num,值为"20160805002"
std->birthday.day    等价于 std[0].birthday.day,值为 6
(std+2)->name[0]     等价于 std[2].name[0],值为'W'
*(p->name+1)         等价于 std[0].name[1],值为'h'
```

【例 9.4】 已知下面声明,分析下面各表达式的计算过程,并写出表达式的值,各表达式相互无关。

```
struct {
    char *name;        /*姓名*/
    int count;         /*票数*/
} leader[3]={ {"Li", 5},{"Fang",3},{"Guo",8} }, *p=leader;
```

(1) ++p->count　　(2) p->count++　　(3) (++p)->count

(4) (p++)->count　　(5) *p->name++　　(6) (*p->name)++

(7) *++p->name　　(8) *(++p)->name

分析:这些表达式用到了->、* 和++运算符。其中,->优先级最高,左结合;* 和++为第二优先级,右结合。这些运算符经常同时出现在一个表达式中,对这类表达式的求值,特别要注意运算符的优先级和结合性,严格按照优先级和结合性来进行解释。

(1) 等价于++(p->count),是 leader[0]的成员 count 自增,表达式的值为 6。

(2) 等价于(p->count)++,访问 leader[0].count,表达式的值 5,之后成员 count 自增。

(3) p 先自增,指向 leader[1],再访问 leader[1]的成员 count,表达式的值 3。

(4) p 指向 leader[0],访问 leader[0]的成员 count,表达式的值为 5,之后 p 自增。

(5) 等价于*((p->name)++),p 指向 leader[0],访问 leader[0]的成员 name,这是一个字符指针,指向字符串"Li"的首字符,再执行 * 运算,表达式的值为'L',之后成员 name 自增,指向字符'i'。

(6) 等价于(*(p->name))++,访问 leader[0]的成员 name,它指向字符串"Li"的首字符,再间访 name 所指对象,表达式的值为'L',之后 name 所指对象自增,'L'改变为'M'。

(7) 等价于*(++(p->name)),访问 leader[0]的成员 name,然后 name 自增,指向字符'i',最后间访 name 所指对象,表达式的值为'i'。

(8) 等价于*((++p)->name),p 自增,指向 leader[1],再访问 leader[1]的成员

name,最后间访 name 所指对象,表达式的值为'F'。

结构数组作为函数参数的情况和普通数组一样,实际上传递的是结构数组的第 0 个元素的地址,对应的形参被解释为指向数组元素的指针(结构指针),实参可以是结构数组名,也可以是指向结构数组中首元素的指针变量。

例 9.3 函数 clickWin 的形参

```
struct win w[ ]
```

等价于

```
struct win * w
```

该函数头部可以写为:

```
int clickWin(struct win * w, int n)
```

clickWin 函数体内的语句:

```
if(w[c].x1<=x && x<=w[c].x2 && w[c].y1<=y && y<=w[c].y2) {
    top = w[c].num;                             /* 记录被单击的窗口号 */
```

可以用指针方式改写为:

```
if((w+c)->x1<=x && x<=(w+c)->x2 && (w+c)->y1<=y && y<=(w+c)->y2) {
    top = (w+c)->num;                           /* 记录被单击的窗口号 */
```

【例 9.5】 建立一张货物清单,每种货物的基本信息有编码、名称和单价,程序具有下列功能,并提供功能选择界面,每个功能前有对应的数字,输入数字,选择相应的功能。

(1) 输入每种货物的基本信息。

(2) 输出所有货物的基本信息。

(3) 修改指定货物的指定数据项的内容。

(4) 按照单价进行降序排列。

(5) 按照名称进行升序排列。

分析: 采用结构数组 item 储存所有货物的信息,用符号常量 MAX 作为数组的长度,在输入货物数量时判断总数是否超过 MAX,防止数组越界。

排序采用了冒泡法,描述排序规则的函数被函数指针参数 fp 所指,函数 sort 可以实现按任意关键字进行升或降排序。函数 searchbyCode 按编码 code 在货物表里搜索指定的货物,若找到,则返回指向该货物的指针,否则返回空指针,所以该函数是指向结构的指针函数。

```
#include<stdio.h>
#include<stdlib.h>
#include<string.h>
#define MAX 1000                                /* 货物的最大数量 */
struct goods
{
    int code;
```

```
    char name[20];
    float price;
};
void input(struct goods * p, int n);
void display(struct goods * p, int n);
void sort(struct goods * p, int n,int ( * fp)(const void * ,const void * ));
struct goods * searchbyCode(struct goods * p, int n, int code);
void modify(struct goods * p, int n);
int cmpbyPrice(const void * p1,const void * p2);
int cmpbyName(const void * p1,const void * p2);
int main()
{
    struct goods item[MAX];
    int total=0;                                    /* 货物总数量 */
    while(1)
    {
        system("cls");
        int f=0,n;
        printf("\n\t\t1.输入货物的基本信息\n");
        printf("\t\t2.输出货物清单\n");
        printf("\t\t3.修改指定货物的指定数据项的内容\n");
        printf("\t\t4.按照单价降序排列\n");
        printf("\t\t5.按照名称升序排列\n");
        printf("\t\t6.退出\n\n");
        printf("输入数字,选择相应的功能:");
        scanf("%d",&f);
        switch (f)
        {
            case 1:
                printf("输入货物的数目:");
                scanf("%d", &n);                      /* 当次输入的货物数 */
                    if(total+n <= MAX)  input(item+total,n);
                    else {
                        printf("货物已达上限\n ");
                        return 0;
                    }
                    total += n;
                break;
            case 2:
                display(item,total);
                break;
            case 3:
                modify(item,total);
                break;
            case 4:
```

```
            sort(item, total,cmpbyPrice) ;
                display(item,total);
            break;
        case 5:
            sort(item, total,cmpbyName) ;
                display(item,total);
            break;
        case 6:
            return 0;
        default:
            break;
        }
        system("pause");
    }
    return 0;
}
void input(struct goods * p, int n)                  /* 输入货物的基本信息 */
{
    int i;
    for (i = 0; i < n; i++,p++) {
        printf("货物编码(整数): ");  scanf("%d", &p->code);
        printf("货物名称: ");  scanf("%s", p->name);
        printf("货物单价: ");  scanf("%f",  &p->price);
        printf("\n");
    }
}
void display(struct goods * p, int n)                /* 输出货物清单 */
{
    printf("\n%20s %20s %20s\n","货物编码","货物名称","货物单价");
    for (int i = 0; i < n; i++,p++)
        printf("%20d %20s %20.2f\n",p->code,p->name,p->price);
    printf("\n");
}
/* 用冒泡法,按函数指针 fp 指明的规则对货物排序 */
void sort(struct goods * p, int n,int (* fp)(const void *,const void *))
{
    int i,j;
    struct goods t;
    for(i=0;i<n-1;i++)
        for(j=i+1;j<n;j++)
            if(fp(p+i,p+j)) {
                t= * (p+i);                          /** (p+i)等价于 p[i] */
                * (p+i)= * (p+j);                    /** (p+j)等价于 p[j] */
                * (p+j)=t;
            }
```

```
}
int cmpbyPrice(const void * s,const void * t)       /* 按单价比较 */
{
    const struct goods * p1, * p2;
    p1=(const struct goods * )s;
    p2=(const struct goods * )t;
    if(p1->price < p2->price) return 1;
    else return 0;
}
int cmpbyName(const void * s,const void * t)        /* 按名称比较 */
{
    const struct goods * p1, * p2;
    p1=(const struct goods * )s;
    p2=(const struct goods * )t;
    return(strcmp(p1->name,p2->name)>0);
}
void modify(struct goods * p, int n)                /* 修改货物信息 */
{
    struct goods * modGoods;
    int item,code;
    char ch;
    printf("请输入要修改的货物的编码:");
    scanf("%d",&code);
    if((modGoods=searchbyCode(p,n,code))!=NULL) {
    printf("1.编码: %d\n",modGoods->code);
        printf("2.名称: %s\n",modGoods->name);
        printf("3.单价: %.2f\n",modGoods->price);
    do {
            printf("请选择要修改的数据项\n");
            scanf("%d", &item);
        switch(item)
        {
            case 1:
                while (1) {
                        printf("输入新的编码(整数): \n");
                    scanf("%d", &code);
                    if (searchbyCode(p, n, code)==NULL)
                        break;
                    printf("该编码已经存在!\n");
                }
                modGoods->code = code;
                break;
            case 2:
                printf("输入新的名称: \n");
                scanf("%s", modGoods->name);
```

```
                break;
            case 3:
                printf("输入新的单价: \n");
                scanf("%f", &modGoods->price);
                break;
            default:
                    printf("不存在该项数据\n");
                break;
        }
        printf("还有要修改的项吗? (Y or N)\n");
        scanf("%1s",&ch);
    } while(ch=='y'||ch=='Y');
    }
    else printf("货物不存在\n");
}
/* 按编码搜索货物,若找到,则返回指向该货物的指针,否则返回空指针 */
struct goods *searchbyCode(struct goods *p, int n, int code)
{
    struct goods *cur;
    for(cur = p; cur < p+n; cur++)
        if(code==cur->code) return cur;
    return NULL;
}
```

**9.4.4 柔性数组成员

关于 struct 的声明,C99 新增了一个功能,那就是支持动态结构类型,即**结构中最后一个成员可以是不给出维大小的数组,这种数组成员在标准中称为柔性数组成员**(flexible array member),但柔性数组成员前面必须至少有一个其他成员,其他成员所占存储空间的大小是确定的。例如,描述学生的结构:

```
struct stud {
    char name[20];                              /* 姓名 */
    int score[];                                /* 各科成绩:柔性数组成员 */
};
```

声明了一个可变长度的结构 struct stud,这种结构的存储空间大小不包括柔性数组成员的内存,即 sizeof(struct stud)的值为 20,成员 score 没有占用空间,需要进行变长操作才能安全使用成员 score,即用 malloc 函数进行内存的动态分配,为柔性数组指定大小,分配的总内存应该为:结构的大小加上柔性数组的预期大小。假设期望 score 数组存放英语、语文和数学三门课程的成绩,在 32 位机中需要 3×sizeof(int)=12 字节的存储空间,则变长操作:

```
struct stud *p;
p = (struct stud *)malloc(sizeof(struct stud)+3*sizeof(int));
```

分配了比 sizeof(struct stud)多的内存,使结构指针 p 指向它,后面多出的 3*sizeof(int)是给柔性数组指定的大小，用来存放三科成绩。通过变长操作非常灵活地将柔性数组成员变成了 int score[3]，用 p－＞score[i]（i＝0～2）就能方便地访问可变长元素。

malloc 函数要配合 free 一起用，用 malloc 申请的内存在用完之后记得用 free 释放，否则会出现内存泄漏。

```
free(p);
```

9.5 结构与函数

结构变量或结构指针都可以作函数的参数，也可以作函数的返回值。

9.5.1 结构或结构指针作函数参数

结构作函数的参数有以下三种可能的方法。

（1）结构成员作参数。传一个一个的结构成员，形参的类型和成员的一致，其用法和普通变量作函数参数没有区别，属于值传递方式，这种方式没有体现出使用结构的方便之处，因而一般采用后面两种方法，实际应用中以第（3）种传结构指针最为普遍。

（2）结构变量作参数。将实参结构的内容整体复制到形参，形参必须是同类型的结构变量，这种方式也属于值传递方式，形参是实参的副本，在被调用函数中形参结构的修改不影响调用函数中实参结构的值，适合于不想改变实参结构的场合。

（3）结构指针作参数。将实参结构变量的首地址传给形参，属于值地址方式，在被调用函数中通过指针去访问调用函数中结构变量的值，这些值可以被修改。

下面用例子来说明结构变量和结构指针作函数参数的应用，分析两种方法各自的特点。

【例 9.6】 将例 9.3 中“判断鼠标单击位置是否在窗口”功能定义成函数 inWindow，若单击到窗口，则函数返回 1，否则函数返回 0。

分析：描述窗口用结构类型，函数调用时应该传递窗口信息和单击处的坐标，所以函数要有三个参数，其原型为：

```
int inWindow(struct win x, int a, int b);
```

其中，x 代表窗口，类型是 win 结构，a 和 b 分别代表鼠标单击位置的水平和垂直坐标。函数定义如下：

```
int inWindow(struct win x, int a, int b)
{
    if( a>=x.x1 && a<=x.x2 && b>=x.y1 && b<=x.y2)   /* 点(a,b)在窗口 x 中 */
        return 1;
    else return 0;
}
```

在例 9.3 的函数 clickWin 中，通过调用函数 inWindow，if 语句可改写为：

```
if(inWindow(w[c],x,y)) {                         /* 点(x,y)在窗口 w[c] */
```

inWindow 函数的形参 x 是 win 结构，实参是结构数组的元素 w[c]，类型也是 win 结构。调用时,系统给形参 x 分配 sizeof(struct win)字节的存储空间,占用的存储容量取决于 win 结构的大小,并将实参结构 w[c]整体复制到形参 x,即

```
x=w[c]
```

同类型结构的赋值是对应的成员一一赋值,相当于执行下面 5 个赋值语句:

```
x.num=w[c].num;  x.x1=w[c].x1;  x.y1=w[c].y1;  x.x2=w[c].x2;  x.y2=w[c].y2;
```

如果结构成员较多,则参数传递耗费的时间较长,这种方式仅适用于较小的结构。当结构的成员较多,所占的存储空间较大时,这种方式的时间和空间开销都较大,为了减小开销,提高程序运行的效率,往往以结构指针作为函数的参数,而不用结构变量作为函数的参数。

【例 9.7】 用结构指针作参数改写例 9.6 的函数 inWindow。

```
int inWindow(struct win *p, int a, int b)
{
    if( a>=p->x1 && a<=p->x2 && b>=p->y1 && b<=p->y2)  /*点(a,b)在窗口*p*/
        return 1;
    else return 0;
}
```

inWindow 的调用形式为:

```
if(inWindow(w+c,x,y)) {                                 /*(x,y)在窗口 w[c]*/
```

inWindow 函数的形参 p 是指向 win 结构的指针,实参 w+c 是数组元素 w[c]的地址,即 w+c 等价于 &w[c]。调用时,地址 &w[c]传递给形参 p,指针 p 就指向 w[c],在 inWindow 函数中通过 p 访问所指对象的各个成员值,实际上就是结构变量 w[c]的成员值。

形参 p 占用的存储空间字节数是 sizeof(struct win *),和 win 结构的大小没有关系,所有类型的指针占用的存储空间是相同的,在 32 位系统上都是 4 字节,里面仅存放一个地址值。调用时,不需要传递实参结构变量的内容,只需传递该结构的地址就可以,时间和空间开销小,这种指针作函数参数的方式适合于规模较大的结构。

9.5.2 结构或结构指针作函数返回值

函数的返回值可以是结构类型,返回结构的函数原型的一般形式为:

struct 结构名 函数名(形参列表);

下面通过例子来说明结构作函数返回值的应用。

【例 9.8】 将例 9.3 中"从键盘输入窗口的位置信息"功能定义成函数 getWindow。

分析: 同函数 getchar 类似,函数 getWindow 也不需要参数,getchar 返回输入的字符,而 getWindow 应该返回输入的窗口信息(结构类型)。

```
struct win getWindow()
{
    struct win a;
    static int num=0;                              /*静态变量,累计窗口数*/
```

```
    scanf("%d %d %d %d",&a.x1,&a.y1,&a.x2,&a.y2);      /* 输入窗口位置 */
    a.num = ++num;                                      /* 按输入顺序给窗口编号 */
    return a;                                           /* 返回结构变量 a */
}
```

例 9.3 中 main 函数的第 1 条 for 语句可改写为：

```
for(i=0; i<n; i++)                                      /* 输入 n 个窗口坐标 */
    w[i]=getWindow();
```

getWindow 函数的返回值是 win 结构类型，从 getWindow 返回时返回值是 a，a 被整体赋值给同类型的结构变量 w[i]。

函数返回结构和传递结构变量给形参都是对结构变量的整体引用，C 支持两个相同类型的结构变量直接赋值操作。例如，设 w1 和 w2 都是 win 结构类型，则下面的赋值语句是合法的。

```
w1=w2;                                                  /* 合法 */
```

该语句将右边结构变量 w2 的各个成员的值逐个赋给左边结构变量的各个成员。

注意：结构变量定义时初始化的形式不能用于赋值语句。

例如，下面的赋值语句是非法的：

```
w2={1,0,0,4,4};                                         /* 非法 */
```

可以对成员逐一赋值：

```
w2.num=1;  w2.x1=0;  w2.y1=0;  w2.x2=4;  w2.y2=4;
```

为了方便使用，也可以定义一个函数对结构变量进行赋初值操作。例如，下面的函数 initWindow 对 win 结构变量进行赋值，该函数的形参是 win 结构类型的成员，返回值是生成的一个新的 win 结构变量。

```
struct win initWindow(int num,int x1,int y1, int x2, int y2)
{
    struct win a;
    a.num=num;                                          /* 窗口编号 */
    a.x1=x1;   a.y1=y1;                                 /* 窗口的左上角坐标 */
    a.x2=x2;   a.y2=y2;                                 /* 窗口的右下角坐标 */
    return a;                                           /* 返回结构变量 a */
}
```

initWindow 函数的调用形式为：

```
struct win w1,w2;
w1=initWindow(1,0,0,4,4);
w2=initWindow(2,3,3,6,6);
```

前面介绍了返回指针值的函数，返回的指针可以指向结构类型，这就是返回结构指针的函数，其函数原型的一般形式为：

struct 结构类型名 *函数名(形参列表);

【例 9.9】 有一个学生结构类型,为简化问题,假设仅包含两个成员:学号和姓名,要求在函数 createStuent 中动态创建一个学生并输入其学号和姓名,在 main 函数中修改该学生的学号,然后输出修改后的学生信息。

分析:用动态分配函数 malloc 创建存储空间来保存学生信息,设置一个结构指针指向该存储区,并返回这个结构指针的值(即存储区首地址),所以函数 createStuent 没有参数,返回指向结构的指针。返回的结构指针赋值给 main 函数的结构指针变量 s,s 也就指向了动态分配的存有学生信息的存储区,通过指针 s 可以修改存储区的内容。

程序中用关键字 typedef 将 struct student 类型命名为 STUDENT,在其后的声明语句中,就可以用 STUDENT 来表示 struct student 结构类型,这种方法在程序设计中用得非常普遍。

```
#include <stdio.h>
#include <stdlib.h>
typedef struct student{
    int num;
    char name[50];
} STUDENT;
STUDENT *createStudent(void);
int main( )
{
    STUDENT *s;                                   /*定义结构指针*/
    s = createStudent();                          /*创建一个学生,s 指向他*/
    printf("请输入%s 的新学号:",s->name);
    scanf("%d", &s->num);                         /*修改学号*/
    printf("学号:%d\n 姓名:%s\n",s->num,s->name);
    free(s);                                      /*释放内存*/
    return 0;
}
STUDENT *createStudent ( )
{
    STUDENT *p;
    p = (STUDENT *)malloc(sizeof(STUDENT));       /*动态创建学生结构变量*/
    printf("请输入学号和姓名\n");
    scanf("%d %s", &p->num, p->name);
    return p;                                     /*返回结构指针*/
}
```

*9.5.3 复合文字作实参

复合文字的含义见 8.3.1 节,它不仅适用于数组,也适用于结构,其语法都是把类型名写在圆括号中,后跟一个用花括号括起来的初值列表。例如,已知 struct point 是描述平面上点的结构类型,下面是一个 struct point 类型的复合文字。

```
(struct point){ 2,4};                        /* 初值和结构声明时的成员顺序一致 */
(struct point){ .x=2, .y=4};                 /* 顺序任意 */
```

需要注意的是,复合文字具有左值语义,它既可以被赋值给结构变量,也可以对它进行取地址操作。例如:

```
struct point { int x,y ;} a,b, *p ;
a=(struct point){ 2,4};                      /* 正确,注意 a={ 2,4}; 是错误的 */
p=&(struct point){ 2,4};                     /* 正确,p->x=2, p->y=4 */
b=(struct point){ .y=2,.x=4};                /* 正确,b.x=4, b.y=2 */
```

使用复合文字,如果想传一个常数坐标,就可以不必先定义一个结构变量,再传结构变量的值了,代码更加简洁。

如果计算两点间距离的函数 dist 有 struct point 类型参数,原型为:

```
int dist(struct point a, struct point b);
```

则复合文字作为实参的调用形式是:

```
int len;
len=dist((struct point){1, 1}, (struct point){3, 4});
```

如果函数原型为:

```
int dist(struct point *p1, struct point *p2);
```

则复合文字作为实参的调用形式为:

```
len=dist(&(struct point){1, 1}, &(struct point){3, 4});
```

9.6 联合

与结构类似,联合类型也是一种构造类型,是多个成员的集合。除了用关键字 union 取代 struct 之外,联合类型的声明、联合变量的定义和联合成员的引用在语法上与结构完全相同。联合的主要特点是共享内存,结构的各成员占据各自不同空间,而联合的所有成员共享一段内存,所有成员的首地址都是一样的,联合的大小由所占字节数最大的成员决定。

假定一个数据可能是 int、double 或 char,为了用同一个存储区来存放它,可以声明如下的联合。

```
union utag {
    int      ival;
    double   dval;
    char     cval;
} u;
```

说明:utag 是联合类型的标志(联合名),与结构名一样可以省略,联合变量 u 在不同的时刻可以拥有 int、double 和 char 中的任一个,编译程序按联合的成员中最长的那一个类型(此例为 double)为联合变量分配存储空间,即 sizeof(union utag)和 sizeof u 的值为 8。**联合**

的所有成员都从低地址开始存放。

早期C标准规定：联合变量定义时只能对第一个成员进行初始化，即初值表中只能包含与第一个成员数据类型相同的一个初值。从C99标准开始，可以通过指定成员实现对联合变量的任意成员进行初始化。

```
union utag u={100};                    /*默认对第一个成员初始化*/
union utag v={ .cval='a'};             /*指定对成员cval初始化,C99支持*/
```

联合变量及其成员都有地址，联合所有成员的地址和联合变量的地址值都相同，但它们不是同一类型的指针。也就是说，表达式&u、&u.ival、&u.dval和&u.cval的值相同，但它们的类型分别是union utag *、int *、double *和char *。

联合成员的引用和结构成员的引用形式相同。例如，有以下声明：

```
union utag *p=&u;                      /*p是utag联合指针,指向联合变量u*/
```

则用联合变量和联合指针都可以引用u的成员：

```
u.ival     u.dval     u.cval
p->ival    p->dval    p->cval
```

注意：*联合成员彼此不是并存的，任一时刻联合变量中只含有其中一个成员，该成员是最近一次存入联合的那一个，称为当前成员。*

例如：

```
u.ival=100;
u.dval=123.4;
```

依次执行上面两个赋值语句后，u当前存放的是double型数123.4。记住联合中当前成员是程序员的责任，如果将一个类型作为另一个类型来解释，则其结果与数据在内存的二进制存储格式有关。例如：

```
u.ival=0x3041;                         /*使int值成为u的当前成员*/
printf("%c",u.cval);                   /*将u中当前的int值作为char来解释*/
printf("%f",u.dval);                   /*将u中当前的int值作为double来解释*/
```

成员cval是char类型，占低端1字节，该处存放的数据是0x41(65)，这是字符A的ASCII码值，所以第一个printf语句输出A。成员dval是double类型，占8字节，因此访问全部8字节(低端2字节为0x3041，高端6字节均为0)，并按浮点格式(详见2.3.4节)解释其值，所以第二个printf语句输出不正确的结果0.000000。

但是，对联合的一个成员赋值，然后使用另外的成员来读取某些内容，这种做法有时很有用，下面是两个例子。

【例9.10】 利用union把一个short变量的高字节和低字节取出来。

分析：在联合中，所有的成员都从低地址开始存放，每个成员的位置都会重叠在一起，根据这个特性，联合可以对同一个数据进行不同的解释。为了读取short型数据的每个字节，让包含两个元素的字符数组和short型数共享存储，这样访问数组元素就得到字节数据。

```
#include<stdio.h>
```

```
int main()
{
    union {
        short n;                                  /* 存放要进行分离的数据 */
        char a[2];                                /* 数组 a 与 n 占的字节数相同 */
    } x={0x2030};
    int low,high;
    low=x.a[0];                                   /* 取出低字节数据 */
    high=x.a[1];                                  /* 取出高字节数据 */
    printf("low:%d  high:%d",low,high);  /* 输出 low:48  high:32 */
    return 0;
}
```

【例 9.11】 利用 union 来判断 CPU 的大小端。

分析：计算机系统是以字节为单位存放数据的，如何安排多字节数据在内存的存储顺序，就导致了小端模式和大端模式。小端模式是指数据的高字节保存在内存的高地址中，而数据的低字节保存在内存的低地址中；大端模式是指数据的高字节存放在内存的低地址中，而数据的低字节保存在内存的高地址中。

声明包含一个 int 型成员和一个 char 型成员的联合，由于所有的成员都从低地址开始存放，因此 char 型成员占低端一个字节，当对 int 型成员赋值 1 时，如果 CPU 是小端模式，低字节放入低地址，则低端 char 型成员的值是 1，其他字节为 0；否则，低字节放入高地址，高端字节的值是 1，其他字节为 0，即低端 char 型成员的值是 0。

```
/* return 1 : little-endian, return 0:big-endian */
int checkCPUendian( )
{
    union {
        unsigned int a;
        unsigned char b;
    } c;
    c.a = 1;
    return (c.b == 1);
}
```

联合的成员可以是结构和数组，数组的元素和结构的成员也可以是联合。联合的一个典型应用是符号表，表中保存一些变量的名字、类型和值，变量的类型可以是 int、float 或 char，以下声明了一个能存放 100 个符号的符号表。

```
#define NSYM 100                                  /* 符号的总个数 */
struct {
    char  * name;                                 /* 符号名 */
    enum {INT, DOUBLE, CHAR}  type;               /* 符号的类型 */
    union utag value;                             /* 符号的值 */
} symtab[NSYM];
```

symtab 是一个含有 NSYM 个元素的结构数组，结构中含有一个 utag 联合成员 value，

utag 的声明同前面，每个数组元素可以存储一个符号的信息。表达式

```
symtab[i].value.ival
```

是对第 i 个数组元素的联合成员 value 的成员 ival(即第 i 个符号的 int 值)的引用。下面的语句根据第 i 个符号的类型输出其值。

```
if( symtab[i].type == INT) printf("%d\n",symtab[i].value.ival);
else if( symtab[i].type == DOUBLE) printf("%f\n",symtab[i].value.dval);
else if( symtab[i].type == CHAR) printf("%c\n",symtab[i].value.cval);
else printf("invalid type\n");
```

*9.7　字段结构

字段结构在操作系统、编译程序、计算机接口的 C 语言编程方面使用较多。例如，编译程序中处理符号表时需要记住每个标识符的某些特征：是否关键字、是否外部存储类、是否静态存储类等，可以使用单独的 int 或 char 变量来表示每个特征，但这样做数据位浪费较大。例如，只需要 1 位来表示一个标识符是否关键字，该位为 1 是关键字，为 0 则不是关键字，用一个 char 变量的话就浪费了 7 位，同样，表示另外两个特征也分别只需要 1 位。为了节省存储空间，通常把不同的特征封装在一个 int 或 char 变量中，使其中的一个二进制位对应一个特征，该位为 1 表示具有相应的特征。这样的二进制位称为相应特征的标志位。另外，计算机接口的数据格式均用一个或几个二进制位来表示接口的各种状态或操作，在主机与接口通信时往往需要一次传递一个字中的某个或某几个相邻的二进制位而不是整个字。

为了存取一个字中的二进制位，有两种方法：一种方法是利用位运算(见 2.6 节)；另一种方法是利用字段结构，字段结构既能够节省空间，又便于操作，存取字段如同存取普通结构的成员一样。

字段(bit field)是字中一组相邻的二进制位，组成字段的二进制位的位数称为该字段的宽度，以字段为成员的结构称为字段结构。字段结构除了字段成员的定义格式和普通结构成员不同之外，其他方面的语法和普通结构完全相同。例如，用来存储标识符特征的字段结构变量可以定义为：

```
struct  {
    unsigned int is_keyword:  1;
    unsigned int is_external:  1;
    unsigned int is_static:    1;
} flags;
```

flags 是一个字段结构变量，它包含三个 1 位宽的字段，is_keyword、is_external 和 is_static 是字段的名字，字段的类型必须是整型，通常说明为 unsigned 类型，同一字段结构里的所有字段类型相同。冒号后面的数字表示字段的宽度，即字段所占的二进制位数。flags 变量被存储在一个 unsigned int 大小的存储单元中，只有其中的 3 位被使用。

引用字段和引用结构成员的方法相同，一个字段就是一个小整数，它可以出现在其他整数可以出现的地方，字段参与运算时自动被转换为 int。注意，由于上面说明的字段均是 1

位,所以都只能被赋值为 1 或 0。

```
flags.is_keyword=1;                    /* 将标志位 is_keyword 置为 1,称为打开标志位 */
flags.is_external=0;                   /* 将标志位 is_external 置为 0 ,称为关闭标志位 */
if(flags.is_external==0 && flags.is_static==0)   /* 测试两标志位是否处于被关闭状态 */
```

字段结构提供了一种更加紧凑的存储数据的方法,可以在一个字中存储多项数据,字段的宽度不限于 1 位,可以根据需要设定位宽。例如,使用字段结构实现例 2.21 的将年、月、日存储在一个 16 位的整数中,用 4 位足以表示 12 个月份,用 5 位表示每个月的天数,用 7 位表示 20××年(存储××),代码如下。

```
struct date {
    unsigned short day: 5;
    unsigned short month: 4;
    unsigned short year: 7;
} grad_date;                           /* grad_date 是 date 字段结构变量 */
grad_date.day=8;
grad_date.month=7;
grad_date.year=19;                     /* 将 grad_date 的值设置为 2019 年 7 月 8 日 */
```

grad_date 是一个 date 字段结构变量,被存储在一个 short 大小的存储单元中。在对字段赋值时需要确保不超出其位宽的可表示范围,如果超出了它表示数的范围,将会发生溢出,多余的高位被丢弃。例如,grad_date.month 的宽度为 4,其可表示范围是 0 ~15,如执行 grad_date.month=17,编译时不会报错,但 grad_date.month 的值为 1,保留低 4 位,高位被丢弃。

【例 9.12】 用字段和联合访问一个 16 位字中的各个字节和半字节。

分析:在计算机中,将 8 位二进制数称为字节(byte),而把 4 位二进制数称为半字节(nibble)。一个 16 位字中有 2 个字节或 4 个半字节,因此用 2 个 8 位宽的字段表示 16 位字中的字节,用 4 个 4 位宽的字段表示 16 位字中的半字节,并且用联合使一个 short 型变量、2 个字节字段与 4 个半字节字段共享同一存储区。

```
#include<stdio.h>
struct w16_bytes{                      /* 字节字段结构 */
    unsigned short byte0:8;
    unsigned short byte1:8;
};
struct w16_nibbles{                    /* 半字节字段结构 */
    unsigned short n0:4;
    unsigned short n1:4;
    unsigned short n2:4;
    unsigned short n3:4;
};
union w16{                             /* 联合:成员 x、byte、nibble 共享存储 */
    short  x;
    struct w16_bytes byte;
```

```
    struct w16_nibbles  nibble;
};
int main(void)
{
    union w16  w={0x1234};           /* w.x 为 0x1234 */
    w.byte.byte1=~w.byte.byte1;      /* 高字节取反,w.x 为 0xed34 */
    w.nibble.n0^=w.nibble.n3;
    w.nibble.n3^=w.nibble.n0;
    w.nibble.n0^=w.nibble.n3;        /* 交换最高和最低半字节,w.x 为 0x4d3e */
    printf("w.x=%#hx\n",w.x);        /* 以十六进制输出整个 16 位字的值 */
    printf("Low byte:%#hx\n",w.byte.byte0);    /* 输出 16 位字的低字节 */
    printf("Low nibble:%#hx\n",w.nibble.n0);   /* 输出 16 位字的低半字节 */
    return 0;
}
```

程序的运行结果：

```
w.x=0x4d3e
Low byte:0x3e
Low nibble:0xe
```

在字段的定义和引用中应该注意下面问题。

(1) 字段一般不允许跨越一个字的边界,如果一个字剩余的位数小于字段的位宽,则该字段从相邻的下一个字开始存放,在上一个字中留下未用的空位,称为空穴。例如:

```
struct {
    unsigned short a1: 4;
    unsigned short a2: 4;
    unsigned short a3: 6;
    unsigned short a4: 4;                /* 字段不能跨字,a4 被存储在第二个字中 */
} words;
```

字段结构变量 words 的存储示意图如图 9-2 所示,它被存储在两个 short 大小的字中。

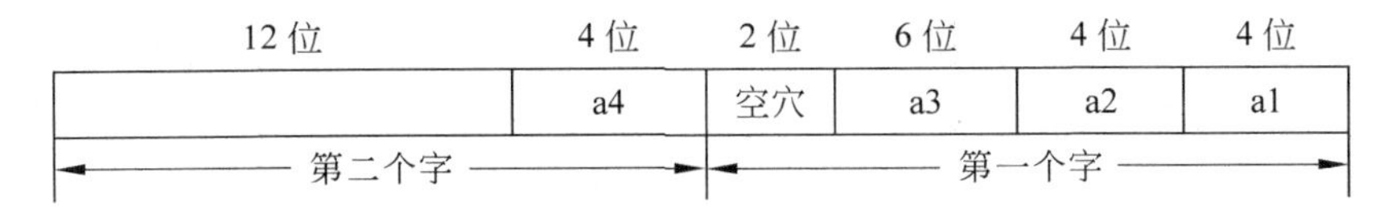

图 9-2 字段结构变量 words 的存储示意图

(2) 字段可以没有名字,无名字段用来填充,它的作用仅仅是用空位占据那些不用的二进制位,宽度为 0 的无名字段使下一个字段从新的字边界开始存储。

```
struct {
    unsigned short a1: 4;
    unsigned short  : 4;                 /* 无名字段使得空出 4 位 */
    unsigned short a2: 2;
    unsigned short  : 0;                 /* 0 宽度无名字段使 a3 存储到下一个字中 */
```

```
    unsigned short a3: 4;
} words;
```

含有无名字段的变量 words 的存储结构如图 9-3 所示，字段 a3 从第二个字开始存放。

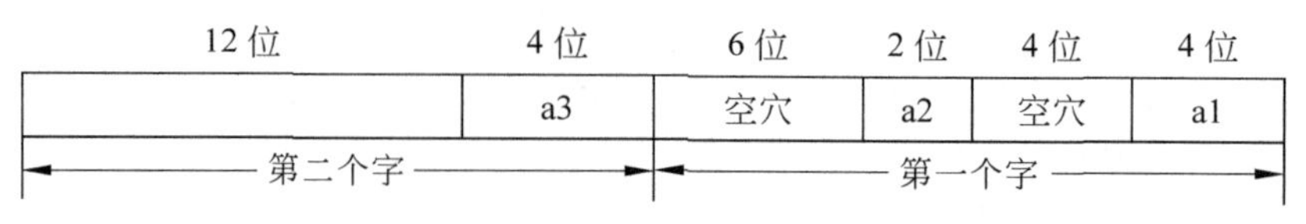

图 9-3　含有无名字段的变量 words 的存储结构示意图

(3) 字段在字中的存放顺序取决于机器，在有的机器上，存放的顺序是从左往右(从高位到低位)，有的则是从右自左(从低位到高位)存放，因此字段通常是不可移植的。

(4) 由于字段按位分配存储，因此它们没有地址，不能对字段进行取地址运算。例如，&grad_date.year 是错误的；但字段结构变量有地址，&grad_date 是正确的。

9.8　结构指针的应用

本节介绍如何通过结构指针建立动态数据结构，重点介绍单向链表的建立、在链表中查找指定的元素、插入一个新元素、删除一个元素以及链表排序等操作。

9.8.1　静态和动态数据结构

数据结构是计算机存储、组织数据的方式，通常情况下，精心选择的数据结构可以带来更高的运行或存储效率。

迄今为止，所介绍的各种基本类型(如 int、float)和构造类型(如数组)的数据都属于静态数据，它们所占存储空间的大小是在变量定义时确定的，在程序执行过程中不能改变，因此被称为静态数据结构。C99 支持的动态数组也是伪动态，因为在创建数组时数据的规模(即数组维数 n)必须有确定的值，之后，n 值发生变化，数组大小不会改变。所以，静态数据结构的特点是由系统分配固定大小的连续存储空间，以后在程序运行过程中，存储空间的位置和容量都不会再改变，访问静态数据结构可以用变量的名字，也可以用指向变量的指针。

在实际应用中，数据的规模常常是动态变化的。例如，某图书管理系统，假设初始有 5000 本图书，随着时间的推移，藏书量必定要增加，如果用结构数组来存储图书信息，就需要预留一部分空间，定义一个大于 5000 的数组。但是，多出的那部分空间在没有被使用之前一直空闲，会造成存储空间的浪费，若预留的空间多，则浪费更严重，若预留的少，则将来可能不够。对于这类数据规模本身不确定或会随时间变化的问题，用静态数据结构来描述存在不足和隐患，而动态数据结构可以满足任意规模数据的存储，特别适合于那些经常需要改变的数据。

动态数据结构是在程序运行过程中逐步建立起来的，其存储空间在程序执行过程中由系统提供的内存分配函数(详见 8.5.2 节)动态分配，即动态数据结构所占存储空间的大小在程序执行过程中可以改变。在程序使用过程中，如果数据量增加，就向系统申请新的空间；如果数据量减少，就将多余空间归还给系统。动态分配的空间没有名字，只有指针指向它，因此对动态数据结构的访问只能通过指针进行。

动态数据结构通常由称为“结点”的元素组成，每个结点是相同类型的一个结构变量，这些结点是根据需要动态建立起来的，它们在内存的位置不连续，结点和结点之间通过指针连接成一个数据整体。每个结点由数据域和指针域两部分组成，数据域用来存放所描述对象的相关信息（如一本书的书名、作者、价格、出版日期等），指针域用来存放相邻结点（如下一本书）的地址，是指向结点结构的指针，访问动态数据结构的元素只能通过指针进行。

动态数据结构的每个结点是相同类型的结构，结构中含有指向结构自身的指针，称这样的结构为自引用结构。

一个结点中可以含有一个或多个指向结构自身的指针，分别指向不同的结点，因而，结点和结点之间可以连接成不同形式的动态数据结构。链表是一种最基本的动态数据结构，学好链表很重要，可以为以后学习更为复杂的数据结构打下扎实基础。

9.8.2　单链表的结构

链表由一系列包含数据域和指针域的结点组成，结点的指针域如果只包含一个指向后一结点的指针，这种链表称为单向链表或单链表。结点的指针域如果包含两个指针，一个指向前一结点，另一个指向后一结点，这种链表称为双向链表或双链表。

整个链表需要有一个头指针，里面存放表中第一个结点的地址，即头指针指向链表的第一个元素，最后一个结点的指针域不指向任何元素，以空指针 NULL 表示，该结点称为尾结点（链尾）。在图 9-4 所示单链表中，head 是头指针，data 表示结点的数据域，next 表示结点的指针域，d1、d2、…、dn 分别表示结点中的数据，存放数据 dn 的结点是链尾，其指针域为 NULL。利用头指针 head 可以跟踪找到一个指定的元素。例如，引用第一个结点中的数据应写成：

```
head->data
```

head 是头指针，指向第一个结点，head－＞data 是引用第一个结点的数据域，其值为 d1。引用第二个结点中的数据应写成：

```
head->next->data                    /* 等价于(head->next)->data */
```

head 是头指针，指向第一个结点，head－＞next 是引用第一个结点的指针域，它指向第二个结点，head－＞next－＞data 就是第二个结点的数据域。利用链尾的 NULL 可以知道整个链是否结束。

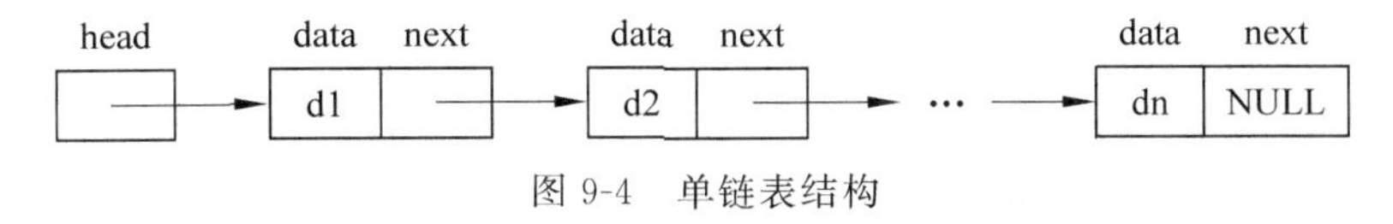

图 9-4　单链表结构

链表中各个元素在内存不一定连续，通过结点的指针将这些物理上不连续的元素按逻辑顺序连接起来，因此单链表是一种链式存储的线性表。

对于单链表，首先要用结构类型描述一个结点，如果图 9-4 的 di 是一个整数，则链表结点的结构类型可声明为：

```
struct intNode{
```

```
    int data;
    struct intNode * next;              /* 指向下一结点的指针 */
};
```

在 intNode 结构中，next 是指向 intNode 结构的指针，称为指向自身的指针，因此 struct intNode 结构是自引用结构类型。

如果 di 是描述商品信息，则可以先声明描述商品的 goods 结构，再声明描述链表结点的 goodsNode 结构，代码如下。

```
struct goods {
    int code;                       /* 商品编码 */
    char name[20];                  /* 商品名称 */
    float price;                    /* 商品单价 */
};
struct goodsNode {
    struct goods data;              /* 商品数据 */
    struct goodsNode * next;        /* 指向下一结点的指针 */
};
```

也可以如下设计 goodsNode 结点结构。

```
struct goodsNode {
    int code;                       /* 商品编码 */
    char name[20];                  /* 商品名称 */
    float price;                    /* 商品单价 */
    struct goodsNode * next;        /* 指向下一结点的指针 */
};
```

下节中的程序和函数均操作 intNode 结构，并设 intNode 的声明在头文件 intnode.h 中。

9.8.3 单链表的建立和输出

上面仅声明了链表结点的结构类型，并没有实际分配存储空间，没有创建任何结点及链表。链表的建立是指在程序执行过程中从无到有地在内存生成一个链表，这需要程序员编码实现，包括定义头指针，给结点动态分配存储空间，输入各结点数据，通过指针将结点一个个连接起来，使头指针指向第一个结点，最后一个结点的指针域为 NULL。

建立链表的关键是建立结点并建立结点的连接关系，依据新结点插入位置的不同，建立单链表主要有以下两种方式。

(1) 先进先出链表或"队列"。建立链表时，总是将每次生成的新结点插入当前链表的尾部作为尾结点，使链表中从链头到链尾的结点排列顺序和数的输入顺序相同，即最先建立的结点是首结点，最后建立的结点是尾结点。这种方式也称为尾插法，依次将元素放在前一个元素的后面。

(2) 后进先出链表或"栈"。每次生成的新结点总是插入当前链表的表头作为首结点，使链表中从链头到链尾的结点排列顺序和数的输入顺序相反，即最先建立的结点是尾结点，最后建立的结点是首结点。这种方式也称为头插法，依次将元素放到最前面。

输出链表是指将链表中所有结点的数据域的值输出。

1. 建立后进先出链表

【例 9.13】 输入一批整数，以 0 结束，将它们建成一个后进先出的单链表(0 不包含在链中)，最后输出整个链表。要求建立链表和输出链表均定义成函数。

分析： 建立链表的关键是建立一个结点，建立链表的过程就是重复执行建立一个结点的过程，直到输入的数为 0 时结束。建立一个结点的步骤如下。

(1) 为新结点分配存储，并使 p 指向该结点。

```
p=(struct intNode *)malloc(sizeof(struct intNode));
```

(2) 输入数据并存入新结点的数据域。

```
scanf("%d", &p->data);                 /* 或 scanf("%d", &x);  p->data=x; */
```

(3) 用头插法将新结点加入链中，即新结点的指针域指向当前链中的第一个结点，头指针指向新结点。

```
p->next=head;                          /* 新结点指向原首结点 */
head=p;                                /* 新结点成为首结点 */
```

在建立第一个结点之前，头指针 head 应初始化为 NULL，以保证执行 p－＞next＝head 后最先建立的结点为尾结点。为了将更多的结点加入链中，只需重复以上建立一个结点的步骤(1)～(3)，其中 P 始终指向新结点，head 始终指向第一个结点，链中每一元素的 next 依次指向上一次建立的结点，链尾是最先建立的那个结点，它的 next 为 NULL，不指向任何结点。

函数 createList 完成链表的创建：将键盘输入的整数建成一个后进先出的单链表。该函数的输入数据来自于键盘，所以函数不需要参数。链表建立后，标识链表位置的是头指针，头指针起链表名的作用，所以函数应该返回头指针，即返回第一个结点的首地址。因此，函数 createList 是一个指向结点结构的指针函数，其原型为：

```
struct intNode * createList(void);
```

为了输出链表的所有元素，需要一个临时指针，设为 p，开始时使 p 指向链表的第一个结点，每输出一个元素后，用下面的赋值语句移动指针 p，使之指向下一元素。

```
p=p->next;                             /* 不能用 p++，因为链表结点不连续 */
```

重复输出元素和移动指针，直到链尾元素被输出为止，这一过程称为遍历链表，用于遍历链表的指针 p 称为遍历指针。

函数 printList 完成链表的输出，该函数有一个指向链表第一个结点的指针参数，函数无返回值，其原型为：

```
void printList(struct intNode * head);
```

完整程序如下：

```
#include <stdio.h>
#include <stdlib.h>
```

```
#include"intnode.h"                         /* intNode 的声明在该头文件 */
struct intNode * createList(void);
void printList(struct intNode * head);
int main()
{
    struct intNode * head;
    head=createList();
    printList(head);
    return 0;
}
struct intNode * createList( )
{
    struct intNode * head, * p;
    int x;
    head = NULL;                            /* 链表开始为空 */
    printf("输入若干整数,以 0 结束\n") ;
    scanf("%d", &x);
    while(x) {
        p=(struct intNode * )malloc(sizeof(struct intNode));  /* 建立一个新结点 */
        p->data=x;                          /* 数据存入新结点的数据域中 */
        p->next=head;                       /* 新结点指向原首结点 */
        head=p;                             /* 新结点为首结点 */
        scanf("%d", &x);
    }
    return(head);                           /* 返回头指针 */
}
void printList(struct intNode * head)
{
    struct intNode * p;
    p=head;                                 /* p 初始指向首结点 */
    while(p!=NULL)  {                       /* p 不为空,说明 p 指向链表中的元素 */
        printf("%d\t",p->data);             /* 输出当前元素的数据 */
        p=p->next;                          /* 移动 p 指向下一个元素 */
    }
}
```

输入:

```
1 2 3 4 5 0
```

输出:

```
5    4    3  2    1
```

2. 建立先进先出链表

【例 9.14】 修改例 9.13 的函数 createList,改用尾插法建立一个先进先出的单链表,即最先建立的结点为首结点,最后建立的结点为尾结点。

分析：建立队列的方法与栈基本相同，不同之处如下。

(1) 增加一个尾指针 tail。队列采用尾插法建表，链表中结点的排列次序和数据的输入顺序一致，新结点始终连接到链尾，因此需要比建栈多用一个尾指针 tail，使其始终指向当前链表的最后一个结点。

(2) 首结点插入的特殊处理。最先建的结点是首结点，其地址存放在头指针中，而其余结点的地址是存放在上一结点的指针域中，插入首结点时要将头指针指向首结点。

(3) 空表和非空表的不同处理。若读入的第一个整数就是 0，则链表 head 是空表，尾指针 tail 也为空；否则，链表 head 非空。最后，尾指针 tail 指向的结点是尾结点，应将其指针域置空。

```
struct intNode * createList1( )
{
    struct intNode * head, * tail, * p;          /* 比例 9.13 多一个尾指针 tail */
    int x;
    head = NULL;                                  /* 链表开始为空 */
    tail = NULL;                                  /* 尾指针初值为空 */
    scanf("%d",&x);                               /* 输入第一个整数 */
    while(x) {
        p=(struct intNode *)malloc(sizeof(struct intNode));   /* 生成新结点 */
        p->data = x;                              /* 数据放入新结点的数据域中 */
        if (head == NULL)
            head = p;                             /* 首结点插入空表 */
        else
            tail->next = p;                       /* 其余结点插到尾部 */
        tail = p;                                 /* 尾指针指向新链尾 */
        scanf("%d",&x);                           /* 输入其他整数 */
    }
    if (tail != NULL)                             /* 对于非空表，将尾结点指针域置空 */
        tail->next=NULL;
    return head;
}
```

3. 递归建立先进先出链表

单链表是以尾结点(其指针域为 NULL)结尾的结点序列，每个结点的指针域指向由后诸结点组成的一条子单链表，最后一个结点的指针域指向空链表。因此，可以将单链表看成是递归定义的：一个结点后面再跟其指针域指向的一个子链表或者空表，可以用递归实现单链表的各种操作。

【例 9.15】 修改例 9.14 的函数 createList，改用递归方法建立先进先出链表。

分析：根据单链表的递归定义，建立链表分解为以下两个步骤。

(1) 建立第一个结点，包括分配空间使 p 指向它，读入数据域的值，使该结点成为首结点。

(2) 建立子链表，使第一个结点的指针域指向它。

第(2)步是递归调用，递归调用的结果又用同样的两个步骤继续分解，依次递归下去，直至输入的数为0递归结束,再一层层返回头指针的值。最后一次递归调用输入0时,链表为空,返回的head值为NULL,这个值赋给最后一个结点的指针域,最后一个结点就是倒数第二次递归调用创建的结点。

```
struct intNode * createList()      /* 递归建立先进先出单链表 */
{
    struct intNode * head, * p;
    int x;
    head=NULL;                     /* 链表开始为空 */
    scanf("%d",&x);
    if(x) {
        p=(struct intNode *)malloc(sizeof(struct intNode));  /* 生成第一个结点 */
        p->data=x;                 /* 数据放入第一个结点的数据域中 */
        head=p;                    /* 使第一个结点成为链头 */
        p->next=createList();      /* 递归建立子链表,其头指针放入第一个结点的指针域 */
    }
    return head;                   /* 返回头指针 */
}
```

4. 通过二级指针参数返回头指针值

前面版本的函数createList都是将函数值的类型声明为struct intNode *,由return语句返回所建链表首结点的地址(即头指针的值)。当函数需要返回数据给调用者时,除了可以由return语句直接返回外,还可以通过指针作函数参数间接返回,return只能返回一个值,而指针参数充当函数返回值可返回多个值。

整型指针(int *)参数可以返回一个整数给调用者,如果要返回一个指针值,那么这个参数的类型就必须是二级指针(指向指针的指针),即参数本身是指针类型,需要返回的结果又是指针值。

【例9.16】 改用二级指针参数的方案重写例9.15的递归函数createList。

分析:将链表头指针的值赋值给 * headp,所以函数本身值的类型为void。

```
void createList(struct intNode **headp)
{
    struct intNode * p;
    int x;
    * headp=NULL;                  /* 链表开始为空 */
    scanf("%d",&x);
    if(x) {
        p=(struct intNode *)malloc(sizeof(struct intNode));  /* 生成第一个结点 */
        p->data=x;
        * headp=p;
        createList(&p->next);      /* 递归调用,实参为第一个结点指针域的地址 */
    }
}
```

参数headp是一个指向intNode结构指针的指针,其作用是为了将函数创建的链表首结点的地址返回给调用者。相应地，main 函数中的调用语句应修改为：

```
struct intNode * head;
createList(&head);
```

调用时将头指针的地址 &head 传给形参 headp，使 headp 指向 main 函数里的 head，所以 createList 函数体中的 * headp 实际上是间接访问 head，语句 * headp＝NULL；和 * phead ＝ p；就是对 head 赋值。

9.8.4 单链表的基本操作

对链表施行的操作有很多，最基本的操作有创建链表、遍历链表、在链表中查找结点、在链表中插入结点、删除链表中的结点以及链表的排序等。其中，创建链表和遍历链表已在 9.8.3 节介绍，下面介绍如何在链表中查找结点、删除结点、插入结点以及逆序输出和归并链表。

1. 查找结点

【例 9.17】 定义函数 searchNode，在单链表 head 中查找数据域值为 x 的结点。如果有该结点，则返回该结点的地址；如果没有该结点，则返回 NULL。

分析：从第一个结点起，依次将结点数据域的值和给定值 x 进行比较，循环的条件是当前结点不为空且其数据域的值不等于 x。若有结点的值与 x 相等则结束循环，返回首次找到的结点的地址；如果查遍整个链表没有与 x 相等的元素，则返回 NULL。

```
struct intNode * searchNode (struct intNode * head,int x)
{
    struct intNode * p=head; /* p 初始指向第一个结点 */
    while(p!=NULL&&p->data!=x)
        p=p->next;              /* 移动 p 指向下一结点 */
    return p;                   /* 若 p 为空，则查找失败，否则 p 指向数据域的值为 x 的结点 */
}
```

2. 逆序输出

【例 9.18】 定义函数 reversePrintList，将单链表中结点的数据逆序输出。

分析：逆序输出单链表中结点数据的方法有多种。例如，可以顺序遍历链表将其存入数组，再逆序输出数组元素；也可以先翻转链表，再顺序输出；还可以用递归法逆序输出链表。本例采用递归法，它是最简单的一种方法，设 p 指向链表的第一个结点，则用递归法逆序输出链表的步骤如下。

（1）逆序输出第一个结点的指针域（p－＞next）指向的子链表的数据。

（2）输出第一个结点的数据域（p－＞data）。

第（1）步是递归调用，递归的结束条件是子链表为空。代码如下：

```
void reversePrintList(struct intNode * head)
{
    struct intNode * p=head;
    if (p != NULL) {
        reversePrintList(p->next);   /* 递归调用，逆序输出 p->next 指向的链表 */
```

```
        printf("%d\t",p->data);
    }
}
```

3. 删除结点

假设已有一个如图 9-5(a)所示的链表,要删除其中某个结点。设被删结点是当前结点,则它前面的一个结点称为其直接前驱结点(简称前驱),它后面的一个结点称为其直接后继结点(简称后继)。所谓删除结点,就是改变连接关系,使该结点的前驱结点指向其后继结点,将该结点从链表中分离出来,同时还要释放被删结点的存储空间。删除链表中一个指定结点的操作要用两个临时指针,一个是遍历指针 p,另一个是用于记住遍历过程中 p 的前驱结点的指针 last,以便将由于删去一个结点而拆成两段的链连接起来。删除链表结点的算法如下。

(1) 遍历链表,查找要删除的结点。从链表的首结点开始顺序遍历,如果遍历指针 p 所指结点不是要删除的结点且 p 未到链尾,则移动 p 和 last 继续查找;如果该结点是要删除的结点,则 p 就是指向被删结点的指针。

(2) 从链表中删去 p 指向的结点。需要区分被删结点是链头还是非链头两种情况,如果被删结点是链头,则修改头指针 head,使它指向被删结点的后继结点,如图 9-5(b)所示。

```
head=p->next;
```

否则,修改被删结点的前驱结点(被 last 所指)的指针域,使它指向被删结点的后继结点,如图 9-5(c)所示。

```
last->next=p->next;
```

(3) 释放 p 所指存储区。向系统交回被删结点占用的存储空间,以便这些内存能够再被使用。

```
free(p);
```

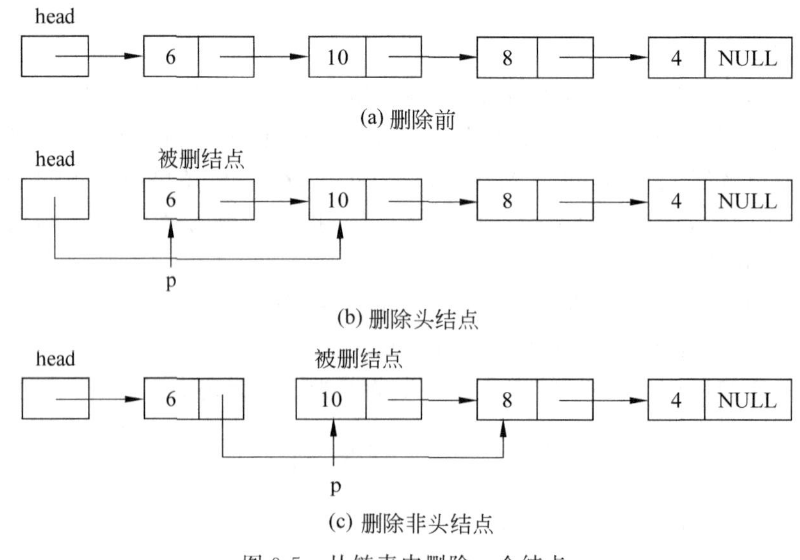

图 9-5　从链表中删除一个结点

【例 9.19】 定义函数，删除链表中结点数据域的值为 x 的结点，若有多个值为 x 的结点，则删除第一个，如删除成功返回 1，如果不存在给定值的结点则返回 0。

分析：首先要仔细分析函数带什么参数，因为要操作链表，因此需要传递链表头指针给函数。另外，当被删结点为头结点时，头指针的值将被修改，修改之后的值要传回调用函数。由于函数本身要返回表示是否删除成功的整型值，头指针的值不能再用 return 返回，只能通过指针参数间接返回，该指针参数的类型应为指向指针的指针（二级指针）。

综上所述，函数需要两个参数：一个参数是指向链表头指针的指针，以便从第一个结点开始遍历链表，同时当被删结点为首结点时能够通过该指针参数修改原来的头指针；另一个参数是被删除结点的值，以便决定删除链表中的哪一个结点。

```
int deleteNode(struct intNode **headp, int x)
{
    struct intNode * p, * last;
    p = * headp;
    while(p->data!=x && p->next!=NULL){       /* 查找成员值与 x 相等的结点 */
        last = p;
        p = p->next;
    }
    if(p->data == x) {                         /* 找到被删结点 */
        if(p == * headp)                       /* 被删结点是链头 */
            * headp = p->next;
        else                                   /* 不是链头 */
            last->next = p->next;
        free(p);                               /* 释放被删结点的存储 */
        return 1;                              /* 找到被删结点，返回 1 */
    }
    else return 0;                             /* 未找到被删结点，返回 0 */
}
```

4. 插入结点

在已有的链表中插入一个结点，是指在链中适当位置（称为插入位置），添加一个新结点。插入位置是根据新结点和链表中结点在某个数据域上所需满足的关系，通过遍历链表查找得到的。例如，在图 9-6(a)所示的已按整数升序排列的链表中，插入指针 new 指向的新结点，则将新结点依次与链表中的各结点比较，寻找要插入的位置。插入位置存在以下三种情况。

(1) 插入位置处于链头。如果新结点值最小，则应插入第一个结点之前，这种情况的插入操作和建立链表栈相同，新结点的指针域指向原首结点，头指针指向新结点，如图 9-6(b)所示。具体操作为：

```
new->next=head;
head=new;
```

(2) 插入位置处于链尾。如果结点值最大，则应插入最后一个结点的后面，插入操作和建立链表队列相同，使原表尾结点的指针域指向新结点，新结点的指针域为 NULL，如图 9-6

(c)所示。具体操作为：

```
p->next=new;
new->next=NULL;
```

(3) 插入位置处于链中某两个结点之间。如果在链表中间某位置插入，则和删除结点一样也需要两个临时指针：一个是遍历指针 p，指向当前结点；另一个是指针 last，始终指向当前结点的前驱结点。当插入位置处于 p 和 last 所指结点之间时，新结点连接到链中的操作为：

```
last->next=new;
new->next=p;
```

使插入位置的前一结点的指针域指向新结点，新结点的指针域指向插入位置的后一结点，如图 9-6(d)所示。

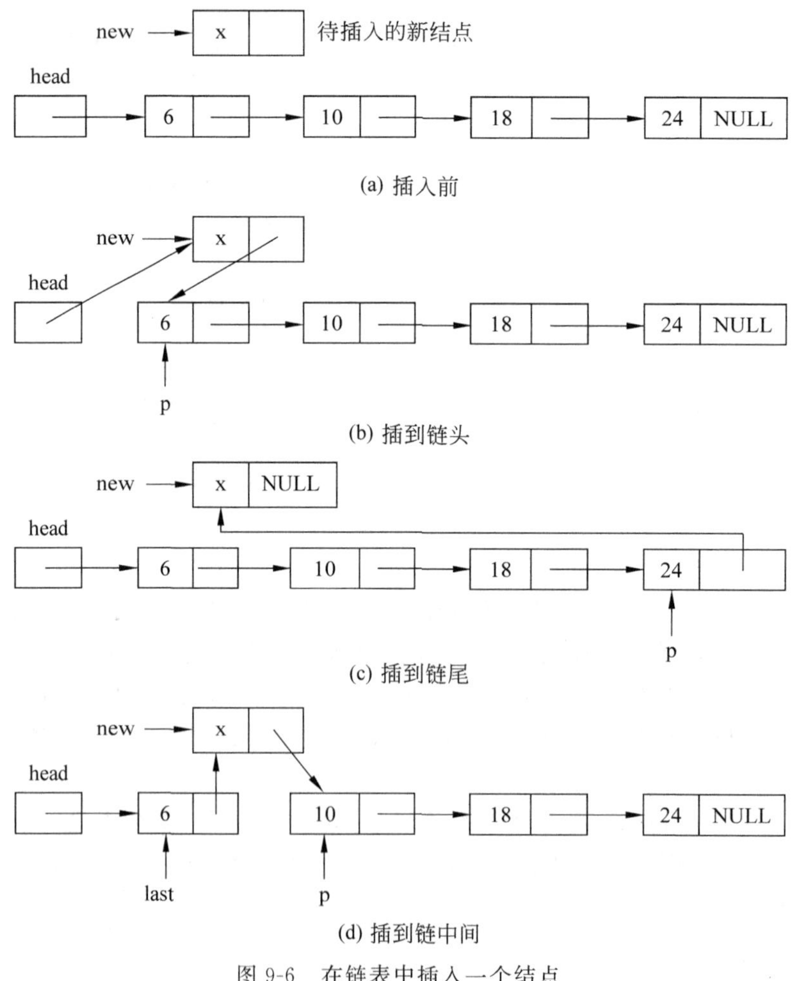

图 9-6 在链表中插入一个结点

【例 9.20】 定义函数 insertNode，在一个升序链表中插入一个值为 x 的新结点，函数返回新结点的地址。在 main 函数中调用函数 insertNode，建立一个数据域升序排列的有序链表，输入数据为 0 时结束。

分析：insertNode 函数的参数与 deleteNode 函数相同，返回值的类型是 intNode 结构类型的指针。因为要利用该函数从无到有创建一个链表，所以在结点的插入过程中要考虑开始链表为空的特殊情况。

函数首先建立一个新结点（包括分配存储和存入数据），然后判断原链表是否为空，如果原表是空表，只需使头指针指向新结点，该结点既是头结点也是尾结点；如果原表不为空，则遍历链表查找插入位置，再根据插入位置的三种不同情况分别用不同的方法将新结点连接到链表中。

```
#include <stdio.h>
#include <stdlib.h>
#include"intnode.h"                              /* intNode 的声明在该头文件 */
void printList(struct intNode *head);            /* 该函数同例 9.13 */
struct intNode *insertNode( struct intNode **headp, int x)
{
    struct intNode *p, *last, *new;
    new = (struct  intNode *)malloc(sizeof(struct intNode)); /* 创建一个新结点 */
    new -> data = x;
    if( *headp == NULL) {                        /* 空链表 */
        *headp = new;
        new->next = NULL;
        return new;
    }
    p = *headp;
    while( x > p->data  && p->next != NULL )  {  /* 寻找插入位置 */
        last = p;
        p = p->next;
    }
    if ( p == *headp)  {                         /* 插入点是链头 */
        new->next = *headp;
        *headp = new;
    }
    else if(x <= p->data ) {                     /* 插入点在链中间 */
        new->next=p;
        last->next=new;
    }
    else {                                       /* 新结点成为链尾 */
        new->next=NULL;
        p->next=new;
    }
    return  new;                                 /* 返回新结点的地址 */
}
int main( )
{
```

```
    struct intNode * head=NULL;
    int x;
    printf("输入整数,以 0 结束.\n");
    scanf("%d",&x);
    while(x){
        insertNode(&head,x);              /* 调用函数 insertNode 建立升序链表 */
        scanf("%d",&x);
    }
    printList(head);                      /* 输出链表 */
    return 0;
}
```

输入:

```
1 4 3 5 2 0
```

输出:

```
1  2   3   4  5
```

5. 归并链表

归并链表是指将两个链表 A 和 B 合并成一个链表,如果 A、B 原本无序,则可以简单地将链表 B 拼接到链表 A 的尾部,即将链表 A 尾结点的指针域指向链表 B 的第一个结点;如果 A 和 B 均是有序表,要求归并后的表也是有序的,则操作复杂些。

【例 9.21】 写一个函数 mergeList,将两个升序单链表归并成一个升序单链表。

分析:两个有序链表简单拼接之后不一定是有序的,需要对每一个元素重排,这里采用尾插法归并成递增链表。首先把两链表的首结点值比较,值较小的结点加入新链表的尾部,新链表的头指针 head 指向它,同时尾指针 tail 也指向它。然后,依次从两链表未处理元素中取最小元素添加到新链表的尾部,直至其中一个链表的元素全部处理完。最后,将另一链表中剩余元素拼接到新链表的尾部。归并操作传入的参数是两个有序链表的头指针,返回的是合并后的有序链表的头指针。

```
struct intNode * mergeList(struct intNode * head1, struct intNode * head2)
{
    struct intNode * head, * tail;      /* head 是新链表的头指针,tail 是尾指针 */
    if(head1 == NULL) return head2;
    if(head2 == NULL) return head1;
    if(head1->data < head2->data) {     /* head 指向两个链表中的最小元素 */
        head = head1;
        head1 = head1->next;
    }
    else {
        head = head2;
        head2 = head2->next;
    }
    tail = head;                        /* tail 指向新链表的最后一个结点 */
```

```
    /* 依次从两个链表未处理元素中取最小元素添加到 head 链的尾部 */
    while(head1 != NULL && head2 != NULL) {
        if(head1->data < head2->data) {
            tail->next = head1;
            head1 = head1->next;
        }
        else {
            tail->next = head2;
            head2 = head2->next;
        }
        tail = tail->next;
    }
    if(head1 != NULL) tail->next = head1;    /* 处理剩余元素 */
    else if(head2 != NULL) tail->next = head2;
    return head;                                /* 返回归并链表的头指针 */
}
```

9.8.5 单链表排序

单链表排序是指将链表的结点按某个数据项从小到大(升序)或者从大到小(降序)的顺序连接。链表排序思想和数组排序类似,区别是数组遍历容易,而单链表只能一个方向遍历且不能随机访问。对链表的排序主要有两种方法:一种是交换结点数据域的值,不改变链表的连接顺序;另一种是直接交换结点,不改变结点数据域的值。打个比方:有一排存放文件的抽屉,需要将抽屉按文件编号排序,一种方法是抽屉不动,只将两个抽屉里的文件取出来交换;另一种方法是抽屉里的文件都不动,搬动整个抽屉。

1. 交换结点数据域的单链表排序

交换结点数据域的排序方式比较简单,因为结点的连接关系不变(即指针域的值不变),操作相对容易,不易出错。在数据域较为简单、成员较少的情况下,多采用这种方法进行链表排序。

【例 9.22】 写一个函数,采用交换结点数据域的方法对给定的无序单链表进行升序排序。

分析:采用冒泡法进行排序,每次从第一个结点开始遍历,比较相邻两个结点的数据域,一趟下来,最大的数据被交换到最后一个结点。接下来还从头结点起,至倒数第二个结点之间进行冒泡法排序,第二大的数被交换到倒数第二个结点,每趟冒泡法排序后,尾部有序的结点增多,这些结点不需要参与下一趟的冒泡排序。因此设置一个尾指针 tail,它始终指向未排序结点的尾部,排序过程中指针都是和 tail 比较,判断是否结束循环。

采用这种方法,排序过程中链表结点的位置不变,给定链表的头指针值也不会改变,因此函数无返回值,参数为指向结点结构的指针,调用时传递待排序链表的头指针即可。

```
void sortList_swapData(struct intNode * head)    /* 冒泡法对单链表排序 */
{
    struct intNode * p, * tail;
    int tmp;
```

```
    for(tail = NULL ; head != tail; tail = p) {
        for(p = head;p->next != tail; p = p->next)
            if(p->data > p->next->data) {        /* 交换数据域 */
                tmp=p->data;
                p->data=p->next->data;
                p->next->data=tmp;
            }
    }
}
```

在排序过程中，当前面结点的某项数据大于后面结点的某项数据时，则两个结点的所有数据项都要交换，交换一个数据项就要三条赋值语句，数据项越多，交换操作越费时，在数据域较为复杂、成员较多时，采用交换结点数据域的方法进行链表排序，效率会变低。此时，采用改变结点连接关系的排序方法效率更高。

2. 交换结点的单链表排序

交换结点的情况比较复杂，因为需要改变指针的连接方式，稍不注意就会出错，但在结点结构成员较多时，这种方法效率较高。

交换结点主要操作结点的指针域，通过改变结点指针域的值，使结点的连接顺序发生改变。下面以冒泡法中交换相邻两个结点为例，说明结点交换的思路。假设要交换 p 所指结点和它的后继结点，即数据值为 10 和 8 的两个结点交换，指针 last 指向 p 的前驱结点。交换后各结点的连接关系如图 9-7 所示，图中虚线是交换前指针的指向，实现该操作的代码为：

```
last->next = p->next;
p->next = p->next->next;
last->next->next = p;
p = last->next;                              /* p 回退一个结点 */
```

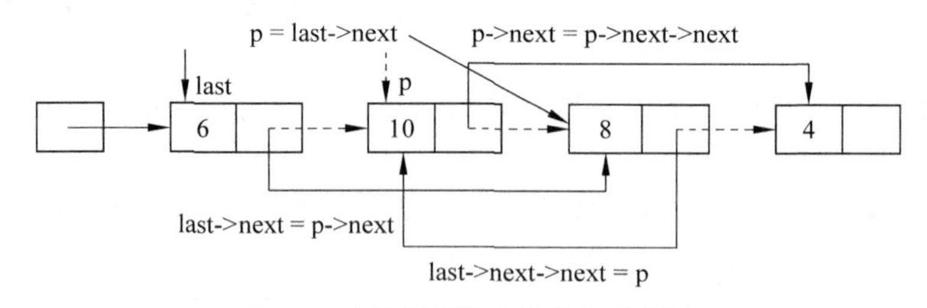

图 9-7　交换相邻结点的操作示意图

上述前三条语句执行后，p 指向的结点及其后继结点交换，结点顺序为：6、8、10、4，这时需要注意指针 p 的指向，它指向数据值为 10 的结点，要让指针 p 回退一个结点，使它指向数据值为 8 的结点，这样继续循环 last、p 后移一个结点，p 正好指向数据值为 10 的结点，接着比较数据值为 10 和 4 的两个结点。

【例 9.23】 写一个函数，采用交换结点的方法对给定的无序单链表进行升序排序。

分析：仍采用冒泡法进行排序。交换结点的单链表排序对于第一个结点的操作与其他结点不一样，因为第一个结点的前面没有结点，last 为空，也就不存在 last－＞next，需要特殊处理，这增加了程序的复杂性。因此，为了将所有操作统一处理，通常在单链表的开始结点之前增设一个头结点。头指针 head 指向头结点，头结点的指针域指向单链表的第一个数据结点，头结点的数据域不存放用户数据，如图 9-8 所示。而在不带头结点的单链表中，头指针指向单链表的第一个数据结点。

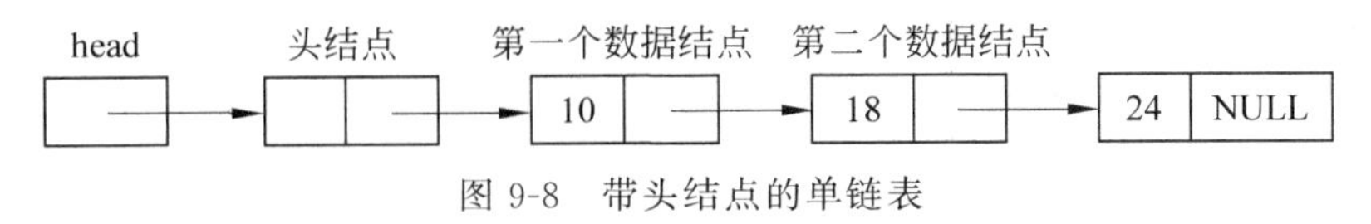

图 9-8　带头结点的单链表

对于带头结点的单链表，每趟冒泡排序从第一个数据结点开始两两比较交换，头结点不参与比较，故其位置不会改变，所以头指针 head 的值不变。另外，在第一个数据元素前面加入新元素或者删除第一个数据结点时头指针的值也不变，使用这种带头结点的单链表操作更简单。

由于前面例子创建的链表是不带头结点的，函数调用时传给 sortList_swapNode 函数的是不带头结点的单链表的头指针值，排序之后这个值可能会发生变化，所以函数的形参声明为二级指针。

```
void sortList_swapNode(struct intNode **headp)
{
    struct intNode *head, *p, *last, *tail;
    head = (struct intNode *)malloc(sizeof(struct intNode)); /*新增头结点*/
    head->next = *headp;            /*头结点的指针域指向链表中第一个数据元素*/
    for(tail = NULL; head->next != tail;tail = p ){
        for(last = head,p = head->next; p->next != tail; last = p,p=p->next) {
            if( p->data > p->next->data ){  /*交换结点*/
                last->next = p->next;
                p->next = p->next->next;
                last->next->next = p;
                p = last->next;         /*p回退一个结点*/
            }
        }
    }
    *headp=head->next;              /*(*headp)指向排序后链表的第一个数据元素*/
    free(head);                     /*释放头结点*/
}
```

注意，如果待排序链表本身也是带头结点的，则函数参数为一级指针，且上面程序中不需要新增头结点的操作。

例 9.22 的冒泡排序仅针对相邻结点的交换，如果交换的两结点不相邻，则情况更复杂些，需要修改的指针值更多，这种情况请读者参照图 9-7 的思路自己画图分析。

3. 其他改变连接关系的单链表排序

【例 9.24】 写一个函数，用归并排序法对给定的无序单链表进行升序排序。

分析： 归并排序只改变指针的连接方式，不交换链表结点的内容，其基本思想是分治法，先把链表对半分割成左链表和右链表两个子链表，然后递归对左右链表分别进行排序，最后把两个已排好序的链表归并成一条有序的链表。

对半分割链表的方法是用快慢指针法：用快慢两个指针，快指针每次后移两个结点，慢指针每次移动一个结点。当快指针移动到链尾时，慢指针就指向了中间的结点，从而将链表平分成了两段。

归并排序分为分割和合并两个子过程。分割是把链表对半分割成两段，再递归地对每段分割，直到链表为空或者只有一个结点(只有一个结点的链表一定是有序的)；合并是在递归返回的时候，自底向上合并相邻的两个子链表，链表归并算法见例 9.21。

```
struct intNode * mergeSortList(struct intNode * head)
{
    struct intNode * mergeList(struct intNode * , struct intNode * );
    if(head == NULL || head->next == NULL) return head;
    else {                                          /* 快慢指针找到中间结点 */
        struct intNode * fast = head, * slow = head;
        while(fast->next != NULL && fast->next->next != NULL) {
            fast = fast->next->next;
            slow = slow->next;
        }
        fast = slow->next;
        slow->next = NULL;
        slow = mergeSortList(head);                 /* 递归对前半段排序 */
        fast = mergeSortList(fast);                 /* 递归对后半段排序 */
        return mergeList(slow, fast);               /* 合并,mergeList 函数同例 9.21 */
    }
}
```

*9.8.6 十字交叉链表

在单链表的每个结点中增加一个指针，使该指针作为头指针指向另外一个单链表，这样形成的链表称为十字交叉链表。

例如，表 9-2 和 9-3 所示的学生基本信息和学习成绩表可以用十字交叉链表来表示，如图 9-9 所示。表 9-2 中的学生基本信息构成一个水平方向的单链表，表中的每个结点描述一个学生的基本信息，水平方向的每个学生结点都有一个指针，它指向该生的各科成绩构成的垂直方向的成绩链，也就是表 9-3 中的每个学生的各科成绩构成垂直方向的单链表，有多少个学生就有多少条垂直方向的单链表，这些链表挂在学生结点下。之所以考虑采用十字交叉链表，是因为学生选修的课程不一样，而且选课的门数也不一样，将每个学生每门课程的成绩以链表方式组织将更适应课程设置的变化。

表 9-2 学生基本信息表

学号	姓名	性别	年龄	家庭住址	联系电话
0001	aaa	m	18	hubei，wuhan	12345678
0001	bbb	f	18	hunan，changsha	76545678

续表

学号	姓名	性别	年龄	家庭住址	联系电话
…	…	…	…	…	…
00xx	zzz	m	19	hubei,honghu	32145678

表 9-3　学生成绩表

学号	高数	物 理	电路理论	中国语文	法语	计算机基础
0001	86	85	73	×	80	×
0002	77	83	76	82	87	75
0003	87	82	81	×	×	86
…	…	…	…	…	…	…
00xx	89	87	85	×	×	×

注：×表示未选该门课程

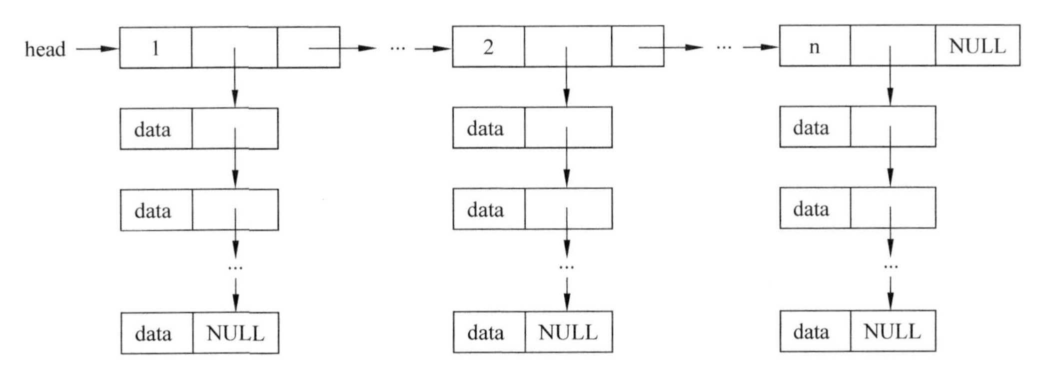

图 9-9　表示学生信息的十字交叉链表

垂直方向成绩链中的结点描述的是一个学生一门课程的成绩，结点的结构类型 COURSE 用 typedef 定义为：

```
typedef struct scr {
    char   num[10];                    /* 学号 */
    char   course[20];                 /* 课程名称 */
    int   score;                       /* 成绩 */
    struct scr   *next;                /* 指向下一课程成绩结点 */
} COURSE;
```

水平方向学生链中的结点描述的是一个学生的基本信息，结点的结构类型在下面定义为 STUDENT。其中，成员 next 是指向下一学生结点的指针，成员 headScore 是该生成绩链的头指针。

```
typedef struct stud {
    char   num[10];                    /* 学号 */
    char   name[10];                   /* 姓名 */
```

```
    char  sex;                              /* 性别 */
    int  age;                               /* 年龄 */
    char  addr[30];                         /* 家庭住址 */
    char  phone[12];                        /* 联系电话 */
    COURSE *headScore;                      /* 作为该生成绩链的头指针 */
    struct stud  *next;                     /* 指向下一个学生结点 */
} STUDENT;
```

【例 9.25】 定义函数 createCrossList,输入学生的基本信息和课程成绩,将它们建成一个十字交叉链表。

分析:算法思路是:先输入学生基本信息,用尾插法创建学生链,使头指针指向学生链的第一个结点;然后从头遍历学生链,对链中每个学生结点,以该结点的 headScore 指针为该生成绩链的头指针,输入课程成绩,用头插法创建该学生的成绩链。因此,当遍历完学生链后,每个学生的课程成绩链也相应创建完毕。创建的十字交叉链表的头指针由二级指针参数带回。

```
void createCrossList(STUDENT **headp)
{
    STUDENT *studhead=NULL, *tail, *p;
    COURSE *pcrs;
    char ch;
    printf("输入学号,姓名,性别,年龄,家庭住址,电话.以 Ctrl+Z 结束\n");
    while(1)  {
        p = (STUDENT *)malloc(sizeof(STUDENT));/* 创建一个学生结点 */
        fflush(stdin);
        if(scanf("%s%s%1s%d%s%s",p->num,p->name,&p->sex,&p->age,p->addr,p-
>phone)!=6)
            break;                      /* 输入各项基本数据 */
        p->scrhead = NULL;              /* 置新结点的成绩链头指针为空 */
        if(studhead==NULL)              /* 新结点加入学生链的尾部 */
            studhead = p;
        else tail->next = p;
        tail = p;                       /* 尾指针指向新结点 */
    }
    tail->next = NULL;                  /* 尾结点的指针域为 NULL */
    free(p);                            /* 释放最后一次分配的内存,它未加入链表 */

    *headp = studhead;                  /* 将学生链的头指针传回调用函数 */

    for(p = *headp;p != NULL;p = p->next){          /* 从头遍历学生链 */
        printf("输入学号为 %s 的学生成绩\n",p->num);
        printf("输入课程名,成绩.以 Ctrl+Z 结束\n");
        while(1){
            pcrs = (COURSE *)malloc(sizeof(COURSE));/* 创建该学生的成绩结点 */
            fflush(stdin);
```

```
            if(scanf("%s %d", pcrs->course,&pcrs->score)!=2)
                break;
            strcpy(pcrs->num,p->num);         /* 学生结点的学号存入该学生的成绩结点 */
            pcrs->next = p->scrhead;          /* 新结点加入成绩链的头部 */
            p->scrhead = pcrs;
        }
        free(pcrs);
    }
}
```

**9.8.7　双向链表

相比于数组,单链表的优点是插入和删除操作容易,不需要移动元素,其缺点是查找较难,从链表中的某个结点出发,只能往后查找,无法查找该结点之前的其他结点,如果要查找前面的结点,则必须从链头开始向后遍历。虽然有单向循环链表,可以从任一结点出发向后访问到表中所有结点,但时间开销还是比较大的,可能需要跑一圈。为了克服单链表的这种不足,使查找操作更加灵活方便,就有了双向链表(简称双链表)。

双链表是在单链表的基础上增加一个指向前驱结点的指针,即双链表的每个结点包含两个指针,一个指向后继结点,另一个指向前驱结点,从双链表的任意一个结点出发,都可以方便地向前、向后双向访问,更便利、更快捷,算法的时间性能得到有效提高,实际上是用空间换时间。设链表结点表示的是一个整数,则结点的结构类型声明为:

```
struct  intDulNode {
    int data;
    struct intNode * front;                /* 指向前一结点的指针 */
    struct intNode * behind;               /* 指向后一结点的指针 */
};
```

双链表的结构如图9-10所示,最后一个结点的behind指针为NULL。一般都是构造双向循环链表(简称环链),环链无须增加存储量,仅对表的链接方式稍作改变,让首结点的前驱指针front指向尾结点,尾结点的后继指针behind指向首结点,如图9-11所示,环链使表的处理更加方便灵活。

遍历一个环链时判别遍历是否结束的方法与非环链有所不同,因为环链中所有结点的指针都不会为NULL,不能用NULL值来判别遍历的结束。遍历环链需两个指针,一个用于记住遍历的开始位置,一个用作遍历,当遍历指针和开始位置重合时则遍历结束。

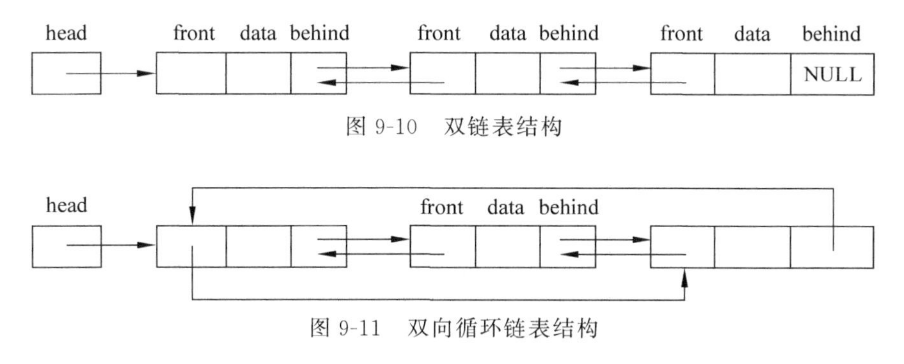

图9-10　双链表结构

图9-11　双向循环链表结构

环链的操作和单链表的操作基本一致，差别在于算法中的循环条件有所不同。环链的结点有两个指针，其结点的插入和删除操作虽然涉及两个方向的指针，但操作比单链更方便灵活，可以在一个结点的前面或后面插入新结点，可以删除一个结点及其前驱和后继结点，这些操作都不需要像单链表一样增加临时指针 last。下面以 intDulNode 结构为例，说明环链的插入和删除结点的操作方法。

设 p 是指向被删结点的指针，删除环链中的一个结点的操作可表示为：

```
(1)p->front->behind = p->behind;      /* 修改被删结点前驱结点的向后指针域 */
(2)p->behind->front = p->front;       /* 修改被删结点后继结点的向前指针域 */
```

设 new 是指向新结点的指针，将新结点插入 p 所指结点之后的操作可表示为：

```
(1)new->front = p;                    /* 使新结点的向前指针指向 p */
(2)new->behind = p->behind;           /* 使新结点的向后指针指向 p 的后继结点 */
(3)p->behind->front = new;            /* 使 p 的后继结点的向前指针指向新结点 */
(4)p->behind = new;                   /* 使 p 的向后指针指向新结点 */
```

注意，插入的操作步骤有先后之分，步骤(4)不能在步骤(2)和(3)之前执行，必须先将新结点与 p 的后继结点连接起来，否则 p 后面原来结点的指针被丢失，导致新结点插入以后链表不再是一个环。

设 new 是指向新结点的指针，将新结点插入 p 所指结点之前的操作可表示为：

```
(1)new->front = p->front;             /* 使新结点的向前指针指向 p 的前驱结点 */
(2)p->front->behind = new;            /* 使 p 的前驱结点的向后指针指向新结点 */
(3)new->behind = p;                   /* 使新结点的向后指针指向 p */
(4)p->front = new;                    /* 使 p 的向前指针指向新结点 */
```

步骤(1)和(2)使新结点与前一结点连接，步骤(3)和(4)使新结点与 p 所指结点连接。同理，步骤(4)不能在步骤(1)和(2)之前执行。

本章小结

结构、联合和字段结构在计算机程序设计中有着广泛的应用。结构数组常常用来描述诸如成绩单、通信录等数据对象，结构数组作函数参数的本质是指向结构的指针，结构和结构指针既可以作函数参数，也可以作函数返回值。注意联合和结构的区别，结构的各成员占据各自不同空间，而联合的所有成员分时共享共同的存储区域。若干相邻的二进制位可以组成字段，和位运算一样，字段结构也可以实现存取一个字中的一个或多个二进制位。链表是一种最基本的常用动态数据结构，掌握好链表的相关操作，对提高程序设计能力和编程素养都极有好处，也是优秀程序员必备的基础。

习题 9

9.1 设计一个含有年、月、日的日期结构类型，输入一个日期，计算并输出该日期是本年中的第几天。

9.2 设有描述学生的结构类型声明为：

```
struct student{
    int num;                        /* 学号 */
    char name[12];                  /* 姓名 */
    double score;                   /* 成绩 */
};
```

请编程完成任务：①定义有5个元素的结构数组s并对其进行初始化，同时定义结构指针p并使其指向s[0]；②不用指针p，依次输出各数组元素的各成员值；③用指针p，依次输出各数组元素的各成员值。

9.3 修改题9.1，将由日期计算第几天定义成函数，函数的参数是日期结构，函数的返回值是计算的结果。

9.4 修改题9.3，将函数参数改为指向日期结构的指针。

9.5 表示日期的结构同题9.1，输入一个年份及该年的第几天，计算并输出用年、月、日表示的该天的日期。要求将由年份及第几天计算日期定义成函数，函数的参数是年份及该年的第几天，返回值是一个日期结构。

9.6 修改题9.5，将函数的返回值改为指向日期结构的指针。

9.7 设计一个能够描述网址的结构类型struct web，它包含缩略名、全名和URL(网址)，如表9-4所示，构造对应的结构数组，输入常用的URL、缩略名和全名，并且按照缩略名排序，当输入一个缩略名时能够快速找到对应的URL，以方便上网。

表9-4 网址表

缩略名	全　　名	URL(网址)
华科大	华中科技大学	http://www.hust.edu.cn
百度	百度搜索网站	http://www.baidu.com
淘宝	淘宝购物网站	https://www.taobao.com

9.8 设有如下声明：

```
struct {
    int n;
    int x[2];
    char *s;
} a[ ]={{1,{0,1},"city"}, {2,{3,0},"wuhan"}}, *p=a;
```

请计算下列表达式的值，各表达式相互无关。

(1) ++p->n　　　　(2) ++(++p)->x[1]

(3) *(a[0].s+2)　　　　(4) *(p+1)->s++

(5) *(*p).x+a[1].n　　　　(6) (p+1)->x[0]&0123

9.9 设有如下声明：

```
struct {
    int  a[3], *pa;
    char b[20], *pb;
} s = {{-1,0,1},s.a,"abcdef",s.b}, *ps=&s;
```

请计算下列表达式的值，各表达式相互无关。

(1) ++*s.a　　　　(2) *s.a+2

(3) ＊(s.a＋2)

(4) ps－＞pa[1]＋＋

(5) ＋＋＊＋＋ps－＞pa

(6) ＊(s.b＋2)

(7) ＊(＋＋s.pb)＋2

(8) (＋＋s.pb)[3]

(9) ps－＞pb[2]＋＋

(10) ＊(＋＋ps－＞pb)＋＋

9.10　IP 协议是网络传输的基础，程序中 IP 协议被定义为一个结构，其中关于源站 IP 地址和目的站 IP 地址的声明是：struct in_addr　ip_src, ip_dst；结构类型 struct in_addr 允许用点号来划分 IP 地址，例如 102.203.11.67，它占 4 字节，每个数依次占 1 字节；同时也允许用一个长整型数来描述 IP 地址，两种方式的 IP 地址值都是相同的。请设计一个能够满足上述要求的数据结构。输入一个长整型数描述的 IP 地址，将其以点分十进制输出。提示：用结构作为联合成员。

9.11　假定计算机图形学中的一个图元可能是点、线段、圆或矩形，各自包含的信息如下。

点：x 坐标和 y 坐标，颜色编码。

线段：起点的 x 坐标和 y 坐标，终点的 x 坐标和 y 坐标，颜色编码，线型。

圆：圆心的 x 坐标和 y 坐标，半径，颜色编码，线型。

矩形：左上角的 x 坐标和 y 坐标，右下角的 x 坐标和 y 坐标，颜色编码，线型。

建立一个可容纳 10 个图元的数组，输入每个图形的信息及区别于其他图元的标志，然后根据标志输出每个图元的信息。

9.12　将一个占 4 字节的整型变量，按每 4 位一组定义为字段结构，再将字段结构变量和一个整型变量定义成为一个联合类型。通过键盘输入一个整数，完成对字段结构成员的初始化，然后从该整型变量的高字节开始，依次取出每个字节的高 4 位和低 4 位要，并以其值的 ASCII 码形式进行显示。

9.13　输入一行字符，建立一个后进先出单链表，链表的每个结点含有输入的一个字符，再遍历链表输出这些字符，将建立链表和遍历链表均定义成函数。

9.14　输入一行字符，建立一个先进先出单链表，链表的每个结点含有输入的一个字符。再完成下列任务：

(1) 遍历输出链表中的所有字符。

(2) 将链表中的所有字符无冗余地存放到一个通过动态存储分配创建的字符数组中，再通过 puts 函数或 printf 函数输出这些字符。

9.15　在题 9.14 的基础上，增加功能：输入一个字符，如果该字符已在链表中，则删除该字符的所有结点；否则，在输入字符和结点的数据域字符差值最小的结点后面插入包含输入字符的结点。

9.16　建立一个图书登记表，每本书包含书号、书名、作者、出版社、出版日期、售价。用单链表实现下列功能：

(1) 输入每本书的各项信息。

(2) 输出每本书的各项信息。

(3) 修改指定图书的指定数据项的内容。

(4) 按书名查询图书信息。

(5) 统计某年出版的图书数量。

9.17　在题 9.16 的基础上，新增功能：按照售价进行降序排序，写出用交换结点数据域的方法降序排序的函数。

9.18　修改题 9.17，采用改变结点连接关系的方法实现排序。

9.19　用链表求解约瑟夫问题：n 个人(编号 1～n)围成一圈，从第一个人开始从 1 报数，报到 m 的出圈，剩下的人接着从 1 报数，报到 m 的出圈，如此循环，直到剩下 1 人为止。输出出圈人的编号。

9.20　用十字交叉链表无冗余地接收键盘输入的任意个长度无限制的字符串(字符串的个数和长度事先皆不指定)。提示：水平链的结点增加一个指针成员作为字符串链的头指针。

9.21　称正读和反读都相同的字符序列为“回文”，例如，"abba"和"abcba"是回文。请使用双向链表实现判断一个输入的字符串是否是回文。

第10章 文件

在实际应用中,程序与环境之间的交互比本书前面章节描述的情况复杂得多。到目前为止,前面讲述的例子都是从标准输入设备读取数据,并向标准输出设备输出数据。

计算机的标准输入设备和输出设备是指键盘和显示器。而在实际的应用程序中,某个程序产生的输出很可能是另外一个程序的输入;某个程序产生的数据也有可能需要永久地保存下来,该程序下次运行时再次调用,或者供其他程序读取。

此外,对于需要输入大量数据的程序,在程序执行过程中,利用键盘,通过人工输入数据也是不太可能的。人工输入方式既烦琐,又容易出错,不能保证输入数据的正确性。为了解决这些问题,C 语言提供了对文件的操作,通过对文件的操作实现数据的保存、读取与自动输入。

本章主要介绍文件的概念及分类,文件指针,文件的打开、读写及关闭等操作,文件的读写函数、定位函数。学习的重点在于掌握文件的打开、关闭与读写函数的使用,以及用定位函数实现文件的随机读写。

10.1 文件概述

10.1.1 数据流

数据的输入与输出都必须通过计算机的外围设备,不同的外围设备对于数据输入与输出的格式和方法有着不同的处理方式,这就增加了编写文件访问程序的困难程度,而且很容易产生外围设备彼此不兼容的问题。因此,C 语言将各种输入输出的终端设备、硬盘以及其他各种类型的磁盘、打印机、串行口等都统一映射成 C 语言逻辑层面的数据流(data stream)。程序员只需要按照标准 I/O 提供的库函数对数据流进行 I/O 操作,就可以完成数据的输入输出。

数据流将整个文件内的数据看作一串连续的字符(字节),而没有记录的限制。

数据流借助文件指针的移动来访问数据,文件指针目前所指的位置即是要处理的数据,经过访问后文件指针会自动向后移动。

每个数据文件后面都有一个文件结束符号(EOF),用来告知该数据文件到此结束,若文件指针指到 EOF 便表示数据已访问完毕。

10.1.2 文件的概念

1. 文件的定义

文件是指存储在外部介质上的有序数据集合。一批数据按照一定的组织结构以文件形式存放在外部介质(如磁盘、光盘、U 盘)上。其特点是所存数据可以长期、多次使用,不会因为断电而消失。

操作系统对外部介质上的数据是以文件形式进行管理的。当打开一个文件或者创建一个新文件时，一个数据流和一个外部文件（可能是一个物理设备）相关联。

一个文件必须有一个文件名，它通常是由一串 ASCII 码或汉字构成的，名字的长度因系统不同而异。例如，在有的系统中把名字规定为 8 个字符，而在有的系统中又规定可用 14 个字符。用户利用文件名来访问文件。

C 语言支持的是流式文件，即前面提到的数据流，它把文件看作一个字节序列（字节流），并以文件结束符结束，如图 10-1 所示。通过文件名确定这一组字节流中第一个字节的物理地址，字节流中的每一个字节用位移量标识，第一个字节位移量为 0，后续字节位移量一次递增。可以根据该物理地址和位移量读写文件中任何一个字节或任意位置开始的一组连续的字节块。

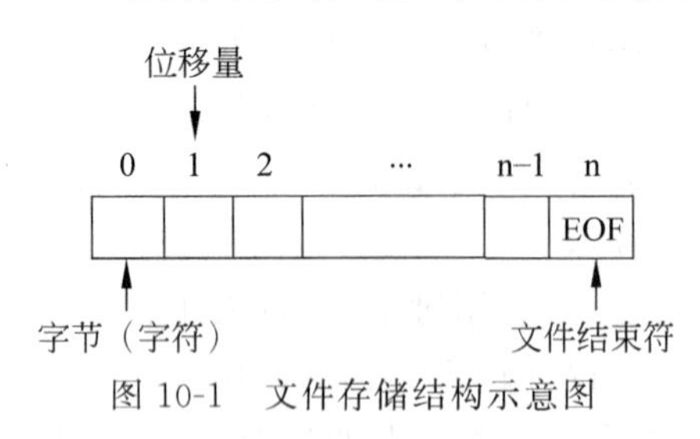

图 10-1　文件存储结构示意图

2. 文件的读写操作

文件的读写操作都以 CPU 和内存为参考点，读文件操作称为输入操作，它将文件中的数据读入内存供 CPU 进一步处理。

写文件操作称为输出操作，它将经 CPU 处理且存储在内存中的结果数据写到文件中保存起来。因此，这种对文件的读和写也通常称为文件的输入和输出。

3. 缓冲区

缓冲区（buffer）又称缓存，是内存空间的一部分。也就是说，在内存空间中预留了一定的存储空间，这些存储空间用来缓冲输入或输出的数据，这部分预留的空间称为缓冲区。它用来在输入输出设备和 CPU 之间缓存数据。可以使得低速的输入输出设备和高速的 CPU 能够协调工作，避免低速的输入输出设备占用 CPU，将 CPU 解放出来，使其能够高效率工作。

缓冲区根据其对应的是输入设备还是输出设备，分为输入缓冲区和输出缓冲区。

C 语言的文件处理功能依据系统是否设置“缓冲区”分为两种：一种是设置缓冲区，另一种是不设置缓冲区。不设置缓冲区的文件处理方式，必须使用较低级的 I/O 函数来直接对磁盘存取，所以这种方式的存取速度慢，并且由于不是 C 的标准函数，跨平台操作时也容易出问题。下面只介绍第一种处理方式，即设置缓冲区的文件处理方式。

当使用标准 I/O 函数（包含在头文件 stdio.h 中）时，系统会自动设置缓冲区，并通过数据流来读写文件。当进行文件读取时，不会直接对磁盘进行读取，而是先打开数据流，将磁盘上的文件信息复制到缓冲区内，然后程序再从缓冲区中读取所需数据。

事实上，当写入文件时，并不会马上写入磁盘中，而是先写入缓冲区，只有在缓冲区已满或“关闭文件”时，才会将数据写入磁盘。

10.1.3　文件类型

在 C 语言中，根据流式文件中字节的编码方式，将文件分为 ASCII 文件和二进制（binary）文件两种。

1. ASCII 文件

ASCII 文件又称文本（text）文件。在文本文件中，它的每一个字节存放一个 ASCII 码值,代表一个字符,单个字符的 ASCII 码是文本文件数据的基本组成单位。

对文本文件的操作可以是单个字符的输入和输出、字符串的输入和输出、格式化的输入和输出。无论采用什么方式对文本文件进行输入输出操作,数据都将按照写入文件的先后顺序以 ASCII 码形式存放。

【例 10.1】 文本文件的存储示例。在 Windows 下的命令行窗口,输入以下命令,即可生成一个名为 test1.txt 的文本文件。

```
E:\C2019\copy con test1.txt ↙
Hi, Huster! ↙
28↙
176.0625↙
^Z↙
```

通过磁盘编辑工具可以看到 test1.txt 文件在磁盘扇区中的存储格式,如图 10-2 所示。显然,在磁盘上存放的都是每个字符对应的 ASCII 码。例如,0x48 是字符'H'的 ASCII 码,0x20 是空格符的 ASCII 码,而 0x32 是字符'2'的 ASCII 码,可以看出,数据是按照正文输入的先后顺序以字符的 ASCII 码形式存放的。两个输入行之间插入了 0x0D(回车符)、0x0A(换行符)。

Offset	0	1	2	3	4	5	6	7	8	9	A	B	C	D	E	F	0123456789ABCDEF
4BD2954120	48	69	2C	48	75	73	74	65	72	21	0D	0A	32	38	0D	0A	Hi,Huster!..28..
4BD2954130	31	37	36	2E	30	36	32	35	0D	0A	00	00	00	00	00	00	176.0625........
4BD2954140	FF	FF	FF	FF	82	79	47	11	00	00	00	00	00	00	00	00	ÿÿÿÿ.yG.........
4BD2954150	00	00	00	00	00	00	00	00	00	00	00	00	00	00	00	00	....
4BD2954160	00	00	00	00	00	00	00	00	00	00	00	00	00	00	00	00	....

扇区 636045984 / 1953525168 偏移量: 4BD2954120 = 72 选块 4BD2954120 - 4BD2954120

图 10-2 文本文件在磁盘扇区中的存储格式

2. 二进制文件

在二进制文件中,每个字节都是对应数据在内存中存放时的表现形式。也就是说,二进制文件是把内存中的数据按照其在内存中的存储形式原样输出到磁盘上存放,不同数据有不同的存储长度和不同的存储格式。因此,在读写二进制文件时,一定要注意读写数据的格式。例如,读出的整型数据一定要赋给整型变量,读出的字符型数据一定要赋给字符型变量,读出的浮点型数据一定要赋给浮点型变量等。

【例 10.2】 二进制文件的存储示例。定义一个结构体,包含字符数组变量 c,整型变量 x 和浮点型变量 y。定义一个结构变量 pt,并赋初值。

```
struct dat {
    char c[11];
    int x;
    float y;
} pt={"Hi,Huster!",28,176.0625};
```

将这个结构体的成员依次写入一个二进制文件 test1.bin 中,通过磁盘编辑工具可以看到 test1.bin 文件在磁盘扇区中的存储格式,如图 10-3 所示。

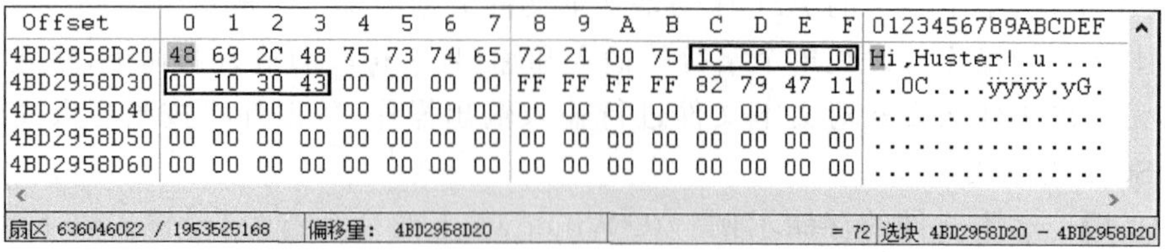

```
Offset      0  1  2  3  4  5  6  7   8  9  A  B  C  D  E  F  0123456789ABCDEF
4BD2958D20 48 69 2C 48 75 73 74 65  72 21 00 75 1C 00 00 00  Hi,Huster!.u....
4BD2958D30 00 10 30 43 00 00 00 00  FF FF FF FF 82 79 47 11  ..0C....ÿÿÿÿ.yG.
4BD2958D40 00 00 00 00 00 00 00 00  00 00 00 00 00 00 00 00  ................
4BD2958D50 00 00 00 00 00 00 00 00  00 00 00 00 00 00 00 00  ................
4BD2958D60 00 00 00 00 00 00 00 00  00 00 00 00 00 00 00 00  ................
扇区 636046022 / 1953525168   偏移量:  4BD2958D20      = 72 选块 4BD2958D20 - 4BD2958D20
```

图 10-3　二进制文件在磁盘扇区中的存储格式

显然,字符串数据在二进制文件中的数据存储为其分别对应的 ASCII 码,整数 28(4 字节)的二进制表示是 0x00 00 00 1C,而以文件形式在磁盘扇区中的数据存储为 0x1C 00 00 00(低字节在前,高字节在后);浮点型数据 176.0625(4 字节)的二进制表示是 0x43 30 10 00,而以文件形式在磁盘扇区中的数据存储为 0x 00 10 30 43(低字节在前,高字节在后)。

从图 10-3 中可以看出,每个变量的数据存储格式与它们的数据类型相关,数据与数据之间连续存放,没有分隔符分隔。因此,读的时候一定要按照字符型、整型、浮点型的顺序读,同时赋值时也应该赋给同类型的变量。

3. 文本文件与二进制文件的特点

从例 10.1 和例 10.2 分析来看,文本文件中是一个字节存储一个字符,这样便于对字符进行处理,方便在文本编辑器中直接阅读和修改。但是,文本文件占用存储空间较大,计算机处理数据时需要将 ASCII 码转换成二进制形式,会花费较多的时间,降低了程序的执行效率。

二进制文件中数据的存储方式与内存中数据的存储方式是完全相同的,不需要转换,程序执行效率较高,存储空间也较小。其缺点就是不能直接输出字符形式,可读性较差。

在 C 语言中处理这些文件时,并不区分类型,都视为字符流,按字节进行处理。输入输出的数据流的开始和结束仅受程序控制而不受物理符号(如回车符、换行符)控制。也就是说,在输出时不以回车符、换行符作为记录的间隔。因此,也把这种文件称为“流式文件”。

10.1.4　文件指针

FILE 是 C 语言标准中定义的一种结构类型。不同的 C 编译器关于 FILE 结构类型的定义会有差异。例如,Borland Turbo C 2.0、Borland Turbo C 3.0、Borland Turbo C 3.1、Visual C++ 6.0、UNIX/Linux 中关于 FILE 结构类型的定义就各不相同,但提供的库函数却都会满足 C 语言标准。所以,FILE 结构类型定义的差异仅仅只会影响相关库函数的实现,对库函数的调用操作没有任何影响。例如,CodeBlocks 16.0 中的 FILE 结构类型如下。

```
typedef struct _iobuf {
    char * _ptr;          //文件输入的下一个位置
    int   _cnt;           //当前缓冲区的相对位置
    char * _base;         //文件的起始位置
    int   _flag;          //文件标志
    int   _file;          //文件的有效性验证
    int   _charbuf;       //检查缓冲区状况,如果无缓冲区则不读取
    int   _bufsiz;        //文件的大小
    char * _tmpfname;     //临时文件名
```

```
} FILE;
```

FILE 类型的结构变量在打开文件时由系统创建，其成员的值也只由系统进行赋值和更新。程序使用的只是指向 FILE 类型的结构变量的指针，称为文件指针。每一个打开的文件都必须有一个文件指针变量，通过该文件指针变量就可对它所指的文件进行各种操作。

定义文件指针变量的一般形式为：

```
FILE *指针变量标识符;
```

在编写源程序时不必关心 FILE 结构的细节。例如，FILE *fp;表示 fp 是指向 FILE 结构的指针变量，通过 fp 即可找存放某个文件信息的结构变量，然后按结构变量提供的信息找到该文件，实施对该文件的操作。习惯上，也笼统地把 fp 称为指向一个文件的指针。

10.1.5 文件操作的基本步骤

文件在进行读写操作之前要先打开，使用完毕要关闭。所谓打开文件，实际上是建立文件的各种相关信息，并使文件指针指向该文件，以便进行其他操作。关闭文件则断开指针与文件之间的联系，也就禁止再对该文件进行操作。

文件操作一般具有以下三个必备的步骤。

(1) 打开文件。建立文件指针或文件描述符与新建文件或已有文件之间的联系。

(2) 对文件进行读或写操作。

(3) 关闭文件。这是文件操作的最后一步，取消文件指针或文件描述符与已打开文件之间的联系，关闭文件保证将文件缓冲区的数据写入文件，并释放系统分配的文件缓冲区。

当然，在实际的文件操作过程中，不仅仅局限于以上三个步骤，可能还会包括打开文件是否成功的检测操作、文件指针是否已到达文件末尾的检测操作、文件指针的复位或定位操作等。

10.2 文件的打开与关闭

无论是新文件还是已有文件，都必须先用 fopen 函数打开该文件，才可以向文件中写入数据，或者修改其中的内容。打开一个文件时，必须指定访问模式(access mode)，以表明计划对该文件进行的是读、写或读写结合等操作。当使用完该文件后，必须用 fclose 函数关闭它以释放资源。

10.2.1 打开文件函数 fopen

头文件 stdio.h 中关于 fopen 函数的原型声明为：

```
FILE * __cdecl fopen(const char * filename, const char * mode);
```

说明，__cdecl 表示使用 C 语言约定，即调用时所有参数从右到左依次入栈，这些参数由调用者清除。如果换成 Pascal，则表示采用 Pascal 语言约定，Pascal 语言约定中参数压栈顺序与 C 语言约定相反。fopen 函数第一个形参是文件名 filename，第二个形参是文件的访问模式 mode。如果文件打开成功，fopen 函数返回指向所打开文件的文件指针值，否则返回 NULL。

如果一个文件打开用于写操作,程序应赋予其独立访问权限以防止其他程序同时对该文件进行写操作。传统的标准函数并不能确保独立文件访问权限,但是 C11 新增的三个新"安全"函数 fopen_s,在操作系统支持的前提下,可以提供独立访问权限。

1. 文件名

第一个形参 filename 指向的字符串就是待打开的文件名,它可以包含文件名、扩展名,也可以包含驱动器名和目录路径。

2. 访问模式

第二个形参 mode 指定文件的访问模式,访问模式决定了流所许可的输入和输出操作。对访问模式字符串的许可值有严格的限制。该字符串的第一个字符只能为三种形式: r(表示读"read")、w(表示写"write")或 a(表示添加"append")。

在最简单情况下,该字符串只包含一个字符。访问模式字符串还可以包含 + 和 b(如果两者同时具有,次序是没有关系的,+b 效果等同于 b+)。

访问模式字符串中的加号(+)表示读写操作都可以进行。然而,程序不可以在读操作和写操作之间立即进行切换。在写操作之后,必须调用函数 fflush 或者定位函数(fseek、fsetpos 或 rewind),然后才可以执行读操作。在读操作之后,必须调用定位函数,然后才可以执行写操作。

访问模式字符串中的 b 表示文件以二进制模式打开。也就是说,与该文件关联的流是二进制流。如果访问模式字符串中没有 b,新建立的流就是字符串流。

当访问模式字符串以 r 开始时,该文件必须已经存在于文件系统中。当访问模式字符串以 w 开始时,如果文件不存在,则会建立一个新文件;如果文件存在,该文件当前内容会被清除,因为在写模式中,函数 fopen 将文件长度设置为 0。

当访问模式字符串以 a 开始时,如果文件不存在,则建立一个新文件,从文件开始处写入内容。如果文件存在,则该文件当前内容会被保留,所有新写入的内容都会从文件尾端添加。

根据 C 语言标准规定,访问模式字符串表示形式及含义如表 10-1 所示。

表 10-1　文件访问模式字符串表示形式及含义

模式		含　义
文本文件	二进制文件	
"r"	"rb"	只读方式打开一个已存在的文本文件/二进制文件
"w"	"wb"	只写方式创建一个新的文本文件/二进制文件,如创建的文件名已存在,则它的内容将被删除
"a"	"ab"	以添加方式打开或创建文本文件/二进制文件,在尾部进行写
"r+"	"rb+"/"r+b"	读写形式打开一个已存在的文本文件/二进制文件。文件指针不在文件结尾时进行写操作将以覆盖方式写
"w+"	"wb+"/"w+b"	读写形式打开或创建一个文本文件/二进制文件。文件指针不在文件结尾时进行写操作将以覆盖方式写
"a+"	"ab+"/" a+b"	添加,打开或创建文本文件/二进制文件更新,在尾部开始写数据,读数据时则从文件头开始

说明：

（1）“+”：表示打开或创建的文件允许读写操作，也可称为更新操作，即文件位置指针不在文件结尾时进行写操作将以覆盖方式写。

（2）“r+”和“a+”：二者的差别在于文件被打开时，文件的位置指针不同。前者的文件位置指针总是在文件首，读写数据时都是从文件头开始；而后者在写数据时文件的位置指针在文件尾，读数据时文件的位置指针在文件首。

3. 打开文件函数的说明

关于打开文件函数说明如下。

（1）如果文件以只读方式打开，只能从文件读入数据，不能向文件写入数据，打开文件成功的先决条件是：文件路径是正确的且指定的文件已经存在。

（2）如果文件以只写方式打开，只能向文件写入数据，不能从文件读入数据，如果文件路径指定的文件已经存在，清空文件内容；如果文件路径指定的文件不存在，则创建文件。

（3）写入文件过程，写入的内容覆盖位置指针指向的字节。读入文件过程读入位置指针指向的字节内容。完成读写操作后，自动调整位置指针值。

（4）当位置指针指向文件尾时，读入的文件内容为 EOF，表示读文件操作出错。EOF 是头文件 stdio.h 中定义的表示整数−1 的符号常量。

（5）打开文件出错处理。读写文件的前提是成功打开文件，如果打开文件出错，后续读写文件操作将无法正常进行。因此，需要对打开文件出错的情况进行检测处理。如果出错，可以终止程序，返回操作系统；也可以给予提示返回程序做进一步处理。

打开出错的原因可能是用"r"方式打开一个并不存在的文件（或文件路径不正确）、磁盘出现故障、磁盘已满无法建立新文件等。

（6）在向计算机输入文本文件时，将回车换行符转换为一个换行符；在输出时，把换行符转换成回车符和换行符两个字符。在用二进制文件时，不进行这种转换，在内存中的数据形式与输出到外部文件中的数据形式完全一致，一一对应。

（7）在程序开始运行时，系统自动打开三个标准文件：标准输入、表述输出、标准出错输出。通常这三个文件都与终端相联系。系统自动定义了三个文件指针 stdin、stdout、stderr，分别指向终端输入、终端输出和标准出错输出（也从终端输出）。如果程序中指定才能够从 stdin 所指的文件输入数据，就是指从终端键盘输入数据。

10.2.2 关闭文件函数 fclose

头文件 stdio.h 中关于 fclose 函数的原型声明为：

```
int __cdecl fclose(FILE *);
```

说明：参数为文件指针，fclose 函数关闭文件指针所指文件。它使缓冲区中尚未存盘的数据全部强制性地存盘，释放打开文件时系统分配的输入输出缓冲区，取消 FILE 指针与文件之间的映射关系。如果文件正常关闭，fclose 函数则返回 0，否则返回非 0。

尽管当程序退出时，所有打开的文件都会自动关闭。但是，最好还是应该在完成文件处理后主动关闭文件；否则，一旦遇到非正常的程序终止，就可能丢失数据。同时，文件打开过多会导致系统运行缓慢，自行主动关闭不再使用的文件可以提高系统整体的执行效率。当然,一个程序可以同时打开的文件数量是有限的,数量上限小于或等于常量 FOPEN_MAX 的值(在 stdio.h 文件中)。

10.2.3 应用举例

例 10.1 中给出了文本文件存储的示例,它可以通过运行下面例 10.3 中对文本文件操作的程序得到。例子中给出文件打开与关闭函数的调用,文件读写操作可以暂时不管。

【例 10.3】 文件的打开、关闭及读写操作。文件以文本文件格式创建,目的是观察文本文件在磁盘中的存储方式。

分析: 函数 fopen 以文本文件读写的方式"w"打开 E 盘子目录 C2019 下的文件 test103.txt。注意,要用\\表示路径;通过赋值,使文件指针 fp 指向已打开的文件。

函数 fgets 从标准输入流中读入字符串到字符数组 c 中,遇到 Ctrl+Z 时结束;fprintf(fp,"%s",c)将读入的字符串写到 test103.txt 文件中;写完后通过 fclose(fp)关闭文件。

此时,E 盘子目录 C2019 下已经有文件 test103.txt,可以通过任何文本编辑器浏览、更新。参考程序如下。

```
#include<stdio.h>
int main(void)
{
    FILE * fp;                          /* 定义文件指针 */
    char c[30];

    if((fp=fopen("E:\\C2019\\test103.txt","w"))==NULL)   /* 打开文件 */
    {
        printf("failed\n");
        return 0;
    }
    while(fgets(c,80,stdin)!=NULL)  /* 输入字符串,当输入不是 Ctrl+Z 循环 */
        fprintf(fp,"%s",c);          /* 将 c 中内容按%s 格式写到文本文件 test103.txt 中 */
    fclose(fp);                         /* 关闭文件 */
    return 0;
}
```

例如,程序编译执行后,输入以下内容:

```
Hi,Huster! ↙
28 ↙
176.0625 ↙
^Z ↙
```

程序执行结束,请用文本编辑器查看 test103.txt 文件内容是否与图 10-2 的存储格式相同。

同样,也可以编程将输入的数据以二进制形式保存到 E 盘子目录 C2019 下的文件 test103.bin 之中,然后通过磁盘读写工具观察文件 test103.bin 在磁盘中的存储情况,此程序留给读者自己完成。

10.3 文件的顺序读写

在C语言中，读写文件比较灵活，既可以每次读写一个字符，也可以每次读写一个字符串，甚至是任意字节的数据（数据块）。标准C语言提供了相应的文件读写函数：字符读写函数 fgetc 和 fputc、字符串读写函数 fgets 和 fputs、数据块读写函数 fread 和 fwrite、格式化读写函数 fscanf 和 fprintf。

这些函数的原型声明都在 stdio.h 中，使用这些函数时必须先用＃include ＜stdio.h＞或＃include "stdio.h"包含 stdio.h 文件。

10.3.1 字符读写操作

1. 字符读取函数

字符读取函数从指定的文件读取一个字符。读取的前提条件是该文件必须以读或读写方式打开。该函数原型声明为：

```
int fgetc(FILE * fp );                    /* 从文件中读一个字符 */
```

说明：fgetc 函数的形参是一个已经打开文件的文件指针 fp，函数的功能是从文件指针 fp 当前所指位置读取一个字符，然后文件指针自动指向下一个字节。

函数读取成功时，将读取的字符作为 unsigned char 类型转换为整型值返回。如果遇到文件结束或读操作出错时，则函数返回 EOF。

2. 字符写入函数

字符写入函数将一个字符写入指定的文件。写入的前提条件是该文件必须以写或读写方式打开。该函数原型声明为：

```
int fputc(int ch, FILE * fp);          /* 向文件中写一个字符 */
```

说明：函数 fputc 将参数 ch 转换成为 unsigned char 类型然后写到文件指针 fp 指向的文件中。每次写入一个字符时，是写到文件指针的当前位置处，然后文件指针自动指向下一个字节。

写入成功时，返回值是被写字符；如果写操作出错或遇到文件结束时，则函数返回 EOF。

3. 使用举例

【例 10.4】 用 fgetc 和 fputc 函数编写一个程序，将由键盘输入一行字符以文本形式保存到 E:\C2019\test104.txt 文件中，然后再将文件中的内容读取出来显示在屏幕上，检查是否与先前键盘输入的内容一致。

分析：首先设计一个函数 input_save 将键盘输入的一行字符以文本的形式保存到 test104.txt 文件中；然后，再设计一个函数 read_display 按字符读取文件 test104.txt 内容并输出到显示器上。最后，通过主函数分别调用 input_save 和 read_display。参考程序如下。

```
#include<stdio.h>
#includ<stdlib.h>
```

```
void read_display(const char * filename);/*将文件内容在屏幕上显示输出*/
void input_save(const char * filename);  /*将键盘输入保存到文件中*/
int main(void)
{
    input_save("E:\\C2019\\test4.txt");   /*将键盘输入的一行字符保存到test4.txt中*/
    read_display("E:\\C2019\\test4.txt"); /*将test4.txt的内容在屏幕上显示输出*/
    return 0;
}
void read_display (const char * filename)
{
    FILE * fp;
    char ch;
    if((fp = fopen(filename,"r")) == NULL)
    {
        printf("can't open the file!");
        exit(-1);
    }
    while((ch = fgetc(fp)) != EOF)         /*从文件中读一个字符ch*/
        putchar(ch);                       /*在显示器上显示字符ch*/
    fclose(fp);
}
void input_save(const char * filename)
{
char ch;
    FILE * fp;
    if((fp = fopen(filename,"w")) == NULL)
    {
        printf("can't open the file!");
        exit(-1);
    }
    while((ch = getchar()) != '\n')        /*从键盘读取一个字符,直到是换行符为止*/
        fputc(ch,fp);                      /*将字符写入文件*/
    fclose(fp);
}
```

一般地,在打开文件时应该判断文件打开是否成功,若打开失败则给予打开文件出错信息的处理,exit(－1)表示打开文件失败时返回操作系统。

exit函数包含在头文件stdlib.h中,它通常是在子程序中用来终结程序,使用后程序自动结束,返回操作系统。exit(0)表示程序正常退出,,exit(1)/exit(－1)表示程序异常退出。

10.3.2 字符串读写操作

1. 字符串读取操作函数

字符串读取操作函数从指定的文件读取一个字符串。读取的前提条件是该文件必须以读或读写方式打开。该函数原型声明为:

```
char * fgets(char * s, int n, FILE * fp);
```

说明：函数 fgets 从文件指针 fp 指向的文件中读取 n－1 个字符，并将这些字符存放到以 s 为首地址的存储单元中，在读取的最后一个字符后自动添加字符串结束符'\0'。如果在读取 n－1 个字符结束前遇到换行符或 EOF，则读取结束。

函数 fgets 读取字符串成功时，则返回指针 s；出错或遇文件结束，则返回 NULL。

2. 字符串写入操作函数

字符串写入操作函数将一个字符写入指定的文件。写入的前提条件是该文件必须以写或读写方式打开。该函数原型声明为：

```
int  fputs(const char * s, FILE * fp);      /* 向文件中写一个字符串 */
```

说明：函数 fputs 与 fgets 配对使用。函数 fputs 将指针 s 指向的字符串写入文件指针 fp 指向的文件中。其中，字符串可以是字符串常量，也可以是字符数组名或字符串指针变量。此外，字符串结束符'\0'不写入文件中。

字符串写入成功时，则函数返回 0。如果字符串写操作出错，则函数返回 EOF。

3. 应用举例

【例 10.5】 编写程序完成以下功能：创建文件 E：\\C2019\\test105.txt，写入字符串"Hi,Huster!\nWelcome!\n"，然后打开文件 test105.txt，读出文件内容并显示在屏幕上。

分析：由于待写的字符串中间没有包含字符串结束符'\0'，可以利用函数 fputs 将字符串中除最后的字符串结束符之外的所有其他字符写入文件 test105.txt 中。

利用函数 fgets 第一次读取的字符串是"Hi,Huster! \n"，并在'\n'后自动插入字符串结束符'\0'。利用函数 fgets 第二次读取的字符串是"Welcome! \n"。完成第二次读取后，文件中的位置指针指向文件尾。这里用到了文件尾检测函数 feof（详见 10.5 节）。参考程序如下。

```
#include<stdio.h>
#include<stdlib.h>
int main(void)
{
    FILE * fp;
    char * str="Hi,Huster!\nWelcome!\n",ch[80];
    if((fp = fopen("E:\\C2019\\test105.txt","w")) == NULL)/* 以只写方式打开文件 */
    {
        printf("can't open the file!");
        exit(-1);
    }
    fputs(str,fp);                                    /* 将字符串写入文件 */
    fclose(fp);
    if((fp = fopen("E:\\C2019\\test105.txt","r")) == NULL)/* 以只读方式打开文件 */
    {
        printf("can't open the file!");
        exit(-1);
    }
```

```
    while(!feof(fp))                                    /* 遇到文件尾结束 */
    {
        if(fgets(ch,50,fp)!=NULL)                       /* 从文件中读出字符串 */
            printf("%s",ch);
    }
    fclose(fp);
    return 0;
}
```

10.3.3 格式化读写

1. 格式化读取函数

格式化读取函数从指定文件中按指定格式读取数据,并赋值给相应的变量。读取的前提条件是该文件必须以读或读写方式打开。该函数原型声明为:

```
int fscanf(FILE * fp, const char * format, …);
```

说明:函数 fscanf 从文件指针 fp 所指文件中,按照格式控制符 format 指定的格式读取数据,并赋值给相应的参数变量。

函数 fscanf 读取成功时,返回值为所读取的数据项个数。如果读取失败或文件结束,则返回 EOF。

2. 格式化写入函数

格式化写入函数将一个变量按照指定格式写入指定的文件。写入的前提条件是该文件必须以写或读写方式打开。该函数原型声明为:

```
int   fprintf(FILE * fp, const char * format, …);
```

说明:函数 fprint 与 fscan 配对使用。函数 fprintf 将输出参数列表中的数据按指定的格式写入文件指针 fp 所指向的文件中。

函数 fprintf 写入成功时,返回值为已格式输入项的项数。如果写操作出错,则函数返回 EOF。

分析对照第 3 章内容,格式化读写函数 fscanf 和 fprintf 与函数 scanf 和 printf 功能基本相同,区别在于它们输入输出的对象不同。函数 fscanf 和 fprintf 的读写对象是磁盘文件,而函数 scanf 和 printf 的读写对象是默认终端(键盘和显示器)。

3. 应用举例

【例 10.6】 从键盘分别输入三种商品的名称、单价、数量,利用函数 fprintf 将输入的商品信息按文本方式保存到文件 E:\C2019\test106.txt 中。然后利用函数 fscanf 读取 test106.txt 中数据,计算客户应付总金额,并保存到 test106.txt 文件的最后一行。最后将 test106.txt 的内容输出到显示屏上,单价和总金额均保留两位小数。

分析:首先设计一个子函数 goods_write,完成数据的人工输入与格式化保存。然后,设计子函数 goods_compute,完成数据的格式化读取、计算、保存。最后,通过调用函数 fscanf,读取 test106.txt 中数据并输出到显示屏上。参考程序如下。

```
#include<stdio.h>
```

```
#include<stdlib.h>
void goods_write(char * filename);
void goods_compute(char * filename);
int main(void)
{
    char a[20] = "E:\\C2019\\test106.txt";
    FILE * fp;
    char goods[3][10],tl[10];
    float price[3],sum=0.0;
    int number[3],i=0;
    goods_write(a);
    goods_compute(a);
    if((fp = fopen(a,"r")) == NULL)                          /* 打开文件失败退出 */
        exit(-1);
    printf("\nOutput:\n");
    while(i<3) {
        fscanf(fp,"%s%f%d",goods[i],&price[i],&number[i]);
        printf("%s %5.2f %d\n",goods[i],price[i],number[i]);
        ++i;
    }
    fscanf(fp,"%s %f",tl,&sum);
    printf("%s %5.2f",tl,sum);
    fclose(fp);
    return 0;
}
void goods_write(char * filename)
{
    FILE * fp;
    char goods[3][10];
    float price[3];
    int number[3],i=0;
    if((fp = fopen(filename,"w")) == NULL)                   /* 以只写方式打开文件 */
        exit(-1);                                            /* 打开文件失败退出 */
    printf("Input:\n");
    while( i<3 ) {
        scanf("%s%f%d",goods[i],&price[i],&number[i]);  /* 输入商品名称、单价和数量 */
        fprintf(fp,"%s %5.2f %d \n",&goods[i][0],price[i],number[i]);
                                                       /* 以指定的数据格式保存数据 */
        ++i;
    }
    fclose(fp);
}
void goods_compute(char * filename)
{
    FILE * fp;
```

```
    char goods[3][10],tl[10]="total:";
    float price[3],sum=0.0;
    int number[3],i=0;
    if((fp = fopen(filename,"r")) == NULL)            /* 以只读方式打开文件 */
        exit(-1);
    while(i<3){
        fscanf(fp,"%s%f%d",&goods[i][0],&price[i],&number[i]);
                                                      /* 以指定的格式读数据 */
        sum=price[i] * number[i]+sum;                 /* 计算总金额 */
        ++i;
    }
    fclose(fp);
    if((fp = fopen(filename,"a")) == NULL)            /* 以添加方式打开文件 */
        exit(-1);
    fprintf(fp,"%s %5.2f",tl,sum);                  /* 以指定的数据格式保存数据 */
    fclose(fp);
}
```

例如，程序编译执行后，在屏幕上分别输入 Potato、Tomato、Pepper 三种商品的单价和数据，其输入输出结果如下。

```
Input:
Potato 5.6  5
Tomato 8.5  8
Pepper 6.9  8

Output:
Potato 5.6  5
Tomato 8.5  8
Pepper 6.9  8
total: 151.20
```

利用函数 fprintf 和 fscanf 进行基于格式化数据文件的输入和输出比较方便。在 fprintf(fp,"%s %d ",tl,number)写操作时，每项数据后应该加空格，即"%s 空格%d 空格"。这样用 fscanf 读时，数据项之间由于有空格作分隔符，fscanf 函数就能够正确进行读操作。其次，文件可以以文本文件形式打开，也可以用二进制文件形式打开，关键是读写都应该用相同的文件形式。

10.3.4 数据块读写

用函数 fgetc 和 fputc 读写文件中的一个字符，用函数 fgets 和 fputs 读写文件中的一个字符串。但是，常常要求从文件中一次读取一组数据(或一条记录)。记录是若干字段(field)的组合，字段是一个数据项。例 10.2 讨论的结构变量的值就形成了一条记录，并且多用于二进制形式文件的读写。标准 C 提供了函数 fread 和 fwrite，用来读写文件中的一个数据块。

1. 数据块读取函数

数据块读取函数原型声明为：

```
int fread(void * buffer, int size, int count, FILE * fp);
```

说明：函数 fread 从文件指针 fp 所指向的文件的当前位置开始，读出至多 count 个大小为 size 的记录(数据块)，存放到指针 buffer 指向的内存单元中，同时将文件指针 fp 后移 size×count 步长。

该函数的返回值是实际读取的 count 值(记录数或数据块个数)。当可读记录数小于 count 时，返回值为小于 count 的实际读取的记录数。

2. 数据块写入函数

数据块写入函数原型声明为：

```
int fwrite(void * buffer,int size,int count,FILE * fp);
```

说明：函数 fwrite 与 fread 相反，函数 fwrite 从指针 buffer 所指向的内存缓冲区中读取 count 个大小为 size 的记录(数据块)，写到文件指针 fp 所指向的文件中，同时将 fp 后移 size×count 步长。

函数返回实际写入的数据块个数 count。当返回值小于 count 时，这种情况只有在写操作出错时出现。

3. 应用举例

如果文件以二进制形式打开，用函数 fread 与 fwrite 就可以读写任何类型的数据。

例如：

```
fread(buff,4,2,fp);
```

其中，buff 是一个整型数组名，一个整型变量占 4 字节。这个函数从文件指针 fp 所指向的文件读入两个 4 字节的数据，存储到数组 buff 中。如果有一个结构体类型的数组定义为：

```
struct student_score {
    char stu_no[8];
    char name[10];
    int math;
    int Chinese;
    float avg;
} stud[5];
```

结构体数组 stud 有 5 个元素，每个元素用来存放一个学生的数据(包括学号、姓名、数学成绩、平均成绩)。假设学生的数据已保存在文件指针 fp 所指的文件中，则可以用下面的程序代码读取 5 个学生的数据。

```
for(i=0;i<5;i++)
    fread(&stud[i],sizeof(struct student_score),1,fp);
```

同样，也可以通过下面的程序代码将内存中的学生数据写入文件指针 fp 所指的文件中。

```
for(i=0;i<5;i++)
    fwrite(&stud[i],sizeof(struct student_score),1,fp);
```

如果函数函数 fread 与 fwrite 调用成功，则函数的返回值为实际读取或写入数据项的个数。

【例 10.7】 从键盘输入 5 个学生的学号、姓名、数学成绩、语文成绩，保存到文件 E:\C2019\test107.dat 中。然后，从文件 test107.dat 中分别读取 5 个学生的数据，计算每个学生的平均成绩，并按照表格形式显示在显示屏上。

分析：首先编写一个子函数完成键盘输入数据并存盘，然后编写一个子函数，从文件中读取学生的学号、姓名、数学成绩、语文成绩，计算每个学生的平均成绩，并按照表格形式显示在显示屏上。最后，通过主函数分别调用这两个子函数即可。参考程序如下。

```
#include<stdio.h>
#include <stdlib.h>
struct student_score
{
    char stu_no[8];
    char name[10];
    int math;
    int Chinese;
    float avg;
}stud[5];
void input_save(char * filename);
void read_compute(char * filename);
int main(void)
{
    char * filename="E:\\C2019\\test107.dat";
    input_save(filename);
    read_compute(filename);
    return 0;
}
void input_save(char * filename)
{
    FILE * fp;
    int i;
    if((fp = fopen(filename,"wb")) == NULL)
        exit(-1);
    for(i=0;i<5;i++)
    {
        scanf("%s%s%d%d",stud[i].stu_no,stud[i].name,&stud[i].math,&stud[i].
Chinese);
        fwrite(&stud[i],sizeof(struct student_score),1,fp);
    }
    fclose(fp);
}
```

```
void read_compute(char * filename)
{
    FILE * fp;
    int i;
    if((fp = fopen(filename,"rb")) == NULL)
        exit(-1);
    for(i=0;i<5;i++)
    {
        fread(&stud[i],sizeof(struct student_score),1,fp);
        stud[i].avg=(stud[i].math+stud[i].Chinese)/2.0;
        printf("%10s%10s%10d%10d%10.2f\n",
             stud[i].stu_no,stud[i].name,stud[i].math,stud[i].Chinese,stud[i].
avg);
    }
    fclose(fp);
}
```

例如,程序编译执行后,在屏幕上分别输入5位学生的学号、姓名、数学成绩、语文成绩,其输入输出结果如下。

```
U201901 ZhangKe 89 98
U201902 ZhengDi 78 87
U201903 YangChe 86 67
U201904 TangTie 79 98
U201905 ZhuPing 69 86
    U201901   ZhangKe   89   98   93.50
    U201902   ZhengDi   78   87   82.50
    U201903   YangChe   86   67   76.50
    U201904   TangTie   79   98   88.50
    U201905   ZhuPing   69   86   77.50
```

子函数 input_save 首先以二进制写方式打开文件 test107.dat,用文件指针 fp 指向它。再通过 scanf 函数输入结构数组变量 stud[i]各个成员的值,然后通过 fwrite 函数将 stud[i]的值作为一条记录输出到文件中,循环输入5个学生的信息之后结束,关闭文件指针 fp。

子函数 read_compute 首先以二进制读方式打开文件 test107.dat,用文件指针 fp 指向它。当没有到达文件尾时,用 fread 从 fp 指向的文件中读一条记录到结构数组变量 stud[i]中,计算学生的平均成绩 stud[i].avg,然后通过 printf 函数输出学生的学号、姓名、数学成绩、语文成绩、平均成绩,循环读取、计算、输出5个学生的信息之后结束,关闭文件指针 fp。

*10.4 文件的随机读写

10.3 节讨论的例题都是从文件的头部开始依次读写数据或者从文件尾部添加数据,这是文件的顺序读写。有时需要修改文件中的某个数据,希望可以将文件位置指针直接指向需要修改的数据,即需要对文件指针进行定位,然后再进行读写操作,这就是文件的随机读写。显然，随机读写效率较高，有着广泛的应用背景。因此，标准C语言也提供了相关的文件定位操作函数。

10.4.1 文件指针的复位

文件指针的复位函数原型声明为：

```
void  rewind(FILE * fp);
```

说明：函数 rewind 将文件指针 fp 指向文件的读写指针重新定位到文件的开始位置，同时清除文件结束标志和出错标志。

10.4.2 文件指针的随机移动

文件指针的随机移动函数原型声明为：

```
int fseek(FILE * fp, long offset, int whence);
```

说明：fseek 函数通过设置文件指针 fp 指向 FILE 结构中文件位置指示器(file position indicator)的值实现对文件读写指针的定位。定位值的计算是从起始点(也称基准点)whence 开始，加上以字节为单位的偏移量 offset 所得。

文件读写指针值＝基准点＋偏移量

如果正常定位，则 fseek 函数返回 0，否则返回非 0 值。

基准点 whence 有三种取值，即 SEEK_SET、SEEK_CUR 和 SEEK_END，它们是 stdio.h 定义的常数。

```
#define SEEK_SET  0  表示以文件起始位置为基准点
#define SEEK_CUR  1  表示以文件当前位置为基准点
#define SEEK_END  2  表示以文件尾部位置为基准点
```

偏移量 offset 是代数量，当基准点 whence 取 SEEK_END 时，偏移量 offset 应该取负值才能保证在文件范围内定位。这里主要是要注意偏移的大小和文件大小边界的关系。

当 offset 向文件尾方向偏移的时候，无论偏移量是否超出文件尾，fseek 都返回 0，当偏移量没有超出文件尾时，文件指针指向正确的偏移地址，当偏移量超出文件尾时，文件指针指向文件尾，并且不会返回偏移出错－1 值。

当 offset 向文件头方向偏移的时候，如果 offset 没有超出文件头，是正常偏移，文件指针指向正确的偏移地址，fseek 返回值为 0，当 offset 超出文件头时，fseek 返回出错－1 值，文件指针不变，还是处于原来的地址。

10.4.3 文件指针当前位置的获取

获取文件指针当前位置函数原型声明为：

```
long ftell(FILE * fp);
```

说明：ftell 函数用于读取文件读写指针的当前位置，用相对于文件开头的位移量来表示。由于文件中的位置指针经常移动，人们往往不容易知道其当前位置。用 ftell 函数即可以得到当前位置。正常情况下,ftell 函数返回文件读写指针的当前位置,出错则返回-1。

【例 10.8】 重写例 10.6 中的子函数 goods_compute,避免在一个函数中多次打开并关闭同一个文件。

分析:为了避免在一个函数中多次打开并关闭同一个文件,提高文件操作的效率,可以利用函数 fseek 将文件指针定位到文件的结尾,再写入计算后的总金额。修改后的子函数程序如下。

```
void goods_compute(char * filename)
{
    FILE * fp;
    char goods[3][10],tl[10]="total:";
    float price[3],sum=0.0;
    int number[3],i=0;
    if((fp = fopen(filename,"r+")) == NULL)          /* 以只读方式打开文件 */
        exit(-1);
    while(i<3){
        fscanf(fp,"%s%f%d",&goods[i][0],&price[i],&number[i]);
                                                     /* 以指定的格式读数据 */
        sum=price[i] * number[i]+sum;                /* 计算总金额 */
        ++i;
    }
    fseek(fp,0,SEEK_END);
    fprintf(fp,"%s %5.2f",tl,sum);                   /* 以指定的数据格式保存数据 */
    fclose(fp);
}
```

【例 10.9】 从例 10.7 保存学生成绩的文件 test107.dat 中读取各个学生学号、姓名、数学成绩、语文成绩,分别计算各个学生的平均成绩,并将学生的学号、姓名、数学成绩、语文成绩以及平均成绩保存到文件 E:\C2019\test109.dat 中。然后,从文件 test109.dat 中读取学号尾数为偶数的学生的所有信息,修改其数学成绩,每个人增加 2 分,重新计算其平均成绩,并重新写入到文件 test109.dat 中。最后,计算 test109.dat 的文件长度(字节数)。

分析:首先编写一个子函数完成从文件 test107.dat 中读取学生信息,计算学生的平均成绩,并将学生信息写入文件 test109.dat 中。编写一个子函数从该文件中读取学号尾数为偶数的学生的所有信息,读取时需要考虑文件指针的位置问题,读取成功后,修改其数学成绩,重新计算其平均成绩,并更新文件 test109.dat 中学号尾数为偶数的学生的所有信息。通过调用函数 fseek、ftell 计算文件长度。参考程序如下。

```
#include <stdio.h>
#include <stdlib.h>
struct student_score
{
    char stu_no[8];
    char name[10];
    int math;
```

```
    int Chinese;
    float avg;
} stud[5];
void read_compute(char * filename1,char * filename2);   /* 读数据,计算并保存数据 */
void read_revise(char * filename);                      /* 读数据,修改并保存数据 */
int main(void)
{
    FILE * fp;
    int i;
    char * filename1="E:\\C2019\\test107.dat";
    char * filename2="E:\\C2019\\test109.dat";
    read_compute(filename1,filename2);
    read_revise(filename2);
    if((fp = fopen(filename2,"rb")) == NULL)
        exit(-1);
    for(i=0; i<5; i++)
    {
        fread(&stud[i],sizeof(struct student_score),1,fp);
                                                        /* 读取修改后的文件信息 */
        printf("%10s%10s%10d%10d%10.2f\n",stud[i].stu_no,stud[i].name,stud[i].
math,stud[i].Chinese,stud[i].avg);
    }
    fclose(fp);
    return 0;
}
void read_compute(char * filename1,char * filename2)
{
    FILE * fp1, * fp2;
    int i;
    if((fp1 = fopen(filename1,"rb")) == NULL)
        exit(-1);
    for(i=0; i<5; i++)
    {
        fread(&stud[i],sizeof(struct student_score),1,fp1);
                                                        /* 读取文件中保存的数据 */
        stud[i].avg=(stud[i].math+stud[i].Chinese)/2.0;  /* 计算平均成绩 */
    }
    fclose(fp1);
    if((fp2 = fopen(filename2,"wb")) == NULL)
        exit(-1);
    for(i=0; i<5; i++)
    {
        fwrite(&stud[i],sizeof(struct student_score),1,fp2);   /* 保存数据 */
        printf("%10s%10s%10d%10d%10.2f\n",stud[i].stu_no,stud[i].name,stud[i].
math, stud[i].Chinese,stud[i].avg);
```

```
    }
    putchar('\n');
    fclose(fp2);
}
void read_revise(char * filename)
{
    FILE * fp;
    int i;
    if((fp = fopen(filename,"r+b")) == NULL)
        exit(-1);
    for(i=0; i<2; i++)
    {
        fseek(fp,sizeof(struct student_score),1);                /* 跳过第一条记录 */
        fread(&stud[i * 2+1],sizeof(struct student_score),1,fp); /* 读第二条记录 */
        stud[i * 2+1].math= stud[i * 2+1].math+2;
        stud[i * 2+1].avg=(stud[i * 2+1].math+stud[i * 2+1].Chinese)/2.0;
        fseek(fp,-sizeof(struct student_score),1);               /* 回到第二条记录 */
        fwrite(&stud[i * 2+1],sizeof(struct student_score),1,fp);/* 写第二条记录 */
    }
    fclose(fp);
}
```

程序编译执行后,输出结果如下。

```
U201901  ZhangKe  89  98  93.50
U201902  ZhengDi  78  87  82.50
U201903  YangChe  86  67  76.50
U201904  TangTie  79  98  88.50
U201905  ZhuPing  69  86  77.50


U201901  ZhangKe  89  98  93.50
U201902  ZhengDi  80  87  83.50
U201903  YangChe  86  67  76.50
U201904  TangTie  81  98  89.50
U201905  ZhuPing  69  86  77.50
```

子函数 read_compute 首先以二进制读方式打开文件 test107.dat,用文件指针 fp1 指向它。循环用函数 fread 从 fp1 指向的文件中读一条记录到结构数组变量 stud[i]中,计算学生的平均成绩 stud[i].avg,关闭文件指针 fp1。然后以二进制写方式打开文件 test109.dat,用文件指针 fp2 指向它,用函数 fwrite 将结构数组变量 stud[i]中的成员信息写入文件指针 fp2 所指的文件中,并通过 printf 函数输出学生的学号、姓名、数学成绩、语文成绩、平均成绩,循环处理 5 个学生的信息之后结束,关闭文件指针 fp2。

子函数 read_revise 首先以二进制读"r+"方式打开文件 test109.dat,用文件指针 fp 指向它。利用函数 fseek 将文件指针 fp 定位到学号尾数为偶数的记录,用函数 fread 读一条记录到结构数组变量 stud[i]中,修改该学生的数学成绩。注意,读完该条记录后,文件指针 fp 指向下一条记录。因此,在更新前面一条记录前,首先要用函数 fseek 将文件指针 fp 重新指向前面一条记录,再用函数 fwrite 将结构数组变量 stud[i]中的成员信息写入文件指针 fp2 所指的文件中,循环处理两个学号尾数为偶数的学生信息之后结束,关闭文件指针 fp。

在主函数中,首先调用子函数 read_compute 和 read_revise,然后调用函数 fseek 和 ftell,计算出文件 test109.dat 的长度。

本例是以例 10.7 的数据为基础,学号的顺序是已知的,因此在处理学号尾数的偶数问题时并没有加以判断。如果学号的编号不连续,中间有可能出现连续几个学生的学号尾数都是偶数或奇数的情况,这样在定位文件指针前,必须要对所读学号进行处理,分离出学号的尾数,并加以判断。这种情况下的程序设计任务留给读者自行完成。

*10.5 文件的状态及异常检测

标准 C 语言提供了一些函数用来检测输入输出函数调用中的错误。

10.5.1 文件结束判断函数

在对文件进行读操作时,常常需要判断文件是否已经达到了文件末尾,文本文件一般用 EOF(文件结束标志)来进行检测。但是 EOF 不适用于二进制文件。文件结束判断函数 feof 既适用于文本文件,也适用于二进制文件。其函数原型声明如下:

```
int feof(FILE * fp);
```

说明:函数 feof 判断指针 fp 是否处于文件结束的位置。如果到达文件结尾,则 feof 函数返回非 0 值,否则返回 0。

10.5.2 文件读写错误信息判断函数

在调用各种文件读写函数时,可能因某些原因导致失败,如果出现了错误,除了函数返回值有所反映之外,还可以用函数 ferror 来进行判断检查。其函数原型声明为:

```
int ferror(FILE * fp);
```

说明:函数 ferror 检查文件在用各种输入输出函数进行读写时是否出错。如果 ferror 函数返回值为 0,表示未出错;否则,返回非 0 值,表示出错。

对同一个文件每一次调用输入输出函数,均产生一个新的 ferror 函数值,因此,应当在调用一个输入输出函数后立即检查 ferror 函数的值,否则信息会丢失。在执行 fopen 函数时,ferror 函数的初始值自动置为 0。

10.5.3 文件读写错误信息清除函数

当错误处理完毕,应清除相关的错误标志,以免进行重复的错误处理,这时应使用函数 clearerr 进行清除。其函数原型声明为:

```
int clearerr(FILE * fp);
```

说明：clearerr 函数用于清除出错标志和文件结束标志，使它们为 0 值。假设在调用一个输入输出函数时出现错误，ferror 函数值为一个非 0 值。在调用 clearerr(fp)后，ferror(fp)的值变为 0。

只要出现错误标志，就会一直保留，直到对同一文件调用 clearerr 函数或 rewind 函数，或任何其他一个输入输出函数。

【例 10.10】 编写程序分别输出例 10.7 产生的文件 test107.dat 和例 10.9 产生的文件 test109.dat 中的学生信息。

```
#include <stdio.h>
#include <stdlib.h>
struct student_score
{
    char stu_no[8];
    char name[10];
    int math;
    int Chinese;
    float avg;
} stud[5];
int main(void)
{
    FILE * fp1, * fp2;
    int i;
    char * filename1="E:\\C2019\\test107.dat";
    char * filename2="E:\\C2019\\test109.dat";

    if((fp1 = fopen(filename1,"rb")) == NULL)
        exit(-1);
    if((fp2 = fopen(filename2,"rb")) == NULL)
        exit(-1);
    i=0;
    while(!feof(fp1))
    {
          fread(&stud[i],sizeof(struct student_score),1,fp1); /* 读取文件信息 */
          printf("%10s%10s%10d%10d%10.2f\n",stud[i].stu_no,stud[i].name,stud
[i].math,stud[i].Chinese,stud[i].avg);
          i++;
    }
    putchar('\n');
    i=0;
    fread(&stud[i],sizeof(struct student_score),1,fp2);      /* 读取文件信息 */
    while(!feof(fp2))
    {
        printf("%10s%10s%10d%10d%10.2f\n",stud[i].stu_no,stud[i].name,stud[i].
math,stud[i].Chinese,stud[i].avg);
        i++;
```

```
        fread(&stud[i],sizeof(struct student_score),1,fp2);    /*读取文件信息*/
    }
    fclose(fp1);
    fclose(fp2);
    return 0;
}
```

程序编译执行后,输出结果如下。

```
U201901  ZhangKe  89  98   0.00
U201902  ZhengDi  78  87   0.00
U201903  YangChe  86  67   0.00
U201904  TangTie  79  98   0.00
U201905  ZhuPing  69  86   0.00
                   0   0   0.00


U201901  ZhangKe  89  98  93.50
U201902  ZhengDi  80  87  83.50
U201903  YangChe  86  67  76.50
U201904  TangTie  81  98  89.50
U201905  ZhuPing  69  86  77.50
```

在程序中分别调用函数 feof 判断读取文件 test107.dat 和 test109.dat 是否已经达到文件尾。但是,根据运行结果来看,明显读取文件 test107.dat 时,最后多输出了一行。为什么会出现这种情况呢?这与函数 feof 的性质有关,即只有当文件位置指针指向文件末尾,再发生读写操作,然后再调用 feof 时,才会得到文件结束的信息。

函数 feof 既不"一次判断全文",也不"一个字符一个字符"判断,它只判断刚才发生的读文件动作是否是在越过文件尾进行的。若是在越过文件尾进行的,函数 feof 则返回非零值,否则返回 0。所以,feof 函数必须"在逻辑上"紧跟在读文件函数后执行才能取得正确结果,否则就有隐患。

*10.6 文件的重定向

文件的重定向实质是使原本指向 A 文件的文件指针改为指向另外的文件 B。根据这个原理,可以使程序启动时系统定义的标准输入 stdin、标准输出 stdout 由原本指向标准输入设备键盘和标准输出设备显示器改为指向其他指定的文件。由此可以将重定向分为输入重定向和输出重定向。

输入重定向是指把文件或者键盘输入导入到命令中,而输出重定向则是指把原本要输出到屏幕的数据信息写入指定文件中。在标准 C 语言中,可以通过 freopen 函数实现输入输出的重定向。其函数的原型声明为:

```
FILE *freopen(const char *filename, const char *mode, FILE *fp)
```

说明:freopen 函数的第一个参数是文件名 filename,第二个参数是打开方式 mode,第三个参数是文件指针 fp。freopen 函数将首先关闭文件指针 fp 所指文件,然后按照 mode 规定的方式打开 filename 指定的文件,并使 fp 重定向,使它指向由 filename 指定的新打开的文件。

若重定向成功,freopen 函数返回指向新打开文件的指针;否则,返回 NULL。

【例 10.11】 文件 input.txt 中含有 20 个数据,文件存储格式为:

```
24 34 56 78 98 86 94 82 76 43 58 80 72 64 54 92 79 85 95 45
```

利用重定向从文件中输入以上 20 个数据,利用冒泡排序法从大到小排序,然后将排序结果通过重定向输入文件 output.txt 中。

分析: 首先编写代码从键盘输入 20 个数据,并利用冒泡排序法从大到小排序,将排序的结果输出到显示屏上。然后,利用重定向函数 freopen 将键盘输入重定向到从文件 input.txt 输入,将输出到显示屏重定向为输出到文件 output.txt 中。其参考源程序如下。

```
#include<stdio.h>
#define N 20
void bubble_sort(int a[],int n);
int main()
{
    int i, a[N];
    freopen("input.txt","r",stdin); /*将从键盘输入重定向到从 input.txt 中输入数据*/
    freopen("output.txt","w",stdout);     /*将屏幕的输出重定向到 output.txt 中*/
    for(i=0;i<20;i++)     scanf("%d",&a[i]);
    bubble_sort(a,20);
    for(i=0;i<20;i++)     printf("%d ",a[i]);
    fclose(stdin);
    fclose(stdout);
    return 0;
}
void bubble_sort(int a[],int n)              /*定义冒泡排序函数,形参用形式数组 a[]*/
{   int i,j,t,k;
    for(i=0;i<n-1;i++){                      /*共进行 n-1 轮"冒泡"*/
        for(j=0;j<n-i-1;j++)                 /*控制每一轮冒泡的循环*/
          if(a[j]<a[j+1])                    /*对两两相邻的元素进行比较*/
              t=a[j],a[j]=a[j+1],a[j+1]=t;       /*如果 a[j]>a[j+1],则交换*/
    }
}
```

执行该程序之后,利用文本编辑器打开文件 output.txt,检查文件内容是否正确。

**10.7 C11 标准新增文件操作语法

最新 C 语言标准 C11 对文件操作增加了一些新的语言成分。主要涉及打开文件时的独占模式、删除函数 gets、增加替代 gets 函数的 gets_s 函数、参数类型的 restrict 修饰,以及增加了边界检查函数接口。需要指出的是,本节介绍的内容在现行 C 语言编译器中尚未得到支持，只能在未来的新编译器中使用。

10.7.1 打开文件时的独占模式

第8章介绍_Atomic修饰符是保证多线程环境下数据对象的原子性，防止线程竞争而造成数据的不一致。在多线程环境下，文件操作也存在原子性问题。例如，当线程1正在对数据文件file1.txt进行创建、写或者更新操作时，显然不能让线程2对file1.txt进行操作。即线程1必须独占file1.txt，不能与其他线程共享file1.txt。因此，C11标准允许以独占的方式打开文件，方法是在原有打开文件模式字符串后面加字符'x'。例如：

```
FILE * fp;
fp=fopen("c:\\file1.txt","wx");
```

此时c盘根目录下的file1.txt文件就以独占的方式打开。

如果此时有：

```
FILE * fp2;
fp2=fopen("c:\\file1.txt","wx");
```

希望让fp2指向打开文件file1.txt，则fopen操作无效。

C11标准中fopen函数的函数原型为：

```
FILE * fopen(const char * restrict filename,const char * restrict mode);
```

说明：打开文件的模式除了前面介绍的之外，增加了以下4种：

(1) wx以独占方式创建文件写。

(2) wbx以独占方式创建二进制文件写。

(3) w+x以独占方式创建文本文件更新。

(4) w+bx或wb+x以独占方式创建二进制文件更新。

10.7.2 用gets_s函数替代gets函数

考察代码：

```
char s[20];gets(a);
```

运行上述代码时，如果用户输入的字符个数不超过19个字符，则一切都正常；若超过19个字符，则a数组无法存放，多余的后续字符将覆盖其后不属于a的存储单元，产生溢出。这种情况是非常危险、极不安全的，并且常被用作一种攻击手段。

因此，C11标准废除了gets函数。取而代之的是新提供了一种安全的gets_s函数。gets_s函数的函数原型在stdio.h头文件声明，函数原型为：

```
char * gets_s(char * s, rsize_t n);
```

说明：gets_s函数从stdin指向的流中读至多n个字符到指针s指向的缓冲区中；在不超过n个字符情况下，遇到换行符结束读入，换行符不计入读取字符个数，'\0'会自动写到最后一个字符的末尾。显然，用gets_s(a,19)就绝对不会产生溢出。因此，gets_s函数的使用是安全的。

根据 C11 标准关于 gets_s 函数功能的定义,可自行设计 gets_s 函数如下。

```
char *gets_s(char *s, rsize_t n)
{   while(n-->0)
        *s++=getchar();
    *s='\0';
}
```

10.7.3 文件操作中参数使用 restrict 修饰的说明

C11 在文件操作的多数函数的形参类型前面加了 restrict 修饰,例如:

```
FILE * fopen(const char * restrict filename,const char * restrict mode);
int printf(const char * restrict format, …);
int scanf(const char * restrict format, …);
char * fgets(char * restrict s, int n,FILE * restrict stream);
int fputs(const char * restrict s,FILE * restrict stream);
```

目的是提高编译效率,优化代码,生成更高效的汇编代码。对于这些函数的调用,仍然可以按照前面介绍的方法,因此程序使用者基本不需要关心细节。但是,对于设计这些库函数的程序员来讲,就必须考虑如何保证参数的限定能够实现。

10.7.4 关于边界检查函数接口

C11 标准中增加了边界检查函数接口,定义了新的安全的函数,如 fopen_s 函数,strcat_s 函数等。其特点就是在原有函数名后面加_s,如 fopen 加_s 形成 fopen_s 等。

```
errno_t fopen_s(FILE * restrict * restrict streamptr,const char * restrict filename,
            const char * restrict mode);
int printf_s(const char * restrict format, …);
int scanf_s(const char * restrict format, …);
int snprintf_s(char * restrict s, rsize_t n,const char * restrict format, …);
int sprintf_s(char * restrict s, rsize_t n,const char * restrict format, …);
int sscanf_s(const char * restrict s,const char * restrict format, …);
```

本章小结

本章首先介绍了文件的相关概念,包括文件、数据流与缓冲区的定义、文件类型、文件指针以及文件操作的基本步骤,这些基础知识需要熟练掌握。在文件的顺序输入输出方面,介绍了文件的打开与关闭、基于字符和基于字符串的文件读写操作、文件的格式读写操作、数据块的读写操作。在文件的随机输入输出方面,介绍了文件定位函数,并以随机读写方式编制学生成绩单文件的程序例子介绍了文件的随机读写。对 C 语言标准规定的其他文件操作函数,如文件的状态检测函数、出错检测处理函数进行了介绍。同时,讨论了文件的重定向函数及其用法。最后,介绍了 C11 标准新增文件操作的一些语法成分。

习题 10

10.1　如何理解C语言中文件和文件指针的概念？通过文件指针访问文件有什么好处？

10.2　文件打开和关闭的含义是什么？为什么要打开和关闭文件？

10.3　从键盘输入若干行字符，将每一行加行号后保存到 c：\assignment3.txt 文件中。然后再将 c：\assignment3.txt 文件中的内容输出到显示器上。

10.4　编写一个文本文件阅读程序 viewer。执行该程序可以显示任意文本文件（如C语言源程序），并在显示窗口中对每一行加行号。同时，设计一个显示控制参数/p，使得每显示25行（一屏）就暂停，当用户按任意键就继续显示下一屏。例如，命令行：

```
viewer examlpe.c /p
```

10.5　编写一个程序 merger，将命令行指定的多个文本文件合并成一个新的文本文件 assignment5.txt。例如，命令行：

```
merger file1 file2 … filen assignment5.txt
```

执行 merger 程序，将 file1、file2 直到 filen 依次复制连接到 assignment5.txt 中。

10.6　编写一个程序，统计一个文本文件（英文）中字符、单词及句子的个数，并按照以下格式输出结果：

```
Characters: XX
Words: XX
Sentences: XX
```

然后将显示屏上的内容保存到文件 assignement6.txt 中。

10.7　从键盘分别输入三个股票的代码、单价、委托买入/卖出（0/1）、数量（股数，最低100股），利用函数 fprintf 将输入的股票委托信息按文本方式保存到文件 assignment7.txt 中。然后利用函数 fscanf 读取 assignment7.txt 中数据，分别计算该股民买入应付总金额、卖出应收总金额，并保存到 assignment7.txt 文件的最后二行。最后将 assignment7.txt 的内容输出到显示屏上。单价和总金额均保留两位小数。

10.8　任意给定一封英文书信文本文件 letter.txt，编写一个程序 replace，它用命令行指定的字符串替换命令行该文件中的单词。例如，命令行：

```
replace letter.txt you they
```

将用 you 替换 letter.txt 文件中的所有单词 they。

10.9　编写一个命令行执行程序 del，删除10.8的文件 letter.txt 中用命令行指定的字符串，并将删除字符串的个数写入该文件尾部。例如，命令行：

```
del letter.txt they
```

将删除 letter.txt 文件中的所有单词 they，并将该单词的数量写入文件尾部。

10.10　某企业员工工资项包含工号、姓名、基本工资、绩效奖、失业险、个税、实发工资，失业险固定为5.69元，个税按基本工资的10%。假设员工编号分别为E201532、E201541、E201611、E201822、E201912。编写程序从键盘输入5个员工的工号、基本工资、绩效奖、失业险，然后保存到文件 assignment10.dat 中。

10.11　编写程序从文件 assignment10.dat 中读取员工工资基础数据，分别计算各个员工的个税以及实发工资，写入文件 assignment11.dat 中，同时在显示器上输出。

10.12 编写程序从文件 assignment11.dat 中读取员工工资数据，将 2018 年和 2019 年入职的员工失业险改为 6.8 元，个税按基本工资的 12%计算，请重新计算 2018 年和 2019 年入职员工的个税以及实发工资，写入文件 assignment12.dat 中，并在显示器上输出。

10.13 设计一个通讯录程序，包括姓名、性别、出生日期、家庭住址、工作单位、电话、手机号码、邮件地址等字段。要求有录入、修改、删除、存盘、从文件读入等功能。

*第 11 章　用户自定义库

本章介绍 C 语言函数设计的高级应用,用户自定义库函数的设计。库函数是指已经实现并可直接在源程序中调用的函数。C 语言标准规定了某些基本函数的功能,如标准输入与输出函数,字符串处理函数等,任何 C 语言编译系统都要实现这些函数。此外,C 编译系统还会提供其他一些函数,这些函数因 C 语言编译系统开发商的不同而有所不同。另外,用户也可以自己定义库函数,通过某种途径分发后,可以提高软件的开发效率。

11.1　用户自定义库概述

标准库 stdlib.h 提供了与动态存储分配相关的 4 个函数: malloc、calloc、realloc 和 free。本章以自定义动态存储分配库 allocation 的设计为例,介绍在 Linux 下创建和使用用户自定义库函数的方法。用户自定义库函数的创建分为三步: ①自定义库函数接口(头文件)的定义; ②自定义库函数的实现; ③生成库文件(静态库或动态链接库)。在不同的编译环境下,前两步是相同的,而第三步生成库文件所使用的工具和方法存在区别。

自定义的动态存储分配库 allocation 需实现标准库中 malloc、calloc、realloc 和 free 4 个函数的功能,用户通过调用这 4 个自定义库函数完成向系统申请动态存储区、调整所申请动态存储区大小和释放动态存储区的操作。

Linux 系统下,GNU C 的库函数 sbrk 可以向操作系统请求存储空间作为进程的动态存储区。由于向系统申请存储空间的操作比较耗时,而且可供申请的空间有限,所以需要对所申请的存储空间进行管理,提高使用效率,减少申请次数。这就是为什么不直接使用 sbrk 而是另行设计动态存储分配库函数来管理动态存储空间的目的。

11.2　allocation 库的设计

函数 malloc 从已申请的存储空间中寻找大小合适的存储区返回给调用者,如果在已申请的存储空间中找不到足够大的存储区,再通过 sbrk 向操作系统申请。函数 calloc 与函数 malloc 的主要区别是: calloc 会将返回给调用者的存储区初始化为全零;函数 realloc 修改已分配的动态存储区大小,尽量保留修改前存储区中的数据;函数 free 释放已分配的动态存储区,合并相邻的空闲存储碎片。这里主要介绍函数 malloc 和 free 的设计实现,设计思想参照了参考文献[5]的 8.7 节,但原书在设计上会导致函数 free 释放非动态存储区时出现错误,本设计对此进行了改善。

由于通过库函数 sbrk 申请到的存储空间不一定是连续的,所以设计一种链式结构将每次用 sbrk 申请到的存储空间连接起来比较容易管理。图 11-1 是这种链式结构。

每块存储区中至少需要携带以下信息: 本块存储区的大小、本块存储区是否空闲以及

图 11-1 动态存储区的链式管理结构

下一块存储区的地址。因为块的大小不同，这些信息放在块的起始位置便于访问，由此设计一个块头结构，如图 11-2 所示。

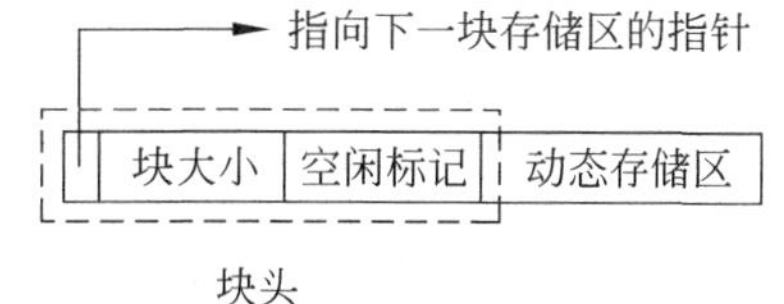

图 11-2 动态存储区块头结构

块头中包含三个成员：指向下一块存储区的指针、本块的大小和本块空闲标志。这里还涉及一个对齐的问题。所谓对齐，是指给数据分配存储空间时让数据不要跨越与其类型相应的一个边界。例如，int 类型数据在 16 位环境下存放在偶数地址或在 32 位环境下存放在 4 的整数倍地址，double 类型的数据存放在 8 的整数倍地址，等等，这些称为满足对齐要求。将块头设计成一个联合类型，第一个成员为上述结构类型，第二个成员设计成在对齐上要求最高的 double 类型，这样可使分配出去的块在存放各种类型数据时都能够满足对齐要求。该联合类型的定义如下。

```
typedef double Align;
typedef union _block {
    struct {
        union _block * ptr;
        unsigned size;
    } s;
    Align x;
} Block;
```

注意，联合类型中结构成员 s，其成员 size 的最低位用作空闲标志，1 表示空闲，0 表示该块已被分配使用；其余位表示以块头大小为单位的单元数，即

size＝本块动态存储区的单元数×2＋空闲标志(0 或 1)

该块所占字节数＝sizeof(Block)×(size>>1)

在建立链表时，要确保每一块存储区沿链接方向按地址值升序排列，这样容易判断两块存储区是否相邻，以便合并空闲块。同时，设定一个当前指针 cur_p 指向链表的空闲块，每次分配时，从当前指针 cur_p 所指处开始寻找大小合适的空闲块。为了使操作平滑，链表设计成环形，并设定一个链头结点，这样可保证在初始状态下链表是环形的。

函数 malloc 从当前指针 cur_p 所指结点处开始沿环形链表搜索大小合适的空闲块，找到后从该空闲块的前面开始分配，如果还有剩余，则将剩余部分作为新的空闲块处理；如果沿环形链表搜索一圈没有找到足够大小的空闲块，则向系统申请相应大小的存储区，将新申请到的存储区作为一个块加入环形链表，合并邻接的空闲块，然后完成分配。

函数 free 首先在环形链表中查找待释放的存储区是否在某个已分配块上。如果在，则将该块标记为空闲，同时合并可能存在的邻接空闲块；如果不在，则不进行任何处理。

11.3 allocation 库的接口定义

用户自定义库的接口包含以下内容。

(1) 函数原型：接口要给用户提供他们能够使用的所有函数的原型。

(2) 常数定义：自定义库函数在实现时所用到的常量的定义，一般采用#define 定义。

(3) 类型定义：自定义库函数涉及的专用自定义数据类型的定义。

在任何接口中都必须包含以下三行编译预处理指令，帮助编译器跟踪它所读到的接口，同时避免接口的多次加载。

```
#ifndef _name_h
#define _name_h
…
#endif
```

前两行写在接口文件开始处，最后一行写在接口文件结束处。其中，name 是接口的名字，本例中为 allocation。

当一个复杂程序多次包含(#include)一个接口时，编译器并不会每次读一遍接口，它一旦发现_name_h 已经定义了，#ifndef _name_h 就帮助编译器跳过直到#endif 的所有文本。

当需要在接口中再嵌入其他头文件时，应当加上#include 行。值得注意的是，接口应该仅包含那些在自身被编译时必需的头文件，而不必包含那些与实现无关的头文件。

一般而言，接口最开始应当有描述该接口功能的注释。这是最基本的要求，只有注释才可以提供给用户足够多的信息去使用这个接口。在接口中还应有描述函数功能的注释，给用户提供如何使用这个函数的信息。下面是 allocation.h 头文件的内容：

```
/* 文件: allocation.h,动态存储分配函数库 */.
#ifndef _ALLOCATION_H_
#define _ALLOCATION_H_
#include <stdio.h>
#include <unistd.h>
/* 函数名: malloc
   功能: 向系统申请 size 字节的存储空间, 所分配存储区未被初始化
   参数: 无符号整型 size, 输入
   返回值: void *, 申请成功, 返回新分配存储区的首地址, NULL 表示申请失败 */
void *malloc(size_t size);
/* 函数名: calloc
   功能: 向系统申请 n 个大小为 size 字节的存储空间, 所分配存储区初始化为 0
   参数: 无符号整型 n, 输入;无符号整型 size, 输入
   返回值: void *, 申请成功, 返回新分配存储区的首地址,NULL 表示申请失败 */
void *calloc(size_t n, size_t size);
/* 函数名: realloc
   功能: 向系统申请将 p_block 所指向的已分配动态存储区大小修改为 size 字节,
         若 size 小于原存储区大小, 则缩小后的原存储区内容保留; 若 size 大于原存储
```

```
        区大小,则新增存储区未被初始化
    参数: 无类型指针 p_block, 输入;无符号整型 size, 输入
    返回值: void *, 申请成功, 返回新分配存储区的首地址, NULL表示申请失败 */
void *realloc(void *p_block, size_t size);
/* 函数名: free
    功能: 释放由指针 p_block 所指向的动态存储区
    参数: 无类型指针 p_block, 输入
    返回值: 无 */
void free(void *p_block);
#endif
```

在头文件 allocation.h 中没有给出前面所述的块头结构定义,以及当前指针 cur_p 和库内使用的函数原型声明,这样做是封装的需要,因为某些数据一旦被库函数以外的程序所修改,动态存储区的管理会陷入混乱。

11.4 allocation 库函数的实现

allocation 库包括 4 个库函数: malloc、calloc、realloc 和 free,将这 4 个函数的定义放在源文件 allocation.c 中。这里给出了函数 malloc 和 free 的具体实现,函数 calloc 和 realloc 的实现留作习题,供读者练习。

在 allocation.c 中首先要包含本库的接口,即头文件 allocation.h,以便编译器对照检查函数原型和函数实现,接下来是各个函数的定义。allocation.c 文件的内容如下。

```
/* 文件: allocation.c,  动态存储分配库函数的实现. */
#include "allocation.h"
#define BATCH (1<<20)              /* 新申请的动态存储区最小单元数,1M 单元 */
typedef double Align;              /* 按照 double 类型数据的边界对齐 */
typedef union _block {             /* 定义动态存储区块头的数据类型 */
    struct {
        union _block *ptr;         /* 指向下一块动态存储区块头的指针 */
        unsigned size;             /* 本块动态存储区的单元数 * 2 + 空闲标志(0 或 1) */
    } s;
    Align x;                       /* 起强制对齐块的作用, 数据操作时不会被使用 */
} Block;
static Block base = {{&base, 0}};  /* 动态存储区链表的链头结点 */
static Block *cur_p = &base;       /* 指向当前可供分配存储区的空闲块, 初始指向 base */
static Block *morecore(unsigned nu);   /* 向系统申请更多的存储空间 */
static Block *defrag(Block *pre);      /* 合并连续的空闲块 */
void *malloc(unsigned nbytes)          /* 动态存储分配函数 */
{
    Block *p;
    unsigned nunits;                   /* 将 nbytes 字节数换算成单元数, 每单元为一个
                                          块头大小 */
    nunits = (nbytes + sizeof(Block) - 1) / sizeof(Block) + 1;   /* 增加了块头 */
```

```
    for (p=cur_p; ; p=p->s.ptr) {   /* 搜索动态存储区链表 */
        if (p->s.size&1 && (p->s.size>>1)>=nunits) {   /* 找到足够大小的空闲块 */
            if ((p->s.size>>1) == nunits)          /* 空闲块大小等于所申请的单元数 */
                p->s.size = nunits << 1;           /* 将该空闲块标记为已分配 */
            else {                                 /* 空闲块大小大于所申请单元数 */
                (p + nunits)->s.size = p->s.size - (nunits << 1);
                (p + nunits)->s.ptr = p->s.ptr;    /* 分成两部分 */
                p->s.size = nunits << 1;           /* 将前部分分配出去 */
                p->s.ptr = p + nunits;             /* 维护链接关系 */
            }
            cur_p = p->s.ptr;              /* 将已分配块的下一块作为下次分配的起始块 */
            return (void *)(p + 1);        /* 返回块头后有效存储区的地址 */
        }
        if (p->s.ptr == cur_p)             /* 如果搜索一整圈仍没找到足够大小的空闲块 */
            if ((p = morecore(nunits)) == NULL)   /* 向系统申请存储空间 */
                return NULL;               /* 申请失败 */
    }
}
/* 向操作系统申请更多的存储空间 */
static Block *morecore(unsigned nu)
{
    char *cp;
    Block *up, *p;
    if (nu < BATCH)                        /* 如果申请单元数小于最小批量 */
        nu = BATCH;                        /* 将申请单元数设为最小批量 */
    cp = sbrk(nu * sizeof(Block));         /* 调用 sbrk 向系统申请 nu 单元空间 */
    if (cp == (char *) -1)                 /* 没有申请成功 */
        return NULL;
    up = (Block *)cp;                      /* 申请成功则在块首存放块的大小，单位为单元数 */
    up->s.size = (nu << 1) + 1;            /* 单元数 * 2 + 1(空闲标志) */
    for (p=&base; p->s.ptr!=&base && p->s.ptr<up; p=p->s.ptr)
        ;                                  /* 搜索动态存储区链表，按地址找加入链表的地方 */
    up->s.ptr = p->s.ptr;                  /* 将新申请的空闲块插入链表 */
    p->s.ptr = up;
    return defrag(p);                      /* 调用合并空闲块的函数,然后返回其返回值 */
}
/* 释放动态存储区 */
void free(void *ap)
{
    Block *bp, *p;
    bp = (Block *)ap - 1;
    for (p=&base; p->s.ptr!=bp; p=p->s.ptr)
        if (p->s.ptr == &base)   break;
    if (bp != p->s.ptr)    return;
    bp->s.size |= 1;
```

```
        defrag(p);
    }
    /* 合并可能存在的相邻空闲块 */
    static Block *defrag(Block *pre)
    {
        Block *mid, *pst;
        mid = pre->s.ptr;
        pst = mid->s.ptr;
        if ((pre+(pre->s.size>>1) > mid) || (pst!=&base && mid+(mid->s.size>>1)>
pst))
            return NULL;
        if ((pst->s.size&1) && (mid+(mid->s.size>>1)==pst)) {
            mid->s.ptr = pst->s.ptr;
            mid->s.size += pst->s.size - 1;
        }
        if ((pre->s.size&1) && (pre+(pre->s.size>>1)==mid)) {
            pre->s.ptr = mid->s.ptr;
            pre->s.size += mid->s.size - 1;
        }
        return pre;
    }
```

11.5 allocation库的生成和使用

11.5.1 生成allocation库文件

函数库分为静态库和动态链接库(简称动态库)两种,静态库在程序编译时会被连接到目标代码中,程序运行时将不再需要该静态库,动态库在程序编译时并不会被连接到目标代码中,而是在程序运行时才被载入,因此在程序运行时还需要动态库存在。不同的操作系统环境下,生成库文件的工具和方法各不相同,这里主要通过举例来说明在Linux环境下如何创建静态库和动态链接库。

无论静态库还是动态库,都是由.o文件创建的,因此必须将源文件allocation.c通过gcc先编译成.o文件,系统提示符下输入以下命令得到allocation.o文件。

```
#gcc -c allocation.c
```

运行ls命令看看是否生成了allocation.o文件。

```
#ls
allocation.c allocation.h allocation.o
```

在ls命令结果中,有allocation.o文件,说明本步操作完成,可以创建静态库了。

1. 由.o文件创建静态库

静态库文件名的命名规范是以lib为前缀,紧接着跟静态库名,扩展名为a。例如,如果即将创建的静态库名为allocation,则静态库文件名就是liballocation.a。在创建和使用静态库时，需要注意这一点。

创建静态库用 ar 命令，系统提示符下输入以下命令将创建静态库文件 liballocation.a。

```
#ar crv liballocation.a allocation.o
```

运行 ls 命令可查看结果：

```
#ls
allocation.c allocation.h allocation.o liballocation.a
```

2. 由.o 文件创建动态库文件

动态库文件名命名规范和静态库文件名命名规范类似，也是在动态库名增加前缀 lib，但其文件扩展名为 so。例如，将创建的动态库名为 allocation，则动态库文件名就是 liballocation.so。

用 gcc 来创建动态库，系统提示符下输入以下命令得到动态库文件 liballocation.so。

```
#gcc -shared -fPCI -o liballocation.so allocation.o
```

使用 ls 命令可查看动态库文件是否生成。

```
#ls
allocation.c allocation.h allocation.o liballocation.so
```

11.5.2 allocation 库的使用

1. 在程序中使用静态库

静态库制作完成后，如何使用它内部的函数呢？只需要在使用到这些公用函数的源文件中包含这些公用函数的原型声明，然后在用 gcc 命令生成目标文件时指明静态库名，gcc 将会从静态库中将这些公用函数的目标代码连接到目标文件中。注意，gcc 会在静态库名前加上前缀 lib，然后追加扩展名 a 得到的静态库文件名来查找静态库文件。

```
/* test.c  测试库函数的使用 */
#include <stdio.h>
#include "allocation.h"
int main()
{
    char *pch;
    pch = (char *)malloc(1<<10);
    if (pch != NULL)    printf("Allocation OK!");
    return 0;
}
```

在源文件 test.c 中，包含了静态库的头文件 allocation.h，然后在主函数 main 中直接调用公用函数 malloc。下面先生成目标程序 test，然后运行 test 查看结果。

```
(#gcc -o test test.c -L. -lallocation)
#gcc test.c liballocation.a -o test
#./test
```

```
Allocation OK!
```

2. 在程序中使用动态库

在程序中使用动态库和使用静态库完全一样，也是在使用到这些公用函数的源文件中包含这些公用函数的原型声明，然后在用 gcc 命令生成目标文件时指明动态库名进行编译。

值得注意的是，程序运行时需要使用自定义的动态链接库，系统会在/usr/lib 和/lib 等目录中查找所需要的动态库文件。若找到，则载入动态库；否则，将提示该动态链接库未找到，终止程序运行。将文件 liballocation.so 复制到目录/usr/lib 中，再试试。

```
#./test
Allocation OK!
```

使用静态库和使用动态库编译成目标程序使用的 gcc 命令完全一样。当静态库和动态库同名时，gcc 命令将优先使用动态库。

本章小结

本章以自定义动态存储分配库为例，介绍了在 Linux 下自定义库函数的设计、实现和使用。通过本章例子，还可以学习到一些管理动态存储区的方法。

习题 11

11.1　以本章自定义库函数 malloc 的实现代码为基础，编写自定义库函数 calloc，使其功能与标准库函数 calloc 一致。

11.2　在本章自定义库函数 malloc 实现代码的基础上，实现自定义库函数 realloc，使其功能与标准库函数 realloc 一致。

11.3　在 Linux 系统下，将本章自定义库函数 malloc、free 和以上两个习题中自定义库函数 calloc、realloc 制作成自定义 allocation 静态库和动态库，并设计一个测试程序，分别从静态库和动态库调用这 4 个自定义库函数，完成整个制作和测试过程。

附录 A　ASCII 字符编码表

ASCII 值		字符	控制字符	ASCII 值		字符	ASCII 值		字符	ASCII 值		字符
0	00	(null)	NUL	32	20	SP	64	40	@	96	60	`
1	01	^A	SOH	33	21	!	65	41	A	97	61	a
2	02	^B	STX	34	22	"	66	42	B	98	62	b
3	03	^C	ETX	35	23	#	67	43	C	99	63	c
4	04	^D	EOT	36	24	$	68	44	D	100	64	d
5	05	^E	ENQ	37	25	%	69	45	E	101	65	e
6	06	^F	ACK	38	26	&	70	46	F	102	66	f
7	07	^G	BEL	39	27	'	71	47	G	103	67	g
8	08	^H	BS	40	28	(	72	48	H	104	68	h
9	09	^I(Tab)	HT	41	29	)	73	49	I	105	69	i
10	0A	^J	LF	42	2A	*	74	4A	J	106	6A	j
11	0B	^K	VT	43	2B	+	75	4B	K	107	6B	k
12	0C	^L	FF	44	2C	,	76	4C	L	108	6C	l
13	0D	^M	CR	45	2D	-	77	4D	M	109	6D	m
14	0E	^N	SO	46	2E	.	78	4E	N	110	6E	n
15	0F	^O	SI	47	2F	/	79	4F	O	111	6F	o
16	10	^P	DLE	48	30	0	80	50	P	112	70	p
17	11	^Q	DC1	49	31	1	81	51	Q	113	71	q
18	12	^R	DC2	50	32	2	82	52	R	114	72	r
19	13	^S	DC3	51	33	3	83	53	S	115	73	s
20	14	^T	DC4	52	34	4	84	54	T	116	74	t
21	15	^U	NAK	53	35	5	85	55	U	117	75	u
22	16	^V	SYN	54	36	6	86	56	V	118	76	v
23	17	^W	ETB	55	37	7	87	57	W	119	77	w
24	18	^X	CAN	56	38	8	88	58	X	120	78	x
25	19	^Y	EM	57	39	9	89	59	Y	121	79	y
26	1A	^Z	SUB	58	3A	:	90	5A	Z	122	7A	z
27	1B	^[	ESC	59	3B	;	91	5B	[	123	7B	{
28	1C	^\	FS	60	3C	<	92	5C	\	124	7C	|
29	1D	^]	GS	61	3D	=	93	5D	]	125	7D	}
30	1E	^^	RS	62	3E	>	94	5E	^	126	7E	~
31	1F	^_	US	63	3F	?	95	5F	_	127	7F	DEL

注：

- ASCII 值的第一列是十进制代码，第二列是十六进制代码。
- 从 0 到 31 和 127 字符码是控制字符，不可打印。其余为可打印字符。
- 字符码 32 显示一个空格。
- 常用控制字符的含义：BEL（响铃），BS（退格），CR（回车），ESC（转义），FF（换页），HT（水平制表），VT（垂直制表），LF（换行），NUL（空字符）。

附录 B　常用标准库函数

库函数并不是 C 语言的组成部分，它是由编译器厂商根据需要编制并提供给用户使用的。C 语言标准定义了编译器必须支持的标准函数库，这些标准函数可应用于不同的编译环境。为了能够最充分地使用和控制计算机，每一种编译系统还包含了很多补充的非标准函数库。本附录列出部分常用的标准库函数，其余的标准库函数和实际编译系统提供的库函数，请查阅所用编译系统的手册。

与库相关的是系统提供的头文件，这些头文件中含有库中函数的原型、宏定义和其他编程元素。如果程序员想用库中特定的函数，就必须包含相应的头文件。

1. 字符函数

标准函数库有丰富的字符函数，如表 B-1 所示。使用这些函数时，应使用＃include ＜ctype.h＞将头文件 ctype.h 包含到源文件中。

表 B-1　字符函数

函数原型	功　　能	返　回　值
int isalnum(int c)；	检查 c 是否为字母或数字	是，则返回 1；不是，则返回 0
int isalpha(int c)；	检查 c 是否为字母	是，则返回 1；不是，则返回 0
int iscntrl(int c)；	检查 c 是否为控制字符	是，则返回 1；不是，则返回 0
int isdigit(int c)；	检查 c 是否为数字('0'～'9')	是，则返回 1；不是，则返回 0
int isgraph(int c)；	检查 c 是否为除空格外的可打印字符	是，则返回 1；不是，则返回 0
int islower(int c)；	检查 c 是否为小写字母	是，则返回 1；不是，则返回 0
int isprint(int c)；	检查 c 是否为可打印字符	是，则返回 1；不是，则返回 0
int ispunct(int c)；	检查 c 是否为标点符号或特殊符号	是，则返回 1；不是，则返回 0
int isspace(int c)；	检查 c 是否为空格、制表符或换行符	是，则返回 1；不是，则返回 0
int isupper(int c)；	检查 c 是否为大写字母	是，则返回 1；不是，则返回 0
int isxdigit(int c)；	检查 c 是否为十六进制数字字符	是，则返回 1；不是，则返回 0
int tolower(int c)；	将 c 转换为小写字母，非字母字符不进行处理	返回与 c 相应的小写字母
int toupper(int c)；	将 c 转换为大写字母，非字母字符不进行处理	返回与 c 相应的大写字母

2. 字符串函数

标准函数库有丰富的字符串操作函数，如表 B-2 所示，这些函数的原型声明在头文件 string.h 中。

表 B-2 字符串函数

函数原型	功 能	返 回 值
int memcmp(const void * buf1, const void * buf2, unsigned n);	比较内存区域 buf1 和 buf2 的前 n 个字节	buf1<buf2,则返回负数； buf1 等于 buf2,则返回 0； buf1>buf2,则返回正数
void * memcpy (void * dest, const void * src, unsigned n);	从源 src 所指的内存区复制 n 个字节到目标 dest 所指的内存区中	返回 dest
void * memset(void * buf, int ch, unsigned n);	将 buf 所指位置后面的 n 个字节用 ch 替换	返回 buf
char * strcat(char * t, const char * s);	把串 s 连接到串 t 的尾部	返回 t
char * strchr(const char * s, int ch);	找出串 s 中第一次出现字符 ch 的位置	返回该位置的指针,如找不到,则返回 NULL
int strcmp(const char * s1, const char * s1);	按字典顺序比较串 s1 和串 s2	s1 小于 s1,则返回负数； s1 等于 s2,则返回 0； s1 大于 s2,则返回正数
char * strcpy (char * t, const char * s);	复制字符串 s 到字符串 t 中	返回 t
unsigned strlen(const char * s);	计算串 s 中字符的个数(不包括'\0')	返回串 s 的字符个数
char * strncat (char * t, const char * s, int n);	把串 s 中至多 n 个字符连接到串 t 的尾部	返回 t
int strncmp (const char * s1, const char * s2, int n);	至多比较串 s1 和串 s2 的前 n 个字符	同 strcmp 函数
char * strncpy(char * t, const char * s, int n);	把串 s 的前 n 个字符复制到串 t 中	返回 t
char * strrchr(const char * s, int ch);	找出串 s 中最后一次出现字符 ch 的位置	返回该位置的指针； 如找不到,则返回 NULL
char * strstr (const char * t, const char * s);	在串 t 中找第一次出现串 s 的位置	同 strrchr 函数
char * strtok (char * s, const char * delim);	以包含在 delim 中的字符为分界符,将串 s 切分成一个个子串	当 s 中的字符查找到末尾时,则返回 NULL

3. 数学函数

标准函数库有很多数学函数,如表 B-3 所示,这些函数的原型声明在头文件 math.h 中。

表 B-3 数学函数

函数原型	功 能	返 回 值
double acos(double x);	计算 $\cos^{-1}(x)$的值, $x\in[-1,1]$	x 的反余弦值
double asin(double x);	计算 $\sin^{-1}(x)$的值, $x\in[-1,1]$	x 的反正弦值
double atan(double x);	计算 $\tan^{-1}(x)$的值	x 的反正切值
double atan2(double x, double y);	计算 $\tan^{-1}(x/y)$的值	x/y 的反正切值
double cos(double x);	计算 cos(x)的值, x 的单位为弧度	x 的余弦值

续表

函数原型	功　　能	返　回　值
double cosh(double x)；	计算 x 的双曲余弦值	x 的双曲余弦值
double exp(double x)；	计算 e^x 的值	e^x 的值
double fabs(double x)；	求浮点数 x 的绝对值	x 的绝对值
double floor(double x)；	求不大于 x 的最大整数	以 double 类型返回该整数
double fmod(double x, double y)；	求 x/y 的余数，如 fmod(9.2,2.1)的值为 0.8	x/y 的余数
double frexp(double x, int * exp)；	把 x 分解为尾数 m 和以 2 为底的指数 n，即 $x=m*2^n$，n 存放在指针 exp 指向的变量中	尾数 m，$0.5\leqslant m<1$
double log(double x)；	计算 ln(x)，x>0	x 的自然对数
double log10(double x)；	计算 lg(x)，x>0	x 的常用对数
double modf(double x, double * ip)；	把 x 分解为整数和小数部分，整数部分存放在指针 ip 指向的变量中	小数部分
double pow(double x, double y)；	计算 x^y 值	x^y 的值
double sin(double x)；	计算 sin(x)的值，x 的单位为弧度	x 的正弦值
double sinh(double x)；	计算 x 的双曲正弦值	x 的双曲正弦值
double sqrt(double x)；	计算$\sqrt{x}$的值，$x\geqslant 0$	$\sqrt{x}$的值
double tan(double x)；	计算 tan(x) 的值，x 的单位为弧度	x 的正切值
double tanh(double x)；	计算 x 的双曲正切值	x 的双曲正切值

4. 实用函数

标准库提供了大量的实用函数，例如动态分配函数、串转换函数、随机数发生器等，如表 B-4 所示，这些函数的原型声明在头文件 stdlib.h 中。

表 B-4　实用函数

函数原型	功　　能	返　回　值
void abort(void)；	立即终止当前程序	无
int abs(int n)；	计算整数 n 的绝对值	n 的绝对值
int atexit(void (* func)(void))；	注册函数 func，使得它在程序终止时被自动调用，调用顺序与注册顺序相反	成功注册，则返回 0 值，否则返回非 0 值
double atof(char * s)；	把串 s 转换成 一个 double 数	该 double 数
int atoi(char * s)；	把串 s 转换成一个 int 数	该 int 数
long atol(char * s)；	把串 s 转换成一个 long 数	该 long 数
void * bsearch(const void * key, const void * base, size_t nmem, size_t size, int (* comp)(const void * , const void *))；	二分查找，key 为要查找的数，base 为待查找数组，nmem 为数组元素的个数，size 为每个元素的字节数，comp 为比较子函数	查找成功，则返回数组中第一个匹配元素的指针，否则返回 NULL

续表

函数原型	功能	返回值
void * calloc (unsigned n, unsigned size);	为 n 个大小为 size 字节的数据分配存储区，该存储区初始化为 0	指向该区的指针；分配不成功，则返回 NULL
div_t div(int num, int denom);	计算 num/denom 的商和余数	商和余数作成员的结构
void exit(int status);	立即正常终止程序，如 status 为 0，认为程序正常终止；status 为非 0，则说明存在执行错误	无
void free(void * p);	释放 p 所指的内存	无
long labs(long n);	计算长整型数 n 的绝对值	n 的绝对值
ldiv_t ldiv(long num, long denom);	计算 num/denom 的商和余数	商和余数作成员的结构
void * malloc(unsigned size);	分配 size 字节的存储区，该存储区未被初始化	指向该区的指针，分配不成功，则返回 NULL
void qsort (void * base, size_t nmem, size_t size, int (* comp) (const void * , const void *));	快速排序，base 为待排序数组，nmem 为数组元素的个数，size 为每个元素的字节数，comp 为比较子函数	无
int rand(void);	产生一个 0～RAND_MAX 的伪随机数	该伪随机数
void * realloc(void * p, unsigned size);	把 p 所指的已分配存储区的大小改为 size 字节，原有内容未被改变	指向该区的指针。分配不成功，则返回 NULL
void srand(unsigned seed);	设置随机序列的种子为 seed 值	无
double strtod (const char * s, char **endp);	把串 s 转换成 一个 double 数，如 endp 不为 NULL，则 * endp 为剩余未被转换部分的首址	该 double 数
long strtol(const char * s, char ** endp, int base);	把串 s 转换成一个 long 数，如 endp 不为 NULL，则 * endp 为剩余未被转换部分的首址，base 是基数，如 base 为 0，则转换基数由 s 的前缀来确定	该 long 数
unsigned long strtoul (const char * s, char ** endp, int base);	把串 s 转换成一个 unsigned long 数，其余同 strtol	该 unsigned long 数
int system(const char * cmd);	执行 DOS 命令 cmd	执行成功则返回非 0 值，否则返回 0 值

5. 输入输出函数

I/O 函数的原型声明在头文件 stdio.h 中，如表 B-5 所示。

表 B-5 I/O 函数

函数原型	功能	返回值
void clearerr(FILE * fp);	清除文件流 fp 的文件尾和错误标志	无
int fclose(FILE * fp);	关闭文件，使 fp 不再与具体文件相关联	成功则返回 0，否则返回非 0 值
int feof(FILE * fp);	检查文件流 fp 是否到文件尾	遇文件尾则返回非 0 值，否则返回 0

续表

函数原型	功　能	返 回 值
int ferror(FILE * fp);	检测文件流 fp 是否有错	没错则返回 0,有错则返回非 0 值
int fflush(FILE * fp);	若 fp 用于输出,输出缓冲区的内容被写到相应的文件中去;若 fp 用于输入,输入缓冲区被清除。	操作成功则返回 0,否则返回非 0 值
int fgetc(FILE * fp);	从文件流 fp 中读取一个字符	返回该字符,出错则返回 EOF
char * fgetpos(FILE * fp,fpos_t * pos);	将文件流 fp 的当前位置保存到 pos 中	成功保存则返回 0 值,否则返回非 0 值
char * fgets(char * buf, int n, FILE * fp);	从文件流 fp 中至多读取 n－1 个字符,存入 buf 指向的内存	成功则返回 buf,否则返回 NULL
FILE * fopen(const char * fname, const char * mode);	以 mode 方式打开文件 fname	成功打开则返回文件指针,否则返回 NULL
int fprintf(FILE * fp, const char * format, ...);	把参数列表"..."的值以指定格式 format 输出到文件流 fp 中	返回实际输出的字符数
int fputc(char ch, FILE * fp);	将字符 ch 输出到文件流 fp 中	返回该字符,出错则返回 EOF
int fputs(char * str, FILE * fp)	将串 str 输出到文件流 fp 中	返回一个正数,出错则返回 EOF
int fread(void * ptr, unsigned size, unsigned n, FILE * fp);	从文件流 fp 中读取长度为 size 字节的 n 个数据项,存到 ptr 所指向的内存区	返回所读的数据项个数,遇文件尾或出错则返回 0 值
FILE * freopen(const char * fname, const char * mode, FILE * fp);	先关闭文件流 fp,再以 mode 方式打开文件 fname,使 fp 指向它	成功打开则返回 fp,否则返回 NULL
int fscanf(FILE * fp,const char * format,...);	从文件流 fp 中按指定格式 format 读取数据到参数列表"..."中	实际读取的数据个数
int fseek(FILE * fp, long offset, int base);	将文件流 fp 移到以 base 为基准、偏移 offset 的位置	返回 0,出错则返回非 0 值
char * fsetpos(FILE * fp,const fpos_t * pos);	将文件流 fp 的当前位置移动到 pos 指示的位置	成功移动则返回 0 值,否则返回非 0 值
long ftell(FILES * fp);	获取文件流 fp 的当前读写位置	返回该位置,出错则返回 －1
int fwrite(void * ptr, unsigned size, unsigned n, FILE * fp);	把 ptr 所指向内存中的 size 个数据项输出到文件流 fp 中,每个数据项 n 字节	实际写入的数据项个数
int getc(FILE * fp);	从文件流 fp 中读取一个字符	返回该字符,遇文件尾或出错则返回 EOF
int getchar(void);	从标准输入流 stdin 读取一个字符	返回该字符,遇文件尾或出错则返回 EOF
char * gets(char * str);	从标准输入流 stdin 中读取一个字符串到 str 中	成功则返回 str,否则返回 NULL

续表

函数原型	功能	返回值
int printf(const char * format, …)	把参数列表"…"的值以指定格式 format 输出到标准输出流 stdout 中	实际输出的字符个数,若出错则返回负数
int putc(int ch, FILE * fp);	把字符 ch 输出到文件流 fp 中	返回该字符,出错则返回 EOF
int putchar(char ch);	把字符 ch 输出到标准输出流 stdout 中	返回该字符,出错则返回 EOF
int puts(char * str);	把串 str 输出到标准输出流 stdout 中	返回正数,出错则返回 EOF
int remove(const char * fname);	删除指定的文件 fname	成功则返回 0,否则返回 −1
int rename(const char * oldfname, const char * newfname);	把文件名 oldfname 改名为 newfname	成功则返回 0,否则返回 −1
void rewind(FILE * fp);	将文件流 fp 的读写位置重新置于文件开头	无
int scanf(char * format,…);	从标准输入流 stdin 按指定格式 format 读取数据到参数列表"…"中	实际读入的数据个数,遇文件结束则返回 EOF,出错则返回 0
int sprintf(char * buf, const char * format, ...);	把参数列表"..."的值以指定格式 format 输出到缓冲区 buf 中	返回实际输出的字符数
int sscanf (const char * buf, const char * format, ...);	从缓冲区 buf 中按指定格式 format 读取数据到参数列表"..."中	实际读取的数据项数
int ungetc(int ch, FILE * fp);	将 ch 的低字节所指定的字符回送到文件流 fp 中	成功则返回该字符,否则返回 EOF

参 考 文 献

[1] 卢萍，李开，王多强. C语言程序设计典型题解与实验指导[M]. 北京：清华大学出版社，2019.

[2] 曹计昌，卢萍，李开. C语言与程序设计[M]. 北京：电子工业出版社，2013.

[3] Stephen Prata. C Primer Plus[M]. 姜佑，译. 6版. 北京：人民邮电出版社，2019.

[4] Kenneth A Reek. C和指针[M]. 徐波，译. 北京：人民邮电出版社，2008.

[5] Jeri R Hanly，Elliot B Koffman. C语言程序设计与问题求解[M]. 赵涓涓，等译. 北京：机械工业出版社，2017.

[6] 陈良华，游洪跃，李旭伟. C语言程序设计(C99版)[M]. 北京：清华大学出版社，2007.

[7] Brian W Kernighan，Dennis M Ritchie. C程序设计语言[M]. 徐宝文，等译. 2版. 北京：机械工业出版社，2008.

[8] Mark Allen Weiss. 数据结构与算法分析(C语言描述)[M]. 冯舜玺，译. 北京：机械工业出版社，2019.

[9] 管西京. 编程算法新手手册[M]. 北京：机械工业出版社，2012.

[10] 刘汝佳. 算法竞赛经典入门[M]. 北京：清华大学出版社，2009.

[11] 董东，周丙寅. 计算机算法与程序设计实践[M]. 北京：清华大学出版社，2010.

[12] Samuel P Harbison，Guy L Steele. C语言参考手册[M]. 徐波，译.北京：机械工业出版社，2011.

[13] Peter Van Der Linden. C专家编程[M]. 徐波，译. 北京：人民邮电出版社，2010.

[14] Andrew Koenig. C陷阱与缺陷[M]. 高巍，译. 北京：人民邮电出版社，2010.

[15] Plauger P J. C标准库[M]. 卢红星，等译. 北京：人民邮电出版社，2009.

[16] Eric S Roberts. C程序设计的抽象思维. 闪四清，译. 北京：机械工业出版社，2000.

图书资源支持

感谢您一直以来对清华版图书的支持和爱护。为了配合本书的使用，本书提供配套的资源，有需求的读者请扫描下方的"书圈"微信公众号二维码，在图书专区下载，也可以拨打电话或发送电子邮件咨询。

如果您在使用本书的过程中遇到了什么问题，或者有相关图书出版计划，也请您发邮件告诉我们，以便我们更好地为您服务。

我们的联系方式：

地　　址：北京市海淀区双清路学研大厦 A 座 714

邮　　编：100084

电　　话：010-83470236　010-83470237

客服邮箱：2301891038@qq.com

QQ：2301891038（请写明您的单位和姓名）

资源下载：关注公众号"书圈"下载配套资源。

资源下载、样书申请

书圈

获取最新书目

观看课程直播